Voyages Excentriques

Paul d'Ivoi

Le Docteur Mystère

Illustrations de Louis Bombled

Ancienne Librairie Furne

COMBET & Cie, Éditeurs

LE

DOCTEUR MYSTÈRE

COLLECTION DES VOYAGES EXCENTRIQUES

(*Du même auteur*)

VOLUMES DÉJA PARUS

1° Les Cinq sous de Lavarède.
2° Le Sergent Simplet.
3° Cousin de Lavarède!
4° Jean Fanfare.
5° Corsaire Triplex.
6° La Capitaine Nilia.
7° Le Docteur Mystère.

En préparation :

Cigale en Chine.

TYPOGRAPHIE FIRMIN-DIDOT ET Cie. — MESNIL (EURE)

PAUL D'IVOI

VOYAGES EXCENTRIQUES

LE DOCTEUR MYSTÈRE

OUVRAGE ILLUSTRÉ
DE CENT GRAVURES DANS LE TEXTE
DE DOUZE GRANDES COMPOSITIONS HORS TEXTE GRAVÉES SUR BOIS
DE HUIT COMPOSITIONS TIRÉES EN COULEUR
d'après les dessins
DE
LOUIS BOMBLED

PARIS
ANCIENNE LIBRAIRIE FURNE
COMBET & Cie, ÉDITEURS
5, RUE PALATINE, 5

PREMIÈRE PARTIE

L'OURS DE SIVA

CHAPITRE PREMIER

LE GAVROCHE CIGALE

C'est la nuit. La tempête hurle et rugit. Les vagues, hautes de vingt mètres, à la crête couronnée d'écume, se précipitent rageuses, séparées par des abîmes livides, à l'assaut des falaises déchiquetées de la Cornouailles bretonne.

Du terrible promontoire du Raz de Sein (extrême pointe occidentale de la France), près duquel se creuse la baie des Trépassés, où le flot s'épand en longs gémissements..., du massif sinistre du Raz jusqu'aux rochers de Penmar'ch, dans le vaste arc de cercle de soixante-dix kilomètres dénommé baie d'Audierne, la mer est démontée.

Sur la côte abrupte, aux assises granitiques, les lames échevelées se brisent avec un fracas assourdissant, dont toutes les artilleries du monde, tonnant ensemble, ne donneraient qu'une lointaine idée.

Et, plus haut, dans le ciel d'encre et de suie, le tonnerre gronde, crépite, éclate, projetant dans les ténèbres les zigzags éblouissants des éclairs. C'est le feu d'artifice des naufrages; c'est le sabbat infernal des éléments; c'est le souffle de la mort qui passe.

Et cependant, comme un défi aux forces de la nature déchaînées, une voix jeune, perçante, railleuse, répond par une chanson aux sifflements éperdus des goélands que leurs longues ailes, à la souplesse cotonneuse, soutiennent au milieu des rafales :

— Allons à Lorient, pêcher la sardine;
Allons à Lorient, pêcher le hareng.

C'est un gamin, presque un enfant, qui nargue l'ouragan.

Étendu à plat ventre à l'avant d'une barque de pêche que les vagues ballottent effroyablement, les mains crispées sur le bordage, le chanteur regarde au loin, cherchant à percer les ténèbres.

Un éclair luit. Il permet d'apercevoir une seconde: le petit bonhomme à la figure pâlotte et maigre, illuminée par de grands yeux noirs; les six matelots courbés sur les avirons; le patron du bateau, cramponné à la barre du gouvernail. Puis l'obscurité retombe plus épaisse.

— Eh bien? interroge l'homme de la barre d'une voix anxieuse.

— Rien, répond l'enfant. Avec cela que c'est commode de voir quelque chose. La mer bouillonne, comme si le nommé Diable avait allumé tous ses fourneaux.

Et le canot redescendant avec une rapidité vertigineuse la pente d'une vague, le petit ajouta gaiement :

— Pfruitt!..... c'est aussi *rigolo* que les balançoires de la Foire au pain d'épice.

Au nom du diable, les superstitieux matelots s'étaient signés.

Le gamin ne s'en aperçut pas. Insoucieusement il avait repris son poste d'observation.

La furie de la tempête semblait grandir. Des remous désordonnés brisaient sur l'avant de la chaloupe, jaillissant en poussière liquide.

Ruisselant d'eau, l'enfant, dans une situation dont pâlissaient ses braves compagnons, ne sourcillait pas, et avec le courage inconscient qui paraissait être le fond de son caractère, il reprit sa chanson d'oiselet riant de la tourmente :

— Y avait un bon matelot,
Ohé! oho!
Qui ne craignait ni vent, ni flot
Carabo.....

La voix rude du patron l'interrompit.

— Tais-toi, Cigale..... Tu vas appeler le malheur sur nous.

Cigale, puisque tel était le nom du mousse, se retourna à demi, et avec l'inimitable accent du faubourien de Paris, il lança :

— C'est bon, c'est bon, patron Kéradec, on met une sourdine. Seulement le père Tonnerre fait plus de bruit que moi et vous ne lui dites rien. Ce n'est pas juste. Il n'y en a donc que pour lui ici?

Malgré la gravité des circonstances, les marins ne purent s'empêcher de sourire. Le patron lui-même adoucit son organe pour répliquer :

— Allons, tiens ta langue. Tâche de nous signaler les phares d'Audierne, car si nous les manquons.....

Il n'acheva pas. Une secousse violente ébranla l'embarcation, une lame énorme l'enleva comme un fétu de paille à une hauteur prodigieuse, en l'emplissant à moitié d'eau.

Deux hommes se mirent aussitôt à vider la barque, tandis que, d'un brusque mouvement de la barre, Kéradec la redressait.

— Coquine de vague, grommela le mousse, elle va nous enlever jusqu'au ciel.

Mais changeant soudain de ton, il cria à tue-tête :

— Ohé! Par l'avant à nous... feu blanc et feu vert... l'entrée du port d'Audierne!

Un soupir de soulagement sortit des lèvres des marins. Le port était là, en face d'eux; désormais ses feux guideraient leur marche. Ils n'étaient plus perdus dans l'ombre, au milieu du déchaînement de l'ouragan.

Et cependant le salut n'était encore rien moins que certain.

Situé sur la rivière Goayen, dont l'estuaire obstrué par des bancs de sable est sillonné de courants perfides, le port d'Audierne est d'un accès difficile, même par temps calme.

Que de barques se sont perdues dans ses passes étroites; combien, drossées par le courant, se sont brisées sur la digue qui le protège, et à l'extrémité de laquelle, sur un cylindre de maçonnerie, se dresse le phare de Raoulic, *le feu blanc!*

Par cette mer furieuse, essayer de pénétrer dans le havre est une entreprise téméraire jusqu'à la folie, qui ne peut guère germer que dans la cervelle héroïque de marins bretons.

Eux seuls d'ailleurs sont capables de l'exécuter.

Accoutumés à leurs côtes inhospitalières, gardées par d'innombrables écueils, ils ont le regard sûr, la main prompte, et semblent se jouer des dangers que l'Océan, *le mangeur d'hommes,* jette sur leur route.

Dans la barque, le courage était revenu avec l'annonce de la proximité des phares d'Audierne.

Trempés, les cheveux collés aux tempes, les matelots montraient, à la lueur rapide des éclairs, des visages épanouis.

— Hardi! les gars, clama Kéradec, *souquez* (ramez) ferme!

Une seconde lame souleva l'embarcation.

Cigale avait bien vu.

Là-bas, dans la nuit, deux feux, l'un blanc, l'autre vert, brillaient ainsi que des étoiles. Entre eux était la passe, entre eux était la voie de salut.

Mais comme si l'Océan avait craint de voir ses victimes lui échapper, la tourmente décupla sa fureur; le tonnerre se prit à gronder sans interruption, dardant ses éclairs en pluie de flammes; les vagues s'entre-choquèrent, s'écroulant les unes sur les autres.

Le petit bateau résistait, tantôt ballotté à la crête des montagnes liquides, tantôt précipité, avec la rapidité d'une flèche, dans les gouffres intermédiaires.

Lentement, mais sûrement, il avançait.

Le fût de pierre du phare de Raoulic se découpait maintenant sur les ténèbres.

— Ohé, reprit l'organe perçant du mousse, laisse porter à tribord, si tu veux doubler la jetée.

CIGALE S'ÉTAIT DRESSÉ.

Et la manœuvre exécutée :

— Bien ; pique tout droit, l'affaire est dans le sac !

Quelques coups d'avirons encore, la poussée brutale d'une dernière vague, et la barque se trouva dans l'estuaire abrité des fureurs du large par la haute jetée de granit.

Là, quoique tumultueuse, la mer était rélativement calme, c'est-à-dire que les lames n'avaient plus que trois ou quatre mètres de haut, ce qui, pour des terriens, aurait encore représenté une agitation assez effrayante.

Mais pour l'équipage du *Saint-Kaourentin*, — nom tracé en lettres blanches sur la coque noire du bateau, — ce n'était là qu'un simple *clapotis*.

Se maintenant à quelques encablures de la jetée, au milieu du chenal étroit qui permet d'entrer dans la rivière Goayen et dans le port d'Audierne, les rameurs *nageaient vigoureusement*, ferme, encouragés par les commandements énergiques du patron Kéradec :

— Hardi, les gars !..... Mollis, bâbord !..... Avant partout !

La barque escaladait les lames, redescendait pour remonter encore ; mais guidée par une main sûre, elle ne déviait pas de sa route.

Un effroyable coup de tonnerre retentit soudain, un éclair rougeâtre embrasa la nue, laissant apercevoir, pendant une demi-seconde, la côte déchiquetée de la rive gauche, la mer moutonneuse, la ligne droite de la jetée. Et avec un accent étonné, Cigale, toujours à la proue de l'embarcation, s'écria :

— Bien sûr, il n'a pas les *pieds nickelés*, celui-là !

— Qui donc, interrogea Kéradec ?

— [illegible], gouailla le mousse, un particulier qui se promène sur la jetée..... par ce temps-là, faut une vraie santé..... Tu penses qu'il n'a pas de parapluie !

Incorrigible virtuose, le petit Parisien termina en fredonnant :

— Ça va bien quand il fait beau :
Mais quand il tomb' de la pluie,
On est trempé jusqu'aux os.

La voix du gamin s'étrangla tout à coup dans sa gorge.

Un cri déchirant, aigu, surhumain, avait passé dans l'air comme une plainte d'agonie.

Un objet blanc, ainsi qu'un grand oiseau de mer aux ailes éployées, tomba du haut de la jetée dans les flots, au milieu d'un éclaboussement.

— Une *mary-morgan* (sirène), murmurèrent avec terreur les matelots, se souvenant à cette heure sinistre de la légende bretonne qui attribue aux sirènes la préparation des naufrages.

Cigale, lui, s'était dressé tout droit.

— Non, fit-il, c'est quelqu'un qui vient de tomber à la mer. Patron, la barre à droite, on le sauvera.

Mais l'organe rude de Kéradec répondit :

— Si nous dévions d'une ligne, le courant nous *drossera* — poussera — sur la digue. Il y a huit hommes à bord, huit hommes dont je réponds. Je ne puis les sacrifier à un seul.

Et le tremblement de sa voix disant l'émotion du brave marin, forcé par les circonstances d'abandonner l'inconnu :

— Cigale, assieds-toi. Vous, enfants, ramez. Avant partout et priez pour celui-là, dont nous ne savons pas le nom, qui va mourir.

Avec un gémissement, les mains se courbèrent sur leurs avirons; selon son devoir, le patron venait de prendre la terrible responsabilité de l'abandon d'une barque à la mer.

— Ah! c'est comme cela, glapit le mousse... Eh bien, je le sauverai tout seul.

Avant que ses compagnons eussent pu deviner sa pensée, le gamin bondit dans les vagues écumantes.

Un cri d'angoisse s'échappa de toutes les lèvres, mais à la cime d'une lame, la tête du courageux Parisien reparut :

— T'occupe pas de moi, garçon... Nage vers le port... je t'y rejoindrai... Il y a des échelles de fer le long de la jetée..... Tu verras qu'un *Parigot* (Parisien) est un autre matelot que les *Brezounec* — (Bretons).

Il y eut une hésitation, mais de nouveau Kéradec ordonna :

— Souque, souque!

Et le canot bondissant par-dessus une vague, les marins cessèrent d'apercevoir l'enfant.

Les mains crispées sur la barre, le patron regardait droit devant lui; mais sur son visage immobile, comme pétrifié, de grosses larmes coulaient.

Cependant le gamin, roulé par les vagues, ne semblait pas soupçonner le péril au milieu duquel il s'était volontairement jeté.

— Brrou! fit-il en tirant sa coupe sans plus s'occuper de la barque, l'eau est bonne... Un vrai bain à quatre sous.

Mais par réflexion :

— Oh non!... ça vaut au moins six sous... c'est de l'eau de mer... et avec cela je ne passerai pas à la caisse..... Enfoncé, le baigneur.

— Va toujours, ricane le mousse.

D'un vigoureux coup de talon, il se hissa au sommet d'une lame et, promenant autour de lui un regard perçant :

— Voyons... orientons-nous... Où est le noyé?

Dans son héroïsme inconscient, Cigale, on le voit, raisonnait absolument comme s'il eût fait une pleine eau en Seine par le temps le plus radieux.

Pourtant la nuit l'entourait, le vent hurlait, soulevant des trombes liquides, et le tonnerre grondait sans relâche.

A la lueur des éclairs, l'enfant aperçut enfin une masse blanche qui s'enfonçait dans l'eau.

— Merci, père Grondant, murmura-t-il avec un geste à l'adresse de l'orage; tu as allumé ton *jablockoff* au bon moment.

Deux brassées énergiques..... il étend la main, empoigne une extrémité de l'étoffe qui va disparaître et tire à lui.

Comme pour faciliter sa tâche, les éclairs ne discontinuent pas, illuminant la scène de lueurs rougeâtres.

— C'est une *môme*, reprend Cigale..... Il y a tout de même des parents pas soigneux... laisser traîner leur *gosse* sur la jetée par ce temps de chien. Pour sûr, ma fille, ta mère doit bien mal tenir ton ménage.

Il a raison. C'est une fillette de douze ou treize ans à peine, que sa longue tunique blanche a soutenue un instant à la surface. Ses cheveux châtains dénoués flottent sur les lames ainsi que des algues, et son visage immobile, pâli, a conservé un ton doré, ce ton des êtres éclos aux pays du soleil.

Elle est jolie, la pauvre petite, d'une beauté étrange, exotique, et le gamin, après avoir considéré ses paupières closes, frangées de longs cils, son nez délicat, ses lèvres roses, fait claquer sa langue :

— C'est pourtant un bijou, ça.

Puis se secouant après le passage d'une lame :

— Il s'agit maintenant de la remonter sur la jetée... Mon vieux Cigale, ouvre l'œil et le bon!

Dans les vagues qui déferlent, parmi les mugissements de la tempête, le gamin, insoucieux de la fureur des éléments, nage d'une main; de l'autre, il soutient hors de l'eau la tête de cette fillette inconnue pour qui il risque sa vie.

Devant lui se dresse la muraille noire de la jetée que les lames semblent vouloir escalader. De loin en loin, Cigale le sait, des échelles de fer sont scellées dans la pierre. Elles servent au débarquement des marins, lorsque la basse mer ne permet pas aux bateaux d'entrer dans le port.

Il lui faut gagner l'une de ces échelles, en gravir les échelons avec son précieux fardeau.

Entreprise ardue par cette mer affolée qui bondit, écume, s'affaisse pour rebondir encore.

Le gamin peut être jeté sur le mur de granit, il peut s'y briser... et alors il coulera dans l'eau noire..... et son dévouement n'aura servi qu'à donner en pâture aux flots avides deux proies au lieu d'une.

On dirait d'ailleurs que l'Océan s'irrite contre l'audacieux qui prétend lui arracher sa victime.

Le heurt des vagues sur le granit produit de véritables détonations. Des remous se produisent; des tourbillons creusent des entonnoirs liquides. Toutes les forces de la nature se liguent contre ces deux petits.

Mais le corps frêle du Parisien renferme une âme de héros, au service de laquelle sont des jambes, des bras, grêles sans doute, mais souples, nerveux, accoutumés à tous les exercices.

Enfin, Cigale est incapable de soupçonner la peur.

Pour son salut, pour celui de sa mignonne compagne évanouie, il utilise ce qui devrait les perdre.

Il s'abandonne aux remous qui le poussent dans la direction où il veut aller. Un éclair lui montre une échelle de fer, là, à quelques mètres de lui. Il faut l'atteindre, l'atteindre à tout prix.

Le mousse se retourne.

Une vague énorme arrive; c'est elle qui le conduira au salut.

Brusquement, il fait la planche, les pieds dirigés vers la jetée. Il est enlevé par la lame furieuse, messagère de mort envoyée par l'Océan à ce gamin qui le brave.

Le flot se brise sur le mur de granit, le nageur doit être assommé, broyé.

Non. Cigale a paré le choc. Ses pieds se sont appliqués contre la pierre, et par une violente réaction des jarrets, il a évité l'écrasement.

Et la lame retombant, il apparaît, cramponné à l'échelle de fer, tenant toujours la fillette dont la tête inerte ballotte sur son épaule.

Ils sont sauvés!

Pas encore. D'autres vagues suivent, les couvrent d'eau. On croirait qu'elles veulent arracher le mousse à son point d'appui. La mer est à cette heure la bête méchante qui rêve de rouler des cadavres dans ses abîmes ignorés.

— Va toujours! ricane le mousse dont les pieds, les mains se crispent sur les échelons de fer.

Lentement, sans précipitation, il gravit un degré entre chaque lame; il s'arc-boute pour supporter l'assaut de la suivante et reprend son ascension.

Il halète, il sent la fatigue raidir ses membres, mais il monte toujours. Il s'élève au-dessus du niveau des vagues; il atteint le sommet de la jetée, et là, épuisé, hors d'haleine, la tête emplie de bourdonnements, il s'affaisse auprès du corps inanimé de celle qu'il est allé chercher dans les bras mêmes de la mort.

CHAPITRE II

OU CIGALE DEVIENT LE « PARRAIN » D'UN DOCTEUR

Ce que dura l'évanouissement du jeune sauveteur, il n'eût su le dire quand la conscience lui revint.

Oh! il ne retrouva pas ses esprits tout d'un coup. D'abord il flotta dans le vague; une sensation de chaleur le pénétra.

Incapable encore de parler, d'ouvrir les yeux, il pensa :

— Est-ce que je suis mort?... Si c'est cela la mort, c'est bien plus agréable que la vie!

La réflexion en disait long sur la somme de souffrances déjà supportées par le vaillant petit bonhomme.

Et, comme en un rêve, il revécut sa vie passée.

Le froid, la faim, voilà ce que lui rappelait son enfance, noyée dans un brouillard que ne perçait pas le rayon du souvenir.

Qu'avait-il été jusqu'à sept ou huit ans, Cigale n'en savait rien. A ce moment-là, il se rappelait avoir accompagné aux Halles de Paris un gros homme, à la face bourgeonnée. Ce patron de rencontre avait une place numérotée dans le pavillon des légumes.

Toute la matinée, l'enfant vendait, discutait avec les clients, tandis que son maître faisait le tour des débits d'alcool du voisinage. Le résultat de ce double travail était que le marchand buvait tout le bénéfice fait par son employé.

Et celui-ci recevait de vigoureuses taloches, parce que l'ivrogne, pratiquant la justice à la façon de beaucoup de gens, trouvait plus simple de corriger un innocent que de se corriger lui-même de sa passion pour les spiritueux.

Si dur qu'il fût au mal, si résolu qu'il pût être à tout supporter pour gagner son pain, si atroce que lui apparût sa situation de petit orphelin n'ayant à espérer l'appui de personne, Cigale, un beau jour, se trouva rassasié de bourrades, et abandonnant son brutal patron, il se lança à l'aventure dans la capitale.

— J'avais des bleus par tout le corps, expliqua-t-il plus tard. Cela me faisait une vraie peau de jaguar, ce n'était pas acceptable pour un homme.

Alors, il fit tous les métiers : ouvreur de portières, marchand de contremarques à la porte des théâtres, ramasseur de bouts de cigares.

Il chanta dans les cours, parvint à gratter par à peu près d'une guitare que lui confia un entrepreneur de musique des rues. Il tourna la manivelle des chevaux de bois ; il fit le sauvage, avaleur de lapins vivants, dans une baraque foraine, mangeant peu malgré son courage, mais en revanche recevant toujours en abondance soufflets et ruades des industriels qui utilisaient sa bonne volonté.

Le monde lui apparaissait comme une immense pépinière à horions, et si on lui avait demandé quelle était pour lui la caractéristique de l'humanité, il aurait répondu sans hésiter :

— La gifle!

Et cette caractéristique-là, il faut bien le dire, Cigale ne l'aimait pas... mais là, pas du tout.

Or, un jour que les hasards de sa « lutte pour la vie » avaient fait de lui un ramoneur, il fut appelé, avec un compagnon moins novice, à procéder à la toilette intérieure des cheminées d'un appartement qu'occupait, avec sa femme, un jeune savant du nom d'Obal.

Cela n'a l'air de rien de ramoner une cheminée, pourtant cette opération vulgaire changea l'existence du gamin, et de ce Parisien renforcé elle fit un provincial.

Voici comment.

Le docte Obal possédait un joli petit « ours des cocotiers » qu'un ami lui avait rapporté de Sumatra. L'animal, haut de quarante centimètres, le poil soyeux, le museau allongé, les yeux brillants, doué d'une agilité presque féline, était charmant.

Ludovic.

Seulement, — il est bien rare qu'un défaut ne s'allie pas aux plus heureuses qualités... même chez les ours... — Ludovic, tel était le nom du plantigrade, Ludovic avait la haine des chiens.

S'il en apercevait un, gros, petit ou moyen, il bondissait sur l'échine du malheureux et d'un coup de dents lui brisait la colonne vertébrale.

Nous ne prétendons pas excuser Ludovic... mais faisant un portrait, nous nous efforçons de le rendre ressemblant.

Or, madame Obal, épouse du savant, affectionnait une délicieuse petite chienne, genre basset, répondant à la jolie appellation de « Violette », mais que l'oisiveté et la bonne chère avaient engraissée outre mesure.

Elle tremblait sans cesse pour la mignonne bête, veillant avec un soin jaloux à la fermeture des portes qui protégeaient Violette contre les mâchoires de Ludovic, gourmandait son mari, l'adjurait de s'illustrer en offrant son ours au Muséum.

Obal riait de ses frayeurs. Vainement elle faisait miroiter à ses yeux la joie de lire sur une pancarte accrochée aux grilles d'une cage :

LUDOVIC
OURS DES COCOTIERS
(*Cocosnuciferi Ursus*)
Offert à la ménagerie par M. le Dr OBAL.

Le savant restait sourd à sa voix.

Une catastrophe était inévitable, elle se produisit. Les ramoneurs n'étaient pas au courant des discussions conjugales des époux Obal. Une porte qu'ils laissèrent ouverte permit à Ludovic de pénétrer dans la pièce où Violette se prélassait sur un coussin de soie.

Un grognement, un aboi plaintif, un craquement d'os broyés, ce fut tout. L'infortunée bassette avait passé sans transition du farniente temporaire au repos éternel.

Dans sa douleur, madame Obal griffa son mari. Elle s'arma même d'une épingle à chapeau pour poignarder l'ours meurtrier; mais comme Ludovic montrait les dents, elle déclara qu'une femme du monde ne pouvait se salir les mains en répandant le sang, et séance tenante, elle jura que le coupable quitterait la maison.

Sans pitié pour son jeune âge, oubliant que peut-être, dans son ignorance, le pauvre plantigrade, arraché à ses forêts natales, avait pris l'obèse Violette pour une noix de coco montée sur pattes, elle l'exila de sa demeure.

Elle le donna à Cigale, à charge par lui de l'emmener bien loin.

Et l'aventure détermina un nouvel avatar du gamin.

De fumiste, il devint bateleur, parcourut la banlieue parisienne, puis s'enfonça dans les provinces en montrant son ours, avec lequel il faisait bon ménage.

Ludovic avait une âme d'ours bohème. Les promenades à travers la campagne lui semblèrent-elles plus agréables que la captivité dans un appartement, ou bien les applaudissements, dont les villageois saluaient les exercices que le Parisien lui enseignait, chatouillèrent-ils sa vanité d'artiste; on ne saurait préciser ce point.

Toujours est-il qu'il s'attacha fort à son nouveau maître.

C'est ainsi que, de conserve, ces deux orphelins, l'un de Malaisie, l'autre de Paris, arrivèrent un beau matin à Audierne.

La vue de la mer fut une révélation pour Cigale.

De suite il l'aima avec passion.

Résultat : Ludovic garda le logis, et le Parisien s'embarqua comme mousse sur le bateau de pêche *Saint-Kaourentin*, patron Kéradec.

C'est ainsi que nous l'avons retrouvé, narguant la tempête et risquant ses jours pour sauver une fillette inconnue.

Cependant ses esprits se remettaient peu à peu, ses sens s'éveillaient. Il se rendit compte qu'il était étendu sur un lit, que des personnes s'entretenaient à voix basse. Puis une main amie écarta ses dents serrées et fit couler dans sa bouche quelques gouttes d'une boisson chaude.

Le petit cette fois ouvrit les yeux, regarda curieusement l'homme penché sur lui et d'une voix encore faible, mais déjà rieuse :

— C'est vous, patron Kéradec... merci... encore un peu à boire.

Kéradec, car c'était lui, poussa un cri de joie.

— Il parle, il est tiré d'affaire, le gas... Monsieur le médecin, venez donc par ici.

— Ah! le docteur est là, reprit Cigale, ce brave docteur Locherlé. Bonjour, docteur...

Mais il s'arrêta surpris.

Celui qui répondait à l'appel de Kéradec n'était pas le médecin d'Audierne, le brave et digne praticien à la face colorée, aux cheveux grisonnants, que la population pauvre des pêcheurs adorait, car il ne comptait ni ses peines, ni ses visites. C'était un homme d'une trentaine d'années qui s'approchait, grand, mince, très élégant dans son costume de touriste. Cet homme, au teint mat, au front large couronné d'une épaisse chevelure brune, avait des yeux noirs, profonds, dont le regard semblait lire au fond de la pensée de ses interlocuteurs.

— Tiens, fit Cigale entre haut et bas, ce n'est pas le père Locherlé, — et se reprenant vivement, — non, M. Locherlé, veux-je dire.

L'inconnu sourit :

— Je suis un simple voyageur, passant quelques jours au château de MM. Melécluse, de l'autre côté du port. J'étais venu en ville, avec la voiture, quand plusieurs marins vous ont rapporté ainsi que la jeune enfant sauvée par vous.

— C'était nous, les matelots, s'écria Kéradec. Aussitôt le *Saint-Kaourentin* à quai, nous nous sommes élancés vers la digue avec des cordes, pour essayer de te porter secours, s'il en était encore temps. Et on t'a trouvé à mi-chemin, par terre, ne donnant plus signe de vie, auprès de la petite noyée.

— Noyée, répéta tristement le gamin, elle est morte?

— Non, non. Seulement, les petites filles, ça n'est pas des matelots comme toi, ça ne supporte pas l'eau de mer; elle est encore sans connaissance. Tiens, regarde là-bas, dans le lit.

Cigale se souleva sur le coude presque sans effort et tourna les yeux dans la direction indiquée.

Sur une autre couchette, la fillette semblait dormir, et une jeune femme, une tasse à la main, s'efforçait de faire couler quelques gouttes d'une potion entre ses lèvres crispées.

IL APPUYA SES PATTES DE DEVANT AU BORD DU LIT.

Le mousse reconnut cette femme. C'était Mme Arbras, l'épouse aimable du pharmacien, dont le magasin, ouvrant sur le port, était hospitalier aux pauvres marins.

Et du même coup il reconnut la pièce où il se trouvait. C'était la chambre à coucher du commerçant, située au premier étage et éclairée par deux petites fenêtres tendues de rideaux de toile à ramages.

— On la sauvera, n'est-ce pas, demanda Cigale en désignant du geste la fillette immobile?

Le médecin inclina la tête :

— Oui, mon ami, rassure-toi. D'ici à quelques minutes elle ouvrira les yeux et elle pourra remercier son sauveteur.

Cigale rougit à ces paroles et haussant les épaules :

— Des remerciements, pourquoi faire? Ça n'est pas malin de tirer sa coupe quand on sait nager. Seulement je voudrais savoir pourquoi une gamine, qui devrait être chez ses père et mère dans une boîte de coton, va se trimballer, le soir, au fond de la mer?

— Un accident, grommela le patron Kéradec, les enfants sont...

Mais le docteur l'interrompit :

— Non, non..... cette petite n'est pas une fille de pêcheurs, ses vêtements le prouvent... il y a là un mystère à éclaircir.

— En attendant, je peux me lever... où sont mes *frusques?*

A cette question de Cigale, le médecin fit un geste de refus, mais le mousse insista :

— Bon, je vous dis que je suis guéri.... Patron Kéradec; il y a un paravent là... Placez-le devant mon lit... Bien, c'est cela... à présent mes habits.

— Attends, mon gars. Notre camarade Yvonou a couru chez toi et a rapporté des vêtements secs. Il est à côté avec ton ours qui l'a suivi.

Ce disant, Kéradec allait à la porte et criait de sa grosse voix rude :

— Yvonou, ouvre l'œil, envoie le costume du moussaillon... Tonnerre, fit-il brusquement en chancelant et se cramponnant au chambranle de la porte pour ne pas tomber, qu'est-ce que c'est que ça?

Ça, c'était Ludovic qui venait de lui passer entre les jambes avec la rapidité d'une flèche.

D'un bond, l'ours fut près du lit de Cigale, et se dressant sur les pattes de derrière, il se prit à lécher les mains du Parisien avec des grognements joyeux.

Cigale lui rendait ses caresses.

Soudain le plantigrade s'éloigna, tourna la tête de tous côtés, aspira l'air avec inquiétude, puis lentement, comme s'il suivait une piste, il traversa la pièce et arriva près du lit où reposait la jolie créature arrachée aux flots par son maître.

Là, il s'assit à la façon habituelle de ses congénères et se balança sur les hanches en regardant curieusement la fillette.

— Drôle de bête, s'écria Kéradec, remis de sa surprise, tout en aidant Cigale à s'habiller, on dirait qu'elle se trouve en pays de connaissance.

Le médecin suivait la scène avec attention. Sur son visage froid on lisait l'étonnement.

— C'est à toi cet ours, questionna-t-il?

— Oui, repartit Cigale.

— Où l'as-tu pris?

— Je ne l'ai pas pris, on me l'a donné à Paris. Il avait croqué un toutou, alors son patron, M. Obal, qui habite rue d'Assas, m'a dit : « Il me gêne, je t'en fais cadeau, c'est de bon cœur. »

Et vêtu maintenant, le mousse quitta l'abri du paravent pour se rapprocher de son compagnon d'aventures.

— Sais-tu d'où ce M. Obal tenait ce quadrupède?

— Pour ça non. Vous comprenez, je ramonais ses cheminées, il ne m'a pas raconté sa vie.

C'était Cigale que le médecin considérait à présent avec une surprise non dissimulée.

— Tu ramonais?

— Bien sûr... Ah! je vois ce que c'est. Cela vous *estomaque* parce que je suis dans la marine à cette heure... j'ai commencé par être matelot des fumistes, voilà-tout. Faut bien gagner sa vie quand on n'a pas des parents millionnaires... et aussi, acheva le gamin avec une pointe de mélancolie, quand on n'en a pas du tout.

Cigale se tut. La jeune malade avait fait un mouvement. Ses paupières s'étaient ouvertes puis refermées vivement, tandis que ses lèvres exhalaient un profond soupir.

Et Ludovic se prit à gémir doucement.

La plainte de l'animal parut surprendre la fillette. Elle tourna ses regards de son côté.

Déjà les spectateurs faisaient un mouvement pour s'élancer vers elle, afin d'éviter qu'elle eût peur. Ils ne l'achevèrent point.

Un sourire avait entr'ouvert les lèvres de la mignonne. Une joie incompréhensible illumina son visage, et elle gazouilla d'étranges paroles :

— *Pooran jalvä si Mahpoutra!*

Et ces mots que nul ne comprenait, on eût dit que Ludovic en saisissait le sens.

Il se rapprocha, appuya ses pattes de devant au bord du lit. Avec des grognements satisfaits, il tendit la tête vers la main de la jolie créature qui, sans hésitation, sans la moindre apparence de crainte, caressa son poil soyeux.

— Ah çà! Mademoiselle, s'écria Cigale incapable de se taire plus longtemps, Ludovic est donc de vos amis? En voilà un cachottier, il ne m'en a rien dit.

La malade avait levé les yeux, elle écoutait; mais évidemment elle ne comprenait pas, car elle eut un geste agacé, et dans la langue inconnue dont elle s'était servie déjà, elle prononça quelques mots.

Son accent était doux, les syllabes harmonieuses.

Seulement Cigale se gratta la tête en grommelant :

— Qu'est-ce que c'est que ce charabia-là?

Pour tous, il ressortait clairement de la scène que la fillette était étrangère, qu'elle ignorait le français.

Le docteur s'avança alors et s'adressant à Mme Arbras :

— Cette enfant devait accompagner des touristes. Sans doute sa famille habite les environs et elle se désespère. Si vous voulez bien l'habiller, je l'emmènerai au château. Mon ami Melécluze possède une collection de dictionnaires de tous les dialectes connus. En les faisant passer sous les yeux de la pauvre petite, j'apprendrai sa nationalité et, dans une heure peut-être, il me sera possible de rassurer les parents qui la pleurent.

— Ah! c'est l'inspiration d'un bon cœur. Passez à côté; dans dix minutes, la mignonne sera prête.

Le médecin s'inclina, puis se tourna vers Cigale.

— Tu m'accompagneras, mon gars, j'aurai peut-être besoin de toi.

— Ne le gardez pas trop, interrompit Kéradec. La tempête s'apaisera vers le matin et il faudra embarquer.

— Non, non, pas de pêche demain, ni pour lui, ni pour vous. Je loue le *Saint-Kaourentin* pour la journée. Votre prix sera le mien. Comme consigne, vous viendrez me voir avec votre équipage au château Melécluze.

Et le patron s'embrouillant dans des phrases de remerciement :

— C'est entendu, patron Kéradec. Là-dessus, allez vous coucher, ainsi que vos matelots. Bonne nuit.

Ce disant, le médecin poussait doucement son interlocuteur dehors. Cigale les suivit.

Deux minutes plus tard, le docteur et le mousse étaient seuls dans la pièce contiguë à celle où Mme Arbras s'était enfermée avec la fillette.

Un quart d'heure s'écoula, puis la porte de communication s'ouvrit, et la pharmacienne parut, conduisant par la main la jeune étrangère.

Cigale eut un cri d'admiration.

La tunique de la fillette, ses vêtements encore humides n'avaient pu lui être rendus, et Mme Arbras les avait remplacés par un costume de sa propre fille, le délicieux costume breton de l'île Tudy : petit bonnet de dentelles, fichu rose tombant sur la jupe blanche brodée de fleurettes bleues.

Anoor en costume breton.

Ainsi parée, l'étrangère était exquise et charmante.

Mais le médecin ne permit pas au mousse de traduire son enthousiasme dans une de ces improvisations fantaisistes dont il avait le secret. Il sourit à l'enfant arrachée aux flots, et faisant passer la bonne pharmacienne devant, tous descendirent l'escalier, traversèrent la pharmacie, où M. Arbras en personne pesait de la racine de guimauve, serrèrent la main de ce dernier et sortirent.

Sur le quai, noyé dans l'ombre, une calèche stationnait, attelée de deux chevaux à la robe baie, se détachant nettement sur le cercle lumineux projeté par les lanternes.

Obéissant au docteur, la fillette et son sauveur prirent place dans la voiture, Ludovic sauta sur le siège à côté du cocher, et le jeune homme s'installant auprès des enfants, après un adieu aimable à Mme Arbras, ordonna :

— Au château.

Le cocher, immobile sur le siège, rendit la main. Ses chevaux partirent au grand trot; l'attelage longea le port, traversa le pont tournant jeté sur la rivière Goayen, puis s'engagea dans le chemin en lacet qui escalade le coteau dominé par le château Meléclüze.

Jusque-là, les trois voyageurs avaient gardé le silence. Mais alors le docteur se pencha vers l'étrangère et lentement lui parla dans cette langue musicale qu'elle-même avait employée tout à l'heure.

Elle poussa une exclamation joyeuse, frappa ses mains l'une contre l'autre et répondit avec volubilité.

Stupéfait, Cigale s'était dressé :

— Allons bon, monsieur le médecin, voilà que vous connaissez son jargon.

— Oui, répliqua l'interpellé. Tais-toi.

Se taire, ah bien oui ! le Parisien voulait une explication.

— Pourquoi n'avez-vous pas dit cela tout à l'heure?

Mais la voix s'arrêta dans la gorge du mousse. Le docteur le regardait de ses yeux à l'éclat dominateur et froidement :

— Je fais ce qui est utile et je n'aime pas les questions. Tais-toi.

Puis revenant à l'étrangère, il entama avec elle, dans son dialecte inintelligible pour Cigale, le dialogue suivant :

— Comment t'appelles-tu?

— Anoor.

— C'est un prénom cela, n'as-tu pas un autre nom?

— Peut-être en ai-je un, mais je l'ignore.

— Quel est ton pays?

— Je ne sais pas.

— Tu n'es pas de cette contrée pourtant?

— Non. Je viens de loin, bien loin.

— Qui t'accompagnait?

— Arkabad.

— Arkabad, dis-tu. Qui est Arkabad?

— Un homme.

— Je le pense bien, mais est-il ton parent, ton serviteur, ton ami?

La fillette eut l'air étonné; elle sembla chercher, puis avec un mouvement mutin de la tête, elle murmura :

— Je ne sais pas.

A son tour, le docteur eut un geste impatient.

— Enfin où est ta maison?

Anoor eut un geste vague :

— Ma maison... là-bas, loin... il faut voguer sur la mer pendant de longs jours. J'étais toute petite quand nous sommes partis... je ne me souviens plus.

— Soit... seulement hier, où habitais-tu?

— Nulle part.

Du coup, le médecin sursauta :

— Ah çà! c'est une plaisanterie. Tu ne dormais pas à la belle étoile?

— Non, non..... dans le bateau.

— Quel bateau?

— Je ne sais pas.

C'était angoissant au possible cette phrase : *je ne sais pas*, qui revenait sans cesse sur les lèvres de la petite étrangère.

Et comme son interlocuteur fronçait les sourcils, Anoor reprit vivement :

— Le bateau nous portait depuis des semaines. Il est entré dans un port. Quel port? Arkabad ne me l'a pas dit. Il m'a fait descendre à terre. Là, une voiture attendait. Il m'a ordonné d'y prendre place. Durant des heures, le véhicule a roulé, puis il s'est arrêté sur une hauteur, d'où l'on voyait la mer hurlante et les éclairs. J'avais peur, mais Arkabad est descendu. Il m'a prise dans ses bras et m'a posée à terre en disant : « Viens voir l'Océan. » Il me tenait par la main et je le suivais en frissonnant. Alors nous sommes arrivés sur la jetée. De chaque côté, les vagues bondissaient, nous couvrant d'écume. « Arkabad, m'écriai-je, revenons, cela m'épouvante! » Mon compagnon m'enleva de terre, il gronda à mon oreille : « Tu ne reviendras pas, » et brusquement ses bras s'écartèrent. Je me sentis tomber... l'eau s'ouvrit sous mon corps, me recouvrit et... je ne sais plus, je ne sais plus, je vous jure.

Elle fixait son regard clair sur le docteur.

Celui-ci avait baissé la tête. Il réfléchissait. Le récit d'Anoor ne lui laissait aucun doute, un crime avait été tenté, mais dans quel but. L'enfant, il l'avait reconnu de suite, parlait le dialecte hindou. Venait-elle de la grande presqu'île asiatique peuplée de deux cent cinquante millions d'habitants? Et si cela était, de quelle partie de cette terre illustrée par les exploits de Brahma, de Siva, de Rama?

Soudain, il releva le front et étendant la main vers Ludovic, gravement assis sur le siège, ainsi qu'un valet de pied bien stylé :

— Tu avais déjà vu cet animal avant cette nuit?

— Lui?... Peut-être... j'en ai vu sûrement qui lui ressemblaient.

— Où, le sais-tu?

— Sans doute. C'est là-bas, à la maison, loin. Il y en avait plusieurs comme lui. Et nous jouions avec eux.

— *Nous*, dis-tu. Qui donc était avec toi, alors?

— Elle.

— Qui, elle?

— Son nom, je ne me souviens pas. Elle était belle, mais triste, souvent elle pleurait.

— Ta mère sans doute?

Anoor secoua la tête :

— Non, non, pas mère, non... je n'aurais pas oublié cela.

Elle se tordit les mains, prise d'une sorte de détresse :

— Oh! ne pouvoir déchirer le voile qui me cache le passé... j'étais si petite!

Doucement le docteur lui prit les poignets et d'une voix adoucie :

— Ne te désole pas, mignonne; tu l'aimais celle dont tu parles?

— Oh oui!

— Eh bien, nous la retrouverons.

Il y avait une confiance si communicative dans l'accent du jeune homme qu'Anoor se calma aussitôt.

Cigale avait assisté avec stupéfaction à cet entretien dans une langue étrangère, à laquelle il ne comprenait pas un mot.

— Ah! fit-il à ce moment, revenant à son idée malgré l'insuccès de sa tentative précédente, vous en jouez du charabia, vous, m'sieu le docteur. Pourquoi donc n'avez-vous pas montré vos talents chez Arbras?

— Parce que j'ai jugé convenable d'agir ainsi. N'interroge pas. Réponds seulement à mes questions. Tu es brave.....

— Peut-être bien, plaisanta le gamin.

— Et il ne te déplairait pas de travailler à une bonne action, au bout de laquelle tu trouverais probablement la fortune.

— Oh! la fortune...

— Peu importe. J'ai besoin de dévoués, de vaillants, veux-tu me suivre?

— Où?

— Où j'irai, sans jamais t'inquiéter des mobiles qui me feront agir?

Cigale se gratta la tête :

— Je suis bien curieux, commença-t-il; puis changeant de ton : Cela servira à cette demoiselle?

— Oui.

— Alors, c'est convenu..... si le patron Kéradec y consent.

— Il consentira.

— Et Ludovic sera de la partie?

— Parfaitement.

— Topez là. C'est vous qui êtes mon patron maintenant. Et comment vous nommez-vous?

Un sourire indéfinissable passa sur les lèvres du jeune homme.

— Je n'ai pas de nom, dit-il enfin. Tu m'appelleras « Docteur », cela suffira.

Un instant le Parisien demeura muet, puis faisant claquer ses doigts avec ce geste inimitable que les écoliers du monde entier ont emprunté au gamin de Paris :

— Chic, papa, s'écria-t-il..... Une fillette sortie de l'eau, un médecin sans nom, c'est comme un feuilleton... Seulement, moi, ça me gênerait trop... je peux vous donner un sobriquet, hein?

— Si cela te plaît!

— Décidément vous êtes un brave homme... Désormais Cigale est l'ami du docteur.....

Le gamin s'arrêta une seconde..... mais presque aussitôt :

— Je suis bête comme un canard chinois... le surnom est tout indiqué.

Et avec une gravité comique :

— Ne vous troublez pas, je vous baptise... le mystère vous convient... Eh bien, soyez le Docteur... Mystère.

A ce moment même, la voiture arrivait au château Melécluze.

Anoor et Cigale furent conduits dans des chambres spacieuses, où ils ne tardèrent pas à s'endormir.

Quant au docteur, il rentra dans celle qu'il occupait depuis plusieurs jours, et longtemps il s'y promena de long en large d'un air préoccupé.

Enfin, il se coucha en murmurant :

— A tout prix il faut savoir si cette petite est bien originaire de l'Inde, cela servirait merveilleusement mes projets.

Que signifiaient les paroles prononcées, qui était cet homme déclarant lui-même n'avoir pas de nom?

Ah! le surnom imaginé par Cigale était justifié.

Jamais personnage n'avait été plus mystérieux que le docteur Mystère.

Au jour, celui-ci se leva, sortit sans bruit du château et gagna la gare d'Audierne, d'où il expédia un télégramme à l'adresse de M. Obal, rue d'Assas, Paris.

Sa dépêche était ainsi conçue :

« Recueilli jeune garçon avec ours Ludovic. Crois reconnaître animal « pour avoir appartenu à amis chers. Pouvez-vous dire d'où il vient? Ré- « ponse à M. Saïd, château Melécluze, Audierne-Finistère. Salutations.

« *Signé :* SAID. »

CHAPITRE III

LE CHAR DE JAGERNAUT

Aurangabab est une jolie ville du Nizam, coquettement étendue sur la rive gauche du Pootri, rivière aux eaux bleues qui descend de la chaîne des Ghatts vers le Godavery, le grand fleuve de l'Inde méridionale.

Or, le cinquième jour de la semaine Singar du mois hindou Amhri (14 juin du calendrier français), les rues de la petite cité présentaient une animation inaccoutumée.

Partout se pressaient des promeneurs affairés. Les tuniques aux tons chatoyants, les turbans multicolores, se mêlaient, se coudoyaient en une orgie de lumière et de couleur.

De loin en loin, des cavaliers, montés sur des chevaux, aux harnais rouges constellés d'ornements de cuivre, se frayaient avec peine un passage à travers la cohue.

Puis des éléphants s'avançaient d'un pas processionnel, l'échine couverte d'étoffes de pourpre et d'or, balançant sur leur dos robuste les palanquins, entre les rideaux desquels se montraient les visages souriants des femmes, des filles des riches marchands *kchatryas* ou des nababs tributaires de l'Angleterre.

Et tout ce monde, piétons et cavaliers, se dirigeait vers la porte Dinarou, dont les tours coniques encadrent la route d'Ellora, la route sacrée qui conduit aux temples vénérés, creusés jadis dans le massif rocheux de Mez-Ar-Ghat.

Non loin de cette porte, un bar anglo-hindou était installé. De murailles, point; mais des lattes entre-croisées en capricieux dessins, laissant passer l'air. Une tente de toile blanche et bleue formait la toiture.

Au dehors, des soldats *cipayes* tenaient en main les chevaux de leurs maîtres installés à l'intérieur.

Sous la tente, plusieurs officiers anglais en tenue coloniale — salacco, dolman blanc, pantalon bouffant de même couleur — entouraient les tables de rotin sur lesquelles un de leurs collègues, expert en cette matière, confectionnait gravement une *lemonade*. C'est sous ce nom bénin que l'on désigne dans l'armée anglaise de l'Inde une infusion de citron dans du wiskey.

Et ces messieurs, si dédaigneux en général de tout ce qui intéresse la foule indigène, suivaient des yeux, à travers les cloisons à claire-voie, le peuple dont la rue était remplie.

— Alors, Mathew, demanda un grand lieutenant efflanqué à un camarade de même grade, mais d'une corpulence double, alors, Mathew, vous avez vu cet homme singulier?

— Vu, vu... grommela l'interpellé, je ne puis dire que je l'ai vu à loisir; sa maison... cette étrange maison dont tout le monde parle, était assiégée par deux mille fanatiques qui voulaient à tout prix être admis en sa présence. A coups de canne, j'ai pu me frayer un passage... j'ai aperçu le docteur, mais, ma foi, j'étouffais, j'étais pris à la gorge par les émanations de la foule et je me suis retiré. Voilà, Topson, toute mon aventure.

Un sourire passa sur les traits des officiers présents, qui avaient interrompu leurs conversations particulières pour écouter le dialogue de Mathew et de Topson.

Celui-ci ne se tint pas pour battu.

— Il ressort de vos paroles, Mathew, reprit-il, que vous avez vu ce docteur un peu vite, mais vous l'avez vu cependant?

— En effet.

— Comment est-il? Pouvez-vous nous le dire?

— Oh! certainement.

— Parlez donc, nous vous écoutons.

Un vif mouvement de curiosité se produisit dans l'assistance, et le lieutenant Mathew, évidemment flatté d'être le point de mire de tous les regards, commença d'un ton important :

— Le signalement du gentleman docteur Mystère, — Mystère est le nom qu'il a adopté.

— Très joli, poursuivez.

— Mensuration : un mètre quatre-vingt-quatre environ. Mince, très élégant d'allure, les extrémités fines. Le visage mat, expressif, des yeux magnifiques. En résumé, il n'est pas beau à la façon anglaise, qui est la façon la plus belle de l'univers, néanmoins, sous l'uniforme, il ferait un superbe officier.

— Ah! ah!

A cette exclamation sortie de toutes les bouches, Mathew se redressa, cambra avantageusement sa taille, et lentement :

— Voilà pour l'homme. Quant à sa maison roulante, figurez-vous un grand wagon de douze mètres de long sur quatre de large, mais un wagon à deux étages, contenant un appartement complet. A l'arrière, un perron mobile, c'est-à-dire pouvant se replier, permet d'accéder à l'intérieur. A l'avant, une terrasse couverte d'un velum. Cela est joli et d'une *confortabilité* parfaite

— Mais cette voiture doit être horriblement lourde.

— Moins qu'elle ne le paraît, car, un serviteur du médecin m'a expliqué cela, la matière employée à sa construction est l'aluminium.

— Très bien.

— L'aluminium, s'exclama Topson, en épongeant son front sur lequel perlaient des gouttes de sueur; on étouffe certainement là dedans par cette température.

Mathew haussa les épaules.

— Du tout.

— Que voulez-vous exprimer par ces deux mots?

— L'ingéniosité du constructeur tout simplement. Les parois, formées de deux plaques parallèles, entre lesquelles on a comprimé de la cellulose, ne se laissent traverser ni par la chaleur ni par le froid.

Un murmure s'éleva. Les officiers hochèrent la tête d'un air approbateur. Évidemment il leur venait une certaine estime pour le docteur inconnu, dont la présence troublait la monotonie habituelle de la vie de garnison à Aurangabad.

. . . .

Certes l'émotion provoquée par l'arrivée de ce personnage était justifiée.

La veille au matin, son char-maison était apparu sur la route militaire qui relie le Nizam à la Présidence de Bombay. D'où venait-il? Il avait été impossible de le savoir, mais son propriétaire était certainement *persona grata* auprès du gouvernement de l'Inde anglaise, car le véhicule avait été autorisé à stationner au pied de la colline Sellami que domine l'un des quatre forts détachés d'Aurangabad.

De suite, des serviteurs avaient quitté la maison d'aluminium et s'étaient répandus par la ville.

Ils portaient de larges pancartes sur lesquelles s'étalait, en langue britannique et en langue *ourdou* ou hindoustani (idiome parlé et compris dans l'Inde entière), l'annonce suivante :

LE DOCTEUR MYSTÈRE
GRAND MAITRE DE LA SCIENCE
recevra *gratuitement* ceux qui désireront le consulter.
Il fera ce que nul n'a pu faire encore :
Il défie le monde entier,
Il défie même les brahmes et brahmines.

La dernière phrase avait bouleversé l'intellect des indigènes. Défier les brahmines dans l'Inde est un acte de témérité folle. C'est la caste puissante entre toutes, celle en faveur de laquelle les conquérants britanniques eux-mêmes s'ingénient aux concessions, aux amabilités.

C'est qu'au milieu de l'inextricable confusion des sectes religieuses qui se partagent la grande péninsule asiatique, trois religions surtout ont rallié un nombre considérable d'adhérents :

Le *brahmanisme*, avec sa trinité védique : *Brahma*, créateur du monde; *Vischnou*, conservateur des choses, et *Siva* ou *Civa*, destructeur.

Le *bouddhisme*, ou doctrine de Çakiamouni, surnommé Bouddha, c'est-à-dire « l'Éclairé », dont le dogme capital est l'affirmation du libre arbitre de l'homme;

Le *mahométisme* sunnique, religion réformée de Mahomet.

Sur les 272.000.000 d'habitants que compte l'Inde, 189.000.000 sont brahmanistes, 55.000.000 musulmans, 12.000.000 environ bouddhistes; les 16.000.000 restant se subdivisent en une infinité de petites églises.

On voit l'importance capitale du brahmanisme.

Or, cette religion est celle qui convient le mieux à des conquérants, car elle est la religion de la lâcheté. Elle interdit à ses adeptes de verser le sang, même pour se défendre; elle proscrit toute idée militaire. Aussi l'immense majorité du peuple hindou forme-t-elle un troupeau d'esclaves, prêt à subir la domination de la première nation guerrière venue.

Les musulmans ou mahométans, au contraire, sont toujours disposés à prendre les armes pour reconquérir leur indépendance.

De là, pour les Anglais, une politique simple : favoriser les brahmes, leur donner toutes facilités pour exploiter la crédulité populaire, et affaiblir autant que possible la puissance des États musulmans.

Conséquence : les brahmes sont les protégés du vice-roi de l'Inde et les défier apparaissait aux masses comme un acte de folie.

Il est vrai que le défi du docteur Mystère portait seulement sur les choses scientifiques; mais, là encore, n'était-il pas imprudent de provoquer les prêtres de Brahma, dépositaires de toute science, jaloux de leur autorité, et dont les études mystérieuses, faites au fond des temples vénérés, sont regardées par le vulgaire ainsi qu'une suite d'initiations divines élevant l'être jusqu'au trône du créateur?

L'effet de l'annonce fut foudroyant.

Le peuple, la masse des pauvres *soudras* (travailleurs), les *téli* (presseurs d'huile), les *naï* (barbiers), les *koumbar* (potiers), les *dhir* (marchands de lait), les *kourmi* (petits paysans), les *khoumar* (journaliers), tous les exploités, les misérables enfin, répondirent en foule à l'appel de ce docteur inconnu, qui se sentait assez fort pour braver les brahmines oppresseurs, tandis que les *bania* (marchands et banquiers) et les *kchatryas* (nobles) se tenaient prudemment à l'écart.

Et Mystère reçut ceux qui se présentèrent à sa maison roulante, donnant des remèdes aux malades, des pilules apaisant la faim aux miséreux, guérissant les rhumatismes par des applications électriques.

On juge de l'affluence, et l'on conçoit combien il avait été difficile au lieutenant Mathew d'approcher ce personnage, devenu célèbre en quelques heures.

Mais, sur la fin de la journée, la réputation du docteur avait pris tout à coup des proportions héroïques, par suite de l'intervention des brahmes.

Personne n'aime la concurrence, et les prêtres de Brahma moins que personne.

Tout d'abord, ils ne s'étaient pas émus du défi du nouveau venu, mais en voyant le populaire se précipiter en foule vers sa maison roulante, en entendant les soudras chanter sur tous les tons les louanges du médecin, ils s'étaient indignés contre l'homme dont l'influence faisait pâlir la leur.

Le Brahmine-Aïtar, chef suprême du diocèse d'Aurangabad, s'était rendu à la colline Sellami, accompagné de ses porte-parasols, de ses musiciens et de ses danseuses sacrées. Il avait sommé l'intrus de le recevoir seul.

Ce à quoi Mystère avait répondu que sa maison, comme son cœur, était ouverte à tous ceux qui souffraient; qu'il recevrait le Brahmine-Aïtar avec plaisir, mais qu'il ne consentirait jamais à fermer, même momentanément, sa porte à une créature quelconque, fût-elle de la caste la plus humble.

En termes moins diplomatiques, cela signifiait :

— Venez, si vous désirez me voir; mais vous me parlerez, comme les autres, devant tous.

On devine l'enthousiasme provoqué chez les petits, la colère née chez le grand prêtre à l'audition de cette réponse.

C'était un cri républicain éclatant dans un milieu autocratique, c'était un pavé tombant dans la mare aux grenouilles.

Et pourtant le Brahmine-Aïtar accepta l'entretien. Une réflexion lui était venue.

Pour parler aussi haut, Mystère devait se sentir bien fort. Il fallait donc le ménager et le circonvenir adroitement.

Mais il regretta bientôt sa condescendance.

— Tu as eu l'outrecuidance de défier le collège sacerdotal des brahmes, commença l'Aïtar avec hauteur?

— Parfaitement, répliqua le docteur du ton le plus paisible.

— Tu l'avoues?

— Sans difficulté.

Si calme était le voyageur que l'arrogance du brahmine tomba.

— Sais-tu que c'est là une grande audace?

— On me l'a dit, repartit Mystère avec insouciance. Mais comme votre caste seule aurait intérêt à s'opposer à ma volonté, j'ai dû être audacieux afin de triompher.

L'Aïtar tressaillit.

Quant au peuple assemblé autour des deux hommes, il écoutait bouche bée, sentant naître en lui une admiration intense pour l'inconnu qui parlait de vaincre les prêtres redoutés.

— Quels sont donc tes desseins, interrogea le brahme après une courte hésitation?

— Je n'ai aucune raison de les cacher.

— Je t'écoute.

— Près du hameau d'Ellora, à vingt kilomètres d'ici, se trouvent des gorges profondes, où le ciseau patient des ancêtres a creusé une ville souterraine et sacrée. Dans la montagne même, après ces excavations, on rencontre le temple de Kaïlas, dont les tours, les vastes salles, les terrasses sont taillées dans un seul bloc de basalte.

Tous avaient courbé le front au nom du sanctuaire vénéré, monument unique au monde.

— Eh bien, demanda l'Aïtar?

— Eh bien dans ce temple lointain, vous tenez enfermé un fakir célèbre par ses vertus. Nul ne peut l'approcher. Vous seuls recevez les oracles que lui dicte sa sagesse et les communiquez au peuple.

— Cela est vrai. Le fakir Beïlad est dans le septième cercle des sages. Nos rites ne permettent pas de le découvrir aux yeux profanes.

Le docteur eut un sourire, et comme s'il n'avait pas conscience de l'énormité de sa requête dans l'Inde superstitieuse, il laissa tomber placidement :

— Justement, je désire converser avec Beïlad.

Un silence suivit. Chez tous, brahme ou soudras, ces simples mots avaient provoqué un état voisin de l'ahurissement.

— Lui parler! put enfin proférer l'interlocuteur du médecin, y penses-tu ?

— Je ne pense qu'à cela.

— C'est impossible.

— Tu te trompes, car je le veux.

Et les yeux noirs de Mystère se fixèrent avec une autorité puissante sur ceux du prêtre de Brahma. Celui-ci baissa les paupières et, d'un accent mal assuré, murmura :

— Nous ne pouvons permettre cela.

— En ce cas, je me passerai de la permission.

L'assemblée frissonna. Le voyageur menaçait de passer outre à la défense faite par les brahmines.

L'Aïtar lui-même fut suffoqué.

— Tu marcherais contre nous? bredouilla-t-il.

Le médecin ne lui permit pas d'achever.

— Pas même, fit-il négligemment, je vous empêcherai de marcher contre moi, voilà tout.

Et d'une voix claire, impérieuse :

— Écoute. Tu résistes parce que tu ne connais pas ma puissance. Je veux la montrer à toi et à ceux de ta caste. Demain, cinquième jour de la semaine singar, le char colossal de Vischnou, que vous appelez char de Jagernaut, exécutera sa sortie annuelle du sanctuaire d'Ellora. Il doit parcourir la route allant des temples à Aurangabad et s'offrir à l'adoration des fidèles, qui formeront la haie sur son passage.

— Oui.

— Cette promenade sacrée, le char ne l'accomplira pas. La route est à peine assez large pour lui permettre de circuler; je mettrai ma maison en travers du chemin.

— Tu oseras ce sacrilège?

Une terreur religieuse secoua les assistants. Plusieurs se précipitèrent sur le plancher, frappant du front les plaques métalliques, dans l'attitude de la supplication brahmanique.

Mais de nouveau le docteur éleva la voix :

— Il n'y aura point sacrilège. Vischnou montrera au grand jour vers qui tendent ses préférences, de vous ou de moi. C'est le jugement du dieu lui-même qui tranchera notre différend. C'est lui-même qui forcera l'attelage de son char à s'arrêter, à me laisser libre la route d'Ellora.

Et comme sur tous les visages se lisaient l'épouvante et l'incrédulité, le docteur étendit le bras avec une majesté souveraine :

— Va, prêtre, rapporte mes paroles à ceux de ta caste... et vous, paysans, ouvriers, conviez vos frères au jugement de Vischnou, dites-leur que le conservateur des êtres va manifester sa tendresse pour l'homme qui aime les faibles, les déshérités et souhaite de les arracher à la misère, à l'esclavage.

Tous obéirent et quittèrent la maison d'aluminium.

Le docteur était seul.

— Pauvres gens, murmura-t-il, comme ils sont loin encore de la liberté! Que de mensonges, de charlatanisme sont nécessaires pour les conduire à un esclavage moins dur!

Puis, avec un geste brusque :

— A chaque jour suffit sa tâche. Il faut des siècles à la Vérité pour éclater à la face du monde, et c'est la succession des tyrannies qui amène l'avènement de la Liberté.

Il secoua la tête ainsi qu'un homme qui écarte une pensée importune et rappelant le sourire sur ses lèvres :

— Allons apprendre à ces enfants que l'affaire se dessine au gré de leurs désirs.

Ce disant, il sortit de la salle du rez-de-chaussée où il avait reçu l'Aïtar et passa dans une pièce voisine.

Il marcha vers l'angle de droite, appuya la main sur une plaque métallique. Un déclenchement se produisit, puis un bruit d'engrenage en mouvement.

Une trappe s'ouvrit au plafond et une hotte d'osier, soutenue par une chaîne de fer, descendit lentement jusqu'au plancher.

C'était, en somme, une réduction de la *benne*, qui permet aux ouvriers de s'enfoncer dans les profondeurs des puits des houillères.

Le docteur s'assit dans le panier; aussitôt celui-ci remonta, disparut par l'ouverture supérieure. Le panneau se referma et le bourdonnement d'engrenage cessa en même temps.

Mystère était dans une petite pièce du premier étage. Les plaques formant paroi avaient des dispositions étranges, losanges, carrés, polygones s'assemblaient en dessins capricieux. De distance en distance, des *patères* dorées jaillissaient des cloisons. Mais, détail bizarre, aucun de ces supports n'était semblable. En regardant de plus près, on s'apercevait que chacun représentait la figure contournée de l'un des dieux de la mythologie aryenne, ancêtre du brahmanisme.

Deux jeunes Hindous étaient assis.

C'étaient *Dyachpitar*, personnification du ciel; *Varouna*, esprit du firmament, *Agni, Marout, Souria, Vayou, Mitra, Sonya,* représentants du feu, de l'orage, du soleil, du vent, du jour, des jardins sacrés... Il y avait là les 33 divinités aryennes, la trinité des 11, comme on l'appelle vulgairement, parce qu'elle comprenait 11 génies du ciel, 11 de la terre et 11 gloires intermédiaires, trinité que les brahmes ramenèrent à la trinité unitaire de Brahma, Vischnou, Siva.

Mystère ne leur accorda pas un regard. En face de lui une porte dessinait son rectangle dans la paroi.

Il la poussa légèrement et pénétra dans une salle plus spacieuse.

Deux jeunes Hindous étaient assis de chaque côté d'une petite table et jouaient aux dames. Tous deux portaient la longue tunique de soie, serrée à la taille par une ceinture de même étoffe, et retombant sur le pantalon bouffant étranglé aux chevilles. Auprès d'eux un petit ours, assis sur son arrière-train, les considérait gravement.

A la vue du docteur, ils se levèrent vivement. L'un courut à lui la main tendue et avec cet accent inimitable des Parisiens :

— Bonjour, patron, ça va bien... Eh! eh! à la douce, comme les marchands de cerises.

L'autre demeura immobile, avec une attitude pleine de réserve, et murmura d'une voix douce, au timbre d'une singulière mélodie :

— Je te salue, maître;

Tandis que l'ours venait se frotter câlinement contre les jambes du visiteur.

C'étaient Cigale, Anoor et leur camarade à quatre pattes, Ludovic.

En entendant les paroles de sa compagne, le gavroche sursauta :

— Maître, voilà qu'elle vous appelle « maître », à présent. Voyons, ma petite *frangine* (sœur), je t'ai expliqué cependant. Le français, ce n'est pas la langue des esclaves. On ne dit pas : « maître », on dit : « patron ».

Anoor sourit et docile :

— Je me souviendrai. Je dirai : « patron ».

— A la bonne heure, fit Cigale. Il faut tâcher moyen de faire manœuvrer ton petit *chiffon* rouge (langue) selon les principes.

— Je surveillerai mon chiffon rouge, je vous le promets, seigneur Cigale.

Du coup le gamin leva les bras au ciel :

— Bon, elle m'appelle : « seigneur », moi, un prolétaire, un champignon du pavé.....

Et se retournant vers le docteur avec une gravité burlesque :

— Allez, patron, ce n'est pas tout roses d'être professeur de français!

A cette boutade Mystère rit franchement :

— Maître Cigale, dit-il enfin, je crois bien que ton élève commence l'étude du français par l'*argot* (jargon imagé en usage dans les faubourgs parisiens).

— L'argot, voulut se récrier le gavroche.....

Mais le médecin l'interrompit du geste.

— Ce n'est pas pour te blâmer, mon garçon. Lorsque je vous ai rencontrés tous deux, à Audierne, il y a quatre mois, cette pauvre enfant ne comprenait pas un mot de la langue de ton pays; aujourd'hui elle arrive à exprimer presque toutes ses pensées. Cela fait ton éloge et celui de sa bonne volonté. Mais il ne s'agit pas de cela pour l'instant.

Et avec une lenteur calculée, afin qu'aucune de ses paroles n'échappât à la gentille étrangère :

— Je t'ai promis, Anoor, de retrouver la maison où tu as rencontré Ludovic autrefois.

Les yeux de la fillette brillèrent.

— Oui, je me souviens, maître — elle se reprit vivement avec un regard suppliant à l'adresse du Parisien — non, non, patron, je veux dire : patron.

— Par M. Obal, qui avait donné cet animal à notre ami Cigale, poursuivit Mystère, j'ai appris que l'ours lui venait d'un explorateur du sud asiatique, M. Strijle, lequel le tenait lui-même du fakir Beïlad, aujourd'hui volontairement captif dans le temple d'Ellora.

— Eh bien? interrogea avidement Anoor.

— Ce fakir, nous le verrons demain.

— Demain?

— Oui, et avec une nuance imperceptible d'ironie, le docteur poursuivit : Seulement il nous faudra faire des choses étonnantes pour parvenir jusqu'à ce saint personnage, entre autres, arrêter le char de Jagernaut.

Anoor eut un petit cri d'effroi.

— Arrêter Jagernaut... le char du divin Vischnou!

Mystère hocha la tête d'un air satisfait :

— Tu le connais donc, mon enfant?

— Oui, oui, fit-elle, semblant chercher dans ses souvenirs, oui... elle parlait de cela autrefois, dans le passé...

— Ne cherche pas, tes paroles me suffisent. Tu parles l'hindoustani, tu es au courant des légendes brahmaniques, tu as donc été élevée dans l'Inde et nous sommes sur la bonne piste. Demain, peut-être, le fakir Beïlad nous désignera la maison où tu es née.

Anoor joignit les mains dans un geste d'ardente espérance, mais soudain son visage se rembrunit.

— Il faut d'abord arrêter Jagernaut...

— Ce sera fait.

— Vischnou est tout-puissant, murmura-t-elle avec l'accent du doute.

— Moins que moi.

Alors la fillette regarda le docteur.

— Oh! tu es fort, je le sais..... Peut-être vaincras-tu Vischnou lui-même.

Il y avait dans ces paroles une terreur superstitieuse.

Mystère s'approcha d'elle, lui prit les mains.

— Tu le crois, c'est bien, enfant. Crois-tu aussi que j'emploie seulement ce pouvoir à défendre les opprimés?

Sans hésiter, elle répondit :

— Oui, tu es bon.

Et déjà rassérénée :

— Tous ceux qui te servent sont bons. Ces matelots du *Saint-Kaourentin*,

Kéradec et les autres, que tu as engagés à Audierne, et qui nous ont suivis jusqu'ici, sont doux et bienveillants pour l'étrangère.

Puis sa main se tendit vers Cigale qui écoutait avec intérêt.

— Lui aussi est bon. Il me gronde souvent, mais je n'ai pas peur...

— Et tu as raison, s'exclama le gamin, car je te suis dévoué, frangine, jusqu'à la mort. Foi de Parigot, je me ferais hacher en morceaux pour toi.

. . . .

Tels étaient les événements dont s'entretenaient les habitants d'Aurangabad en se répandant sur la route d'Ellora.

Tels étaient les faits qui avaient motivé le rassemblement des officiers anglais dans le bar de la porte Dinarou.

Les lieutenants Mathew et Topson continuaient leur conversation commencée.

— Et ce diable de docteur, reprit ce dernier, s'est engagé à barrer le passage au char de Jagernaut sur la route d'Ellora?

— Parfaitement, déclara Mathew. J'étais présent. Je l'ai entendu comme je vous entends à cette heure.

— Mais, étant donné le fanatisme des Hindous, il va se faire écharper!

— Cela pourrait bien arriver en effet.

— A propos, s'écria un jeune *cornette* à la physionomie candide, à peine débarqué dans le pays, j'ai besoin d'apprendre une foule de choses; quelqu'un est-il en mesure de me dire ce qu'est ce fameux char de Jagernaut?

Mathew haussa les épaules :

— Demandez à Woolgate, c'est le dictionnaire de poche de la garnison.

— Hip! Hip! clamèrent les autres... un hourrah pour le *Dictionnaire de poche!*

Puis tous se tournèrent vers un lieutenant petit, sec, brun, au teint jaune, qui jusque-là s'était tenu modestement à l'écart.

— Allez, Woolgate, présentez Jagernaut à ce néophyte.

L'interpellé ne se fit pas prier, et du ton d'un professeur en chaire :

— Jagernaut ou Djaggernat, dit-il, *Djaghannata* en sanscrit, *Pouri* en hindoustani, est une ville du district de Kourda. Arrosée par la rivière Manahaddy, elle compte 50.000 habitants. Dans son enceinte est un immense temple de Vischnou qui contient une statue colossale du dieu; cette statue fait des miracles; en touchant son nez on s'assure l'abondance. Dans son genou réside la santé, son orteil garantit l'affection partagée; ainsi de suite. Autrefois, les prêtres conduisaient chaque année l'image divine sur l'une des places de Jagernaut, où le peuple était admis à se frotter, avec une extatique dévotion, contre l'appendice nasal, la rotule ou le pied du conservateur des êtres. Naturellement, pour transporter la pesante masse, il fallait un véhicule énorme, traîné par trente-deux chevaux, et la cérémonie attirait un nombre considérable de pèlerins, seize ou dix-sept cent mille. Chacun payait une redevance au temple, qui se faisait de ce chef une rente d'environ 30.000.000 de shellings (37.500.000 francs). Cette affluence de fidèles et de monnaie faisait du tort aux autres sanctuaires de l'Inde. De là récriminations, concile des brahmes et enfin décision aux termes de laquelle chaque temple à son tour fut chargé d'organiser la procession de Jagernaut. Chacun établit une reproduction du char de Djaggernat. Cette année ce lucratif honneur est échu à Ellora. Voilà, vous en savez maintenant autant que moi-même.

Durant une minute les officiers restèrent muets.

Tous s'avouaient *in petto* que le docteur Mystère était doué d'une audace hors pair, pour oser s'attaquer à une institution qui avait motivé un concile de brahmes.

Et, en gens pratiques, ces Anglais songeaient :

— Cet homme est fou, probablement; sans cela il aurait compris que la redoutable association religieuse fera tout, non pas pour défendre Vischnou, qui en sa qualité de dieu est assez grand pour se défendre lui-même, mais pour protéger ses intérêts personnels.

— C'est égal, fit Topson traduisant la pensée de tous, voilà qui va être curieux.

— Certes, affirma-t-on autour de lui.

— Il est ennuyeux de se promener à cheval sur la route par ce soleil de feu; mais vraiment l'aventure en vaut la peine.

— N'empêche, grommela la voix de Mathew, que nous allons risquer bénévolement d'attraper une insolation.

— *Il faut gagner son plaisir.*

— Sans doute, sans doute, mais il me plairait davantage d'assister au duel de l'étranger avec Vischnou, en étant confortablement assis à l'ombre, avec une carafe de *lemonade* devant moi.

Quelques sous-lieutenants, plus ardents que les autres, allaient protester. Ils n'en eurent pas le temps. Une voix grave et douce s'éleva soudain et dit :

— Messieurs, je vous offre de grand cœur les sièges, l'ombre et la limonade.

D'un même mouvement, tous firent face vers celui qui avait parlé et ils restèrent stupéfaits.

Entré sans bruit, sans que les officiers, tout à leur discussion, l'eussent remarqué, un homme était debout à quelques pas d'eux.

Grand, élancé, il était dans une pose gracieuse. Sa blouse de soie vert pâle sur laquelle retombait une ceinture rouge, son pantalon large, serré à la cheville, au-dessus de souliers vernis d'une irréprochable façon, son turban au frontal duquel scintillait une figurine d'or, lui donnaient l'apparence d'un de ces nababs, consacrés au culte de la divinité, et qui forment dans l'Hindoustan une sorte de caste sacerdotale libre; mais son visage, souriant d'une beauté presque surhumaine, chassait bien vite cette impression.

Il appuya la main sur sa poitrine et se présentant :

— Le docteur Mystère... qui sera très heureux de vous offrir l'hospitalité dans sa maison automobile pour parcourir la route brûlante d'Ellora.

Un instant, les assistants hésitèrent. L'apparition soudaine de l'homme dont toutes les cervelles se préoccupaient, son invitation arrivant à point nommé, avaient, vu les circonstances, un je ne sais quoi de fantastique dont chacun se sentait impressionné.

Pourtant la perspective de trotter en plein soleil durant vingt kilomètres (11 milles) fit taire ce sentiment de vague défiance, et Cherry, le plus ancien lieutenant, crut devoir répondre au nom de tous :

— Si notre acceptation pouvait ne pas sembler indiscrète, je dirais : *Remerciements, Monsieur, cela est tenu.*

— Il n'y a pas plus indiscrétion que danger, reprit le docteur.

Un murmure dubitatif s'échappa de toutes les lèvres.

— Oh! oh!

— Pour l'indiscrétion, j'aurais mauvaise grâce à insister, déclara Cherry, mais en ce qui a trait au danger....il n'en est pas de même.

— Quoi? vous y croyez?

— Certes. Les Brahmes sont jaloux de leur influence et ils sont puissants.

— Alors, interrogea Mystère souriant toujours, vous avez peur?

— Peur!

Les officiers se redressèrent avec des mines héroïques.

— Un officier anglais n'a jamais peur, gronda le lieutenant Cherry.

Le docteur s'inclina :

— Je le pensais aussi. En ce cas, rien ne vous empêche plus de m'accompagner à mon logis roulant et d'honorer de votre présence le spectacle auquel je vous convie.

On se regarda avec stupeur. Sans en avoir l'air, le mystérieux médecin avait dirigé la conversation de telle sorte qu'il n'était plus permis de décliner son invitation.

Comme, au fond, la proposition semblait agréable, l'entente fut bientôt conclue.

A la suite de Mystère, tous sortirent du bar, renvoyèrent leurs montures et leurs brosseurs, et vingt minutes plus tard, ayant franchi la porte Dinarou, ils arrivaient près de la maison d'aluminium.

La description rapide que Mathew avait donnée de l'appareil était assez exacte.

Un wagon long, à deux étages, surmonté d'une toiture imbriquée; à l'arrière un perron d'accès, à l'avant une terrasse; le tout en bronze d'aluminium, sans couche de peinture, brillait sous les rayons du soleil comme un lingot d'or pâle.

Au haut du perron, sept hommes, uniformément vêtus, à l'hindoue, de costumes vert sombre, attendaient le maître.

Quiconque eût vu le *Saint-Kaourentin*, à Audierne, eût reconnu sans peine dans ces personnages, le patron Kéradec et ses six matelots : Yvonou, court, trapu, la face ronde; Kerbras et Belvenec, grands, osseux, le regard dur, vrais fils de la Cornouailles bretonne; Artener, le Moal, de taille moyenne, à la physionomie joviale de Concarnois, et enfin Kerloch, un gars de Douarnenez, têtu comme une mule et fort comme un bœuf.

Mystère gravit les degrés, précédant ses hôtes. En passant auprès de Kéradec il s'arrêta une minute et échangea avec le « patron » ces phrases énigmatiques :

— Mes ordres...?

— Exécutés. Tout est préparé.

— L'ours?

— Enduit des pattes au museau.

— Les miroirs paraboliques?

— En place.

— Bien.

Si rapide avait été ce colloque, que les officiers anglais ne le remarquèrent pas. A la suite de Mystère, ils pénétrèrent dans la maison roulante.

On traversa un vestibule dont les parois, formées d'aluminium pur et de bronze d'aluminium, offraient à l'œil des alternances de carreaux blanc argent et jaune d'or, puis un salon où tous firent halte avec un cri d'admiration.

Ici encore les cloisons présentaient les deux teintes de l'aluminium et du bronze, mais ce n'étaient plus des quadrilatères qui y étaient figurés. Non, sur tout le pourtour de la salle, des personnages combattaient, priaient; des guerriers, des prêtres, des femmes se groupaient, illustration métallique du grand poème brahmanique, *le Mahabharata*, récit merveilleux de la lutte antique des Brahmes contre les nobles, des prêtres contre les guerriers, dans laquelle les derniers furent vaincus.

Cette décoration couvrait trois panneaux.

Sur le quatrième était représenté un cavalier dont le cheval galopait éperdument au milieu d'un paysage désolé. Devant lui s'enfuyait une ombre de femme portant une étoile au front. Au-dessous on lisait :

— « *Ber aoud !* »

Ce qui peut se traduire par :

— Vers l'avenir.

Le docteur laissa ses hôtes regarder à leur aise, puis doucement, avec un accent profond qui les surprit :

— Le sage, dit-il, en désignant le cavalier.

Et d'un geste large montrant les scènes de combat, il ajouta :

— Les fous.

Sans s'inquiéter de savoir s'il était compris ou non par ses interlocuteurs, il se remit en marche et entra dans la salle à manger. Ici les combinaisons de l'aluminium formaient sur les murs des guirlandes de fleurs.

Une large baie ouvrait sur une terrasse bordée d'une balustrade à jour et abritée contre les rayons du soleil par un velum rayé de jaune et de blanc.

Des petites tables, des chaises y étaient disposées.

Mystère les indiqua du geste.

— Messieurs, vous êtes chez vous. Je vous demanderai la permission de m'absenter un instant. Il me faut veiller à la mise en marche de l'appareil. Installez-vous, je vous prie.

Brusquement il se frappa le front.

— J'allais oublier. Regardez ici, Messieurs.

Du doigt il désignait une rangée de boutons alignés à droite de la fenêtre.

— Sous chacun de ces « appels » électriques, Messieurs, se trouve, vous le voyez, une étiquette portant le nom de l'une des liqueurs préférées par les hommes en tous pays. Pour être servis à votre goût, il vous suffira d'appuyer sur le bouton correspondant à la boisson choisie. Une armoire, qui occupe cet emplacement — il le dessinait sur la paroi, — s'ouvrira et vous y prendrez la « consommation ». On évite ainsi les allées et venues des domestiques.

Ravis, les officiers écoutaient.

— C'est féerique, s'écria Mathew.

— En effet, appuya Topson.

Le docteur secoua la tête :

— Mais non, c'est de l'amusette scientifique; un simple perfectionnement des distributeurs automatiques que l'on rencontre à chaque pas en Europe.

Sur ce, il s'inclina :

— Encore une fois pardon, Messieurs, dans un instant je reviens.

Quittant la terrasse, Mystère disparut.

Tandis que ses hôtes, avec une joie de collégiens en vacances, « sonnaient » aux boutons du distributeur, les apéritifs les plus variés, le médecin rentrait dans le salon.

Automatic Bar.

Là, il fit descendre la benne de la pièce aux patères ciselées, y prit place et gagna l'étage supérieur.

Kéradec se trouvait dans la salle en compagnie de Cigale et d'Anoor.

Tous trois, le nez en l'air, regardaient le plafond avec ahurissement.

Certes la stupeur peinte sur leurs visages était justifiée.

La panneau métallique s'était soudainement animé. On y voyait, avec une netteté incompréhensible, puisque la pièce était hermétiquement close, la terrasse de la maison roulante. La balustrade, les tables, les chaises se dessinaient, et aussi les officiers anglais riant, se pressant au distributeur-limonadier.

Plus bizarre encore, on percevait la voix des causeurs; on les entendait s'extasier sur la « *very select* » installation du « *gentleman Mystère* ».

Les observateurs étaient si absorbés par ce spectacle, qui transformait le plafond en quelque chose d'approchant à une scène de théâtre, en une sorte de cinématographe doué de la parole, qu'ils ne s'étaient point aperçus de l'arrivée du docteur.

Ludovic lui-même, — l'ours était là — dont la cervelle ursine avait sans doute été troublée par l'incident, restait immobile, arc-bouté sur ses pattes frémissantes, dans une attitude gauche et effarée.

— Eh! eh! fit le médecin, mon *téléphote* fonctionne bien.

Tous sursautèrent et Cigale vivement :

— Pour sûr,... patron, c'est *laminant* cet appareil-là. On voit, on écoute les gens comme si l'on était près d'eux... et ils ne s'en doutent pas.

— Oh! murmura Anoor avec ferveur, l'esprit de Brahma est en toi.

— Mais non, mon enfant, fit le docteur d'une voix caressante, non c'est tout simplement la science d'Occident. Ceci est un perfectionnement du *téléphone* et du *téléphote*.

Brusquement le Parisien fit claquer ses doigts pour marquer son dépit.

— Qu'as-tu?

— J'ai, j'ai, grommela Cigale, que je me demande pourquoi vous donnez à votre *machine* des noms à coucher à la porte.

— Quels noms?

— Ceux que vous venez de dire... c'est du chinois cela.

— Tu te trompes, c'est du grec. Téléphone signifie qui transmet le son à distance, et téléphote... qui transmet l'image, as-tu compris?

— Cette idée... je ne suis pas une bête... mais je ne suis pas Grec non plus. Ce serait bien plus clair d'appeler vos machines : *le truc-trompette, le truc-bavette.*

— Trompette, bavette... que chantes-tu-là?

Le gamin pouffa de rire.

— Ah voilà! Vous savez le grec, vous, patron; moi, je sais le parigot. Eh bien, la trompette, à Paris, c'est la boule au milieu de laquelle pointe le nez... le nez... « trompette » parce que lorsque l'on se mouche... Vous y êtes... bien, c'est pesé. Quant à « bavette », c'est la conversation des bavards...

Cigale était lancé, il ne se serait pas arrêté de longtemps, si son interlocuteur ne l'avait interrompu.

— Le temps passe. Il va falloir partir... Kéradec, tu as disposé les miroirs paraboliques?

— Oui, commandant, fit l'ancien patron du *Saint-Kaourentin*, donnant à son chef, selon l'usage des matelots, le titre que prend le capitaine d'un navire. Oui, commandant, les voici.

Et de sa grosse main, l'homme désigna deux réflecteurs, dont la partie concave faisait face à la muraille d'avant de la maison automobile.

— Bien, aussitôt en marche, tu glisseras les plaques mobiles.

Quelle drôle de toilette on a faite à Ludovic!

Tout en parlant, le docteur s'approchait de la cloison, poussait légèrement deux petits panneaux métalliques qui, filant sur des glissoires, démasquèrent des ouvertures carrées d'environ vingt centimètres de côté.

— Par là, continua Mystère, tu apercevras de loin le char de Jagernaut.

— Oui, commandant.

— Aussitôt qu'il sera en vue, porte les yeux au plafond. Tu m'y verras parmi mes invités. Souviens-toi bien, quand j'étendrai le bras en disant :

« Vischnou, montre à tes fidèles que je suis le plus aimé de tes fils ! » tu opéreras ainsi que je te l'ai indiqué.

— Oui, commandant.

— Parfait! je redescends. Cigale, Anoor, vous m'accompagnerez avec Ludovic.

— Chic, s'écria le gamin, seulement si c'est avec vos petits miroirs que vous arrêtez les trente chevaux du char de Jagernaut, je vous paie un kilo de cerises.

— Tu verras par toi-même. Imite Anoor; elle a confiance en moi, elle.

— Oh oui, affirma la fillette.

— Moi aussi, bon sang! s'écria le gamin; seulement je voudrais comprendre.

— Eh bien, je t'expliquerai, mais plus tard. A cette heure, il faut agir. Surveille tes paroles. Anoor et toi, vous êtes mes élèves, rien autre. Des dangers nombreux nous environnent: la mort plane sur notre gentille compagne.

— La mort, redit le Parisien en se plaçant vivement devant la fillette!...

— Nous la vaincrons, acheva le docteur. Mais sois prudent, sois prudent. Allons, en route.

Un instant après, la benne déposait Mystère et ses « élèves » dans le salon du rez-de-chaussée, en même temps que l'ours.

— Quelle drôle de toilette on a faite à Ludovic, remarqua Cigale, il sent une odeur bizarre.

— Celle d'une plante de l'Himalaya, la *Besjesbé* (Cactus Horridus Boutanensis) dont on l'a enduit par mon ordre.

— A votre place, patron, j'aurais choisi un autre parfum...

— Tu changeras d'avis, mon garçon, aujourd'hui même.

Puis, pour couper court à de nouvelles questions, le docteur passa dans la salle à manger, et de là sur la terrasse.

Il présenta ses jeunes amis à ses hôtes; tout le monde s'assit, et lentement, sans secousses la maison roulante s'ébranla.

Aucun bruit n'avait trahi la mise en marche de son moteur, aucune trépidation n'accompagnait son mouvement.

— Aoh! murmurèrent les officiers... Construction admirable!

Cependant la vitesse de l'appareil croissait peu à peu. Suivant le chemin sur lequel il avait été garé, il rejoignit la grande route d'Aurangabad à Ellora et fila rapidement au milieu des flots de curieux, qui se rangeaient avec un respect superstitieux sur son passage.

Plus on avançait, plus la cohue grossissait. Sur les bas-côtés de l'avenue, dans les champs riverains, piétons, cavaliers, palanquins juchés sur des éléphants se suivaient, se bousculaient avec des cris, des exclamations. Puis c'étaient de longues théories de fakirs, marmottant les litanies interminables du culte védique.

Mais tout se taisait à l'approche de la maison automobile. Il y avait de la terreur dans les regards qui se fixaient sur cette machine inconnue, marchant à la rencontre du char de Jagernaut.

Quel drame mystérieux et mystique allait s'accomplir?

Impressionnés eux-mêmes, les officiers anglais ne se sentaient plus la force de parler.

Immobiles sur la plate-forme, ils éprouvaient un malaise plus grand à chaque tour de roues.

Leur hôte qui, seul, osait attaquer la puissance immense des brahmes, prenait dans leur esprit des proportions fantastiques, et ils le considéraient avec une secrète angoisse.

Lui ne semblait pas se douter des sentiments divers qu'excitait sa conduite.

Très calme, il causait à voix basse avec ses voisins.

Il souriait. Vraiment on eût cru que tout cela ne le regardait pas, et cependant il était certain que s'il échouait dans son entreprise, les fanatiques venus par milliers à la fête de Jagernaut le mettraient en pièces.

On quitta la région des plaines qui entourent Aurangabad. Le sol se mamelonnait, annonçant ainsi l'approche de la contrée montagneuse des Ajanta Ghats.

Et la foule augmentait encore. On dut ralentir l'allure de l'automobile pour traverser la misérable bourgade d'Ellora, amas de cabanes sordides, située à l'orée de la gorge sacrée où s'entassent les monuments grandioses de la foi de l'Inde libre et puissante.

A cinq cents mètres en avant, comme une entaille creusée dans la montagne par la cognée d'un bûcheron géant, s'ouvrait la gorge d'Ellora.

Et soudain un murmure éperdu courut dans la foule massée sur les rochers, dans les vallonnements, sur les toitures coniques des habitations. Les officiers anglais eux-mêmes ne purent retenir un « aoh! » haletant.

C'est que, tenant toute la largeur de la route, le char colossal de Jagernaut venait de déboucher du défilé.

Surmonté d'une énorme statue dorée de Vischnou, le véhicule affectait la forme d'une pyramide à gradins, sur lesquels s'étageaient les quatre ordres de l'église brahmanique.

Tout au haut, près de l'image du dieu, les *Sounyasi* (ascètes) à la robe blanche aux ornements d'argent. Au-dessous, les *Vanaprastha* (ermites) aux tuniques jaunes lamées d'or; plus bas, les *Grihasta* (chefs de famille) et les *Bramachari* (néophytes) couverts de vêtements bleus avec passementeries de cuivre, ou rouges avec galons de fer. Trente-deux chevaux, attelés par huit de front, traînaient l'énorme machine.

Tout à l'entour, à pied, armés de la lance et du bouclier sacrés, les aspirants à la caste brahmanique, élèves des *darsana*, écoles préparatoires, marchaient en chantant les louanges de la triade védique.

La maison roulante avançait toujours.

Avant deux minutes, elle aurait rejoint le char de Jagernaut.

Qu'allait-il se passer?

D'un coup, la foule sembla pétrifiée. Plus un geste, plus un bruit sauf celui de vingt mille respirations haletantes. Tous les cœurs battaient. Et les officiers, qui s'étaient levés d'un même mouvement, regardaient, les yeux écarquillés, la statue de Vischnou, dont le visage souriant semblait railler l'imprudent qui prétendait l'arrêter dans sa marche.

Il n'y a plus que cent mètres entre les deux chars, plus que cinquante, plus que vingt.

A ce moment la maison roulante stoppe.

Une minute d'attente angoissée s'écoule, puis le docteur Mystère se lève. Il regarde le Brahme-Aïtar, assis au sommet du char. Près de ce dernier est un prêtre, dont la face est cachée par un voile percé de deux ouvertures, à travers lesquelles luisent des yeux ardents.

Ce personnage observe Mystère avec une attention bizarre. On dirait qu'il cherche à le connaître, à le deviner, et l'Aïtar, sans un mouvement, le visage immobile, murmure.

— Le reconnais-tu, Arkabad?

Arkabad! Le nom qu'Anoor donnait à celui qu'elle accusa de l'avoir précipitée dans la mer, à Audierne.

— Non, répond l'autre d'une voix sourde.

Soudain un tressaillement agite sa robe, son voile.

— Oh! gronde-t-il!

— Qu'est-ce?

— Là, appuyée sur la balustrade de leur infâme machine...

— Que vois-tu?

— Un être ressuscité.

— Qui?

LE CHAR DE JAGERNAUT.

— Anoor, Anoor Tadjar que le collège des Brahmes avait condamnée à mourir. Anoor que j'ai emmenée bien loin vers l'occident, que j'ai jetée dans les flots aux confins du monde;... elle est là vivante, debout.

Et avec une surprise effrayée, Arkabad ajoute :

— Quelle est donc la puissance de cet homme qui sait arracher ses victimes à l'Océan?

Mais la foule attentive commence à murmurer.

L'Aïtar reprend :

— Qu'importe. Cet homme est un insensé. Le char de Vischnou ne lui livrera jamais passage, et nos fidèles déchireront son corps. Anoor aussi disparaîtra dans le tumulte.

A son tour le brahme se lève, il étend les bras :

— Que la profanation retombe sur la tête du coupable. Infidèle qui te fais appeler le docteur Mystère, retourne en arrière ou crains la colère du conservateur des êtres.

Comme un champ d'épis sous le vent d'orage, le peuple se courbe en entendant cette voix redoutée. Beaucoup se prosternent; des enfants poussent des cris d'effroi, et les femmes, les fakirs, les pèlerins, psalmodient :

— Vischnou! Vischnou, confonds le sacrilège.

Sur la terrasse de l'automobile, les officiers anglais échangent des regards inquiets. Ils regrettent d'avoir accepté l'invitation du docteur. Quelle apparence que celui-ci tienne son audacieuse promesse?

Arkabad.

Mystère, lui, n'a rien perdu de sa tranquillité : il parle :

— Brahme-Aïtar, et vous, hommes du peuple qui m'écoutez, je veux rappeler ce que j'ai affirmé hier.

Un frisson parcourt l'assistance. L'organe vibrant de l'étranger a remué la foule.

— J'ai dit, reprend-il, j'ai dit ceci : Je veux converser avec le sage des sages, le fakir Beïlad prisonnier volontaire au fond des temples d'Ellora. Cela, je le sais, est défendu par les rites, mais Vischnou approuve ma démarche; il le démontrera aux yeux de tous, en écartant lui-même son char de ma route, en laissant libre, pour moi, l'entrée de la gorge sacrée. Est-ce bien ainsi, Brahme-Aïtar?

— Oui, répond l'interpellé; souviens-toi seulement que si tu nous as trompés, ta mort seule peut expier ton sacrilège.

— Je ne crains rien. Vischnou est avec moi.

Alors le docteur étend les bras. Il clame d'une voix puissante, qui arrive jusqu'aux derniers rangs des spectateurs :

— Vischnou! Vischnou! montre à tous quel est ton fils préféré!

Il a à peine achevé, qu'un pétillement se fait entendre. Les chevaux du char de Jagernaut ont des hennissements de douleur, les prêtres se dressent sur les gradins, avec des sursauts, des contorsions incompréhensibles.

Des étincelles rougeâtres courent sur l'attelage, le long des ornements métalliques des robes des brahmines, une flamme semble envelopper la statue du dieu.

La foule hurle de terreur, les officiers eux-mêmes se sont reculés. Adossés à la paroi de la maison roulante, ils assistent hébétés à la scène incroyable qui se joue sous leurs yeux.

Mystère se penche vers Cigale debout près de lui :

— Tu vois l'effet de mes miroirs diaboliques, comme tu les appelais?

— Oui, patron...

Et avec admiration :

— C'est *catapultueux*... seulement je ne comprends pas.

— Je t'expliquerai, je l'ai promis.

Le docteur s'interrompt. Anoor lui a saisi les mains, elle les porte à ses lèvres; fervente elle balbutie :

— Ah! Maître, Maître, que tu es grand.

Il n'a pas le temps de répondre.

Le feu d'artifice incompréhensible qui embrase le char de Vischnou s'accentue. Les coursiers se cabrent, ruent, se débattent. Les brahmes poussent des clameurs éperdues, et soudain, les trente-deux coursiers, comme obéissant à un invisible automédon, se jettent de côté, entraînent le véhicule hors de la route, et s'arrêtent dans un champ voisin, ruisselants de sueur, tremblant sur leurs pieds.

— Merci, Vischnou, conservateur du monde, clame Mystère. Merci d'avoir manifesté ta tendresse pour le plus respectueux de tes enfants.

C'est par un hurlement enthousiaste que répond la foule superstitieuse, enfiévrée par le « miracle ».

Tous se ruent en avant, tous veulent toucher les parois de la maison d'aluminium, demeure de l'homme auquel le dieu vient de manifester son amitié. Mais d'un geste large, le docteur les arrête.

Tous demeurent immobiles, muets, suspendus à ses lèvres.

— Frères, dit-il, laissez approcher les Brahmes. Il faut maintenant qu'ils me conduisent vers le fakir Beïlad.

Et le populaire s'écarte, et les prêtres s'avancent conduits par l'Aïtar dont le visage est d'une pâleur marmoréenne. Ils approchent. L'Aïtar s'écrie :

— Vischnou le veut. Qu'il soit fait selon tes désirs. Mais il n'est pas en notre pouvoir de dompter les gardiens des temples. Sans doute, le dieu te protégera.

Il y a de l'ironie dans ses paroles, empreintes d'une apparente de déférence.

Dans toute l'Inde on connaît « les gardiens des temples d'Ellora ».

Ce sont des fauves : panthères, guépards, ocelots. Le roi de ces gardes d'un nouveau genre est un tigre. Sacrés, ces animaux errent en liberté dans les cavernes creusées aux flancs de la gorge sainte.

Comme les autres, les officiers ont compris. Ils se tournent vers Mystère. Que va-t-il répondre? Lui, hausse les épaules :

— Tu me guideras, toi, Brahme-Aïtar. Je marcherai à pied en ta compagnie, suivi de mes deux élèves et de mes hôtes ici-présents. Je n'emporterai aucune arme. Vischnou veille sur moi, et il frapperait sans pitié quiconque s'opposerait à l'accomplissement de ce qu'il a décidé.

Et les Anglais semblant peu flattés de cette promenade dans des cavernes peuplées de félins redoutables, Mystère ajoute :

— Messieurs, il n'y a aucun danger.

Sa confiance les gagne. N'a-t-il pas déjà contraint le char de Jagernaüt à s'écarter de sa route? Tous le suivront.

Leur curiosité d'ailleurs les pousse. Ils ne croient pas, eux Européens, à l'intervention de la divinité. C'est un procédé scientifique, un appareil électrique sans doute qui a triomphé des résistances brahmaniques, mais quel appareil? Le docteur a-t-il trouvé le moyen d'emmagasiner et de doser la foudre? Questions insolubles, et l'impossibilité d'y répondre exalte leur désir de savoir.

Cependant Mystère quitte la terrasse. Derrière lui on traverse la salle à manger, le salon, le vestibule. Le groupe descend l'escalier du perron qui se relève derrière lui, fermant l'entrée.

A la vue de Mystère, les curieux se jettent face contre terre, et dans un murmure religieux, monte à ses oreilles la prière que les fidèles Hindous prononcent devant les images de Vischnou.

— *Am Vischnou dapi Brahma, abad eksoor Siva..... Arahmri beïtoolor!* (1)

Il sourit.

Pour ces simples, il est une incarnation de la divinité. A cette heure, il est tout-puissant, et s'il ordonnait aux fanatiques de massacrer les Brahmes, il serait obéi.

Lentement il contourne la maison roulante. A son côté s'avance Ludovic dont l'allure est triomphante. Anoor et Cigale, se tenant par la main, le suivent; les officiers ferment la marche.

Le Brahme-Aïtar et Arkabad le regardent venir. Ce dernier murmure :

— Accompagne-les, frère. Je resterai ici.

— Pourquoi?

— Pour pénétrer dans cette machine étrange, à l'aide de laquelle il nous a vaincus.

— Tu veux?

— Oui, il nous faut savoir qui est cet ennemi.

— Crois-tu donc que les fauves consacrés à Siva l'épargneront dans les cavernes?

— Je l'ignore; mais s'ils l'épargnent, c'est à nous qu'il appartiendra de le faire disparaître.

— Tu as raison.

Les deux hommes se séparèrent. Arkabad se perdit dans la foule, tandis que l'Aïtar faisait quelques pas au-devant du docteur.

— Tu es vainqueur, dit le prêtre d'un ton soumis. Ordonne, j'obéirai.

— Conduis-moi vers le fakir Beïlad.

L'échine de l'Aïtar se courba :

— Tu veux affronter les gardiens des temples?

Le savant haussa les épaules :

— Tigre et panthères sont peu de chose pour celui que Vischnou protège. Sois notre guide.

Sa voix était si calme, son regard si assuré, que le brahme ne put réprimer un mouvement de surprise. Il se remit pourtant, et sans autre observation, il se dirigea vers la gorge sacrée.

(1) « Doux Vischnou, égal de Brahma, maître de Siva, que ta volonté soit celle de l'Univers. »

CHAPITRE IV

TIGRES SACRÉS ET TIGRE D'OR

Mystère le suivit avec ses compagnons.

La foule médusée les vit disparaître dans l'étroite coupure rocheuse, puis un immense bourdonnement s'éleva. Trop longtemps comprimées par le respect, les paroles, pressées de s'envoler, s'échappaient de toutes les bouches. Les Hindous exprimaient leur surprise, leur admiration pour la merveilleuse aventure qui venait de s'accomplir.

L'Aïtar marchait toujours. Sans un mot, le docteur et son escorte européenne réglaient leurs pas sur le sien.

On s'enfonçait dans la ravine étroite, au fond de laquelle le soleil n'arrivait pas. Une température fraîche, un demi-jour succédant à l'éblouissement de la plaine incendiée par le soleil causaient à tous une sensation confuse de bien-être et de malaise.

De loin en loin des filets d'eau tombaient en cascades des sommets; on traversait de véritables nuages d'écume, de poussière liquide.

Soudain la passe s'élargit. A droite un escalier géant s'accrochait aux flancs du rocher. C'était l'entrée des temples souterrains.

Trois cents marches raides taillées dans le roc, et sur chacune, formant une sorte de balustrade, un lion de pierre assis, la face tournée vers le chemin, semblait regarder avec un calme menaçant les audacieux se présentant à la porte du sanctuaire.

Lentement l'Aïtar désigna l'escalier du geste.

— Va, répondit le docteur.

Et la montée commença.

Au haut des degrés, une plate-forme surplombait le gouffre, et dans la paroi granitique une large ouverture apparut, sa voûte basse supportée par deux colonnes trapues figurant des lions dressés sur leurs pattes postérieures.

Le brahme étendit les bras en croix, marmotta une oraison inintelligible, se frappa la poitrine par sept fois, puis, le front penché, il pénétra dans la caverne des lions, la première de cette succession unique de Chaïtyas (monastères) brahmaniques, de Viharas (chapelles) bouddhiques et d'hypogées Djaïna, dont l'ensemble est appelé le sanctuaire d'Ellora.

En dépit de leur flegme, les officiers étaient impressionnés sous les voûtes sonores qui répercutaient en l'enflant le bruit de leurs pas, dans la pénombre de ces grottes mystérieuses où de rares fissures percées dans le roc laissaient filtrer une lumière pâle, indécise, troublante.

Et l'Aïtar allait toujours, contournant les colonnes aux chapiteaux ornés de figures grimaçantes, frôlant les statues colossales de Siva aux trois visages, les murs sur lesquels, aux époques préhistoriques, des nations, dont le nom même s'est perdu dans le brouillard des siècles, ont entaillé en interminables processions les exploits de dieux, de demi-dieux, de héros inconnus.

Parfois des corridors étroits se présentaient, boyaux fouillés dans la masse calcaire pour réunir les temples entre eux.

Alors les promeneurs éprouvaient une angoisse douloureuse. Il leur semblait que la montagne, pour les empêcher d'aller plus loin, se resserrait, qu'elle s'apprêtait à les étouffer, à les broyer.

L'épouvante mystique, qui émane de ce colossal labyrinthe sacré, faisait frissonner leur chair, se hérisser leurs cheveux et perler une sueur froide sur leurs tempes.

Mais le docteur ne s'arrêtait point. Indifférent en apparence, il allait droit devant lui, et son port majestueux, sa démarche élastique causaient à ses compagnons une hallucination étrange.

Ils avaient l'impression qu'un des personnages fabuleux, ciselé dans le granit, s'était brusquement séparé de la théorie pétrifiée dont il faisait partie et s'était animé. Renonçant à la procession éternelle et immobile des bas-reliefs, cet être les guidait vers les paradis insoupçonnés des ancêtres ignorés.

Anoor avait pris le bras de Cigale; elle se serrait contre lui, frissonnante, et le Parisien, fier de cette marque de confiance, heureux de protéger sa petite amie, se redressait triomphalement, ne perdant pas un pouce de sa petite taille.

Oh! il n'avait pas l'émotion sacrée, lui. Son tempérament gouailleur de gavroche n'osait pas s'exprimer tout haut, mais à part lui, le gamin s'amusait énormément. Il trouvait « *cocasses* » tous ces « *bonshommes* » façonnés dans le granit. Les murs des temples lui produisaient exactement l'effet des pages de pierre d'un immense journal comique.

Pour tout dire, Ludovic ne paraissait pas plus inquiet que son maître. Le petit ours ne quittait pas le docteur, se maintenant à sa hauteur et marquant pour les sculptures un dédain dont les habitants des olympes antiques devaient se sentir profondément blessés.

Tout à coup un rugissement lointain se fit entendre. Il s'enfla, renvoyé par les voûtes, décuplé par la résonance du milieu.

Les officiers s'arrêtèrent net, portant machinalement la main à leurs sabres.

— Les panthères de Siva, s'écria le Brahme-Aïtar.

— J'ai entendu, fit paisiblement le docteur. Leur présence indique que nous allons traverser la dernière caverne qui précède le temple de Kaïlas, merveille d'Ellora, où réside le fakir Beïlad.

Et comme le prêtre le considérait avec surprise :

— Marchons, ajouta-t-il.

L'Aïtar secoua la tête :

— Tu ignores que les panthères sont libres, et qu'elles ont faim.

Avec une moue dédaigneuse, Mystère répliqua :

— Elles ne mangeront pas aujourd'hui.

Puis flattant de la main Ludovic arrêté auprès de lui :

— Attention, mon camarade ours, c'est toi qui vas les faire rentrer dans leurs niches.

Cigale se prit à rire de cette facétie. Il était en effet assez comique de prétendre que le doux Ludovic aurait raison des cruels félins.

Mais l'hilarité du gamin n'eut pas d'écho. Une inquiétude planait sur les assistants, et Anoor traduisit ingénument la pensée de tous en disant :

— Des panthères libres..... elles vont nous dévorer.

Le savant se tourna vers elle; il n'eut pas le temps de parler, le Parisien s'écriait :

— Il n'y a pas de danger, petite *frangine,* le patron est là et moi aussi...

Puis avec un inimitable accent de mépris :

— Une panthère... la belle affaire! Après tout, cela n'est qu'un gros chat.

Mystère promena son regard des Anglais au petit bonhomme. Il remarqua l'antithèse offerte par les visages anxieux des officiers et la physionomie insouciante du gavroche, et si bas que nul ne put l'entendre :

— Oh! Français, Français, murmura-t-il, race courageuse et gaie..... pourquoi les Hindous ne vous ressemblent-ils pas?

Mais s'arrachant brusquement à ses pensées, il revint au brahme :

— Guide-nous.

— Tu le veux?

— Oui.

Dominé, l'Aïtar se remit en route, suivi par les Européens.

Aussitôt des rugissements s'élevèrent du fond de l'ombre. Les panthères flairaient les étrangers et elles traduisaient leur satisfaction. Pour elles, c'étaient des proies assurées.

Grelottante de peur, Anoor se cramponnait au bras de Cigale, se laissant entraîner par lui, et dans les traces des enfants les officiers s'avançaient d'un pas automatique, les côtes serrées par un sentiment qui ressemblait fort à la crainte.

A ceux qui songeraient à les railler, on peut répondre que la profession d'un soldat n'est pas précisément de se promener au milieu de fauves en liberté. Tel d'ailleurs qui affrontera sans trembler balles et mitraille, tremblera s'il se trouve inopinément, sans armes, en présence d'un chat furieux... à plus forte raison de plusieurs panthères.

Imperturbable, le docteur gagnait du terrain.

La petite troupe déboucha dans une vaste salle, éclairée par en haut et dont les piliers courts, énormes, semblaient écrasés sous le poids du plafond de granit.

— Les gardiennes de Siva sont là, gronda le brahme.

— Bien.

— Il est encore temps de revenir en arrière.

LES GARDIENNES DE SIVA.

— Je ne recule jamais, répliqua sèchement le savant... Marchons.

Quelques pas encore. Une porte, la première rencontrée depuis l'entrée dans les cavernes, — une porte tourne sur ses gonds.

On pénètre dans une grotte spacieuse. Une large baie s'ouvre à la droite des voyageurs, laissant entrer à flots le soleil et la chaleur.

Tout autour sont rangées des cages de fer, mais toutes sont ouvertes, et les panthères qu'elles renfermaient forment, au milieu de la salle, un groupe fauve, tacheté de noir.

Elles sont là, le museau tendu vers les arrivants, découvrant leurs formidables dents, dont les cornes d'ivoire tranchent, menaçantes, sur la teinte de sang de leurs gueules gourmandes...

Les queues battent les flancs de coups sourds, les pattes s'allongent, agrandies par l'extension des griffes contractiles.

Il semble que les visiteurs vont être déchirés, mis en pièces.

— Balam! Balam! hurle le brahme en se jetant de côté de façon à démasquer Mystère.

A ce cri, les fauves se rasent, ils vont bondir; mais le savant caresse Ludovic et lui dit ce seul mot :

— Va!

Alors se produit une chose incroyable. L'ours, dont chacun des félins ne ferait qu'une bouchée, s'élance sur les terribles animaux, et les panthères s'écartent, reculent, se sauvent avec des rauquements douloureux.

Et Ludovic les pourchasse. Il les force à réintégrer leurs cages que le docteur, aussi calme que s'il était dans un salon, verrouille une à une.

Cinq minutes à peine se sont écoulées et les ennemis ne sont plus à craindre.

Ahuris, le brahme, les officiers ont assisté à ce duel incompréhensible.

L'Aïtar considère Ludovic avec une rage impuissante. Il ne sait pas que le plantigrade est imprégné des âcres parfums du Cactus Horridus Boutanensis, que cette odeur est la seule cause de la reculade des panthères. Dans l'événement, il croit voir une intervention divine.

— Incarnation de Vischnou? murmura-t-il.

L'ours des cocotiers est devenu pour lui le Conservateur de l'univers. Science vaine que celle de ces brahmes qui trompent les peuples de l'Inde, et qui n'ont pas une puissance cérébrale suffisante pour s'élever au-dessus des superstitions qu'ils propagent.

Du reste il n'a pas le loisir de se livrer à de longues réflexions. Mystère revient à lui, le sourire aux lèvres :

— Continuons notre promenade, dit-il, le temps passe et mes heures sont comptées.

Et servile, l'Aïtar reprend la tête de la colonne.

Il gagne l'entrée de l'excavation. Un nouvel escalier accroché aux flancs de la montagne se présente. Il semble le pendant de l'autre, mais sur chacun de ses degrés c'est l'image du tigre qui se dresse et dont les yeux de pierre se fixent immobiles, troublants, sur les voyageurs.

On descend. On arrive au niveau du sol, dominé par des falaises de six cents pieds de hauteur.

Ici la gorge n'est plus qu'un couloir étroit, où l'on doit passer un à un.

Il fait sombre; la coupure qui déchire les entrailles de la montagne serpente en incessants détours. Le chemin s'élève peu à peu, et tout à coup la gorge s'élargit. Un cri de stupeur admirative échappe aux Européens.

Le temple de Kaïlas est devant eux.

C'est que ce monument unique est en effet déconcertant.

Les ouvriers d'autrefois ont attaqué le sommet de la montagne; ils ont creusé un puits de 127 mètres de long, de 60 de large, de 30 de profondeur, laissant subsister au centre une « *Ame pleine* » de 100 mètres sur 50; et ce bloc de rocher, ils l'ont fouillé en temple. Ils ont arrondi le faîte en dômes, ont découpé des flèches, des obélisques; au-dessous, ils ont évidé des salles, conservant des colonnades, des passerelles, des escaliers; le bloc de pierre de 150.000 mètres cubes est devenu un bijou, un coffret précieux, que des générations d'artistes ont revêtu d'un manteau de sculptures.

Nulle part, en aucun pays, dans aucune civilisation, ne fut rêvée et exécutée œuvre plus magnifique et plus extraordinaire que ce sanctuaire fait d'une seule pierre, ce monolithe de Kaïlas.

— Ton cœur est-il assez fort pour entrer sans peur dans ce réduit sacré, demanda encore l'Aïtar?

— Oui, oui, fit le docteur; marche, je te suis.

Mais son interlocuteur ne bougea pas.

— Attends. Il faut que je te prévienne.

— De quoi donc?

— Des rites qui accompagnent la visite d'un étranger.

— Parle, je t'écoute.

Le brahme parut réfléchir, puis avec l'intention évidente d'effrayer le savant :

— Le Kaïlas est divisé en trois parties.

— Je sais cela, passons.

— La première contient les salles de purification terrestre, les fidèles y lavent dans des eaux courantes les souillures de leur corps.

— Bon, après?

— La seconde est celle où les âmes se relèvent par la prière.

— Ne t'interromps pas, brahme.

— Une passerelle aérienne la relie à la dernière, le Saint des Saints. C'est là que tu rencontreras le fakir Beïlad ; mais, je t'en préviens, le sage est gardé jalousement par le tigre destructeur, et tout homme non initié doit trouver la mort en ce lieu.

Le prêtre se tut.

— Eh bien, reprit Mystère d'un ton dégagé, je ne vois rien dans tout cela qui soit de nature à m'inquiéter.

Une imperceptible contraction du visage de l'Aïtar trahit sa mauvaise humeur. Pourtant il se ressaisit aussitôt :

— Un mot et j'aurai fini.

— Si ce mot n'est pas grossier, prononce-le bien vite... et marchons.

— Seul tu seras admis à pénétrer dans le Saint des Saints, car seul tu as été désigné par Vischnou.

Le tigre sacré.

— Entendu. Seul ou accompagné, je n'ai rien à craindre.

— Ton ours ne pourra te suivre, car l'ours est impur; le tigre est l'animal unique qui réjouisse les yeux de la divinité.

Du coup, Mystère éclata de rire :

— Je te comprends, brahme. Tu penses que n'étant plus défendu par mon ami à quatre pattes, je serai dévoré par le tigre. Qu'à cela ne tienne, l'ours ne viendra pas avec moi; mais le tigre sacré mourra, afin de punir ta résistance aux désirs de celui qui est envoyé par Vischnou.

Sans permettre à son interlocuteur de répondre, le docteur se porta en avant. La tête haute, la démarche dominatrice, il contourna l'édifice et vint s'arrêter en face d'une ouverture désignée sous le nom de : Porte de Siva.

C'est une baie rectangulaire, surmontée d'un auvent de granit sur lequel est retracée en relief méplat la légende du héros Rama combattant à la tête d'une armée de singes. De chaque côté s'avancent des contreforts carrés, dont la face antérieure porte en demi-bosse des figures double grandeur nature de Siva destructeur et de son épouse Kali, la sanguinaire.

A droite et à gauche, de grands panneaux en relief retracent l'existence de ces divinités du meurtre.

Trois degrés descendent vers les salles intérieures de purification charnelle.

Sans hésiter, ainsi qu'un habitué visitant un logis familier, Mystère pénétra dans le temple. Il traversa les salles formées de deux étages superposés, à la colonnade double, aux murailles couvertes de sculptures sacrées, aux plafonds ornés de peintures. Il fit le tour des vasques de pierre des bassins d'ablutions ; se glissa dans la forêt de colonnes — tiges et fleurs de lotus jaillissant de cubes de granit — du Dournar Layna, où les fidèles autrefois dépouillaient leurs vêtements souillés de poussière, pour se couvrir de tuniques de lin, afin de se présenter dans le sanctuaire de la prière.

Indifférent, il passa devant le Layna, tableau sculpté de dimensions colossales, où le Siva antique est représenté, occupant ses six bras à embrocher les méchants et à bénir les bons, tableau devant lequel les pèlerins, en revenant des salles de prière, brûlaient leurs robes de lin, qui, d'après les rites, ne devaient servir qu'une seule fois.

Le docteur atteignit l'escalier raide accédant au second étage qu'il traversa comme le premier. Ainsi, il parvint à la passerelle extérieure, une légère arche de pierre sans parapets, qui relie le palais des purifications à la chapelle carrée Naridi, séjour des oraisons.

Dans cette dernière, le brahme l'arrêta par la manche :

— Seigneur, souviens-toi de ta promesse. Tes compagnons ne doivent pas aller plus loin.

Mystère inclina la tête et se tournant vers Cigale :

— Retiens Ludovic et attends ici.

— Oui, patron, fit le gamin, mais le tigre ?...

— Cela n'a pas d'importance.

Le Parisien n'insista pas. Il empoigna Ludovic par le cou.

— Reste là, mon Coco, fit-il. Le patron veut manger le tigre à lui tout seul... Cela t'offusque, car tu es porté sur ta bouche, mais il n'y a pas à résister.

Puis, relevant les yeux sur le savant qui déjà s'éloignait, il acheva :

— C'est égal, pour une santé, il a une santé, le patron.

Et s'apercevant aussitôt que l'Aïtar demeurait auprès des officiers anglais :

— Tiens, le vieux Vischnou qui ne s'en va pas. Eh! M'sieu, vous n'y pensez pas, l'omnibus démarre...

La plaisanterie s'étrangla dans sa gorge.

Un formidable rugissement avait ébranlé l'atmosphère.

C'était bien autre chose que tout à l'heure. Auprès de ce cri de guerre du tigre royal, les rauquements des panthères eussent fait l'effet de vagissements de nouveau-nés.

D'un même mouvement, tous les assistants avaient couru aux fenêtres en trèfle de la chapelle.

Cigale et Anoor firent comme les autres, et devant une croisée ils se figèrent, les pieds cloués au sol dans une immobilité terrifiée.

Ils apercevaient à l'extérieur le pont reliant la Naridi au Saint des Saints.

Étroite était la passerelle jetée dans l'espace ainsi qu'un arc-boutant au chevet de nos cathédrales gothiques. Pas de garde-fou, le vide de chaque côté de l'étroit passage, et sur ce chemin de granit, un homme et un tigre se faisant face.

L'homme était le docteur.

Debout au milieu du pont, il s'était arrêté, regardant approcher le fauve, qui, sorti du Saint des Saints, venait à sa rencontre.

Trois pas les séparaient à peine.

Anoor eut un cri de détresse, et se voilant la figure de ses mains :

— Vischnou protège celui qui défend les faibles, qui est l'appui des opprimés !

Les officiers sentaient leur cœur battre sous leurs dolmans de toile.

Et tout à coup une exclamation de surprise jaillit dans la chapelle :

— Aoh ! Dear me !

Tandis que le Parisien traduisait sa joie par cette exclamation faubourienne :

— *Le tigre est dans le lac... le chat est fricassé, en avant la fanfare des rats !*

Que s'était-il donc passé ? Nul n'aurait pu le dire. On avait vu Mystère étendre le bras vers le félin, dans un geste de commandement.

Et brusquement, le terrible carnassier avait poussé un gémissement plaintif, ses griffes s'étaient contractées en égratignant le rocher, puis il était tombé comme une masse ; glissant sur l'arête de la passerelle, il avait été précipité dans le vide.

Quant au docteur, sans se presser, il avait achevé la traversée du pont et avait disparu dans le Saint des Saints.

Une salle haute de 30 mètres, au plafond concave vers lequel s'élèvent de fragiles colonnettes, si nombreuses qu'un homme a peine à se glisser entre elles. On dirait un bois d'arbrisseaux de pierre dont les ogives jointives sont fouillées en dentelles.

Au delà un espace libre. Sur un trône, se dresse la statue colossale du dieu, géant de 15 mètres, vêtu de plaques d'or, couronné de la mitre védique, cerclée de diamants, et dont les yeux d'argent et de rubis ont le regard profond et figé des passagers de l'au-delà.

Et cependant le docteur ne s'arrête pas.

De larges baies s'ouvrent devant lui. Il les franchit; maintenant il est sur la terrasse des Lions, ainsi nommée parce qu'elle est soutenue par des colonnes reproduisant la forme du grand félin. Au-dessous, il aperçoit la cour des Éléphants, avec ses énormes pachydermes de pierre et ses obélisques élancés.

A sa droite, à sa gauche, se dessinent cinq petites chapelles. Il n'hésite pas. Il va vers l'une, pousse la porte légère de bois de santal aux vitraux multicolores... il entre.

C'est là que, reclus volontaire, vit le fakir Beïlad.

Le sage est assis.

Nu jusqu'à la ceinture, son corps est d'une maigreur effrayante. Le torse est couturé de cicatrices, et dans la peau brune sont implantés des crochets de métal supportant des figures emblématiques d'hommes et d'animaux.

Depuis des années, cet illuminé torture sa chair pour atteindre, selon la croyance hindoue, les sommets de l'esprit.

Il est terrifiant avec son allure de squelette, ses orbites creux, au fond desquels ses yeux noirs brillent d'un éclat fébrile.

Au bruit, il a un frémissement, et d'une voix sèche, cassée, dont l'émission semble faire grelotter ses os, il grince avec colère :

— Va-t'en. Les profanes ne doivent point troubler le rêve du sage. Va-t'en, si le tigre sacré le permet.

— Le tigre est mort, répond doucement le docteur.

Alors le fakir se lève brusquement... une impression d'indicible étonnement se lit sur son visage.

— Mort?

— Oui.

— Qui donc l'a tué?

— Moi, avec l'aide de Vischnou.

Beïlad fait un pas en avant. Il considère son interlocuteur et d'un ton assourdi :

— Qui es-tu?

Mystère ne prononce pas une parole. D'un geste brusque, il a dégagé sa main gauche cachée jusque-là dans les plis de sa blouse de soie. Il la présente ouverte au fakir. Sur la paume est couchée une figurine d'or, image de Siva-tigre, couronnée de la flamme symbolique.

Et le sage étend les bras en suppliant et il murmure haletant :

— Toi, toi... Les morts désertent donc les sépulcres?

Un sourire mélancolique écarte les lèvres du médecin.

— Oui, réplique-t-il encore. La tombe rend sa proie à l'heure marquée par le destin.

Par trois fois, le fakir se prosterne, frappant le sol de son front, puis se redressant il dit :

— Ordonne, je t'appartiens, je suis ton esclave. Que veux-tu de l'infime Beïlad.

— Qu'il se souvienne du serment.

— Je me souviens.

Un silence suit, après lequel Mystère reprend :

— Tu quitteras Ellora.

— Quand faut-il partir ?

— A l'instant, avec moi.

— Je suis prêt.

— Bien. Tu verras les fakirs tes frères, tu verras les marabouts musulmans du Radjpoutana. Tu leur diras : « L'étoile des guerriers se lève. L'heure est proche où les brahmes, ces tyrans complices des oppresseurs de l'Inde, seront abattus. »

— C'est donc vrai ?... balbutia Beïlad dont tout l'être frémissait sous le bouillonnement de la pensée intérieure.

— Oui.

Et changeant de ton, le docteur poursuivit :

— En route, je t'apprendrai ce que tu dois savoir. Maintenant réponds à mes questions. Il s'agit, je le pense, de venger une victime des brahmes.

— Parle.

— Te rappelles-tu avoir donné un ours des cocotiers à un voyageur... ?

— A Strijle, oui, fit vivement le fakir. Un homme de bien, né dans un pays d'occident, la Hollande, où l'on hait l'oppression autant que parmi nous. Je l'aimais, car il était bon et pratiquait la justice.

— C'est cela même. D'où tenais-tu l'animal dont tu lui fis présent?

— De mon collègue, le fakir Magapoor, qui vit en ermite dans la plaine de Delhi.

— Parfait. As-tu appris comment il se trouvait en la possession de Magapoor.

— Non. Je le saurai si tu le désires.

— Inutile, je verrai moi-même. Toi, ne te laisse distraire par rien de la mission que je t'ai confiée.

— Compte sur ton esclave.

Et après une courte hésitation, le fakir ajouta :

— Faudra-t-il allumer les feux et distribuer les tigres de bronze?

— Oui. Quelques mois à peine nous séparent du moment d'agir. Mais, viens, je te donnerai plus tard mes instructions.

Beïlad sortit aussitôt de la chapelle et, marchant gravement dans les traces du docteur, parvint bientôt avec lui dans l'enceinte où le Brahme-Aïtar attendait au milieu des Européens.

Cigale et Anoor eurent un cri de joie en revoyant le médecin.

Mais leurs effusions furent arrêtées par un véritable rugissement du brahme.

Celui-ci avait bondi vers le fakir :

— Quoi, sage des sages, tu romps le vœu d'isolement, tu quittes ta retraite au mépris des paroles déposées dans le sein de Vischnou?

Beïlad eut une moue dédaigneuse et désignant Mystère :

— Le fils bien-aimé de Vischnou m'a apporté ses ordres... je ne puis désobéir. Il a tué le tigre.

— Et devant moi, continua le docteur, le char de Jagernaut s'est écarté, après s'être couvert des flammes qui ne brûlent point.

Une horrible grimace contracta les traits du brahme. Cet homme appartenant à la caste qui exploite la crédulité hindoue à l'aide de sortilèges, qui depuis des siècles mêle la science à la prestidigitation, l'hypnotisme et l'illusionnisme pour simuler des miracles, cet homme était vaincu par le savant.

Celui-ci avait réalisé des choses que, malgré ses connaissances étendues, l'Aïtar ne comprenait pas.

Certes, il était loin de croire à une influence divine, mais il se sentait désarmé sur son propre terrain, dominé par une puissance supérieure, et son cœur s'emplissait de haine contre son heureux vainqueur.

Pour l'instant il fallait dissimuler. Il rappela donc l'aménité sur son visage, et s'inclinant avec un respect affecté :

— J'ai parlé légèrement, sage fakir. Tu as raison, on ne résiste pas à ceux que Vischnou couvre de sa protection.

Quant aux Anglais, ils étaient littéralement médusés. Tous se sentaient la tête lourde comme au sortir d'un spectacle trop éclatant.

Ils accueillirent donc avec joie l'annonce du retour. La petite troupe parcourut en sens inverse le chemin suivi tout à l'heure. Elle sortit de la gorge sacrée, saluée par les acclamations frénétiques de la foule qui les attendait.

La vue de Beïlad, l'attitude triomphante de Mystère, l'allure humble et hypocrite de l'Aïtar furent commentées avec passion par les indigènes, heureux de voir bafouer les brahmes qui les pressurent et les terrorisent.

Mais en approchant de la maison roulante, les Européens durent traverser un cercle d'Hindous prosternés dans la poussière.

— Ah çà! ricana Cigale, ces singes-là adorent notre *bocal*. On devrait les mettre dans un *idem* avec du vinaigre et de l'estragon!

Le gamin se trompait. La ferveur des Hindous était motivée par la présence, au centre du cercle, d'un brahme étendu sur le sol et faisant de vains efforts pour se relever.

Sur la terrasse d'avant de l'automobile, l'un des matelots semblait guetter la venue du savant et en l'apercevant, il lui fit des signes d'appel.

Mystère s'approcha :

— Commandant, lui souffla le marin dans l'oreille, ce bonhomme-là voulait à toute force pénétrer dans l'appareil. Alors le patron Kéradec l'a visé avec un des miroirs qui ont culbuté le char de leur saint Vischnou.

— Bien. Kéradec est à son poste?

— Oui, commandant.

— Va lui dire qu'il cesse.

Le matelot s'engouffra aussitôt dans l'intérieur de l'automobile, et le savant revenant au brahme, dont le visage, jadis voilé, était découvert à présent :

— Vischnou, fit-il d'une voix grave, a puni ta curiosité. Mais à ma prière il va te pardonner; relève-toi et pars

Le brâhme hésita une seconde, puis il tenta un timide effort. La puissance qui le couchait sur la terre s'était évanouie. Il put se mettre sur ses pieds, et sans un mot, il s'enfuit à toutes jambes.

Anoor était devenue très pâle; quand l'Aïtar se fut éloigné après force salutations, quand la maison automobile roula vers Aurangabad, emportant le docteur, ses protégés, ses hôtes, elle murmura doucement :

— C'est lui, Arkabad... Il me cherche pour me tuer.

La fillette avait reconnu son meurtrier.

En moins d'une heure l'automobile regagna son garage. Les officiers prirent congé, enchantés de la journée mouvementée, qui avait rompu la monotonie de l'existence de garnison, et devait défrayer longtemps les conversations au cercle.

Alors, le docteur s'enferma avec le fakir Beïlad. Durant toute la soirée, ils restèrent invisibles, échangeant des paroles mystérieuses.

Vers minuit seulement, Beïlad quitta son hôte. Il se glissa sans bruit hors de la maison d'aluminium, et courbé sur le sol, sans que sa marche fût décelée par le moindre bruit, il disparut bientôt dans les ténèbres.

Au matin, la foule sortie d'Aurangabad pour venir admirer la voiture merveilleuse, dont les exploits faisaient bouillonner toutes les imaginations, la foule éprouva une déception cruelle.

L'automobile n'était plus là, et la terre humide de rosée conservait seulement la trace de ses roues massives.

CHAPITRE V

LE TONNERRE DOMESTIQUE

— Alors, patron, nous roulons vers Delhi?

— Oui, Cigale, oui.

— Et nous y serons...?

— Calcule toi-même. Il y a environ 900 kilomètres d'Aurangabad à Delhi. Nous en parcourons, sans nous presser, 200 par journée, donc...

— Dans quatre jours et demi...

— Tu l'as dit.

L'automobile avait quitté Aurangabad depuis cinq heures environ, filant à toute électricité sur la large voie stratégique qui trace une diagonale au beau milieu de la péninsule hindoue, quand le Parisien et le docteur échangèrent les répliques rapportées plus haut.

L'un et l'autre étaient sur la terrasse d'arrière. Tout près, Anoor, ses grands yeux noirs perdus dans l'espace, semblait rêver de choses merveilleuses et lointaines. Ludovic, lui, s'était perché sur la balustrade, et exécutait, sans effort apparent, les *rétablissements* les plus fantaisistes.

— Quatre jours et demi, reprit Cigale, alors on peut faire un brin de causette.

Le docteur répondit d'un signe de tête.

— En ce cas, je vais vous rappeler votre promesse.

— Laquelle?

— De m'expliquer comment vous envoyez le tonnerre où vous voulez, à l'aide de vos miroirs diaboliques...

— Pas diaboliques, mon ami,... paraboliques.

— Si vous voulez.

— Eh bien, soit, je vais essayer de te faire comprendre le principe de l'appareil.

Ce disant, Mystère tirait un carnet de sa poche.

— Tu as remarqué, mon garçon, que si tu jettes une pierre dans l'eau, il se forme des cercles concentriques.....

— Qui vont en s'élargissant toujours.

— Parfait. Or, sais-tu ce que signifient ces circonférences?

Le gamin se gratta le nez :

— Ce qu'ils signifient?... Ma foi non.

— Je te le dirai donc. Le choc du caillou à la surface liquide produit un ébranlement, qui se transmet au loin, au moyen des ronds que tu connais.

— Bon, je saisis cela.

— Eh bien, ces petites vagues circulaires s'appellent des ondes. Or tout dans la nature, chaleur, lumière, électricité, peut se ramener au jet de pierre. Tout est un mouvement. C'est parce que le soleil embrasé est en mouvement, que des ondes se propagent à travers l'éther de l'espace, et nous apportent ce que nous nommons lumière et chaleur. Tu comprends toujours.

— Oui, oui, quand ma tête en aura assez, je vous préviendrai... *N'en jetez plus, la tire-lire est pleine.*

Le médecin se prit à rire. Les locutions pittoresques du gamin de Paris avaient le don de l'amuser.

Anoor, elle, avait levé la tête. Elle écoutait, les yeux fixés sur les lèvres du savant; elle buvait littéralement ses paroles.

— Tu admettras donc, continua le docteur, que si tu plaçais sur le chemin des ondes un obstacle, une cuve, une tuile faîtière où tout autre objet, tu arrêterais leur mouvement primitif, et tu en déterminerais un autre de sens inverse.

— J'admets encore cela.

— Si même tu calcules exactement la forme et la dimension de ton « arrêtoir », tu renverras l'onde exactement dans la direction que tu voudras.

A cette affirmation, Cigale eut un haut-le-corps :

— Elle est solide, celle-là!

— Pourquoi?

— Est-ce que l'on peut calculer.....

— Mais oui, mon ami, c'est même courant.

— Curieux! je n'ai jamais entendu parler de cela. — Et par réflexion le gavroche ajoute : — Il est vrai que la science et moi, nous ne couchions pas sous le même pont.

Rapidement Mystère avait tracé sur son carnet la figure suivante.

— Regarde ceci.

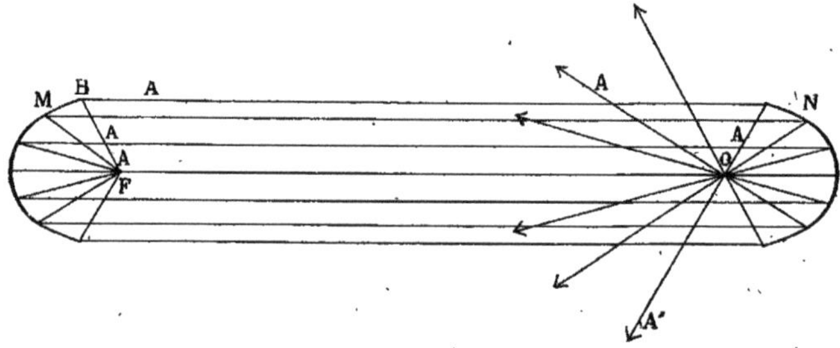

Cigale se pencha sur la page.

— Que vois-tu?

— Deux demi-lunes.....

— Tu n'y es pas. Ce que tu prends pour des images de l'astre des nuits, représente tout simplement une tranche de deux miroirs paraboliques; c'est là la courbe calculée pour renvoyer les ondes lumineuses ou caloriques suivant des parallèles.

— Oh la! la, ma tête, gémit Cigale en se prenant le front à deux mains... Le miroir qui fait des parallèles...

— Tant pis pour toi. Tu as voulu une explication, tu l'auras jusqu'au bout.

— Voilà ce que c'est que d'être trop curieux.

— Tiens, continua le médecin, suppose qu'une bougie soit placée au point F, choisi de façon à coïncider avec un point que l'on appelle « foyer de la parabole ». Le rayon lumineux ou l'onde A viendra frapper le miroir en B et sera réfléchi suivant la ligne AA; rencontrant le miroir N, cette onde reviendra en un point O, second foyer, et continuera sa route vers A'. Te rends-tu compte du détour exécuté par notre rayon?

— Dame... oui.

— Bien. Maintenant suppose qu'au lieu de disposer une bougie en F, on mette là une boule emplie d'eau chaude. Cette boule enverra des rayons de chaleur, non lumineux, non visibles, mais qui agiront exactement de la même façon.

— Allons donc, murmura Cigale.

— Qu'as-tu à critiquer?

— Ceci. Vous ne pouvez pas savoir si les rayons de chaleur suivront le même chemin, puisque vous ne les voyez pas.

— Incrédule, va. On reconnait que ces rayons, partis de F, aboutissent en O, au moyen d'un thermomètre fixé en ce dernier point.

— Ah! vraiment... Tiens, tiens, cela n'est pas bête..... Continuez, patron, je finirai par absorber des tas de science.

Et le docteur reprit :

— Tu t'es aperçu que l'on peut projeter sur un endroit déterminé des rayons invisibles.

— Oui.

— Eh bien, un officier du génie français a songé à utiliser cette propriété des miroirs pour envoyer à distance un faisceau de rayons X ou Rœntgen.

— Rayons X, s'exclama le Parisien! attendez donc, je connais ça. C'est les rayons qui passent à travers le corps, les rayons avec lesquels on photographie le squelette d'une personne vivante.

— C'est cela même.

— Ah! et pourquoi a-t-il voulu envoyer de ces rayons-là?

— L'officier dont je parle, M. Debureau, avait constaté, comme plusieurs autres personnes d'ailleurs, le fait suivant. Si l'on projette dans une salle des rayons Rœntgen sur les murailles, préalablement garnies de panoplies, clous, armes de métal, il se produit entre les divers objets des étincelles électriques d'une puissance extraordinaire.

— Ah!

— Debureau en conclut que lesdits rayons avaient le pouvoir de décomposer subitement en positive et négative, l'électricité neutre répandue à la surface de tous les corps.

Cigale leva les bras au ciel :

— Ça, ça n'entre pas du tout. L'électricité, je croyais qu'il n'y en avait qu'une, celle qui éclaire.

— Attends, c'est plus simple que cela n'en a l'air. Je prends trois verres. Dans l'un il y a de l'eau, dans le second du vin; si je verse un peu de l'un et de l'autre dans le troisième récipient, j'aurai de l'eau rougie. La « positive » est l'eau, la « négative », le vin, et la « neutre », l'eau rougie.

— Alors c'est comme si vous disiez : Les rayons X séparent brusquement l'eau du vin...?

— Justement. Mais en électricité l'eau et le vin, la positive et la négative, une fois dissociées, n'ont qu'une tendance, celle de se combiner de nouveau. Or, la combinaison s'effectue au moyen de l'étincelle, l'éclair de l'orage.

Oh! là là, ma tête, gémit Cigale.

— Ouf! c'est ébouriffant... L'éclair, c'est le mariage de Mme Positive avec M. Négatif... ébouriffant, je vous repète... En voilà des mariés qui *font du foin* (faire *du bruit*) pour entrer en ménage.

— Je continue, interrompit le docteur Mystère. La propriété des rayons X découverte, notre capitaine du génie se dit : Puisque toute surface métallique placée dans le champ d'un projecteur d'ondes Rœntgen donne naissance à des étincelles, si je trouvais un réflecteur permettant de diriger un faisceau de cette lumière obscure à grande distance, il me suffirait d'un seul appareil pour foudroyer en quelques minutes une armée de cent mille hommes, car entre les canons des fusils, les boutons des vêtements, les sabres, les baïonnettes, les canons, les obus, les douilles des cartouches éclateraient des myriades d'éclairs.

— Oh! bredouilla le gamin très intéressé, mais c'est la guerre impossible cela?

— Quand le problème sera complètement résolu, oui. Pour l'instant je me suis borné à en faire une application. Ma maison, vu ses dimensions, me permettait d'établir des producteurs électriques assez puissants, et tu en as vu l'effet sur l'attelage du char de Jagernaut.

— Quoi, les flammes bleues?

— Étincelles.

— Les secousses?...

— Électriques.

Ici le Parisien fit la moue :

— Qu'as-tu? interrogea son interlocuteur,

— J'ai... que personne n'a été foudroyé.

Un sourire éclaira la physionomie grave du savant :

— Parce que j'ai dosé ma force électrique, de façon à ne tuer personne. S'il m'avait plu de répandre la mort.... des brahmes, des pèlerins, des chevaux, des éléphants, il ne resterait plus que les cadavres amoncelés.

Et comme le gamin frissonnait à la pensée de cette terrible hécatombe dépendant uniquement de la volonté d'un homme, comme Anoor murmurait :

— Le maître n'a pas voulu, parce qu'il est bon ainsi que l'élu de Vischnou,

Mystère poursuivit lentement :

— Peut-être, un jour, je devrai frapper. Je souhaite que cela n'arrive jamais.

Mais déjà Cigale s'était remis de son émotion et d'un air réfléchi :

— Une chose me chiffonne encore.

— Laquelle?

— Comment êtes-vous sûr de diriger ces rayons invisibles?

— Bien. Allons, on fera peut-être un savant de toi. Regarde.

Et traçant rapidement les figures que voici, Mystère expliqua :

— Voici : A est un miroir parabolique. Au centre est une tige B soutenant une hotte F, qui occupe le foyer de la parabole et où se trouve l'ampoule produisant le faisceau Rœntgen. Réfléchis par le miroir, les rayons seront toujours parallèles à la tige B. Si donc, à la partie supérieure de mon réflecteur, j'ai une mire V fixe, également parallèle à B, il me suffira de viser par le cran de mire l'objet à atteindre, et le miroir, tournant sur des tourillons, le couvrira de son faisceau.

— Compris. Mais d'où vient l'électricité?

— De la machine motrice de ma maison.

— Et en donnant toute la force dont vous disposez.....

— J'égalerais les plus violents éclairs que le ciel et la terre aient jamais échangés durant les tempêtes.

Il se fit un silence. Anoor, Cigale lui-même, considéraient avec une terreur superstitieuse le savant qui, sans effort, pouvait reproduire la plus terrible manifestation des forces de la nature.

Mais les émotions de Cigale ne pouvaient jamais avoir une longue durée.

— Bon, déclara-t-il, miroir paradiabolique, c'est classé... A autre chose. Comment Ludovic a-t-il mis les panthères en fuite?

— Bien simplement, il avait été lavé avec une décoction de Cactus Horridus Boutanensis, dont l'odeur est aussi désagréable aux félins que l'Assa fœtida aux moustiques.

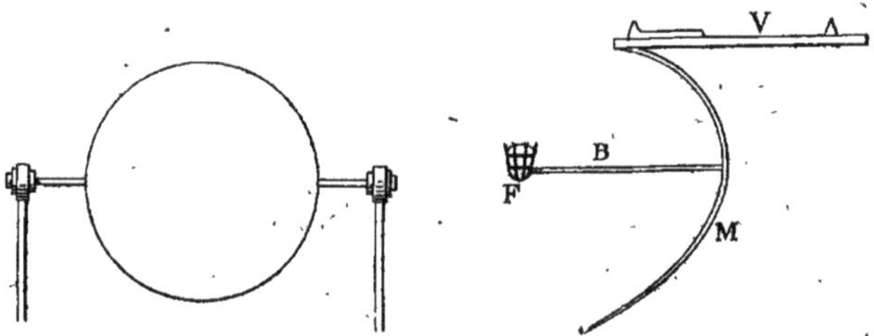

— Ah! ce parfum qui ne m'allait pas...

— Justement. Admire à ce propos l'instinct des animaux. En temps ordinaire, ton ours s'enfuirait à toutes pattes s'il entendait rugir un fauve... Eh bien, il devait comprendre qu'il n'avait plus rien à craindre, car il se ruait sur les panthères affolées.

— C'était même *torsif* et les Anglais *riboulaient des mirettes*...

— Tu dis?...

— Excusez. J'oublie toujours que sachant tout, vous ignorez l'argot de Paris. Ribouler des mirettes, cela signifie : faire des yeux étonnés.

— Ah bon... Tu as un langage si pittoresque...

Le gamin ne laissa pas le docteur continuer :

— Vous me ferez des compliments un autre jour, patron. Pour l'instant, il y a encore quelque chose qui m'intrigue.

— C'est?

— La façon dont vous avez tué le tigre.

Du coup, Mystère le menaça du doigt :

— Tu es curieux.

— Énormément, je m'en flatte.

— Et tu as raison, c'est ainsi que l'on s'instruit.

De sa poche, le savant tirait, tout en parlant, un étui rappelant par sa forme une gaine de pipe.

— Voilà, mon ami, dit-il. Cela, n'y touche pas, le maniement en est dangereux.

— Ah bah !

— Oui. Regarde ce petit bouton de cuivre situé presque à l'extrémité de cette tige. Si je le pressais maintenant, tu tomberais mort comme le tigre, comme tout être vivant qui se trouverait à ta place.

— Alors c'est le tonnerre en pipe...?

Le docteur sourit :

— Non, c'est un pistolet de mon invention. La crosse est creuse ; elle renferme quarante petites boules de verre mince remplies d'acide prussique, dont une goutte suffit pour causer la mort (1). La pression du doigt sur le bouton de cuivre déclenche un ressort, qui projette à l'extérieur un de ces globules, avec une force suffisante pour qu'il se réduise en poussière sur l'obstacle visé. La boule émiettée, l'acide se volatilise et... tu as vu l'effet?

Cette fois, Cigale demeura muet.

Ce petit tube, contenant la mort de quarante personnes, le bouleversait plus peut-être que tout le reste.

La disproportion entre la cause et l'effet lui apparaissait si grande, qu'il ne songea pas à morigéner Anoor quand elle s'écria :

— Ah ! maître, maître, qui donc es-tu, toi qui consacres tes jours à une pauvre enfant abandonnée, et qui es puissant comme Brahma lui-même?

Le visage du docteur revêtit une expression de tristesse profonde :

— Qui je suis, enfant?... un homme qui a souffert,... horriblement souffert, appuya-t-il avec une énergie sauvage ; un homme que l'on a chassé du bonheur, de l'affection, de la joie.

Mais s'interrompant soudain, se contraignant au calme :

— Qu'importe qui je suis, si je te rends celle dont tu as gardé le souvenir,

(1) L'acide prussique peut être employé ainsi sans danger pour l'opérateur. Flavidius, livré aux bêtes sous l'empereur Tibère, vainquit les fauves grâce à des globules semblables. Plus récemment, La Chesnaye, fervent apôtre de la pierre philosophale et cependant savant réel, ne craignait, suivant les chroniques du temps, « ni bestes ni gens d'armes à la mort terrible d'ampoules de verre, répérées de cyanure liquide ».

si je te protège contre Arkabad et ses complices, si je t'assure cette félicité à laquelle je ne puis plus aspirer pour mon compte?

Et la voyant immobile, les yeux pleins de larmes :

— Tu m'aimes donc, chère petite?

Elle joignit les mains :

— Tu es le père d'Anoor.

Alors il la prit dans ses bras, déposa un ardent baiser sur sa tête brune :

— Ta voix douce d'oiseau attristé a fait battre mon cœur... Plus tard tu sauras peut-être qui est ton ami d'aujourd'hui. D'ici là, pense qu'il est la souffrance, qu'il est la pitié... et aime-le pour tous ceux qui peuplent mon souvenir, pour les spectres chéris dont le crime a fermé les yeux...

Une seconde fois, il se tut brusquement, eut un geste violent, et d'une voix faussée :

— Ne parlons plus de cela, jamais... Ta voix m'a rappelé d'autres voix. Sache seulement que je te suis dévoué, et crois en moi.

— Tu es mon père, répéta la fillette.

— Encore... malgré les paroles échappées à mon angoisse?...

— Toujours. Tu es le père de l'abandonnée, et elle t'aime pour l'affection que tu lui as témoignée, à elle étrangère.

Mystère la pressa sur sa poitrine, et Cigale, qui regardait en se raidissant pour ne pas pleurer, remarqua qu'une grosse larme roulait sur la joue du médecin et venait se perdre dans les boucles brunes de sa gentille compagne.

A l'oreille du gamin résonnaient encore les paroles du savant :

— Je suis la Souffrance, je suis la Pitié.

Gamin de Paris, jeté sur le pavé à l'âge où les autres sont entourés de soins, Cigale les comprenait bien ces mots. Lui aussi, pauvre et généreux, il eût pu s'écrier : Je suis la souffrance et la pitié.

Tout à coup, à cette heure, Mystère lui apparut sous un jour nouveau. Le « Patron » devint comme un grand frère en vagabondage gavroche, et ma foi, chassant toute fausse honte, il cessa de lutter contre son attendrissement.

Il eut un sanglot.

Le docteur releva la tête. Il vit la face du Parisien convulsée, ses yeux gonflés d'où les larmes jaillissaient, et venant à lui :

— Quoi, Cigale, tu pleures...? Pourquoi pleures-tu?

Et le petit, sans soupçonner l'étendue de l'affection contenue dans sa réponse, bredouilla :

— Je pleure pour vous, patron.

Mais Mystère comprit. Un rayonnement emplit son regard. Il attira les deux jeunes gens contre lui, et d'une voix tremblante :

Destin! qui donc disait que tu es cruel?

— Destin! qui donc disait que tu es cruel? Tu m'envoies deux enfants, deux amis.

. . . .

Tous trois restaient enlacés, oubliant les minutes rapides qui s'écoulaient.

L'automobile roulait à travers des plaines verdoyantes que bornait, au nord, la dentelure violacée d'une chaîne de hauteurs.

Leur machine s'arrêta soudain.

Comme tiré d'un rêve, le docteur promena autour de lui un regard surpris :

— Qu'arrive-t-il?

Presque aussitôt, Kéradec se précipitait dans la salle :

— Commandant!

— Qu'est-ce? une avarie?

— Non, un mendiant.

— Comment?

— Un mendiant qui est couché au travers de la route et refuse de se déranger.

Le docteur hocha la tête :

— C'est bon. J'y vais.

Il marcha vers la porte et sortit avec Kéradec. Un moment après, il descendait sur la chaussée et apercevait un homme demi-nu couché sur le sol.

— Lève-toi, ordonna-t-il.

Le personnage inconnu répondit :

— Le *tigre* n'a qu'un maître.

— Qui le tient dans sa main, acheva Mystère sans hésiter.

En même temps, il présentait à son interlocuteur la figurine d'or qui, la veille, avait produit une si curieuse impression sur le fakir Beïlad.

L'effet fut instantané. L'homme bondit sur ses pieds.

— Maître, je te salue.

— Tu m'attendais donc?

— Oui.

— Pourquoi?

— Parce que le danger est sur toi.

Un silence, puis l'inconnu reprit :

— Hier, tu as pénétré dans le sanctuaire d'Ellora.

— En effet.

— Tu en as fait sortir le sage Beïlad.

— Cela est vrai.

— Et dans la chapelle, où il vivait loin du monde, tu as prononcé les paroles de liberté.

Mystère tressaillit :

— Comment pourrais-tu le savoir?

L'homme éleva les mains en coupe au-dessus de son front :

— Ne te défie pas de moi. Je suis un pauvre fakir, ennemi des puissants qui écrasent et grugent le peuple hindou. La nouvelle de ta venue s'était répandue depuis hier, et mes frères veillaient sur toi, messager d'espoir.

Son accent était trop sincère pour que le docteur s'y trompât.

— J'ai confiance. Parle, je suis certain que tes lèvres s'ouvriront pour la seule vérité.

— Les brahmes sont de subtils seigneurs, reprit le mendiant. Ils bénéficiaient de la réputation de sagesse de Beïlad. Cela ne leur suffisait pas. Ils voulaient connaître ses plus secrètes pensées, afin de le sacrifier le jour où il marcherait contre leur intérêt.

Un haussement d'épaules du docteur, un dédaigneux : « Cela ne me surprend pas, » fut sa réponse.

Mais le mendiant poursuivit :

— Pour arriver à leurs fins, ils avaient ménagé une fissure presque invisible dans la retraite de Beïlad. Cette fissure était continuée par un tube traversant l'épaisseur du roc et aboutissant à l'intérieur de l'un des clochetons du temple, où un des prêtres veillait toujours.

— Ah! ah! un tube acoustique, remarqua Mystère soudainement intéressé.

— Oui. Toute phrase prononcée dans la cellule du fakir était reçue et notée par le guetteur.

Le visage du médecin se rembrunit :

— Alors notre conversation a été surprise?

— Oui, Sahib (seigneur). Et le soir même, le Brahme-Aïtar, accompagné d'Arkabad, exécuteur farouche des sentences brahmaniques, se présentait chez le Commandant anglais de la place d'Aurangabad.

— Après, après? fit nerveusement le médecin.

— Ils lui ont rapporté jusqu'à tes moindres gestes; ils lui ont donné la conviction que tu es un ennemi des brahmes, partant un adversaire de la domination britannique, puisque prêtres de Brahma et soldats de l'Angleterre sont associés pour pressurer l'infortunée nation hindoue. Sur les fils télégraphiques, ces nouvelles ont volé. Le gouverneur avait l'intention de t'arrêter cette nuit même.

— Et pourquoi ne l'a-t-il pas fait?

— C'est ce que je veux te dire.

Sur son front pâli, Mystère passa sa main comme pour chasser une pensée sombre, et lentement :

— Va, va, mon fils, parle.

— Les fakirs aussi sont forts, s'écria le mendiant. Ils ont des yeux, des oreilles partout. Avant le colonel, préfet d'Aurangabad, ils avaient lu la dépêche du gouverneur général de la Présidence de Bombay au chef direct de cet officier. Voici ce qu'elle contenait.

L'homme fouilla dans ses haillons et tendit à son interlocuteur un fragment de papier, sur lequel étaient tracés les caractères suivants :

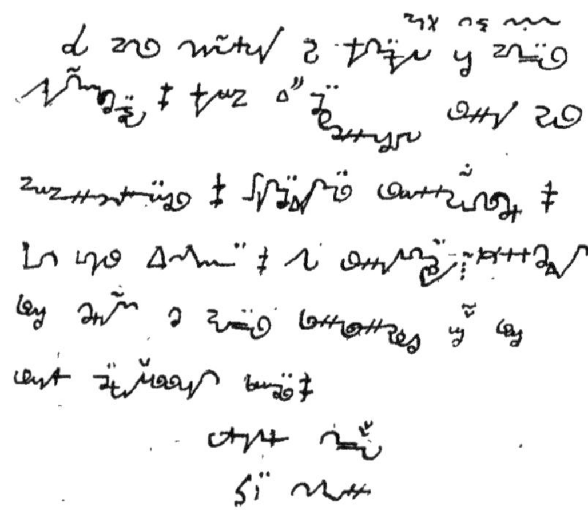

Mystère était familiarisé avec l'écriture hindoue. Aussi lut-il sans peine.

Bombay, 14/15 juin.

Ne pas arrêter le traître en pays brahmanique. Trop d'influence sur les populations. Un soulèvement serait à craindre. Il se rend à Delhi. Le surveiller, et attendre qu'il traverse un pays musulman pour l'arrêter. Là, on ne s'intéressera pas au sort d'un *envoyé de Vischnou. Mort ou vif*, n'est-ce pas?

Pour le Résident général et par son ordre,

Le capitaine d'état-major,

ELPHINSTON.

Un moment il demeura silencieux, il réfléchissait. Enfin, il leva la tête et regardant son interlocuteur bien en face :

— Où iras-tu en me quittant?

— D'abord au tombeau du padischah Amreh, à quelques centaines de mètres d'ici. J'y déposerai la pierre triangulaire des fakirs avec mon signe, pour indiquer que j'ai rempli ma mission auprès de toi.

— Ensuite?

— Je serai libre d'errer à ma fantaisie.

— J'ai besoin de toi.

— Je suis à tes ordres.

— Il faut te rendre chez les musulmans du Radjpoutana.

— J'irai et je les avertirai du péril dont tu es menacé, afin qu'ils te défendent.

— Non.

L'étonnement se peignit sur la face du mendiant.

— Je ne veux pas qu'ils me défendent, reprit Mystère, parce que l'heure de mettre les glaives au clair n'est pas venue. Brahmes et Anglais sont mal informés, puisqu'ils croient les populations musulmanes indifférentes. Inutile de leur dessiller les yeux.

Mystère lut sans peine.

— Tu veux être arrêté?

— Point. Je désire que les marabouts, de même que les fakirs, épient les moindres mouvements des espions lancés à ma poursuite. Qu'ils me préviennent seulement de leurs intentions. Je me charge du reste.

— Ta volonté sera la leur, sahib. Adieu.

— Adieu.

En deux bonds, le mendiant fut au bord de la route, et prenant un trot allongé, il piqua droit devant lui à travers la campagne.

Pour le savant, il revint à l'automobile.

Il monologuait pensif :

— Cela est fâcheux... fâcheux. Mon instinct m'avertit que je devrai marcher vers l'ouest. L'ours est l'animal favori des grandes familles du Pendjah, du Sind, de toute la région limitrophe de l'Afghanistan et du Beloutchistan. C'est de ce côté que ma pauvre Anoor retrouvera les siens.

Il se tut un moment, puis ajouta avec force :

— Eh parbleu ! c'est de ce côté que je suis appelé moi-même.

Le front soucieux, il remonta sur la terrasse de la maison d'aluminium qui reprit aussitôt sa course rapide.

CHAPITRE VI

LES RUINES DE DELHI

Delhi, la Dilhi des musulmans, Dhilli en sanscrit, la ville sacrée par excellence, composée de cent villes mortes, dont les ruines couvrent la plaine mamelonnée sur une surface de 126 kilomètres carrés, et au milieu desquelles se dresse, pimpante et joyeuse, la cité moderne, désignée sous le nom de Chahdjihanabad, en souvenir de son fondateur l'empereur grand mogol Chah Djihan.

Couchée sur la rive droite de la Djemmah, qui va se perdre au loin dans le Gange, dominée par les derniers contreforts de la chaîne des Aravalis, la jolie Delhi moderne n'est plus que l'ombre de ce qu'elle fut dans l'antiquité.

Certes, son enceinte bastionnée de 11 kilomètres de circuit, percée de onze portes, ses larges avenues, sa rue du Commerce Tchandul-Tchôk où s'alignent les bazars de l'orfèvrerie, des châles, des gazes, des étoffes brochées d'or, des coffres et meubles laqués ou ciselés, son ancien palais impérial, mirant son fouillis de mosquées, de pavillons, de thermes dans les eaux claires de la Djemmah, sa mosquée cathédrale du XVIIe siècle, sa mosquée noire, donnent l'impression d'un centre florissant; mais la gloire de Delhi, son rayonnement prestigieux lui viennent des cités ruinées qui l'entourent.

Là, dans cette vallée du Gange, réputée le berceau du monde, l'histoire de Delhi est en quelque sorte l'histoire de l'humanité, partie des plaines Gangétiques pour aller peupler le reste de la terre.

Et les ruines semblent les pages d'un livre de pierre, dont chacune rappelle une race, une civilisation retombées dans le néant.

Ici, voici des vestiges des cités légendaires de Mahdauti, d'Astinapoura et d'Indrapratha, aussi antiques que les Védas, et où les guerriers, les marchands se pressaient quinze mille ans avant notre ère. Plus loin un pan de muraille conserve un bas-relief figurant Youdichtera, l'un des héros du poème du Mahâbarâta, qui gouverna en ce lieu à l'époque où le pharaon Chéphrem contruisait en Égypte la pyramide orgueilleuse de son tombeau.

Puis nous rencontrons la première Delhi, fondée par le roi Dilon l'année même où Socrate buvait la ciguë. Plus loin sont les Delhis du roi Dhava (année 317), du radjpout Anang-Pal (737), d'Anang-Pal II (1060), du roi Viçala-Deva (1152), des sultans Altamach (1210), Allah-Oudin (1295), de Tôglak (1321), de Féroze III (1325).

En 1397 Tamerlan, le farouche conquérant, saccage ces cités; mais en 1412, le souverain Daulat Lodi crée un Delhi nouveau, que comblent de faveurs ses successeurs et Houmayoun lui-même, fils de Baber, fondateur de la dynastie des Grands Mogols (1554). Enfin, en 1651, l'empereur Chah Djihan fonde la ville actuelle.

Celle-ci est mise à sac, dans le cours de l'année 1739, par le Shah de Perse Nadir; même désastre en 1756 et en 1758, seulement les ennemis de la cité sacrée sont alors les Afghans et les Mahrattes.

Une accalmie se produit alors, puis l'année 1806 ouvre Delhi aux Anglais. 1857 sonne au cadran des siècles, les cipayes se révoltent, massacrent les Européens; mais l'année suivante, les troupes britanniques rentrent dans la ville d'où elles ne sortiront plus de longtemps. Et pour augmenter son prestige aux yeux des Hindous, la reine Victoria relève à son profit, en 1876, le titre de Padischah de Delhi.

C'est dans ce pays merveilleux où les souvenirs du passé flottent ainsi que des apparitions de rêve, que la maison roulante stationne, après six jours de course affolée à travers le Beraï, le Bopal, le Gwalior.

Parmi les ruines, Mystère, escorté de Cigale et d'Anoor, va à l'aventure, cherchant le fakir Magapoor, l'ermite des cités mortes, que Beïlad lui a désigné.

C'est cet homme qui dira peut-être de quelle maison sortit l'ours Ludovic et fera connaître ainsi le toit où s'abrita la naissance de la petite naufragée d'Audierne.

Dans la ville moderne, le docteur a interrogé le passants.

Tous ont répondu :

— Magapoor erre dans les villes d'autrefois, tantôt ici, tantôt là. On ne le rencontre que si cela lui plaît. Autrement il sait se rendre invisible aux yeux des chercheurs.

Dans leur amour du merveilleux, les indigènes expliquent ainsi les recherches vaines de ceux qui n'ont pu joindre le sage, comme si la difficulté de découvrir un homme dans une plaine de 126 kilomètres carrés, semée de temples, de murailles éboulées, de tours, de dômes, de flèches, avait besoin d'être soulignée par une supposition merveilleuse.

Et depuis trois journées, le médecin et ses jeunes amis battent la plaine.

— Autant chercher une aiguille dans une botte de foin, a déclaré Cigale au début.

Cependant il furète consciencieusement. Ses yeux vifs fouillent les éboulis, il grimpe avec l'agilité d'un chat sur les entablements des temples, sur les corniches, ne laissant aucun coin inexploré.

Parfois son organe suraigu lance une plaisanterie qui fait passer devant lui la vision joyeuse des grandes artères parisiennes :

— La question du fakir. Voilà des ruines, où est le fakir?

Mais la question malicieuse demeure sans réponse. Magapoor reste introuvable.

Et les touristes vont, agacés par leur marche inutile et pénétrés par le respect qui émane des nécropoles.

Entre les buissons, les arbustes, les hautes herbes, des géants de pierre leur apparaissent tout à coup, semblant leur reprocher de troubler leur solitude. C'est le palais de Ferazé III surmonté par l'énorme monolithe d'Açoka, le Pourana-Kita avec sa mosquée de granit rouge, le mausolée d'Houmayoun, les colonnades de Pirthi-Radj, la colonne de fer forgé de 14 mètres de haut, pesant 8.500 kilogrammes, que notre industrie d'Occident réussirait à peine à fabriquer aujourd'hui, et que le roi Dhava érigea en l'an 317 de notre ère.

Et toujours pas de fakir Magapoor.

Pourtant en face d'eux, Mystère et ses compagnons aperçoivent deux tours en forme de troncs de cônes allongés, que supportent des soubassements à jour formés de colonnettes et d'entrefûts ciselés en dentelle.

Les tours figurent quinze étages de sculptures. C'est l'histoire de l'Inde racontée par le ciseau. Plus de vingt mille personnages se pressent, se combattent, offrent des sacrifices, séparés par des frises parallèles, où toute la flore asiatique concourt à des guirlandes d'une richesse inouïe.

C'est le Goparum, commentateur de granit des livres sacrés.

D'épaisses broussailles s'enchevêtrent au pied du monument, les arbustes dardent leurs branches à travers les jours délicats des soubassements. Il semble que le temple ait jailli du sol au milieu des végétations, sous le coup d'une évocation magique et mystérieuse.

Un instant Mystère, Anoor, Cigale lui-même oublient pourquoi ils sont venus là. Un songe plus puissant que leur volonté les étreint; ils sont transportés dans le passé, ils vivent au temps des monarques, des artistes, qui conçurent, exécutèrent ces merveilles. Leurs oreilles s'emplissent de musiques insoupçonnées; ils s'attendent à voir paraître les hordes de guerriers contemporains du Goparum.

Soudain, une voix s'élève dans le silence. Elle dit :

— Salut au Tigre d'or!

Les broussailles craquent, s'écartent. Un Hindou se montre, drapé dans une bande de toile bleue attachée à la ceinture au moyen d'une corde.

Les touristes subissent une commotion. Par une brusque projection de la pensée, ils bondissent des âges écoulés à l'heure présente, et le docteur demande :

— Qui es-tu?

— L'ermite Magapoor.

Cigale, Anoor ont un cri de joie. On le tient donc enfin ce fakir introuvable. Il est là, il va parler, il dira où s'écoulèrent les premières années de la fillette.

Déjà Mystère a présenté à son interlocuteur la figurine du tigre d'or; Magapoor s'incline :

— Parle, sahib, je suis à toi. Prévenu aujourd'hui seulement de ta venue, je me suis mis en marche vers toi pour t'obéir et te prémunir contre le danger.

Le savant incline la tête en signe de satisfaction.

— Qui t'a remis un ours de Siva — c'est ainsi que les Hindous désignent l'ours des cocotiers — que toi-même offris à Beïlad?

— Est-ce tout ce que tu désires de moi? Qu'il soit fait selon ta volonté. L'ours me venait de Gâpi, le chef vénéré des *Compagnons de Siva et de Kâli.*

Au nom de cette secte, Anoor frissonna. Terrible en effet est sa réputation, aussi terrible que celle des Thugs, ces étrangleurs de l'Inde. Seulement les *Compagnons* n'emploient pas le lacet de soie pour occire leurs victimes; ils frappent du poignard. En Europe, on a vu, en ces groupes, des associations de bandits, et les Anglais ont soigneusement entretenu cette croyance, qui justifiait la cruauté des représailles exercées par eux. En réalité Thugs ou Compagnons formaient des sociétés secrètes d'hommes énergiques, qui aspiraient à la liberté et cherchaient à galvaniser l'Inde brahmanique, en lui montrant que l'on pouvait se venger des Anglais sans livrer de batailles rangées perdues d'avance.

Les Thugs.

A l'époque où les sujets britanniques et leurs partisans étaient immolés par centaines, des Français : Bouvel, Vézille, Arlent, parcoururent l'Inde, sans escorte, sans armes. Arrêtés parfois par des bandes Thugs ou des détachements de Compagnons de Siva-Kâli, ils furent toujours remis en liberté après une rapide enquête, au cours de laquelle on les traitait au mieux.

Leur témoignage démontre que les « bandits » étaient simplement des hommes de liberté, réduits à la guerre de ruses, d'embûches, par l'impos-

SALUT AU TIGRE D'OR.

sibilité de lutter au grand jour contre les troupes britanniques, ayant la double supériorité de l'armement et de la discipline.

Patriotes de France, soyons cléments à ces égarés du patriotisme hindou.

Mystère ne s'était pas ému comme Anoor et il reprit aussitôt :

— Gâpi... Où est ce chef en ce moment?

— Au pays du repos, répliqua le fakir. — Et étendant la main vers le ciel : — Sa couche est ce pays bleu où fleurissent les étoiles.

— Il est mort, veux-tu dire?

— Mort pour la terre, sans doute, mais vivant pour l'immensité.

Magapoor prononça ces paroles avec une ferveur ardente. Il exprimait ainsi la foi des fakirs, qui admettent trois existences distinctes. La première, avant la naissance terrestre, est la *Vie obscure ou inconsciente:* durant la seconde, « Vie terrestre ou préparatoire », les yeux de l'homme doivent s'ouvrir à la lumière de l'infini, sous peine de recommencer indéfiniment des existences terrestres successives; la dernière est la « Vie universelle », où l'être a l'espace pour domaine.

Mais Mystère s'inquiétait bien de cela à cette heure! Il s'était promis de ramener Anoor à sa famille. Pour cela, il avait songé à utiliser la reconnaissance étrange de l'enfant et de l'ours. En suivant la filière des divers propriétaires du plantigrade, il arriverait fatalement au lieu où l'animal avait connu la fillette.

Et voilà qu'un chaînon se brisait dans sa main. Le trépas du chef Gâpi interrompait la piste.

— Ah! murmura-t-il avec tristesse, faudra-t-il donc que j'associe cette enfant à ma périlleuse existence, au lieu de la rendre à cette femme inconnue, dont elle ignore même le nom, mais qu'elle aime?

Magapoor l'arracha à sa préoccupation.

— Sahib, n'as-tu rien à me demander encore? Je dois travailler à l'œuvre que tu as ordonnée à Beïlad.

Le savant secoua la tête :

— C'est vrai. Notre vie est engagée dans une partie sans merci. Aucun repos, aucune trêve ne nous sont permis. Va.

Il se ravisa soudain :

— Attends encore. Regarde cette enfant, — il désignait Anoor, — que ses traits se gravent dans ta mémoire. C'est une victime des brahmes.

— Elle!

Le regard du fakir se fit doux pour se poser sur la fillette.

— L'un d'eux, continua Mystère, l'un d'eux a cherché à la faire périr en un pays lointain. Toute petite, elle joua avec l'ours que tu as eu en ta possession. Mes questions avaient pour but de la ramener au milieu des siens. Il se peut que je succombe. En ce cas, je te la lègue, à toi et aux fakirs fidèles. Tâchez, si je disparais, de faire pour elle ce que j'aurais voulu faire moi-même.

Il parlait d'une voix lente, comme si les mots avaient peine à franchir le seuil de ses lèvres.

— Elle m'a donné l'unique joie au milieu des tortures..... elle est la fille de mon cœur.

— Père, interrompit Anoor d'un accent tremblé, père, je ne veux pas te quitter. — Et avec une ampleur tragique : A quelle œuvre grandiose as-tu consacré ton existence? je ne le sais, mais je crois que ta volonté est bonne et grande. Trop longtemps tu as consacré tes jours à l'orpheline. C'est assez. Reprends le grand travail dont je t'ai distrait. Permets que je te suive, que je sois ta servante...

— Et moi aussi, bon sang! clama Cigale riant et pleurant à le fois..... Non, je ne serai pas servante, ça, ça ne va pas avec mon sexe, mais un Parisien, ça vaut tous les soldats du monde. Mauvaise tête, bon cœur, le parfait terre-neuve, à deux sous tout le paquet!

Les mains du docteur étaient emprisonnées dans celles des enfants. Il les considérait avec une tendresse profonde.

— Sahib! questionna Magapoor, tu as oublié une chose.

— C'est?... fit le savant redevenant maître de lui.

— De m'apprendre le nom du brahme.....

— Qui a tenté de frapper Anoor....? Arkabad.

Le fakir eut un sursaut :

— Arkabad, répéta-t-il, tandis qu'une flamme joyeuse s'allumait dans ses prunelles sombres.

— Oui.

— Celui-là doit savoir où il a enlevé l'enfant?

— Sans doute, mais ce fanatique ne parlera pas.

— Tu te trompes, maître, il a parlé.

A son tour Mystère tressaillit. Anoor et Cigale firent un pas en avant, dévorant l'ermite des yeux.

— Il a dit ce que je veux connaître..., balbutia enfin le savant?

— Pas tout à fait, mais il a indiqué aux Anglais, ces dominateurs infidèles de l'Inde, les routes sur lesquelles ils pourront t'arrêter.

— Les routes, dis-tu? Mais c'est précieux cela. C'est la direction même que je dois suivre. Et ces routes sont.....?

— Celles qui aboutissent à Lahore.

— La capitale du Pendjah, aux environs de la frontière afghane.

Et tendant les bras à Anoor :

— Réjouis-toi, ma fille, s'écria le docteur, ta patrie est le pays où j'espère préparer le triomphe de ma Pensée.

Puis avec une volubilité joyeuse :

— J'aurais dû le deviner : la langue que tu parlais naguère, l'ours de Siva, compagnon des grands seigneurs du Pendjah... Marchons vers Lahore, enfant; peut-être celle dont tu as gardé le souvenir devra-t-elle aussi être défendue.

Mais il se retourna vers Magapoor :

— Comment as-tu appris cela?

— Le « frère » qui m'a annoncé ta présence à Delhi, m'a chargé de te le répéter.

— Bien, bien. Beïlad a exécuté mes ordres. Un monde invisible s'agite, portant l'espoir à ceux qui l'avaient perdu. Nous triompherons.

Le fakir hocha la tête :

— Pour cela, il ne faut pas que les Anglais te fassent prisonnier.

— Peuh! fit dédaigneusement Mystère, ils me prendront si j'y consens.

— Même si toutes les routes vers Lahore sont gardées; même si elles sont coupées de tranchées profondes où ta maison magique culbutera?

Et comme le visage du savant se rembrunissait, Magapoor continua :

— Tu peux te rendre à Lahore par deux voies : celle de Saharantar-Patiola, ou celle de Narnaul-Cheïrah. Je ne parle pas du chemin de fer de Delhi-Lahore, car pour l'utiliser tu devrais abandonner la protection de ton char. Si tu choisis le premier itinéraire tu seras arrêté à une heure au delà de Patiola; si tu optes pour le second, c'est aux environs de Cheïrah que l'on se propose de te capturer.

L'attitude du docteur exprimait l'embarras.

— Il est trop tôt pour la rébellion ouverte, prononça-t-il comme s'il se parlait à lui-même.

— Certes, appuya le fakir. Il faut donc les tromper.

— Comment?

— En faisant arrêter à ta place d'autres que toi.

— Il faudrait les trouver ceux-là, et quand même, je les aurais ici, sous la main, cette combinaison entraînerait l'abandon de ma maison d'aluminium.

— Abandon momentané.

— Momentané?

— Oui, les Anglais la convoitent pour une raison que nos « frères » n'ont pas comprise. Ils ont parlé de miroirs...

Le médecin eut un brusque mouvement.

— De miroirs... Ont-ils deviné que j'avais résolu le problème des parallèles X?

— Je ne sais à quoi tu fais allusion, Sahib. Mais les Anglais considèrent ta demeure comme une arme de défense terrible, si les fils du grand Tzar blanc, les Russes, venaient à marcher sur l'Inde par l'Afghanistan. Ils veulent s'emparer de ton palais, le faire conduire par quelques officiers dans le Sind ou le Pendjah. Tu le leur reprendrais aisément pendant le voyage.

Sans doute, le savant attachait aux paroles de son interlocuteur un sens particulier, car il cessa de discuter et d'un ton bref :

— Soit. Qui sera arrêté?

— Des gens qui ne s'en doutent pas le moins du monde.

— Où sont-ils?

— Près d'ici. Ils déjeunent à côté de la Porte d'Aladin, et leur interprète est un de nos affiliés.

— Je veux le voir.

— A l'instant, Sahib.

Ce disant, Magapoor frappait ses mains l'une contre l'autre.

Aussitôt un homme sortit du fourré. Celui-ci avait le costume de ces cicérones hindous qui « *cornaquent* » les familles anglaises à travers l'Hindoustan : la veste à boutons d'or, le pantalon agrémenté d'une bande garance et le turban portant au frontal les deux lettres I. R. (Indian Railways) indiquant qu'il appartenait aux interprètes assermentés des compagnies de chemins de fer de la Péninsule.

— Natchouri, fit le fakir, voici le Seigneur au Tigre d'or. — Et l'interpellé ayant salué très bas : — Il faut que tu décides ceux que tu accompagnes à continuer leur voyage dans le palais mobile du maître.

— Je les y déciderai, promit le guide d'une voix ferme.

— Où se trouvent-ils actuellement?

— Ils mangent, installés entre la tour de la Victoire et la porte d'Aladin.

— Conduis le Sahib de ce côté, et exécute mes ordres.

— Cela sera fait, frère.

— Puis-je partir, Seigneur, murmura alors le fakir en interrogeant le médecin du regard?

— Oui, et que l'œil de Vischnou soit sur toi.

Avec une prestesse merveilleuse, Magapoor se glissa dans le fourré et disparut.

Sans prononcer un mot, l'interprète se mit en marche, précédant Mystère et ses jeunes amis.

La course ne fut pas longue. Après un quart d'heure, tous débouchaient dans une clairière sur le sol rocailleux de laquelle les végétations environnantes n'avaient pu mordre.

Devant eux se dressaient superbes et désolées la tour de la Victoire et la porte d'Aladin.

Construite par l'empereur Koutab, la tour de la Victoire élève orgueilleusement, à 70 mètres de hauteur, ses cinq étages de colonnettes en retrait les uns sur les autres et ses cinq galeries circulaires ouvragées avec art.

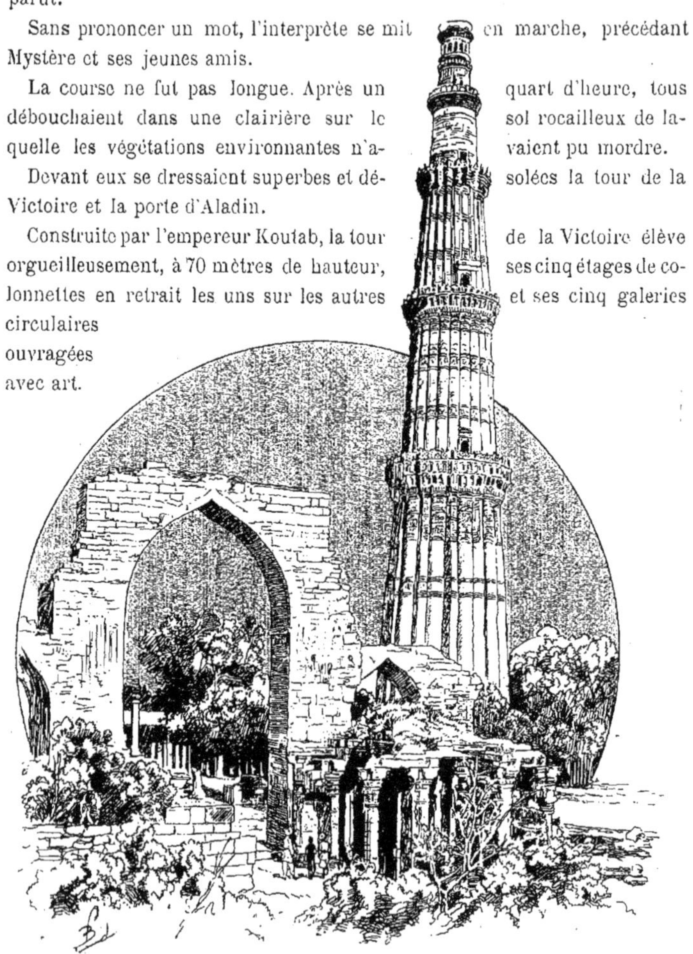

La porte de la Victoire. — La tour d'Aladin.

A sa gauche, la porte d'Aladin développe son large arc ogival, entrée majestueuse d'un temple disparu, qui laisse apercevoir au delà les hautes futaies de Sameh-Oudin.

Natchouri étendit le bras :

— Ils sont là, de l'autre côté de la muraille.

— Qui sont-ils?

— Sir et mistress Sanders et leurs douze filles.

— Hein?

Le docteur n'eut pas le loisir de questionner davantage, le bruit d'une querelle arrivait jusqu'aux promeneurs.

CHAPITRE VII

UNE FAMILLE PARLEMENTAIRE

— Wilhelmina, ma femme, clamait un organe mâle.

— Jéroboam Sanders, mon époux, ripostait un soprano féminin.

— Cela est insupportable.

— J'allais dire : insoutenable.

— Et dans les fastes du Parlement, auquel j'eus l'honneur d'appartenir...

— On ne cite pas d'homme plus agressif, plus violent que vous, mon ami.

— Wilhelmina!

— Jéroboam!

Douze voix argentines, timbrées les unes du suave accent hollandais, les autres du non moins délicieux accent anglais, crièrent :

— Maman! papa!

Et douze jeunes filles, uniformément vêtues de robes blanches, coiffées de chapeaux de paille aux longs voiles de gaze mauve, se précipitèrent vers l'homme et la dame qui se querellaient.

Ces deux êtres semblaient avoir voulu symboliser l'antithèse en une leçon de choses.

Lui, Jéroboam Sanders, gros, court sur jambes, la face rose, vieillotte et imberbe, auréolée de cheveux filasse; l'abdomen pointant comme l'éperon d'un navire entre les pans flottants de son pardessus de toile blanche, représentait l'obèse triomphant, soufflant, suant, sous son casque colonial orné d'une gaze verte.

Elle, longue, sèche, anguleuse dans sa casaque droite, sa jupe en fourreau; la figure parcheminée, et au-dessus des lèvres un épais duvet brun qui, décorant le facies d'un homme, eût pris le nom de « moustache ».

Jéroboam étendit la main vers les jeunes filles et d'un ton sentencieux :

— Écoutez ces enfants, Wilhelmina. La plainte des peuples est la leçon des représentants; telle doit être la formule présidant aux actions d'un véritable parlementaire.

Quel était ce groupe étrange égaré dans la plaine de Delhi?

Quelques mots de présentation sont ici nécessaires.

Sir Sanders, gentleman farmer du comté de Fife en Angleterre, avait siégé durant une législature à la Chambre des Communes, qui, chez nos voisins d'Outre-Manche, correspond à la Chambre des Députés.

Cela avait été le temps le plus heureux de sa vie. Il assistait à toutes les séances, se faisait nommer membre de toutes les commissions, sous-commissions. Budget, marine, guerre, travaux publics, commerce, industrie, il parlait sur tout avec une verve intarissable et une égale incompétence.

Par exemple, nul ne connaissait mieux que lui les formules polies, dont les députés enveloppent leurs insinuations les plus perfides. Il ne pouvait demander du feu à un passant pour son cigare sans le bombarder de l'épithète « honorable ».

L'état de ses dépenses annuelles devenait pour lui « l'assiette de l'impôt ».

Le gouvernement se présentait à ses yeux comme perché sur le « char de l'État » et « tenant les rênes d'une main ferme ».

Et ainsi de suite.

Aussi fut-ce un jour de deuil cruel que celui où la confiance variable des électeurs envoya, en son lieu et place, aux Communes un autre représentant.

Pour la première fois, il s'aperçut alors qu'il était veuf; veuf il s'en serait consolé, mais sa défunte épouse, afin sans doute qu'il ne pût l'oublier, lui avait laissé cinq filles, charmantes, bruyantes, riantes, pétulantes, qui le firent damner.

Maud Laura, Grace, Mary et Betty, toutes blondes, blanches et roses, les yeux bleus, avaient cette démarche raidillonne et gracieuse dont les jeunes Anglaises ont le secret.

Le premier soin de Jéroboam fut de transformer l'administration de son logis en cinq commissions; à la tête de chacune il plaça l'une de ces demoiselles.

Maud, plus rêveuse que ses sœurs, fut chargée du ménage, avec le titre Présidente de l'Intérieur.

Laura, éprise des fleurs, fut préposée à l'entretien du parc et du jardin. Titre : Déléguée aux squares et forêts.

Grace se vit attribuer la perception des fermages, la rédaction des baux, le règlement des contestations avec les voisins; elle devint la commission de Justice et de Contentieux.

Mary, très versée en architecture, fut Présidente des Travaux publics.

Enfin Betty, marcheuse infatigable, courut les marchés pour en rapporter les provisions nécessaires à sustenter tout le monde. Pour sa peine, elle obtint le grade honorifique de Ministre des Affaires extérieures, *alias* étrangères.

Ainsi, au milieu de ses enfants, Sanders pouvait prononcer les vocables chers à ses oreilles; les conversations du foyer semblaient un écho des séances de la Chambre des Communes, et les cinq jolies filles, taquines et agitées, figuraient *en gracieux* les fractions gouvernementale et d'opposition de l'assemblée législative. C'était le bonheur presque retrouvé.

Seulement... — dans l'existence de tout homme il y a un « seulement » qui empoisonne ses jours, — les cinq jolies filles se coalisaient volontiers contre leur père, lequel s'intitulait modestement « Président du Conseil ».

Était-ce esprit de corps féminin, ou bien le vent de révolution qui parcourt la terre, avait-il soufflé sur les cerveaux des *misses?* — Peu importe la cause, l'effet faisait damner Jéroboam Sanders.

Le digne homme, partisan convaincu de l'indépendance individuelle, apôtre du suffrage égal pour chaque citoyen, avait appliqué ses théories dans son intérieur.

Voulait-on prendre une décision, acheter un lopin de terre, résilier un bail, partir en excursion, bien vite il s'écriait d'une voix de stentor :

— Aux urnes! mes enfants, nous allons voter.

A cet appel connu, tout le monde s'asseyait autour de la table, sur laquelle se gonflait la panse rebondie d'un vase de faïence à fleurs; — c'était l'urne.

Chacun et chacune inscrivait sa pensée, son désir, sur un carré de papier que l'on pliait, et qui, dévotieusement, était précipité dans le vase.

Ensuite les jeunes filles, sur l'invitation de leur père, désignaient deux « commissaires » chargés du *dépouillement du scrutin,* dont Jéroboam proclamait le résultat, avec la même majesté que s'il avait présidé une Chambre, haute ou basse.

Et, résultat admirable, les voix se départageaient toujours également — 3 pour, 3 contre — si bien que l'on décidait... de ne prendre aucune décision, ce qui, chacun le sait, est le dernier mot d'un gouvernement désireux de gouverner sans anicroche.

Un jour pourtant, Sanders ayant formulé la proposition d'aller aux bains de mer, soit à Brighton, soit à l'île de Wight, le vote eut lieu.

Lui écrivit sérieusement sur son bulletin :

— Allons à Wight.

Mais le suffrage universel, représenté par ses cinq délicieuses filles, lui répondit par ces cinq vœux :

— Allons à Calcutta.

— Allons à Mysore.

— Allons à Allahabad.

— Allons à Delhi.

— Allons à Lahore.

Pour une fois, les sœurs, tout en différant sur le nom des villes, s'étaient rencontrées sur un terrain commun d'excursion, l'Inde.

Et respectueux de l'opinion de la majorité, fût-elle en jupons, Jéroboam déclara que l'on partirait pour l'Inde, et que l'on visiterait successivement chacune des cités désignées.

Le gentleman comprenait ses devoirs vis-à-vis du suffrage universel.

Voilà pourquoi nous avons rencontré la famille Sanders dans les ruines de Delhi.

Seulement — encore un — le nombre des « votants » avait singulièrement augmenté pendant le voyage.

Embarquées à Liverpool pour Colombo et Calcutta, via Gibraltar, Malte, Port-Saïd, Aden, les filles de Jéroboam s'étaient liées, à bord du steamer *Parliament* (Parlement), — choisi par le maniaque à cause de son nom, — avec sept demoiselles hollandaises, rehaussées des prénoms exquis de Klaesa, Fritzijne, Anna-Maria, Nelusis, Anneken, Janeke et Lisabeth.

Ces jeunes personnes, calmes, blondes, solidement charpentées, étaient chaperonnées par leur mère, la respectable Wilhelmina van Stoon, veuve d'un gouverneur hollandais de Batavia.

Cette dame, une excellente femme, avait conservé de son époux un souvenir attendri, qui se trahissait dans chacune de ses phrases. Tout mouvement pour elle, femme d'ancien militaire, appelait un commandement de l'école du soldat.

Se levait-on après un repos, elle s'écriait : *En avant, marche... guide à droite*. Fallait-il tourner à droite ou à gauche, bien vite elle disait : *Conversion à droite... ou à gauche*. Se mettre en défense était pour elle : *Croiser la baïonnette*, et *Ouvrir le feu* signifiait attaquer.

Sous sa direction, ses chères enfants s'étaient accoutumées à exécuter les opérations les plus simples avec une raideur militaire; elles se promenaient en d'impeccables alignements, observant le *rang de taille* avec religion — la plus grande à droite, la plus petite à gauche — et numérotées, s'il vous plaît, de 1 à 7.

Si bien que la veuve avait pris l'habitude de remplacer les noms de baptême des *créatures aimées*, noms par trop *civils*, par les nombres correspondants à la taille des demoiselles.

Klaesa s'appelait un, Lisabeth, sept; et à la stupeur des gens non prévenus, Mme van Stoon prononçait des phrases de ce genre :

— Quatre, veuillez ramasser mon mouchoir... en décomposant... trois mouvements : un, pour se baisser et prendre la batiste entre les doigts; deux... on se redresse en enlevant le carré de linge; trois... pour tendre l'objet... Très bien, En place, repos.

Les robes devenaient à ses yeux des *tenues d'exercice* ou *de parade;* un chapeau était *un casque;* une ceinture, *un ceinturon;* un sac à main, *une musette;* une malle, une *cantine*, et ainsi en tout, pour tout et partout elle marquait la préséance accordée par son cœur fidèle au militaire sur le civil.

Du premier coup, Jéroboam fut séduit par la veuve. On sait que les « contraires » s'attirent. Il était gras, elle était maigre; elle savait faire marcher ses filles au pas, lui n'avait jamais pu y réussir.

Barrique sur jambes, il soupira pour Mme Wilhelmina van Stoon, dont la taille élevée se développait avec la grâce d'un paratonnerre. Il rêva d'un intérieur paisible, dirigé par elle, où ses cinq filles, les petites misses anglaises, seraient disciplinées comme les demoiselles hollandaises, les fraülen.

Au lieu de cinq autorités divergentes, il n'aurait plus en face de lui qu'une volonté, une seule.

Inconséquence humaine, Sanders passait sans transition, pour l'administration de son foyer, de la forme républicaine, gouvernement de tous, à l'autocratie, obéissance absolue à un maître unique.

Le *libéral* acclamait la *tyrannie*.

Et, sans doute, l'âme de Wilhelmina aspirait aussi à un changement de gouvernement, la veuve désirait le mariage, car les deux isolés s'entendirent à demi-mot.

A l'escale de Lisbonne, Jéroboam décocha une œillade assassine à la mère des sept Hollandaises.

Elle la lui rendit à Gibraltar.

En vue de Malte, Sanders susurra :

— Le veuvage est la pire des conditions!

A Port-Saïd, à l'entrée du canal de Suez, elle répondit avec la loyauté militaire qui la caractérisait :

— Le veuvage c'est le *peloton de punition;* le mariage c'est la *revue d'honneur;* il faut être au moins deux pour *s'aligner par rang et par file.*

En entendant ces douces paroles, Jéroboam se fût agenouillé, s'il avait été sûr que son abdomen proéminent lui permît de se relever.

A Suez, un notaire expéditif dressa le contrat des fiancés; un pasteur méthodiste les maria dans les murs d'Aden, et le consul britannique apposa son visa sur l'acte en bonne et due forme qui consacrait leur union.

Le repas de noces eut lieu à Ceylan, puis on songea au voyage traditionnel.

Un vote, le premier de la famille-unie Sanders-van Stoon, eut lieu et décida que les nouveaux époux et leurs douze enfants parcourraient d'abord l'Inde, puis se rendraient à Batavia, but primitif du déplacement des Hollandaises.

Pourquoi toutes les fillettes avaient été d'accord pour débuter par la traversée de l'Inde, voilà ce qu'il faut savoir.

Maud, l'aînée des Sanders, avait été fiancée, à l'âge de trois ans et six jours, à Claudius Fathen, fils unique de lord Fathen (Arthur-Archibald), colonel dans l'armée des Indes. Claudius à cette époque comptait cinq printemps, accompagnés d'autant d'hivers, d'automnes et d'étés.

Il avait suivi, peu après, le colonel dans la péninsule hindoustane. Jamais on ne s'était revu depuis, mais les gazettes avaient appris à la rêveuse Maud que, en récompense de ses services, lord Fathen avait obtenu le poste envié de gouverneur du Pendjah, en résidence au palais d'Amra, à quelques kilomètres de Lahore.

Elle s'était souvenue alors de ses fiançailles oubliées, avait supplié ses sœurs de l'aider à revoir Claudius, afin de lui rappeler les projets d'antan, et celles-ci, se disant in petto que l'hyménée de Maud les ferait entrer dans un monde nouveau, où peut-être elles trouveraient elles-mêmes des

AU TRANSVAAL.

époux à leur choix, — le mariage appelle le mariage, et la miss saxonne appelle le mari, — celles-ci, disons-nous, avaient déféré aux souhaits de l'aspirante aux joies conjugales.

Point n'est besoin d'ajouter que les jeunes van Stoon, instruites des projets de leurs sœurs... par alliance, se firent un raisonnement analogue, — pour être Hollandaise, on n'en est pas moins femme, — si bien que l'excursion à travers l'Inde fut votée à l'unanimité moins deux voix.

Ces dernières appartenaient à Wilhelmina qui aurait préféré Batavia, et au galant Jéroboam, lequel avait jugé de son devoir d'exprimer un avis conforme aux vœux de sa compagne.

Tout d'abord, le voyage avait été un enchantement.

Les plaines du Gange, les admirables monuments de Bénarès, de Lucknow avaient permis aux touristes d'exhaler les mille lieux communs admiratifs, qui sans doute étouffent les voyageurs de ce genre, car tous les expectorent avec une égale inconscience et un même défaut d'à-propos; mais à partir de la cité commerçante d'Aurumhabad, un nuage avait obscurci le ciel bleu du Ménage-Uni Sanders-van Stoon.

La nouvelle de la déclaration de guerre de l'Angleterre aux républiques Sud-africaines du Transvaal et d'Orange, avait subitement creusé un abîme entre les chefs de famille; Wilhelmina tenant pour ses compatriotes boërs, Jéroboam souhaitant le succès des armes britanniques.

La femme, cet ange du foyer, était devenue brusquement un démon que le calme parlementaire de Sanders ne parvenait pas à apaiser. Lui-même en arriva bientôt aux vivacités. Comme entre l'Irlande et Albion, des tendances séparatistes allaient-elles naître entre les époux voyageurs?

La cupidité qui poussa le ministère Salisbury-Chamberlain à déchaîner la guerre dans l'Afrique australe, pour permettre aux financiers de la *Chartered* de s'emparer des mines d'or du Transvaal; le fier courage avec lequel le petit peuple boër, à peine de 300.000 âmes, se leva sous la conduite de son vieux président Kruger, en jurant de mourir plutôt que de subir la domination britannique; les premiers succès de leur général Joubert, descendant d'une famille française, l'armée de White bloquée dans Ladysmith, French, Warren, Gatacre, Méthuen, Buller, vaincus à Kimberley, à Modder-River, à Colesberg, à Colenso, à Spion-Kop; le soulèvement des Afrikanders, habitant la colonie du Cap, le départ des volontaires de toutes nationalités allant combattre, au nom de la liberté, dans les rangs transvaaliens, le colonel français de Villebois-Mareuil offrant son épée à Kruger; les canons allemands de l'usine Krupp, les canons gaulois de l'usine du Creusot tonnant ensemble contre les régiments anglo-saxons; l'Irlande secouée par un frisson de joie à la vue de l'humiliation de ses oppresseurs anglais; l'Égypte bouillonnante à la pensée de secouer le joug du Royaume-Uni; le vent de révolte soufflant dans l'Inde du Pendjah aux frontières orientales du Radjpoutana; les Russes amenant leurs têtes de colonnes à Hérat en plein Afghanistan, d'où elles menacent l'empire anglo-hindou, tout enfin devenait matière à contestation entre Jéroboam et Wilhelmina.

Par exemple, les douze jeunes filles étaient restées neutres. Avec un touchant ensemble elles s'interposaient entre le papa, sujet de S. M. Victoria, et maman, la Néerlandaise.

Au fond, elles avaient la crainte de voir les événements des provinces du Cap et du Natal amener une séparation brusque entre leurs parents, une séparation qui les eût empêchées de se diriger de conserve vers Lahore, ville merveilleuse, où toutes comptaient rencontrer des maris.

Or, l'éternelle querelle avait recommencé près de la porte d'Aladin, à l'ombre de la tour de la Victoire.

Les coupables étaient lord Roberts et le sirdar Kitchener, que le War-Office de Londres venait de placer à la tête de l'armée du Cap, en remplacement de sir Redwers Buller, doué d'une déveine trop persistante.

Wilhelmina, lisant le journal, avait murmuré :

— Encore deux fous qui vont se faire étriller.

— Étriller, avait répliqué Sanders, voilà un mot qui conviendrait seulement à des chevaux...

— Vous avez raison, ricana aussitôt la sèche Hollandaise... Je prie les chevaux d'agréer mes excuses, les généraux anglais n'étant que des ânes.

— Des ânes!... Ah! prenez garde, Wilhelmina, mon patriotisme est chatouilleux... Des ânes, je ne sais ce qui me retient de bondir sur vous comme un tigre furieux...

— Ce qui vous retient, c'est votre embonpoint. Le moyen de bondir avec un ventre pareil.

— N'en dites pas de mal, c'est le ventre d'un honnête citoyen.

— Honnête... Mais, malheureux! cet adjectif-là n'est pas anglais.

Et avec explosion la digne personne gémit :

— Ah! pourquoi ai-je enchaîné ma liberté? Pourquoi ai-je lié ma vie à celle d'un Anglais? Décidément, je vais *briser mon épée.*

Là-dessus, Jéroboam se récria, l'ex-veuve van Stoon gronda; et la douzaine gracieuse de misses et de fraülen s'élança en avant :

— Papa!

— Maman!

Que serait-il advenu si le ménage désuni était resté livré à lui-même? On frémit en y songeant. Par bonheur l'interprète Natchouri jugea le moment venu de se montrer.

Il se précipita au trot, avec les gestes, l'allure d'un homme qui vient de fournir une longue course.

— Milord, Milady, s'écria-t-il, un accident...

— Les Boërs seraient-ils battus, fit en pâlissant Wilhelmina toujours tenue par son idée fixe?

— Les Boërs, non..... mais la ligne du Western India, Delhi-Lahore, est interceptée.

— Interceptée.

— Oui, un déraillement... la voie détruite... un pont écroulé... bref, plusieurs jours de travail avant que la circulation soit rétablie.

Atteints directement dans leurs projets de tourisme, les querelleurs oublièrent leurs dissentiments patriotiques. Ce fut un concert de lamentations :

— Qu'allons-nous faire à Delhi?

— Assez de ruines comme cela!

— Une semaine à passer ici.

— Quinze jours peut-être!

— Oh! les chemins de fer!

Et d'un ton tragique, Jéroboam mugit :

— Voilà qui n'arriverait pas en Angleterre!

Ce à quoi Wilhelmina répondit du tac au tac :

— En Angleterre, mais vous êtes en pays anglais! C'est en Hollande, voulez-vous dire, que l'on ne jouerait pas un tour pareil aux voyageurs.

— La Hollande n'existe pas comme chemins de fer.

— Naturellement, l'Angleterre seule a des voies ferrées.

— Dame, 45.000 kilomètres de lignes au lieu de 8.000.

— C'est cela, outragez ma patrie...

— Je ne l'outrage pas... une évaluation en kilomètres n'a rien d'insultant.

— Si!

— Non!

La dispute allait recommencer. Natchouri s'empressa d'intervenir :

— J'avais pensé qu'un long séjour déplairait à mes honorables clients...

— Honorables! murmura Sanders. Ce garçon s'exprime bien.

— Et j'ai avisé au moyen de continuer le voyage sans tarder.

— Sans tarder... Le moyen existe?

— Oui, Milord.

— C'est ...?

— L'*Electric-Hotel.*

Sur tous les visages se peignit l'effarement. Jéroboam, Wilhelmina, les cinq petites Saxonnes, les sept jolies Néerlandaises ouvraient des yeux énormes, et dans l'atmosphère de stupéfaction répandue autour d'eux, la tour de la Victoire semblait un point d'exclamation, tandis que la porte d'Aladin bâillait comme une bouche ahurie.

— L'*Electric-Hotel!* répéta enfin Sanders. Qu'est-ce que c'est que cela?

L'interprète prit son air des grands jours!

— Une heureuse innovation, Milord.

— Mais encore?

— C'est la commodité des touristes, le charme du voyage. Comme à tout le monde, il vous est arrivé de regretter de ne pouvoir emporter votre *home* avec vous.

— Ah oui! répondit le gros homme, avec un soupir qui en disait long sur ses tracas ambulatoires.

— Ah oui! fit en écho l'ex-veuve.

— Aoh yes! s'écrièrent en chœur les *misses.*

— Io, ia! ripostèrent les *fraülen.*

— Eh bien, Mesdames, Monsieur, un homme de cœur et d'initiative a songé à combler cette lacune. Il a construit une maison sur roues, mue par l'électricité, qui recevra les voyageurs et les promènera à travers le Bengale, le Dekhan, le pays des Radjpouts, et cætera. Il fait en ce moment, avec son premier Hotel-Car, une tournée d'expérience; mais, à ma requête, il a consenti, si la chose vous agrée, à vous recevoir...

Les jeunes filles battirent des mains :

— Une maison roulante.

— Nous serions les premières à l'essayer?

— Parfaitement, Mesdemoiselles.

— Oh! papa! oh! maman! Il faut accepter. Songez donc, quel charmant souvenir...; avoir été les premiers hôtes de pareille automobile. Les annales de la science citeraient nos noms...

Sanders se redressa, Wilhelmina prit une contenance digne.

— Feu van Stoon servait dans l'infanterie, s'écria enfin la sèche personne; mais en considération de ces *recrues* — sa main maternelle désignait les jeunes filles — je condescends à passer dans le *train des équipages*.

— Moi aussi, s'exclama Sanders, tout joyeux de pouvoir, une fois par hasard, être de l'avis de son épouse.

Natchouri salua :

— En ce cas, veuillez me suivre. L'*Electric-Hotel* stationne à quelque distance. Je vais vous présenter comme les hôtes annoncés. Ensuite, il vous suffira d'envoyer prendre vos bagages au caravansérail de la ville et de vous installer.

— Allons.

— Marchons.

— Courons.

En voyant la tournure prise par l'entretien, Mystère, Cigale et Anoor s'étaient discrètement éloignés et avaient regagné la maison d'aluminium.

Une demi-heure plus tard, le docteur que Sanders et sa famille appelaient, sur la foi du récit de l'interprète, « monsieur l'hôtelier », les recevait au haut du perron mobile.

Il les installait dans des chambres du premier étage, où les cris d'admiration des jeunes Sanders-van Stoon, se répandaient comme des chants d'oiseaux. Seulement, il les pria de revêtir l'uniforme de la maison.

— Je ne suis pas encore autorisé à transporter les voyageurs, leur expliqua-t-il. L'administration me tracasserait si elle apprenait l'infraction aux règlements que me fait commettre mon obligeance. Il faut donc me mettre à l'abri, au cas où un agent du gouvernement viendrait visiter mon hôtel. Avec l'uniforme, vous serez censés faire partie de mon personnel.

« Monsieur l'hôtelier » les recevait.

Ce déguisement causa une joie générale, et au dîner, les rires éclatèrent en fusées lorsque les quatorze Sanders-van Stoon, vêtus à l'hindoue de longues blouses serrées à la ceinture et de pantalons bouffants, le tout vert sombre, prirent place autour de la table.

Certes, les jeunes filles étaient charmantes ainsi; mais Jéroboam avait l'air d'un gentleman en baudruche, et Wilhelmina, avec sa moustache, semblait un vieux grognard.

Le repas fut gai. Ludovic, présent à toutes les fêtes, devint aussitôt le favori des demoiselles; bref, chacun s'en fut se coucher dans les plus heureuses dispositions.

Les touristes avaient enfin trouvé un hôtel qui leur plaisait, et le docteur songeait que le plan audacieux indiqué par le fakir Magapoor s'était exécuté jusque-là sans aucune difficulté.

A l'aube, l'*Electric-Hotel* se mit en marche, et laissant Delhi en arrière, s'élança à une allure accélérée sur la route de Cheïrah.

CHAPITRE VIII

LE CHLOROFORMISTE.

La voie large et bien entretenue, bordée de fossés profonds, destinés à faciliter l'écoulement des eaux, courait dans la direction N. O.-S. O., suivant une ligne à peu près parallèle à la chaîne montagneuse des Aravalis du Nord, dont les cimes se profilaient dans un brouillard violacé.

Jusqu'à la bourgade de Narnaul, le pays se montra verdoyant, bien cultivé. Les champs de millet *badjra* alternaient avec les bandes rougeâtres du blé *moth* ou les vastes melonnières *ildabrin.*

Sanders et sa famille, aussitôt debout, s'étaient réunis sur la terrasse d'avant. Ils regardaient défiler le pays, en échangeant leurs impressions.

— C'est merveilleux, s'écriait Maud.

— Pas de cahots, pas de secousses. Un panorama qui se déroule devant une maison confortable, ripostait Anneken.

— Cela est le rêve du touriste!

Et Wilhelmina, toujours aggressive, déclara :

— Enfoncés les chemins de fer anglais...

— Comme les hollandais, chère mère, s'empressa de répondre Klaësa — numéro un — pour éviter une querelle commençante.

Le déjeuner eut lieu aux environs de Narnaul. A partir de cette agglomération, la physionomie du pays changea.

On sentait l'approche du désert de Thar, solitude désolée de rochers et de sables qui couvre la partie nord-occidentale du Radjpoutana.

Les verdures n'apparaissaient plus qu'autour des maisons, des hameaux, séparés par de grands espaces sablonneux.

De loin en loin, cachant un puits, un fourré d'acacias, de *daos*, de *draks*, de cotonniers, étalait sa tache sombre sur la surface du désert, dorée par le soleil. Parfois, l'automobile franchissait des ponts jetés sur des rivières, à sec pour l'instant.

La tristesse des solitudes pesait sur les voyageurs, qui avaient repris place sur la terrasse.

Le docteur Mystère — monsieur l'hôtelier — les y avait rejoints, avec Cigale, Anoor et Ludovic, dont les relations avec les misses et les fraülen devenaient de plus en plus cordiales.

Avec un enthousiasme communicatif, le savant expliquait l'Inde à ses hôtes. Il disait son passé, les invasions des conquérants, toutes effectuées par la passe ménagée dans les montagnes de l'Afghanistan, et où coule la rivière de Caboul. Il montrait les Aryas, Turkmènes, Mogols, Persans, Turcs, les Grecs d'Alexandre où les hordes de Cambyse suivant la même route; il annonçait l'avenir, les armées russes inondant à leur tour l'Inde brahmanique par les gorges de Caboul, les envahisseurs se succédant, jusqu'au jour où le brahmanisme vaincu par l'esprit de patrie, la conscience nationale éveillée dans le cœur des Hindous, l'immense presqu'île asiatique deviendrait libre et reprendrait son essor vers les glorieuses destinées annoncées au début de son histoire.

Anglais et Hollandaises s'étonnaient du savoir, de l'éloquence de l'homme qu'ils prenaient toujours pour un simple hôtelier. Les questions se croisaient, quand soudain un gémissement lugubre vibra dans l'air.

Tous s'interrompirent. De l'un des fossés bordant la route une silhouette humaine se dressa, puis retomba, en lançant cet appel gémissant :

— A moi, à moi!

Un ordre bref du docteur sur la plaque vibrante d'un téléphone reliant la plate-forme à la machine, et la maison d'aluminium stoppa.

Mystère sauta à terre. Sans s'inquiéter de ses hôtes qui le suivaient, il courut vers l'endroit où s'était montrée l'apparition.

Là, il s'arrêta avec une exclamation de pitié.

Un homme gisait sur le talus. Un Hindou, dont le torse nu était zébré de raies sanguinolentes. Le visage grimaçant n'avait pas été épargné, lui aussi était balafré, comme la poitrine, le dos, les épaules, les bras.

D'un bond, Mystère fut auprès du blessé.

Celui-ci le considérait avec une expression craintive :

— A moi, fit-il d'une voix sourde, à moi... ne me laisse pas mourir ici.

— Sois tranquille, mon brave. Mais qui t'a mis dans ce pitoyable état?

L'indigène grinça des dents :

— Ceux qui nous pillent, nous affament.

— Mais qui?

— Les brahmes, protégés des Anglais.

— Eux? Quel était ton crime?

— Fils des Radjpouts, j'ai lu les livres saints. J'y ai vu qu'autrefois, aux temps lointains, où les brahmes n'étaient pas les maîtres, on n'égorgeait en ce pays ni les veuves, ni les jeunes filles. C'est eux qui apportèrent ces coutumes barbares en persuadant aux populations que les femmes ruinaient les familles. Eux venus, on vit les bûchers se dresser à la mort des époux, les veuves, enivrées par des boissons stupéfiantes, furent livrées aux flammes; les pères égorgèrent leurs filles, sous le prétexte que, n'étant pas aptes au métier des armes, elles ne pouvaient augmenter la richesse de la famille. Les tribus s'éteignirent une à une. Les brahmes avaient accompli leur tâche, affaiblir la caste militaire pour rester les seuls maîtres du pays. J'ai eu le malheur de répéter ces choses au peuple. Alors on m'a conduit devant un agent anglais. Il m'a condamné à la prison. Mais hier, dans la nuit, on m'a tiré de mon cachot; on m'a livré aux prêtres de Brahma, et ceux-ci ont déclaré que je devais périr sous le fouet de peau de serpent. Ils m'ont frappé jusqu'à ce que je perdisse connaissance. Comment ne suis-je pas mort, je l'ignore; mais je me suis retrouvé là, couché au bord de la route, saignant, brisé, seul. Voilà la justice des brahmes!

Le médecin écoutait.

L'énergie du blessé lui plaisait. En lutte avec la caste sacerdotale, le concours d'un homme de courage n'était pas à dédaigner.

— Où est ta maison?

L'Hindou montra un tas de décombres à peu de distance du chemin :

— Voici ce qu'ils en ont fait.

— Tu es sans asile?

— Oui. Sans toit pour abriter ma tête. Ils m'ont rayé du nombre de ceux qui ont le droit de vivre.

— Tu les hais en ce cas?

— Les haïr, le mot me semble faible pour exprimer ce que je sens.

— Veux-tu m'obéir?

L'homme leva sur son interlocuteur un regard soupçonneux :

— Tu n'es pas affilié aux brahmes, car ton visage est demeuré immobile quand je t'ai parlé d'eux. Tu n'es pas Anglais, car tu parles notre langue comme un fils de l'Inde. Je te suivrai si tu promets de ne pas t'opposer à ma vengeance.

— Et si je refusais cette condition?

Le blessé s'étendit sur le sol, ferma les yeux, et d'une voix rude :

— Alors, va-t'en. On peut être seul pour mourir.

Il y avait une volonté sauvage dans ces paroles. Le docteur hocha la tête avec satisfaction.

— Ne t'irrite pas, ami. Tu te vengeras comme il te plaira. Je veux seulement te soigner, te guérir, te donner un abri.

— J'accepte, fit simplement l'indigène. Je suis Aoudh, le vannier du Berar... Aoudh se souviendra.

Ce fut tout. Un quart d'heure plus tard, le malheureux était installé dans le salon de la maison d'aluminium. Étendu sur une natte, après un premier pansement des horribles blessures tracées dans les chairs par le fouet, il s'était endormi.

Près de lui, Mystère et Cigale causaient en français, afin de n'être pas compris si par hasard le malade sortait de sa torpeur.

— Patron, disait Cigale, ce gaillard-là ne me va pas.

— Pourquoi, mon enfant?

— Je ne sais pas. Il a l'œil faux... et puis... et puis...

— Achève ta pensée.

— Eh bien, il a l'air bien solide pour un homme qui a tant souffert... Car enfin, il a dû perdre beaucoup de sang...

Pensif, le savant avait courbé le front.

— Après ça, vous êtes plus malin que moi, et ce que je dis, ou rien, *c'est le même prix*.

— Non... tu as bien vu, Cigale.... J'avais fait les mêmes remarques... pourtant ces Hindous ne peuvent être jugés comme les gens d'Occident; ils supportent la douleur avec une indifférence...

— La douleur, je ne dis pas, interrompit le Parisien, mais la perte du sang...

Et comme Mystère ne répondait pas :

— Il me fait l'effet de ne pas avoir saigné beaucoup... et même... si vous voulez que je vous ouvre mon cœur... ses blessures... ça n'a pas l'air *d'être pour de vrai.*

Le savant eut un sourire vague :

— Ah çà, maître Cigale, où donc as-tu puisé tes connaissances en chirurgie?

— Tiens, j'ai reçu assez de coups de fouet quand j'étais *gosse*, et j'ai une cicatrice sur le mollet; je vous assure, patron, que c'était autrement appliqué que les déchirures de ce sauvage. Or, quand on me battait, on n'avait pas l'intention de me tuer..... tandis que lui..... hein?... les brahmes ont dû le faire *passer à tabac* sérieusement.

Pour être exprimées en argot, les réflexions du Parisien n'en étaient pas moins justes.

Mystère avait été frappé par le peu de gravité des blessures de l'Hindou, malgré leur apparence effrayante.

Il s'était demandé si cet inconnu n'était pas un traître, lancé contre lui par ses ennemis.

Car désormais, il en était certain, toute la caste brahmanique complotait la perte de l'audacieux qui avait arrêté le char de Jagernaut, mis à mort le tigre sacré et conquis en quelques heures une influence sans bornes sur l'esprit du peuple.

Le mieux eût été évidemment de déposer le blessé au bord de la route; mais l'humanité s'y opposait. Peut-être après tout l'homme avait-il été épargné par les séides des brahmes. Les bourreaux improvisés avaient pu avoir pitié.

Dans le doute, il fallait soigner l'infortuné, quitte à se séparer de lui aussitôt qu'on le verrait en état de marcher.

— Pour l'instant il n'est pas à craindre, conclut le médecin. Il a *réellement* une fièvre intense. Tout mouvement lui est interdit. Mais sois tranquille, Cigale, nous veillerons dès qu'il reprendra des forces.

Sur ce, il entraîna le jeune garçon hors du salon pour ne pas troubler le repos du blessé.

A ce moment, les paupières closes d'Aoudh se soulevèrent, laissant passer un regard aigu.

Les lèvres du prétendu moribond s'écartèrent en un sourire cruel, et d'une voix sourde, l'homme murmura :

— Vaine est la science des Européens. Celui-là n'a pas vu que mes blessures ont été faites avec l'aiguillon de la liane *mezroor*, que ma fièvre est causée par la boisson *zapolaye*.

Si Mystère avait entendu ces paroles, il aurait compris.

Dans les jungles du Bengale, parmi le fouillis des plantes qui couvrent d'un infranchissable lacis les plaines marécageuses, croissent deux lianes grimpantes, le *mezroor* et le *zapolaye*, dont les propriétés étranges sont connues depuis les temps les plus reculés par les brahmes, ces grands illusionnistes, ces inimitables fabricants de miracles.

Le suc du zapolaye, ingéré à la dose voulue, accélère la circulation, crée une fièvre factice qui n'affaiblit en rien le patient.

Quant au mezroor, sa tige est garnie de longues épines, grâce auxquelles les « prêtres », désireux de se tailler une popularité, se *martyrisent* sans danger.

Avec elles ils s'incisent la peau, se font des balafres terribles que la sève cautérise aussitôt en calmant la douleur. Tout le secret de l'impassibilité de ces hommes est là.

Les ignorants, le peuple, les étrangers s'étonnent du stoïcisme avec lequel ils supportent la douleur.... et il n'y a ni souffrance ni courage, mais seulement un tour de passe-passe qui conduit les prestidigitateurs avisés aux honneurs, à la domination, à la fortune.

Au demeurant, la caste sacerdotale possède, à un degré que nous ne soupçonnons pas encore en Europe, deux sciences : celle de la botanique et celle de l'hypnotisme, dont elle se sert pour assurer sa prédominance politique.

Après tout, que le mensonge se formule en paroles ou en actions, le résultat est le même. Les maîtres de la politique vivent aux dépens de ceux qui les écoutent ou les regardent.

Le blessé était donc affilié à ceux que la science supérieure du docteur avait vaincus dans les gorges d'Ellora.

L'homme ne bougeait plus, ses paupières s'étaient closes de nouveau. Tout le jour, il se contraignit à demeurer dans une immobilité de statue, avalant avec une docilité automatique le cordial que, de deux heures en deux heures, le médecin introduisait goutte à goutte entre ses dents serrées.

La nuit vint.

La légère trépidation de l'appareil avait cessé. La maison roulante avait fait halte à quelques centaines de mètres à l'ouest du village de Cheïrah, dernière bourgade à la limite du désert de Thar qui, sur une largeur de plus de 800 kilomètres, s'étend de ce point jusqu'au Sindhi.

Aoudh ne remuait pas.

Cependant quelqu'un qui l'eût surveillé se fût aperçu que ses yeux étaient ouverts, que ses oreilles étaient tendues pour saisir les moindres bruits.

Il avait l'air d'un fauve aux aguets.

Minuit arriva ainsi. Depuis longtemps, équipage, passagers de la maison d'aluminium dormaient. Avant de se livrer au repos, Mystère avait fait une dernière visite au blessé et s'était retiré au premier étage par la *benne*, dont nous l'avons vu déjà se servir.

Il n'avait pris aucune précaution, persuadé que l'Hindou, plongé dans un état comateux, ne percevait rien de ce qui se passait autour de lui.

Alors, Aoudh se dressa lentement sur son séant. Il se débarrassa des bandelettes de pansement qui entouraient son corps, puis il se leva, attacha à sa ceinture son pagne déposé sur une chaise auprès de sa natte.

Il n'y avait plus en lui trace de fièvre ou de maladie.

Lentement, il décousit l'ourlet de la pièce d'étoffe qui lui ceignait les reins. Dans cette cachette, qui eût échappé à l'attention des douaniers les plus astucieux, se trouvaient quelques globules jaunâtres de la grosseur d'une tête d'épingle, et de petits cristaux tétraèdres transparents.

Il enflamma une allumette et l'approcha des cristaux.

Aoudh porta les globules à sa bouche, les avala et attendit.

— Bon, fit-il au bout de quelques minutes, le *rengzeb* m'a rendu réfractaire au sommeil; maintenant, que le *faltvar* endorme mes ennemis.

Sur la table il posa les polyèdres translucides, enflamma une allumette et l'approcha des cristaux.

A mesure que les touchait la flamme un grésillement rapide se produisait, une volute de fumée bleue montait vers le plafond, et le grain de *faltvar* avait disparu.

Aoudh alla s'asseoir sur sa natte et parut attendre.

L'ENLÈVEMENT.

Une senteur pénétrante s'était répandue dans la salle. On eût dit respirer à la fois des vapeurs d'éther et l'air d'un fruitier où sont entassés des pommes.

Cela n'a rien de surprenant, car le faltvar est le chloroforme hindou. Seulement son mode de préparation est inconnu. En Europe, on obtient le chloroforme à l'état liquide en distillant un mélange d'alcool et une dissolution aqueuse de chlorure de chaux et de chaux caustique. L'anesthésique provenant de cette opération est puissant, mais il n'est pas comparable comme effets au faltvar.

Les brahmes ont découvert le moyen, qu'ils tiennent secret, de solidifier le chloroforme en cristaux inflammables, et le pouvoir soporifique de ce produit est tel qu'il n'est murailles ni portes, qui mettent à l'abri de ses atteintes. Une fois en fumée, le faltvar est tellement volatil qu'il pénètre à travers les pores des corps les plus compacts. Tout le monde connaît l'expérience faite à Bombay par une commission de savants, qui endormirent ainsi, à travers les parois métalliques d'une cloche de scaphandrier, les personnes enfermées à l'intérieur.

Quant au rengzeb, résidu de la combustion d'algues marines, il neutralise l'action de tous les anesthésiques connus. C'est ainsi qu'Aoudh allait pouvoir imposer le sommeil aux habitants de la maison d'aluminium sans dormir lui-même.

Une heure se passa, puis l'Hindou se dressa sur ses pieds. Il alla lentement vers l'angle où se trouvait le ressort actionnant la benne qui permettait l'ascension du premier étage.

Un moment sa main se promena sur la paroi. Soudain un déclic se fit entendre, le panneau supérieur glissa dans sa rainure et le panier descendit.

Sans hâte, Aoudh s'y accroupit. La benne remonta avec sa charge. L'homme se trouva au premier dans la salle des Patères.

Pendant quelques minutes, il demeura sans mouvement, le corps penché en avant, dans l'attitude du guetteur qui écoute.

Aucun bruit n'arriva jusqu'à lui.

— Ils dorment, grommela-t-il, j'ai partie gagnée.

Lentement, avec des précautions infinies, Aoudh se mit en marche, traversa un compartiment, puis deux. Dans chacun, il s'approcha des couchettes, reconnut les dormeurs qui y étaient étendus.

Après les avoir considérés, il secouait la tête et continuait sa silencieuse inspection.

Une troisième porte se trouve devant lui. Comme les précédentes, il la poussc. Une petite lampe électrique au verre dépoli laisse tomber une lueur incertaine dans la salle où il vient de pénétrer.

Sur son lit, toute vêtue, Anoor dort. Auprès d'elle est un livre ouvert; c'est un livre français. Le sommeil a surpris la fillette au moment où elle travaillait à apprendre la langue de son professeur Cigale.

A sa vue, l'Hindou a une exclamation sourde et triomphante.

— Elle! elle!... Échappée aux flots de l'océan... cette fois, rien ne la sauvera.

Il arrive vers la dormeuse. Il la prend dans ses bras et, spectre de démon emportant un ange, refait en sens inverse le trajet parcouru tout à l'heure.

Le voici dans la salle des Patères. La benne est là; il y monte, actionne le mouvement et s'enfonce avec sa victime à travers le plancher ouvert.

Maintenant il est dans le salon. Il gagne le vestibule, la plate-forme d'arrière. Il s'arrête soudain; un bruit régulier retentit au-dessus de sa tête. Qu'est-ce donc? En se penchant, il aperçoit la silhouette d'un des matelots du *Saint-Kaourentin,* sentinelle vigilante placée sur la toiture plate de la maison d'aluminium.

Celui-là a échappé à l'influence anesthésique du chloroforme solide. Il faut éviter d'être vu par lui.

Profitant des allées et venues du factionnaire, marchant lorsque celui-ci lui tourne le dos, s'arrêtant quand il revient sur ses pas, Aoudh parvient sur la chaussée de la route. Avec son fardeau, il réussit à gagner le fossé.

Là, il est à l'abri des regards. Il rampe au fond de la tranchée, tirant le corps inerte d'Anoor, et quand il est à cent mètres de l'automobile, il saisit un moment favorable, bondit dans un taillis qui borde l'avenue et disparaît avec sa proie.

. . . .

Le matelot de faction sur le toit n'était autre qu'Yvonou. Le brave garçon qui eût attaqué dix hommes sans hésitation, avait, à l'endroit des choses surnaturelles, une timidité presque enfantine.

Vrai Breton, nourri de légendes, Yvonou avait très peur du monde irréel, créé de toutes pièces par les bardes, troubadours, poètes de tous les temps.

Or, ce soir-là, sous la lune qui répandait sur la plaine sa lumière blafarde, le Breton se sentait mal à l'aise.

La lune, on le sait, est la présidente ordinaire du sabbat, des assemblées de sorcières, de farfadets, de mary-morgans, de loups-garous. A toutes les époques, on l'a représentée comme la reine des esprits de la nuit, la complice des jettators, jeteurs de sorts et de maléfices.

Dans la réalité même n'éclaire-t-elle pas la marche rampante des criminels et des fauves?

Bref, Yvonou, gagné par l'inquiétude, accomplissait sa promenade de factionnaire d'un pas mal assuré.

Tout à coup il tressaillit. Dans le fourré de droite il venait d'apercevoir deux taches : l'une noire, l'autre blanche. C'était le moment où l'Hindou Aoudh s'était jeté dans la tranchée avec Anoor endormie.

Le cœur du Breton battit à se rompre :

— Qu'est cela? balbutia le pauvre garçon. Cela n'était pas visible tout à l'heure.

Toutefois, comme les objets inquiétants ne bougeaient pas, Yvonou se rassura peu à peu :

— J'ai la berlue, reprit-il d'un ton plus ferme; je n'ai pas fait attention à ce détail, voilà tout.

Il s'interrompit net, étouffant un cri de terreur.

Les taches glissaient lentement sur le fond du fossé; on eût dit qu'elles rasaient l'extrémité des herbes qui avaient grandi dans cette cuvette où l'humidité pouvait s'accumuler.

— Par la bonne dame d'Auray, bégaya le matelot dont les dents claquaient de terreur, c'est un *farfadet* (lutin) ou une *fade* (fée) du pays d'Armor!

Et se souvenant que les esprits des landes n'aiment pas être surveillés dans leurs rondes nocturnes au milieu des ajoncs, des genêts, des bruyères, le factionnaire ferma les yeux.

Quand il les rouvrit, l'apparition avait disparu.

— Ouf! s'exclama Yvonou avec un soupir de soulagement, le *fadet* a continué son chemin et je ne me suis pas brouillé avec lui.

Il se frotta vigoureusement les mains :

— C'est mieux ainsi, car dangereuse est la rencontre; on y perd le nez ou les oreilles, parfois même un bras ou une jambe... la grand'mère en est une preuve, elle boite... eh bien, c'est un *follet* qui l'a rencontrée, un soir, près de Plonevez, et qui lui a cassé la cheville.

Sa voix s'étrangla dans sa gorge.

— Euh ! gémit-il en tombant à genoux.

Une ombre noire et blanche avait subitement jailli du sol, à cent mètres de la maison d'aluminium; elle avait décrit une courbe dans l'air et s'était engouffrée dans un taillis en bordure.

Yvonou frissonnait de la tête aux pieds, ses dents s'entrechoquaient avec un bruit de castagnettes.

— Que vais-je devenir, il faut que j'appelle les camarades.

D'un pas chancelant il gagna l'écoutille ménagée au milieu de la toiture, pour donner accès dans le « poste de l'équipage ». C'est ainsi que Kéradec et ses matelots désignaient leur dortoir.

— Ohé! les gars, fit le pauvre garçon d'une voix lamentable; un farfadet par l'avant à nous.

Ces paroles s'éteignirent dans le silence sans éveiller aucun écho.

— Ohé! les gars, recommença Yvonou...

Il n'acheva pas. Un coup de vent courut à la surface de la plaine, soulevant le sable qui cribla le factionnaire ainsi qu'une volée de petit plomb.

Du coup, le Breton se crut attaqué par une légion de fantômes. Sans réfléchir, il sauta à pieds joints dans le dortoir, trébucha, chercha à reprendre son équilibre et finalement s'abattit lourdement sur l'une des couchettes rangées autour de la salle.

Un juron, une bousculade, et Kéradec — le patron avait reçu le choc — Kéradec se dressa, sortant avec peine ses bras des couvertures.

— Qu'y a-t-il?

— Un fantôme.

— Où cela?

— Sur la route.

A ces mots, Kéradec sauta à bas de son lit, enfila son pantalon, glissa ses pieds dans ses souliers...

— C'est bizarre, grommela-t-il, j'ai la tête lourde, la bouche pâteuse...

Mais rappelé aussitôt au sentiment du devoir :

— Montons... et si tu ne t'expliques pas clairement, tu auras affaire à moi,

En une minute, les deux hommes furent sur le toit.

L'air était redevenu calme, et sous le rayonnement argenté de la lune, la maison d'aluminium brillait, immobile au milieu de la campagne déserte,

Yvonou parlait. Il disait la marche de l'être qui l'avait effrayé ; une sorte de gros serpent noir et blanc rampant sur les herbes, sa disparition là-bas, dans les broussailles.

Kéradec haussa les épaules :

— Benêt! C'était un espion, voilà tout. Cependant tu as bien fait de me réveiller, ceci peut annoncer une attaque prochaine... Il faut avertir le commandant.

Ce disant, Kéradec regagna le dortoir, le traversa, ouvrit une porte et passa dans le compartiment que Mystère s'était réservé.

Le docteur dormait à poings fermés, et son subordonné dut le secouer à plusieurs reprises pour le tirer de son engourdissement.

Enfin il ouvrit les yeux.

— J'ai la tête lourde, la bouche pâteuse, murmura-t-il.

Exactement les paroles prononcées tout à l'heure par Kéradec. Celui-ci en fit la remarque.

— Toi aussi... dit le savant qui reprenait peu à peu ses esprits...?

Et avec étonnement :

— C'est curieux, cette saveur sur la langue... on jurerait...; mais non c'est impossible.

Puis, comme le patron exposait le motif de sa présence, Mystère se frappa le front :

— Tu as raison... une attaque est proche... pour en assurer la réussite, on nous a endormis.

— Endormis...

— Oui... je reconnaissais la trace du chloroforme... je n'osais y croire, maintenant tout devient clair... mais qui a pu...

Il eut un cri :

— L'Hindou Aoudh !...

Tout en parlant il s'habillait. A demi-vêtu, il courut, suivi de Kéradec, dans la salle des Patères, actionna la benne et se trouva bientôt, avec son compagnon, dans le salon où il avait laissé le blessé.

Plus personne. Le docteur, promenant son regard autour de lui, aperçut à la surface de la table de petites taches de couleur ardoisée... Il se pencha, et eut une exclamation de rage :

— Le chloroforme cristallisé !... c'est lui, lui qui nous a joués.

La porte restée ouverte indiquait la route suivie par le traître pour s'enfuir.

Les deux hommes franchirent le vestibule, la terrasse, descendirent sur la chaussée. Au fond du fossé, les herbes foulées avaient conservé la trace du fugitif... Ainsi Mystère et Kéradec parvinrent à l'endroit où Aoudh s'était jeté dans le taillis.

Des branches brisées, un buisson éventré montraient que, là, l'Hindou avait cru pouvoir renoncer à toute précaution.

Et soudain le savant se pencha en avant. Un morceau d'étoffe déchirée se balançait à l'extrémité d'une épine.

— Anoor est entre les mains des brahmes !

C'était un fragment de la tunique de la fillette, un petit bout de la broderie d'or dont elle l'avait agrémentée avait fait reconnaître la vérité par le médecin.

Celui-ci n'était plus l'homme calme que l'on connaît. Un désespoir farouche contractait son visage, et ses yeux noirs lançaient des éclairs.

— Oh ! nous la sauverons... nous la sauverons... ! Cette enfant qui m'appelle son père ne peut pas périr... Dussé-je renoncer à mes projets... Dussé-je engager seul la lutte... elle sera sauvée.

En courant, il se rapprochait de la maison d'aluminium, et Kéradec avait peine à ne pas se laisser distancer.

Malgré cette course effrénée, Mystère parlait :

— Réveille tes hommes; qu'ils soient prêts au départ. Ils emporteront les *musettes* que tu sais. Chacun aura à la main la canne que je t'ai indiquée.

— Oui, commandant.

Ils arrivaient à l'automobile; ils s'y engouffrèrent, regagnèrent la salle des Patères.

— Va, ordonna le docteur.

Et Kéradec se précipita dans le poste de l'équipage, tandis que le savant lui-même s'élançait vers la cabine de Cigale.

Il bondit vers le gamin plongé dans le sommeil, l'empoigna sous les bras, et l'enlevant comme une plume, le plaça debout devant lui :

— Hein? quoi? clama Cigale ahuri par ce brusque réveil... l'omnibus verse, le train déraille.

— Non, gronda à son oreille la voix haletante de Mystère... Les brahmes ont enlevé Anoor, ta sœur, comme tu la nommes; ils veulent la tuer. — Il faut que nous arrivions à temps pour la sauver.

La griserie du chloroforme disparut aussitôt. Les yeux troubles du Parisien reprirent tout leur éclat, toute leur lucidité.

— Anoor, répéta-t-il avec angoisse... Anoor enlevée ..

— Par ceux qui ont juré sa mort... qui déjà à Audierne...

— Bon sang! rugit le gamin, où sont-ils? que je leur apprenne de quel bois je me chauffe.

— Je l'ignore, mais nous allons le savoir... habille-toi.

En un tour de main, Cigale fut prêt.

Le singulier petit bonhomme, dont le cœur était cependant à la torture, ne se lamentait pas. Toute l'intrépidité, toute la décision enfermées dans son corps frêle, apparaissaient en cet instant critique.

Mystère lui serra la main :

— Tu es courageux, mon enfant, je suis fier de toi. Viens.

Avec le gavroche, il se rendit dans le compartiment d'arrière de la maison d'aluminium.

Cette pièce avait l'air d'un laboratoire. Fourneaux, creusets, alambics, ballons, cornues, éprouvettes, instruments étranges, miroirs métalliques s'alignaient le long des parois, supportés par des planchettes-auges d'aluminium.

Des rails dessinaient leur relief sur le plancher. Sans une parole, le savant s'approcha d'une manivelle fixée au mur et la fit tourner.

Alors un tableau noir se détacha de la paroi et roula sur les rails au moyen de galets à gorge. Un appareil bizarre aux montants de cuivre, entre lesquels étaient fixés des fils métalliques, des plaques de bronze et des réflecteurs garnis d'ampoules de verre électriques, évolua sur une voie parallèle, tandis qu'une lucarne s'ouvrait dans la muraille même de l'automobile et permettait d'apercevoir la campagne.

— Que faisons-nous ici, interrogea Cigale?

— Nous cherchons la trace du ravisseur d'Anoor. Pour l'atteindre ne faut-il pas savoir où il a entraîné notre malheureuse petite amie?

— Si... mais ce n'est pas ce tableau qui nous le dira.

— Tu te trompes.

Et rapidement, tout en achevant de disposer ses instruments, Mystère expliqua :

— Tu as déjà vu que, utilisant les découvertes de Branly, Herz, Rœntgen, les agencements des constructeurs Ducretet et Marconi, je puis lancer l'électricité à distance sans fils, sans conducteurs d'aucune sorte.

— Oui.

— Ici je réalise le problème inverse, qui consiste à recevoir à distance, sans fils, l'électricité émanant d'un point quelconque. L'électricité, vois-tu, cette puissance dont la nature échappe à l'homme et que je serais disposé à considérer, ainsi que les fakirs, comme l'âme du monde, l'électricité est partout, elle accompagne toute action, tout mouvement. Qu'il s'agisse d'ondes lumineuses, d'ondes acoustiques, le véhicule de ces ondes est l'électricité. Du corps d'un homme qui court, qui parle, qui respire, jaillit l'onde électrique. Cet appareil qui t'étonne est conçu de façon à être impressionné par les plus faibles courants... c'est le téléphone et le téléphote sans fils. Tu m'as déjà vu m'en servir lors de notre course à Ellora; maintenant je le règle pour les grandes distances. Regarde le tableau, tu verras ce qui se passe au loin.

En effet un déclic venait de se produire et sur le panneau un paysage était apparu. C'était un bouquet de bois, en arrière duquel se montraient les premières maisons du village de Cheïrah.

Mystère mit en rotation de petites roues de cuivre, alignées à la partie inférieure du cadre, et aussitôt le paysage se déplaça lentement :

— Sapristi, s'écria Cigale, on dirait que l'on marche!

— Sans doute, répondit le savant, seulement dans la marche, ce sont nos yeux qui se déplacent; ici c'est le pays même... l'impression est identique.

Une trouée se montra, perçant le taillis figuré sur le tableau.

— C'est là, reprit Mystère, qu'Aoudh s'est jeté sous bois. Nous allons le suivre pas à pas.

De nouveau, il appuya sur une roue dentée. Le mouvement des images s'accéléra.

La route, le village disparurent; les deux personnages, les yeux fixés sur le panneau, avaient le sentiment qu'ils parcouraient un chemin étroit parmi les buissons. Le bois traversé, la plaine nue, bossuée de blocs rocheux, se développa sous leurs yeux.

Le tableau téléphotique.

Mystère se pencha avidement vers le tableau :

— Rien, grommela-t-il, c'est le désert. Comment cet Hindou à pied a-t-il pu prendre une avance pareille?

Soudain il eut un cri :

— Là, là, près de ce bloc de granit... des empreintes de chevaux... Le crime était prémédité et préparé de longue main. Suivons les misérables à la piste.

De nouveau les images se succédèrent avec une vitesse plus grande. Il semblait à Cigale qu'emporté par un galop furieux, il voyait le paysage se transformer autour de lui. Sur le sol, on distinguait la trace de deux chevaux, et le gamin était pris d'une sorte d'épouvante devant le docteur, cet homme de science, qui, du fond de son laboratoire, suivait la piste de ses ennemis.

Cela dura quelques minutes, puis le paysage changea. La surface sablonneuse du Thar se couvrit d'un amoncellement de rochers. Des grottes, des cavernes se creusèrent, ouvrant aux flancs d'un défilé leurs gueules noires. Un détour encore et le ravin s'élargit en un cirque.

Là des hommes étaient assis en cercle, et au milieu d'eux Aoudh debout, la main crispée sur l'épaule d'Anoor, dont les traits exprimaient la terreur, parlait aux assistants.

D'un coup de pouce le docteur embraya le mouvement du panneau. Les murailles rocheuses devinrent immobiles.

Un nouvel engrenage actionné et la voix des causeurs parvint aux oreilles du gamin comme leur image.

— Silence, ordonna le savant, écoutons.

Et désignant du doigt un cadran sur lequel une aiguille se mouvait autour d'un axe pivotant :

— Ces individus sont à 12 kilomètres 500 mètres de nous. Cet appareil kilométrique indique cette distance. Écoutons.

Écoutons... Le Parisien se croyait le jouet d'un songe. Certes, depuis le début du voyage, il avait été témoin de maintes merveilles; mais aucune ne l'avait stupéfié comme la scène présente.

A 12 kilomètres 500 mètres, écouter une conversation; cela, il faut bien le reconnaître, avait une allure féerique qui faisait involontairement songer au seigneur Longue-Oreille de la légende, ce prodigieux auditeur, qui entendait l'herbe pousser et les mouches voler à mille pieds du sol.

Et le son des paroles arriva à son tympan, le son seulement, car le sens lui échappait, les compagnons d'Aoudh, Aoudh lui-même employant le dialecte hindi.

— Comprends pas, grommela le gamin.

— Chut! Je comprends, moi.

Voici ce que le docteur Mystère entendit :

Aoudh. — Oui, cet homme, dont le pouvoir est immense, puisqu'il a pu arrêter le char de Jagernaut et vaincre le « tigre sacré », cet homme rêve de détruire la puissance des brahmes dans l'Inde.

L'un des assistants. — Que nous importe, nous ne sommes pas des brahmes, nous. Oublies-tu mon nom, Dhaliwar, le chef des compagnons de Siva-Kali?

Aoudh. — Je n'oublie rien, car ton intérêt est que les brahmes ne soient pas écrasés.

Dhaliwar. — Mon intérêt?

Aoudh. — Sans doute. Quelle force contrebalance celle des conquérants anglais si ce n'est la nôtre? Les gouvernants britanniques le savent bien; ils nous ménagent, car à notre voix des millions d'hommes se soulèveraient. Si nous n'avons pas donné ce signal, c'est que le moment prédit n'est pas venu. C'est ce que nous avions dit à vous, compagnons de Siva ou Thugs, lorsque vous avez fomenté la grande révolte des cipayes. Vous avez refusé de nous croire; vous avez été vaincus, décimés. Mais depuis, quelle protection occulte vous a permis de vous reconstituer? Répondez. C'est la main des brahmes qui s'est étendue sur vous; des brahmes touchés de vos efforts et enclins à vous pardonner vos fautes contre la discipline en faveur de vos sentiments de patriotisme.

Aoudh mentait effrontément. Si la caste des prêtres de Brahma a protégé la reconstitution des bandes de Siva, c'est uniquement pour obtenir de nouveaux avantages des Anglais, peu soucieux de se mettre à dos une association puissante tant qu'ils auront à lutter contre l'esprit de révolte.

Mais le raisonnement du traître ébranla le chef de Siva.

— Dis-tu vrai, fit-il d'un air de doute?

— Ma conduite le prouve — et poussant Anoor devant lui : — N'est-ce pas de mon plein gré que je vous amène cette victime destinée à être égorgée sur l'autel de la dualité destructive Siva-Kali?

Il y eut un silence.

Le docteur avait fait un mouvement. Ses yeux se fixaient avec une fureur concentrée sur l'image de ces hommes qui conversaient à 12 kilomètres de lui. Mais l'entretien reprenait :

— Qui est cette victime, interrogea Dhaliwar?

Un éclair de triomphe brilla dans le regard d'Aoudh.

— Son nom ne doit pas être prononcé, fit-il d'une voix grave. Je veux cependant t'enseigner pourquoi son immolation sera agréable aux dieux.

Mystère appuya la main sur son cœur. Allait-il donc apprendre le secret... terrible, il le devinait... qui avait pesé sur l'existence de sa petite protégée?

— Tu n'ignores pas, poursuivit Aoudh, que, dans le Pendjah et le Sind, tous les habitants autrefois payaient volontairement à un des leurs, en qui ils avaient toute confiance, un impôt annuel. Cet impôt était destiné à la confection d'un trésor de guerre... le Trésor de la Liberté, comme on l'appelait, lequel servirait à l'achat d'armes, de munitions, pour le jour où le pays se soulèverait tout entier contre la domination britannique.

— Oui, oui, firent les assistants en se levant soudain... On nous a parlé de cela. Ce trésor existe-t-il donc?

— Il existe. L'heure est proche où il sera utile, c'est pour cela que cette enfant doit mourir.

Penché vers le tableau, le docteur affreusement pâle, le front couvert de gouttelettes de sueur, semblait en proie à une atroce agonie morale.

— Ah! gémit-il sans avoir conscience qu'il prononçait sa pensée... Voilà donc pourquoi je l'aime tant, elle est victime de la même cause.

Mais il se tut brusquement, tendant toutes ses facultés pour suivre l'entretien d'Aoudh avec les compagnons de Siva.

— Voici ce qu'on lit dans le Rig-Véda, le livre saint entre tous, disait le traître : « Elles seront deux sœurs dont l'une, seule au monde, connaîtra la « cachette du Trésor de la Liberté. Celle qui saura le secret aura précédé « l'autre dans la vie; mais son esprit se sera éloigné d'elle et elle sera sacrée « pour tous. Quiconque porterait la main sur elle serait frappé, dans lui-« même et dans les siens, jusqu'à la cinquième génération, car son esprit « rentrera en elle, et elle remettra le trésor au jour. Cela s'accomplira « quand Siva aura étendu son poignard sur sa sœur plus jeune. Un pagne, « imprégné du sang de la victime sera présenté à l'idiote et ses yeux se des-« silleront, sa pensée redeviendra nette, et elle dira : L'heure a sonné au « sablier de l'Éternité. »

Aoudh s'arrêta. Puis d'une voix stridente :

— Voici la sœur plus jeune; voici le pagne qui sera teint de son sang; voici la main qui présentera la dépouille précieuse à celle dont l'esprit est absent.

Un silence de mort plana sur l'assistance.

Enfin Dhaliwar demanda :

— Toi-même, qui es-tu?

Aoudh hésita une seconde, mais prenant son parti :

— Je suis Arkabad le sage, l'élu des brahmes, le sacrificateur des temples d'Ellora. J'ai confiance en toi. Je te remets la victime, et j'attendrai que tu me rapportes ce pagne rougi. Toi-même, tu m'accompagneras auprès de l'Inconsciente, afin d'être assuré que ma langue exprime la vérité, et tu connaîtras comme moi l'endroit où repose le trésor de Liberté.

Dhaliwar s'inclina.

— Je crois en toi. Où te rejoindrai-je?

— A Lahore, au couvent brahmanique du mausolée du roi Runjeet-Singh.

— Il sera fait ainsi. Le jour commence. Ce soir, au moment où la lune s'allumera à la voûte bleue du firmament, la victime sera sacrifiée dans la caverne Zapolaki, là.

Anoor étendit les bras, elle eut un cri lamentable :

— Grâce!

Ce mot, Cigale le devina; oubliant qu'il n'avait devant les yeux qu'une image impalpable, il se précipita en avant, mais tout disparut et le gamin n'aperçut plus que le tableau sombre avec ses garnitures de cuivre.

D'une voix frémissante, le savant lui dit :

— Viens maintenant.

— Où allons-nous?

— A la caverne Zapolaki, où Anoor doit être égorgée.

— Égorgée?

— Ce soir... Nous serons près d'elle et nous la sauverons, mais pressons-nous... en route je t'apprendrai ce que j'attends de toi.

En même temps le docteur se dépouillait de sa tunique de soie.

— Fais de même, commanda-t-il.

Et Cigale se conformant à cet ordre, le savant ouvrit une armoire et en tira deux cottes de mailles extrêmement fines, avec jambières et molletières.

Chose bizarre, chacun des éléments de ces armures défensives affectait la forme d'une minuscule bobine Rumhkorff.

Les deux personnages revêtirent les cottes, les recouvrirent de leurs blouses.

— Maintenant, déclara Mystère, nul ne pourra nous toucher sans être foudroyé.

— Diable, s'écria Cigale en élevant les bras en l'air, mais je ne saurai plus où mettre mes mains.

— Rassure-toi. A la hanche, tu dois sentir une sorte de plaque.

— Oui.

— Eh bien, l'électricité, car ces cottes de mailles sont simplement des circuits électriques de mon invention; l'électricité, dis-je, ne se manifeste que si l'on appuie sur cette plaque.

— A ce moment-là, c'est très dangereux pour le *client* qui a revêtu cette chemise de métal!

— Non, le courant qui l'enveloppe est tellement violent qu'il ne peut lui faire de mal.

Le docteur avait pris à ce moment deux cannes noires terminées par des pommes d'or, il les avait fixées à une machine productrice d'électricité et avait actionné les rouages.

— Pendant que nos *cannes foudroyantes* se chargent, reprit-il ensuite, je vais tâcher de te faire comprendre pourquoi tu n'as rien à redouter de ta cotte protectrice.

Et lentement, avec autant de calme que s'il avait professé devant un auditoire d'élèves respectueux, au lieu d'être perdu en un pays ennemi, au milieu d'adversaires sans pitié, Mystère parla ainsi :

— Je t'ai déjà enseigné que la lumière, le son, la foudre, ne sont que des mouvements. Or, nos sens, yeux, oreilles, système nerveux, — simples conducteurs d'impressions chargés de transmettre ces mouvements au cerveau, lequel joue dans l'appareil humain, le rôle de récepteur-enregistreur, — nos sens sont loin d'atteindre la perfection. Les mouvements figurent une vaste échelle, avec accélération constante vers le haut, ralentissement constant vers le bas, et nous ne les percevons que s'ils se produisent dans une certaine section.

Cigale fit la moue.

— Cela ne te semble pas clair?

— Dame, non, patron.

— Un exemple. Je prends une rondelle de carton colorié. Je la fixe sur un pivot et je la fais tourner de plus en plus vite. Pour tes yeux les couleurs se confondent bientôt, tu ne vois plus qu'une surface grise; si j'augmente indéfiniment la vitesse de rotation, le carton te semblera se transformer en brouillard de plus en plus ténu, et enfin tu ne verras plus rien. A ce moment la rapidité du mouvement aura dépassé la limite perceptible pour toi.

— C'est pesé, fit gravement le gamin, comme cela j'ai compris.

— Si, au contraire, je ralentis sans cesse le mouvement giratoire, de façon que la rondelle mette une année, par exemple, à effectuer un tour complet sur elle-même, tu cesseras encore d'avoir conscience de son mouvement. Trop lent, il ne sera pas sensible à tes regards.

— Le fait est que ça n'est pas l'allure d'un express.

Mystère sourit :

— Dans l'échelle infinie du mouvement, échelle sans bornes comme tout infini, il n'y a pas de zéro, et cette marche insensible que tu plaisantes est d'une vélocité folle par rapport aux ralentissements sans fin que tu peux supposer en continuant la descente.

Du coup Cigale se prit le crâne à deux mains :

— Ah! patron, ça me casse la *caboche*. Votre infini, ça m'a l'air d'un *truc à donner la migraine*.

— A ceux qui n'ont pas l'habitude de porter leur pensée vers lui, mon enfant. Pour ceux qui consacrent leur vie à sa contemplation, il est le plus doux et le plus magnifique des rêves. Vois-tu, l'Infini est partout, impénétrable pour nos sens, inexprimable pour notre langue, dans la grandeur avec les étoiles-soleils toujours plus lointaines, éclairant des milliards et encore des milliards de planètes inconnues, où vivent des humanités pensantes; dans la petitesse d'une goutte d'eau, univers de microbes insoupçonnés. Chacun de nous est une parcelle d'infini, et notre cœur, notre esprit sont des infinis qui contiennent la notion vague du sans limite, sans temps et sans mesure.

Le docteur s'était animé en parlant ainsi. Le Parisien le regardait avec une admiration presque superstitieuse. Chez l'enfant ignorant s'éveillait la conception grandiose du Tout immense, que la pensée humaine parcourt, poétique et fragile comme l'alouette montant au milieu de l'atmosphère baignée de soleil.

Mais le savant se calma soudain, il éteignit les vibrations de sa voix :

— Je reprends, mon enfant. Pour les sons, il en est comme pour la lumière. Si le bruit devient de plus en plus aigu ou de plus en plus grave, on cesse d'entendre. De même encore pour l'électricité.

Il fit une pause, puis reprit :

— Aux États-Unis d'Amérique, on ne guillotine pas les criminels comme dans ta patrie; on les foudroie au moyen de courants électriques puissants, et ce supplice se nomme l'électrocution. Or, on a remarqué que si l'on augmente la force du courant, on ne tue pas le patient, on l'endort seulement. Enfin si le courant atteint une intensité plus grande encore, celui qui reçoit la décharge électrique n'en est pas incommodé *et ne s'en aperçoit même pas*. Comprends-tu (1)?

— Je crois bien. Alors nos cottes de mailles...

— Sont parcourues par un courant si violent que nous ne pouvons plus en être troublés.

— Mais les autres...

— Les autres, en nous touchant, n'en reçoivent qu'une partie, et ce qui est sans danger pour nous devient mortel pour eux.

— Bravo! bravissimo! clama le gamin en esquissant un entrechat, nous allons en faire voir de dures à ces singes qui ont enlevé Anoor. Seulement

(1) M. Smith Alder, de New-York étudia le premier cette curieuse question. Il établit que le courant électrique atteignait son maximum de puissance foudroyante à 700 volts. A partir de 1.200 volts le courant ne tue plus; à 1.500 il devient imperceptible pour le patient. M. Alder se soumit à l'électrocution, afin de prouver la véracité de ses dires, et il reçut, sans la moindre souffrance dix courants de 1500 volts. Cette expérience, qui honore une fois de plus le savant, eut lieu à Bridgeberny (Indiana), le 27 octobre 1898.

quand ma *frangine* sera sauvée, je lui dirai : Attends une minute, faut que j'ôte ma *flanelle électrique* pour t'embrasser.

— Ce sera prudent en effet.

— A propos, poursuivit Cigale, comment mesure-t-on l'électricité? ce n'est pas au boisseau, je suppose; et cependant faut être bien sûr de son affaire pour se *coller sur le dos un complet* comme celui que nous avons.

— Au moyen d'appareils spéciaux qu'il serait trop long de te décrire pour l'instant; qu'il te suffise de savoir que l'on mesure avec une certitude absolue les doses électriques en tenant compte des cinq unités admises.

— Ils étaient cinq qui voulaient se battre, modula le gavroche... mais redevenu aussitôt sérieux, quelles unités, au fait?

— Les voici : le *volt*, l'*ampère*, le *watt*, le *coulomb* et l'*ohm*.

— Hein? gémit Cigale, qu'est-ce que c'est que ça?

— Le *volt* est l'unité de mesure de la *force électromotrice* ou *tension*, équivalent électrique de la *force hydraulique développée par une chute d'eau*.

L'*ampère* sert à mesurer le débit du courant, son *intensité;* un ampère représentant un courant ayant l'unité de tension, soit un *volt* et traversant un fil conducteur qui oppose à son passage *l'unité de résistance*, c'est-à-dire un *ohm*.

L'*ohm* est la résistance éprouvée par un courant qui parcourt une colonne de mercure pur *haute de* 1^{m},6 *et d'une section de* 1 *millimètre carré à la température de zéro*.

Le *coulomb* est la quantité d'électricité passant en une seconde avec l'intensité d'un ampère.

Enfin le *watt* est le produit de la force ou tension du courant par son intensité, des volts par les ampères. La valeur du watt est la 750e partie d'un cheval-vapeur. Un cheval-électricité se compose de 750 watts.

Cigale étendit les bras dans un geste suppliant :

— Grâce, patron, ma tête éclate. Ces *voltes* que vous mettez dans la *ouate*, *en père* de famille, et cet *homme* qui est un *colon!* je n'ai pas envie de devenir fou. Dites-moi seulement que notre armure n'est pas dangereuse pour nous... je vous croirai... je n'ai pas besoin de comprendre, moi; vous êtes là pour cela.

Et le docteur riant devant cette explosion, malgré la gravité des circonstances, le Parisien se fâcha presque.

— Chacun a sa vocation; vous, c'est les éclairs, moi, c'est l'argot, et si vous *relambez mon toquet avec votre guirchon, je jaspine le jars même à le meg de fine pègre, et vous ne visserez nada qu'un zèbre qu'aurait de la veloutine à blair dans les mirettes.*

A cette phrase de la plus pure *langue verte* qui signifie textuellement : Si vous vous moquez de ma tête avec votre science, je me mets à parler argot comme un vrai voleur, et vous n'y comprendrez pas plus qu'un pauvre diable qui aurait une pincée de tabac à priser dans les yeux... ; à cette phrase, Mystère répliqua vivement :

— Non, non, ne fais pas cela, Cigale, je te raccommoderai plus tard avec l'électricité.

Et détachant les cannes, qu'il avait fixées tout à l'heure au moteur, producteur de fluide :

— Nos cannes foudroyantes sont chargées, en route !

Et tendant l'une des badines au gamin, il sortit du laboratoire.

Dans le salon, Kéradec et ses six matelots attendaient. Chacun tenait à la main une badine semblable à celles du docteur et de son compagnon.

De plus, ils portaient à la ceinture une sacoche de cuir.

Ils saluèrent militairement leur chef, et celui-ci demanda :

— Nos hôtes anglais ?

— Ils dorment comme des loirs, déclara Kéradec.

— Bien, en ce cas partons. Si les renseignements de Magapoor étaient exacts, les autorités anglaises viendront aujourd'hui s'emparer de la maison roulante. Les Sanders et van Stoon ne pourront donner aucune indication sur le chemin que nous aurons pris.

Le premier, il descendit sur la route.

Dix minutes plus tard, la petite troupe disparaissait dans le sentier où Arkabad, le faux Aoudh, s'était jeté deux heures avant avec la pauvre Anoor.

CHAPITRE IX

ÉLECTRICIENS ET MAGICIENS

Cigale marchait comme un homme ivre.

Il ne savait plus s'il vivait un songe ou une réalité. Tout ce que, dans le laboratoire, il avait aperçu sur le tableau téléphotique, se représentait à ses yeux.

A travers bois, il parcourut la sente. Les arbustes fleuris, les hautes herbes, les coudes brusques du chemin, il reconnaissait les moindres détails.

Puis ce fut la plaine immense parsemée de blocs rocheux. On atteignit la masse de granit, près duquel le gamin avait distingué tout à l'heure les traces de chevaux. Les traces étaient là, visibles.

Cigale se baissa pour tâter de la main les empreintes laissées dans le sable par les sabots des quadrupèdes.

Ainsi c'était vrai ; le docteur, cet homme qui marchait devant lui, avait centuplé le pouvoir visuel de l'homme. A travers les obstacles, les arbres, les rochers, il avait vu la route suivie par Aoudh.

Trop peu versé dans les sciences physiques pour comprendre le phénomène appliqué par le médecin, Cigale ressentait pour celui-ci, non pas une admiration scientifique, mais une vénération presque religieuse. Le savant devenait à ses yeux le grand prêtre d'une religion mystérieuse, mal définie, mais féconde en miracles.

Et l'on allait toujours, suivant la piste du ravisseur d'Anoor. Et toujours le Parisien reconnaissait les êtres.

Durant deux heures, le sable du désert du Thar cria sous ses pieds, puis les roches commencèrent à affleurer le sol, à le trouer, à le dominer. Des massifs granitiques barrèrent la route; mais on ne s'arrêta pas.

Sur la gauche un ravin éventrait la barricade rocheuse; on s'y engagea.

C'était bien le lieu que Cigale avait vu sur le tableau; des pierres rougeâtres aux aspérités desquelles le soleil, déjà haut sur l'horizon, piquait des étincelles de feu; des ouvertures béantes et sombres, portails derrière lesquels des couloirs s'enfonçaient dans les flancs de la montagne.

Paysage nu, calciné, sans une brindille, une touffe verte pour reposer le regard aveuglé par les réverbérations du sol, des rocs, parsemés de paillettes micacées.

Une chaleur d'étuve enveloppait les voyageurs ruisselants de sueur. La respiration haletante, les jambes lourdes, ils avançaient lentement, et leurs pieds s'appuyant sur les poussières dures du sentier, produisaient un grésillement continu, agaçant.

Soudain Cigale poussa un cri.

On venait de pénétrer dans le cirque où Arkabad avait remis Anoor à Dhaliwar, le chef des Compagnons de Siva-Kali. Au centre, rangées en cercle, se dressaient, étincelantes sous les rayons solaires, les pierres sur lesquelles le gamin avait vu assis les sectaires prêts à répandre le sang de sa « sœur d'adoption ». En face de lui s'ouvrait comme un portique géant dans la paroi de granit.

— La caverne Zapolaki, où Anoor doit mourir ce soir, quand la lune apparaîtra dans le ciel.

Ces paroles, les premières que prononçait Mystère depuis le départ, sonnèrent lugubrement dans le silence de l'atmosphère embrasée.

Cigale avait ressenti un grand coup au cœur. Brusquement, les impressions de rêve s'étaient envolées de son esprit. Il retombait en pleine réalité. Anoor! il comprenait à cette heure à quel point il aimait sa petite compagne, à quel point elle avait conquis son âme rieuse et primesautière de gavroche.

Et elle était là, dans les ténèbres d'une caverne, attendant la mort.

La mort! Ah! l'horrible voile de crêpe jeté sur la pensée! Jamais, jusqu'à ce moment, le gamin n'y avait songé sérieusement. Comme dans la baie d'Audierne, quand il narguait l'ouragan ou se précipitait en riant dans les vagues aux blanches écumes, Cigale avait traité le trépas en quantité négligeable.

— La mort... eh bien, quoi... c'est le droit de péage perçu par l'Inconnu pour passer le pont qui va de la vie humaine à une autre existence. Moribond, fouille dans ton gousset et paie sans marchander. Tu vois bien que madame la Mort est là, coiffée d'une casquette d'employé d'octroi.

C'est par ces paroles qu'il avait assisté jadis, à ses derniers moments, un camarade qu'il avait été visiter à l'hôpital.

Ce n'était pas sécheresse de cœur, c'était le mépris ironique de la vie, engendré par la souffrance dans une âme de déshérité.

Et voilà que tout à coup cela changeait. La mort, se penchant sur le joli visage d'Anoor, cessait d'être l'*employé d'octroi* macabre et grotesque; elle devenait terrible, effrayante. Le Parisien ne voyait plus en elle celle qui *délivre,* mais seulement celle qui *sépare.*

Deux larmes coulèrent de ses yeux, roulèrent sur ses joues en lui causant une sensation de brûlure.

— Courage, lui dit affectueusement le médecin, nous la sauverons.

Et lentement il se dirigea vers l'entrée de la caverne Zapolaki. Parvenu au seuil, il heurta le rocher de sa canne.

Le roc résonna sourdement sous les coups. On eût dit la vibration d'une cloche lointaine, égrenant sur la campagne son appel d'airain.

Par trois fois Mystère recommença, espaçant ses heurts, comme s'il exécutait les prescriptions d'un rite convenu.

Puis il attendit.

Soudain une voix jaillit de l'ombre :

— Qui porte la main sur la roche sonore?

— Celui qui est la Vie, répondit sans hésiter le docteur.

— Celui-là s'égare, reprit la voix, car c'est ici l'asile de la Mort.

— La Mort elle-même me doit obéissance.

— Siva est un dieu puissant.

— Vischnou est son maître.

Un lourd silence suivit. Au bout d'un instant, Mystère se rapprocha de l'ouverture et prononça :

— Retourne auprès de Dhaliwar, chef des Compagnons de Siva-Kali. Apprends-lui que le Fils du Tigre d'Or veut entrer dans le repaire de Zapolaki.

Une exclamation étouffée retentit dans les ténèbres :

— Je lui rapporte tes paroles, maître.

Des pas précipités martelèrent le sol au fond de l'ombre, puis on n'entendit plus rien.

Cigale, les matelots, regardaient sans comprendre ;

— Hein, Kéradec, s'exclama le gamin, voilà qui enfonce tous les farfadets et toutes les Mary-Morgans de la Cornouailles bretonne!

Mais la plaisanterie demeura sans écho. Aucun des assistants ne se sentait le courage de répondre.

Et tous restaient immobiles, avec l'intuition qu'ils s'enfonçaient dans l'un des mystères de l'Inde, cette terre classique du mystère.

Leur attente ne fut pas de longue durée. De nouveau la voix s'éleva dans la nuit :

— Voici la réponse de Dhaliwar.

— J'écoute, fit le docteur.

— Le Fils du Tigre d'Or et sa suite peuvent entrer dans la Caverne Interdite ; mais le Tigre d'Or fera la preuve de son origine céleste, ou bien son sang sera versé sur l'autel de Siva.

Mystère haussa les épaules :

— La preuve sera faite.

Un glissement léger se produisit, une silhouette humaine se dessina confusément dans l'obscurité, elle se rapprocha, se précisa.

Un compagnon de Siva au turban blanc, portant au frontal les cinq rubis — les pierres sanglantes — consacrés aux génies de la destruction, parut enfin.

— Suis l'esclave qui porte les ordres et te les transmet prosterné, psalmodia cet homme.

Petit, maigre, les os saillants sous la peau brune, le nouveau venu n'avait d'autres armes que le poignard à lame recourbée, cliquetant à son flanc, et le lacet de soie rouge des Étrangleurs enroulé autour du bras gauche.

— Venez, dit-il encore.

Il frappa dans ses mains. A ce signal des points lumineux brillèrent dans la nuit de la caverne; les ténèbres s'éclairèrent, et la petite troupe s'enfonça derrière son guide, dans les profondeurs de la montagne.

On suivait une large galerie au sol en pente douce. De vingt en vingt pas des hommes, immobiles comme des statues de bronze, se tenaient adossés à la paroi, portant des torches élevées au-dessus de leur tête. Et les flammes fuligineuses, oscillant sous la poussée de l'air déplacé par le passage des

Européens, grésillaient, projetant sur les murailles des reflets rougès.

On eût dit que ce corridor avait été badigeonné de sang.

Bientôt cependant la voie s'élargit en salles, reliées les unes aux autres par des corridors resserrés, et brusquement l'on déboucha dans une vaste caverne dont le plafond se recourbait en dôme irrégulier à quatre-vingts pieds du sol. Des stalactites et des stalagmites, soudés par la lente infiltration d'eaux calcaires, formaient des piliers inégaux, jetés sans ordre, tantôt en faisceaux d'élégantes colonnettes, tantôt en masses compactes, lourdes et mal façonnées.

Partout des torches étaient fichées dans des anfractuosités, balançant leurs flammes livides, dont les fumées montaient vers la voûte et enveloppaient le sommet des colonnades naturelles d'un nuage sombre.

Plusieurs centaines d'hommes étaient réunis là. Au bandeau du turban de chacun brillaient les cinq rubis de Siva, et sur le visage chacun avait appliqué un masque court, une sorte de « loup » de couleur écarlate.

Au centre était ménagée une arène, limitée par une barrière de bois, rouge également, ornée de distance en distance d'enluminures sauvages représentant les terribles dieux du carnage, Siva et Kali.

En face des arrivants, sur une estrade, dont l'extrémité dominait la barrière, se tenaient les chefs de l'association, assis sur des cubes de bois, et Dhaliwar lui-même, le seul qui eût le visage découvert, était juché sur un billot plus haut et plus large.

Toutes les castes, toutes les races hindoues avaient des représentants dans cette réunion, à laquelle les reflets rubescents renvoyés par les rouges accessoires des sectaires, donnaient une apparence de fantasmagorie diabolique.

Ici un *Tcharan*, héraut d'armes et poète, fonctionnaire qui fait partie de la maison de tout Radjpout riche, montrait son turban en forme de casque grec, auprès de la toque aux bords relevés en « boléro » d'un grand seigneur radjpout, reconnaissable à son bouclier sur lequel étaient peintes ses armoiries; car la science du blason, des armoiries, des couleurs, cultivée dans l'Inde trois mille ans avant notre ère, a été jalousement conservée chez les descendants des gentilshommes du Radjpoutana.

Près d'eux se tenait un *Peusch*, c'est-à-dire un adolescent, admis récemment dans la société des hommes, après avoir accompli l'exploit cynégétique exigé pour prétendre à cet honneur : tuer un sanglier avec le *katar* (poignard triangulaire).

Ceux-là avaient aux chevilles et aux poignets de lourds bracelets d'or.

Puis venaient des femmes. Le Radjpoutana est le seul pays d'Orient... et aussi d'Occident, où le sexe gracieux soit traité par le sexe fort sur le pied de la plus parfaite égalité. Grandes, élancées, elles faisaient *froufrouter* leurs larges jupes plissées tombant à mi-jambe; elles courbaient leur taille souple emprisonnée dans un corset de soie aux passementeries d'or, et laissaient flotter leur voile, le *sarri*, sur leurs épaules; à chacun de leurs mouvements, les bijoux dont elles étaient couvertes jusqu'à la profusion cliquetaient gaiement.

Plus loin, des *Tahadjans* ou *Tarvanis* (riches bourgeois) se groupaient à part. Tous étaient coiffés de la toque afghane, et vêtus d'un large caftan brun.

Enfin la foule des paysans, des ouvriers, *Goudjars*, *Katchis*, *Tchamars*, *Kolis*, *Bhils*, *Khaniadas*, *Sevats*, *Minas*, *Mhairs*, *Bahoria*, constituaient l'élément le plus nombreux dans cette assemblée des Compagnons de Siva-Kali.

Les murmures cessèrent tout à coup. Dhaliwar s'était levé.

— Étranger, clama-t-il, tu as demandé à voir Dhaliwar, me reconnais-tu?

Mystère inclina froidement la tête :

— Sans doute.

— Eh bien, parle, que veux-tu?

— La vie de la victime qu'Arkabad le brahme t'a remise ce matin.

Un bourdonnement s'éleva... l'assistance protestait :

— Tu entends ce que disent les Frères, fit railleusement le chef de Siva?

— J'entends, mais leurs récriminations m'importent peu. Je suis l'élu de Vischnou, conservateur du monde, éternel vainqueur des forces destructives, et de par le Tigre d'Or, je veux que vous obéissiez.

En même temps le docteur élevait la main en l'air et tournait sur lui-même, présentant successivement à tous la paume, au milieu de laquelle brillait l'effigie sacrée.

Les fronts se courbèrent, les bras se croisèrent dévotieusement sur les poitrines.

Dhaliwar lui-même s'inclina :

— Soit, reprit-il, tu possèdes le saint emblème; mais ici, nous ne sommes plus des humains, nous sommes les prêtres du divin Siva, et nous ne pouvons nous prosterner devant toi que si tu te soumets aux épreuves secrètes ordonnées par nos rites.

— Je suis prêt.

— Tu n'ignores pas que notre loi ordonne la mort de quiconque, sans être affilié, pénètre dans les cavernes Zapolaki. Un seul doit être excepté, celui que tu prétends être, car celui-là est le maître.

— Je suis le Maître, ordonne les épreuves, au lieu de te perdre ainsi qu'une femme en de vains discours. Ordonne les épreuves, et fais amener ici celle que je veux sauver, qu'un agneau blanc l'accompagne.

La voix de Mystère avait une telle autorité que Dhaliwar n'insista plus.

— Qu'il soit fait selon tes désirs, — murmura-t-il, et d'un ton impératif il ajouta : — Que l'on conduise ici la victime promise à Siva ; c'est le duel des dieux qui décidera de son sort.

Il y eut une palpitation dans l'assistance. Ces Hindous superstitieux frissonnaient à la pensée du combat annoncé de Siva contre Vischnou, de la mort contre la vie, et ils regardaient, avec une surprise éperdue, le docteur, voyageur inconnu, qui venait sans crainte braver leur dieu dans son antre souterrain.

Cependant des sacrificateurs aux longues robes de pourpre, couronnés de fleurs flétries, masqués de têtes de mort en cire modelée avec une saisissante vérité, amenaient Anoor dans l'arène.

A la vue de Mystère, de Cigale, des matelots, la fillette eut un cri :

— Vous, vous, je vous attendais...

Elle voulut s'élancer, mais les bourreaux la retinrent.

— Attends, mon enfant, ma fille, lui cria Mystère avec un accent si tendre qu'elle se sentit pénétrée de reconnaissance, je dois te disputer aux divinités meurtrières. Ne crains rien. Obéis sans résistance aux injonctions de ceux qui t'entourent. Tu n'as plus rien à redouter.

Elle eut un angélique sourire :

— Mon cœur ne bat que d'affection, père. Tu es là, je n'ai plus peur.

Le médecin se tourna vers Dhaliwar :

— J'attends.

Le chef de Siva ricana :

— Je suis à tes ordres.

Et d'un ton détaché :

— Que Sadjeb, instrument inconscient des volontés du dieu, soit mis en présence de la victime réclamée par Siva.

Les sacrificateurs étendirent Anoor sur le sol, l'attachèrent à des anneaux scellés dans le roc et lui placèrent la tête sur une dalle plate. Alors ils s'écartèrent vivement à droite et à gauche.

La fillette ne pouvait faire un mouvement, mais ses yeux noirs ne quittaient pas le savant.

— Ne crains rien, répéta celui-ci.

— Je n'ai pas peur, redit-elle d'une voix qui ne tremblait pas.

Un pas lourd ébranla la terre, un souffle puissant troubla l'atmosphère de la caverne, puis colossal, la trompe levée, les défenses menaçantes, un éléphant entra dans l'arène.

C'était Sadjeb, l'éléphant blanc à la tête noire, bourreau des Compagnons de Siva, dont la fonction consistait à écraser du pied la tête des traîtres.

Et Anoor était étendue à la place marquée pour ces exécutions, sa jolie tête appuyée sur la dalle de marbre, où maintes fois déjà, le pachyderme avait fait éclater le crâne de ceux que la redoutable association de fanatiques avait condamnés à disparaître.

En voyant le monstre, la jeune fille poussa un cri, mais elle aperçut Mystère à deux pas d'elle, le doigt sur les lèvres, et elle se tut.

Hindous ou Européens, tous regardaient. Ils frissonnèrent au son de la voix de Dhaliwar qui disait :

— Siva veut que Sadjeb broie la tête de cette enfant et que ce pagne de lin — il le jetait en même temps dans l'espace clos — soit teint de son sang pour servir au but annoncé par les Rig-Véda.

— Vischnou veut qu'elle vive, répondit le savant, et elle vivra, car son sang retomberait sur l'Inde entière.

— Va donc pour le duel des dieux.

D'un sifflet Dhaliwar tira un son strident, et puis tout se tut.

L'éléphant avait frissonné sur ses jambes massives. Il promena autour de lui des regards ardents, qui se fixèrent enfin sur le corps d'Anoor. Il souffla bruyamment, lança dans l'air un barìtement sonore comme un appel de trompette et s'avança vers la fillette.

— Oh ! râla Cigale prêt à s'élancer... mais il va la tuer !

— Silence et pas un geste, gronda Mystère d'un ton si impérieux que le gamin interrompit net le mouvement commencé.

Le pachyderme était tout près de la fillette maintenant, et tandis que Cigale, les jambes brisées par l'angoisse, le suivait d'un œil éperdu, Anoor ne le regardait même pas.

Elle avait dit vrai, la mignonne. Sa naïve confiance en Mystère la gardait de la peur.

Sadjeb avait levé le pied au-dessus de sa tête brune. Il allait l'abaisser, quand le savant étendit le bras droit, au bout duquel vibrait la badine dont il s'était muni au départ, et d'un accent impossible à rendre, il rugit :

— Vischnou le défend.

Un frisson agita le corps de l'éléphant... Une plainte lamentable s'échappa de sa bouche et chancelant il recula jusqu'à la barrière.

— Va-t'en, dit encore Mystère.

Et l'animal s'enfuit, se perdit dans l'ombre, vaincu, regagnant l'écurie d'où les sacrificateurs l'avaient tiré !

L'attitude des assistants exprima la stupeur. Quoi, le savant avait fait un simple geste, et le colossal Sadjeb, que cinquante hommes auraient été impuissants à arrêter, avait obéi !

Est-ce que vraiment le visiteur était, comme il l'avait affirmé, l'élu de Vischnou?

Dhaliwar s'était dressé tout droit. Sur son visage bronzé, on lisait le doute, l'indécision.

Cependant il parut prendre son parti, et se tournant vers le docteur, il prononça avec une nuance de respect :

— Certes ! ce que tu viens d'accomplir tient du prodige, et je me rendrais à ta voix s'il dépendait seulement de moi ; mais les rites édictés par Kali elle-même sont formels. Vischnou, pour obtenir l'obéissance de Siva, doit sortir vainqueur des différentes épreuves.

Mystère sourit. Dédaigneux il laissa tomber de ses lèvres :

— Il y a cinq épreuves, une pour chacun des rubis de Siva.

La surprise du chef parut augmenter encore.

— Comment sais-tu cela?

— Comme je sais tout, parce qu'il a plu à Vischnou de me le révéler.

— Et tu connais la nature des épreuves?

— Oui. Le livre Barhoutra, où la loi de Siva est écrite avec du sang, les désigne ainsi : l'écrasement, le poison, le poignard, le lacet, le savoir.

Un murmure sourd s'éleva. Dans l'assistance, certains se prosternèrent.

Dhaliwar hocha la tête d'un air pensif, puis il reprit :

— Quel danger préfères-tu combattre le premier?

— Il n'y a pas de danger pour moi, ni pour ceux que je protège. Fais ainsi qu'il te conviendra.

— Soit donc... que le poison se mette en marche.

De nouveau, Dhaliwar porta son sifflet à ses lèvres et en tira un son aigu, puissant, auquel les assistants répondirent par une mélopée bizarre, faite de sifflements étrangement rythmés.

On eût dit la plainte du vent dans les arbres, la vapeur fusant par une

LE BOURREAU DES COMPAGNONS DE SIVA.

ouverture étroite, le jaillissement d'une source, et cela s'enflait en tempête pour décroître en modulations douces comme la respiration d'un enfant.

Puis tout se tut et de divers côtés de terribles acteurs parurent dans l'arène.

C'était l'armée rampante du poison, les serpents consacrés à la déesse Kali que les Européens allaient avoir à combattre.

Il en venait de partout, des boas-pythons qui étouffent un buffle dans leurs anneaux, des najas, à la tête triangulaire, au venin foudroyant, des daboras rouges, tachetés de noir, à la piqûre aussi terrible.

Il y avait là des échantillons de toute la faune reptilienne de l'Hindoustan, affreux spécimens de ce monde rampant qui, de 1870 à 1880, a causé la mort de 200.000 personnes en territoire hindou.

Les bêtes immondes glissaient sur le

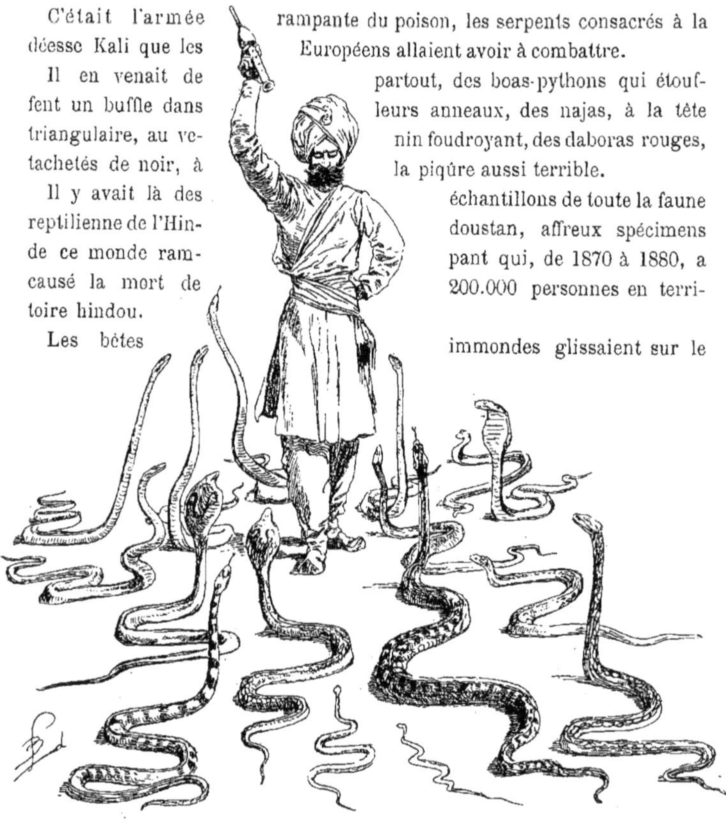

Le poison.

sol, gonflaient leurs gorges, dardaient leurs langues effilées, convergeant toutes vers un point unique, celui où la mignonne Anoor était étendue sans mouvement.

— Ne crains rien, mon enfant, prononça Mystère.

Toujours souriante, elle répliqua :

— Je n'ai pas peur, maître.

Le docteur avait fouillé dans la pochette de cuir dont il était muni comme ses hommes, il en tira un petit instrument d'argent qu'il approcha de ses lèvres.

Puis il l'éleva au-dessus de sa tête et d'une voix pénétrante.

— Vischnou lui-même va faire retentir cette flûte des charmeurs.

Prodige! l'instrument se prit aussitôt à exécuter une lente mélodie.

— C'est plus fort que chez Dickson-Robert-Houdin, murmura Cigale ahuri..

— Sifflet électrique, lui glissa à l'oreille le médecin; un petit accumulateur, analogue à ceux des sonneries d'appartement, l'actionne tout simplement.

Mais pour les indigènes, incapables de deviner l'explication scientifique du phénomène, cette flûte magique résonnant sans le secours d'un être humain, était devenue un objet miraculeux.

A genoux maintenant, ils regardaient, la poitrine oppressée par l'épouvante sacrée.

Les reptiles, eux, avaient suspendu leur marche. Dressés sur leurs queues, la tête oscillant ainsi qu'un pendule au bout de leurs corps rigides, ils subissaient le charme musical que les jongleurs hindous ont exploité de tout temps.

Ils se balançaient en mesure, fermant les yeux, ouvrant leurs gueules pour les refermer avec un clappement sec.

— Les corbeilles, ordonna le docteur!

Et par-dessus la barrière rouge, des paniers furent projetés dans l'arène. Alors, Mystère s'avança successivement vers chacun des serpents, et ceux-ci reculant devant lui, comme s'ils subissaient l'ascendant de sa volonté, allèrent se tapir dans les réceptacles d'osier, dont le savant assujettit solidement les couvercles.

La flûte cessa de se faire entendre, et le médecin se retourna vers Dhaliwar.

— Continuons, chef. Mais auparavant, fais délier cette jeune fille. Elle est mal ainsi.

L'interpellé secoua la tête :

— Vischnou est en toi, que ne la délies-tu toi-même?

— Je le ferai volontiers.

A ces mots il tendit sa badine vers les anneaux de fer auxquels étaient assujetties les cordes qui enserraient les membres d'Anoor. Les tresses de chanvre se rompirent comme consumées par le feu.

— Relève-toi, enfant, et reviens au milieu de nous.

La fillette bondit sur ses pieds, courut aux Européens, et se trouva sans s'expliquer comment, dans les bras de Cigale, qui balbutiait d'une voix brisée, son visage blême inondé de larmes :

— Ma frangine... ma petite frangine!

Il ne trouvait pas autre chose. Le pauvre gamin si brave venait d'apprendre la terreur. Il est vrai que c'était pour une autre qu'il avait tremblé.

Mais Dhaliwar, dont le fanatisme pour Siva s'exaspérait du triomphe de son adversaire, gronda :

— L'épreuve du poignard, du lacet!

Et le silence se rétablit, morne, angoissant, troublé seulement par le souffle haletant de la foule massée dans la caverne Zapolaki.

Deux hommes, rouges de la tête aux pieds, turban, masque, justaucorps, pantalons flottants, les bras nus comme gantés d'un barbouillage d'ocre vermillon, sautèrent dans l'arène.

L'un brandissait un poignard dont la lame brillante, sous la lumière des torches, jetait des éclairs sanglants.

L'autre portait, tendu entre les deux mains, un lacet de soie.

Le premier marcha vers Mystère.

Celui-ci, les mains croisées derrière le dos, le regardait venir, offrant sa poitrine à ses coups.

Le meurtrier sacré bondit soudain en avant, la lame étincela... un cri s'échappa des lèvres des matelots, d'Anoor, de Cigale, mais le poignard levé ne s'abattit pas.

Un crépitement retentit, et l'homme, avec un hurlement de fauve, s'abattit sur le sol, où il se tordit en d'effroyables convulsions. La cuirasse électrique du docteur avait joué son rôle protecteur.

Cependant l'exécuteur au lacet, profitant de l'inattention générale, s'était glissé derrière le savant; d'un mouvement rapide il lui entoura le cou du fil de soie, cette arme traîtresse des Thugs, et il opéra une traction brusque sur les deux extrémités.

La mince cordelette se rompit comme touchée par une flamme. Le bourreau demeura saisi, stupéfait, regardant ses doigts, au bout desquels pendaient, inoffensifs désormais, les deux fragments du lacet des Étrangleurs de Siva.

A cette vue, une acclamation furieuse se répercuta sous les voûtes de granit.

— Gloire à Vischnou!

Les Hindous hurlaient d'enthousiasme. Chez ces êtres superstitieux, le doute n'existait pas. Le docteur était bien l'élu du dieu conservateur.

Cependant le calme se rétablit sur un geste de Dhaliwar.

— Les rites exigent la cinquième épreuve, proclama le chef.

— Et je m'y soumettrai comme aux autres, déclara courtoisement Mystère.

— Ta science est-elle donc de taille à lutter contre celle de brahmines qui ont pâli au fond des cloîtres sur les textes sacrés?

— Vischnou est plus savant que ses prêtres, toute science vient de lui. Avec son aide, je triompherai sans peine.

— Nous le verrons bien.

A un signal une harmonie, rappelant le plain-chant, résonna lointaine. Elle se rapprocha, s'enfla. Les assistants s'écartèrent et les brahmes entrèrent dans la lice.

Ils étaient au nombre de vingt-deux, deux fois *onze*, nombre qui, avec *cinq*, est consacré par le culte de Siva.

Les uns étaient drapés dans des tuniques bleues aux ornements rouges, les autres étaient vêtus de rouge, garni de bleu.

Tous avaient les cheveux blancs, le visage ascétique. Leurs yeux brillant d'un éclat fébrile, au fond des orbites creux, regardaient dans le vague, comme si leur esprit était absent.

Ils se placèrent sur deux rangs parallèles, au pied de l'estrade, et là, appuyés sur les bâtons qui soutenaient leurs pas, ils attendirent.

— Ma-Ni, s'écria Dhaliwar, Ma-Ni, maître vénéré des Védastes (interprètes des livres Védas bleus), Siva te demande de confondre l'étranger.

Le vieillard, qui occupait la première place dans la rangée des brahmes aux robes azurées, répliqua, sans tourner ses regards vers son interlocuteur :

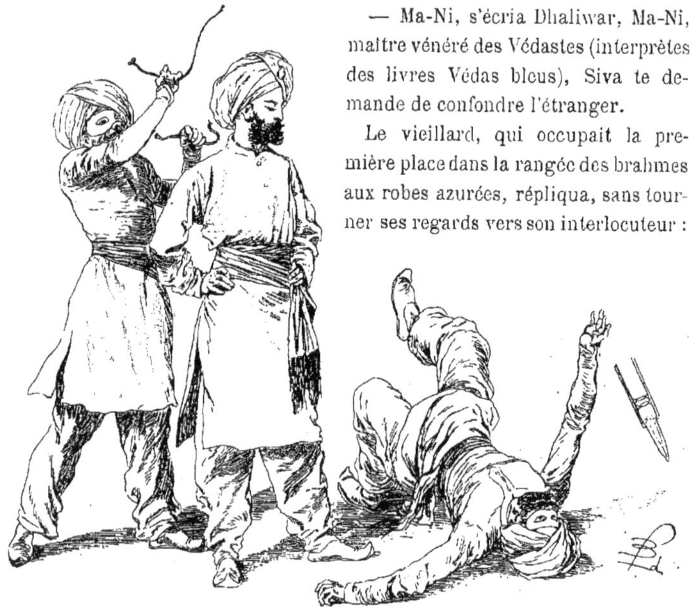

Le poignard, le lacet.

— Siva est le Maître, que veux-tu de nous?

— Le prodige inimitable.

— Soit.

Ma-Ni prononça alors une incantation bizarre que les Védastes répétèrent, puis chacun des vieillards éleva son bâton à hauteur de ses lèvres et le lâcha brusquement.

Les onze morceaux de bois frappèrent le sol d'un même coup, et le prodige annoncé se produisit (1).

(1) Les cannes dont il s'agit, dites « cannes des brahmes », sont fabriquées mystérieusement dans

Étrange et horrible spectacle, les gourdins se tordirent comme des branches de bois vert atteintes par la flamme. Leurs extrémités se modelèrent en têtes, s'effilèrent en queues. Les unes restèrent unies, les autres se garnïrent d'écailles, et onze serpents se prirent à ramper, siffler, s'enlacer.

Vipères à cornes, najas, hydres, crotales confondaient leurs anneaux. On eût dit que les monstres, domptés tout à l'heure par le docteur Mystère, s'étaient de nouveau échappés de leur prison.

— Siva, Siva, toi seul es grand, psalmodiait l'assistance impressionnée par cette métamorphose fantastique.

Le médecin, lui, haussait les épaules.

— Ces Hindous, fit-il tout bas à Cigale, sont des *illusionnistes* adroits. Ces cannes sont fort bien machinées; mais c'est un jeu de les réduire à l'immobilité. Dirige sur elles le jet électrique de ta badine.

Et le gamin s'apprêtant à obéir, Mystère éleva la voix :

— Est-ce par ces jeux d'enfant que vous prétendez éprouver ma science, Védastes bleus? C'est à mon élève, qui n'a pas encore un an de noviciat, que je confie le soin de vous répondre.

Un murmure étonné souligna cette déclaration, bientôt remplacé par un cri de stupeur.

Cigale avait étendu son stick électrique vers les serpents, et soudain les reptiles s'étaient allongés, avaient repris leur forme primitive.

Penché en avant, au risque d'être précipité de l'estrade, Dhaliwar considérait la scène avec une colère concentrée.

— Ma-Ni, gronda-t-il, l'étranger a raison. Ce n'est point ainsi que l'on proclame la gloire de Siva.

Le vieillard ne s'émut pas de l'apostrophe. Il adressa un salut au gamin, comme pour féliciter un confrère dont le talent mérite d'être apprécié, puis il prononça une formule incompréhensible.

Et les bâtons redevinrent serpents, et la badine électrique du Parisien ne réussit plus à leur faire changer de forme.

— Cette fois, clama Dhaliwar triomphant, ton savoir est en défaut. Siva veut ta mort.

— Celui de mon disciple seulement, railla Mystère. Tiens, regarde.

A son tour il jeta sa canne parmi celles des Védastes.

Des crépitements, des sifflements s'entre-croisèrent dans l'air. La badine

les Temples. Formées de fragments de bois articulés et de légers ressorts d'acier, elles permettent à leurs porteurs de réaliser le miracle ici raconté. Simple jonglerie, exercice d'illusionnistes. Plusieurs de ces bâtons magiques figurent aux musées de Calcutta et de Londres du savant s'était entourée d'éclairs, des flammes bleuâtres s'en échappaient, dardant leurs langues de feu vers les reptiles.

En quelques instants ceux-ci s'embrasèrent, et bientôt sur le sol, la fumée dissipée, la canne du docteur apparut intacte au milieu des cendres des autres.

Un morne silence accueillit ce résultat.

Les Védastes eux-mêmes semblaient surpris et Ma-Ni murmura :

— Aurais-je mal interprété le verset cinquante de la conjuration des serpents?

Pour le savant, il ramassa sa badine et tranquillement :

— Es-tu convaincu, Dhaliwar?

Celui-ci secoua la tête :

— Non, pas encore. Élu de Vischnou, conservateur du monde, tu dois pouvoir protéger ce qu'il plaît à Siva de détruire?

— Sans doute.

— Eh bien — il tendit la main vers les Védastes aux tuniques rouges — à vous de venger vos frères bleus. Faites triompher l'esprit de destruction.

Le chef des vieillards vêtus d'incarnat leva la main au-dessus de sa tête, l'index et le médium pointés vers la voûte de la caverne.

A ce signe, deux esclaves bondirent dans l'arène, portant un vase de terre vernissé empli de terreau, et au milieu duquel se dressait, vert et fleuri, un superbe pied d'Hortensia Regina.

Ils déposèrent leur charge devant le Védaste.

Celui-ci toisa dédaigneusement Mystère :

— Cette plante est condamnée à périr, comme cette jeune fille debout auprès de toi. Ces deux existences sont liées; sauve la fleur, et la captive sera sauvée.

Puis imposant les mains sur l'hortensia :

— Siva exige, végétal, que tu rentres dans le néant. Son arrêt n'est point cruel, car fleurs ou hommes, arbustes ou êtres animés, sont frères, et leur mort n'est qu'un prélude aux transformations des existences futures.

Après quoi, il marmotta des paroles inintelligibles, tenant toujours les mains étendues au-dessus de la touffe fleurie.

Le magnétisme, cette science qui balbutie encore dans nos pays d'Occident, fut connue dès la plus haute antiquité par les castes sacerdotales. C'est grâce à elle qu'ils simulèrent ces prodiges inexplicables qui, aujourd'hui encore, déroutent nos savants (1).

(1) Une Commission de Savants, subventionnée par le gouvernement britannique, étudie en ce

C'est ainsi qu'à volonté ils font croitre ou se faner un arbuste en quelques minutes.

Maintenant le Védaste demeurait immobile, la face dure, contractée par l'effort de la volonté magnétique.

Un tremblement agitait ses mains sèches, et de légers frémissements agitaient sa tunique écarlate.

L'assemblée muette semblait une réunion de statues.

Le prodige commençait.

Les pétales de l'hortensia se décoloraient, l'extrémité des feuilles jaunissait. D'instant en instant la tige se desséchait, marquant le progrès rapide de la mort appelée par le Védaste rouge.

Dhaliwar eut un rugissement de joie :

— Siva triomphe!... gloire à Siva!

Il n'acheva pas. D'une voix éclatante Mystère lança cet appel mystique :

— A moi, Vischnou!..... gloire à celui qui sauve!

Dans un geste violent ses bras se détendirent, ses mains se portèrent vers l'hortensia.

Une minute s'écoula, minute atroce, angoissante. Si le docteur était vaincu, Anoor était condamnée, perdue.

Il n'en devait pas être ainsi. En vain le Védaste redoubla d'efforts qui, sous sa peau parcheminée, faisaient saillir les veines comme des cordes, la fleur se redressa lentement, ses pétales reprirent leur couleur, ses feuilles frémirent, parurent secouer les germes de décomposition répandus sur elles.

Le Védaste poussa un long soupir; il laissa retomber ses bras le long de son corps et d'un accent découragé, murmura :

— Celui-là est notre maître. La lutte est impossible.

Une tempête de cris, d'exclamations, suivit cet aveu.

La foule acclamait Vischnou, le docteur, Anoor délivrée. Dhaliwar avait sauté à bas de l'estrade et se prosternant devant Mystère :

— Tu es Celui que tu as annoncé. Dhaliwar t'obéira désormais.

Ses paroles s'étaient perdues dans le brouhaha, mais son mouvement avait été compris de tous. Il s'inclinait devant le pouvoir supérieur de l'étranger. Au nom des Compagnons de Siva-Kali, il lui jurait fidélité.

Et les clameurs redoublèrent faisant passer comme un frisson le long des parois de granit qui supportaient la montagne.

Guidé par le chef, Mystère et ses compagnons prirent place sur l'estrade,

moment, dans les provinces du Bengale, la puissance magnétique vraiment extraordinaire des brahmes et des fakirs.

et tous ceux qui s'y trouvaient déjà arrachèrent leurs masques en s'inclinant, afin de montrer par là que le serment prêté par le premier d'entre eux, était accepté de tous. Désormais le docteur était le chef de la redoutable association..... dont les affiliés lui présentaient leurs visages découverts.

Sans tarder, il réclama le silence du geste.

Comme par enchantement, tout se tut. De même que leurs supérieurs, les assistants avaient retiré les masques rouges, et leurs figures sombres, énergiques, disaient l'espoir, né en ces hommes, de la venue du savant qui avait repoussé, en se jouant, l'assaut de l'éléphant, des reptiles, du poignard, du lacet et de la science.

— Frères, dit-il, vous que les oppresseurs étrangers dépeignent comme des bandits, je vous connais. Vous êtes ceux qui tuent, c'est vrai, mais vous êtes aussi ceux qui meurent pour la cause la plus sainte qu'il soit donné à l'homme de défendre... pour la liberté. C'est à vous, à vous seuls, que les morts dormant dans le sein de Brahma ont voulu léguer le trésor de liberté, constitué par le travail des patriotes du Sindhi et du Pendjah. Les brahmes, vos pires ennemis, qui chaque année livrent quelques-uns d'entre vous aux Anglais, afin de mériter la protection avilissante des conquérants, les brahmes se proposent de voler ce trésor destiné à l'affranchissement hindou. Il faut rompre avec eux, cesser de leur accorder votre confiance. Mais auparavant nous avons besoin d'eux pour découvrir le trésor amassé par les aïeux.

Il s'interrompit un instant et s'adressant à Dhaliwar :

— Ami, lui dit-il, un brahme, Arkabad s'était introduit sous le nom d'Aoudh dans ma demeure. Je l'ai laissé faire. Il a emporté l'enfant que j'aime; il te l'a livrée en te disant le mensonge dont ses pareils ne sont point avares. Le sang de la victime répandu sur un pagne de lin doit rendre la pensée à une femme qui en est privée et qui sait l'endroit où reposent les amoncellements d'or. Eh bien, ayons l'air de croire ce traître, et il nous guidera vers la cachette de l'or que nous transformerons en armes. Égorgez un chevreau, ensanglantez le pagne; que Dhaliwar se rende, ainsi qu'il l'a promis, au couvent brahmanique du tombeau de Rundjeet-Singh.

Dhaliwar frissonna :

— Qui t'a appris ces choses, maître, balbutia-t-il?

— Celui qui désire délivrer du joug les peuples de l'Inde. J'ai dit. Maintenant je vais partir. C'est à Lahore que je manifesterai ma volonté.

CHAPITRE X

ELLICK ET LOO. (IDYLLE.)

— Mon cher Ellick!

— Ma douce Loo?

— Depuis hier, je dépéris.

— Et moi aussi.

Deux soupirs, bruyants comme le vent d'orage qui s'engouffre dans une cheminée, ponctuèrent ces phrases mélancoliques.

Ellick (contraction du prénom : Alexandre), Loo (corruption amicale de Louise), étaient assis l'un en face de l'autre dans le salon de l'unique maison de pierre de Cheïrah.

Très rouges de cheveux et de teint, gras à faire éclater leurs vêtements de coutil blanc, ils se regardaient les yeux baignés de larmes.

— Oh! Ellick, mugit encore la désolée Loo!

— Aoh! Loo, fit, en lugubre écho, le larmoyant Ellick!

Quel malheur s'était donc abattu sur le logis des époux Ellick Glass, commissaires spéciaux assermentés du gouvernement britannique à Cheïrah?

Jusqu'à ce jour, ils avaient vécu paisiblement, utilisant l'influence qui leur venait de leur titre pour se livrer au fructueux commerce des moutons.

Ils payaient bon marché, vendaient cher. Le climat étant chaud, ils se déplaçaient le moins possible, par hygiène, mangeaient énormément par prudence, et ne fréquentant qu'eux-mêmes, se déclaraient les plus admirables représentants de l'espèce humaine.

A ce jeu-là, ils avaient engraissé comme volailles traitées par les *gaveuses mécaniques;* leurs mentons triples, leurs joues bouffies, leurs mains épaisses, leurs torses ramassés, formaient un grotesque assemblage, et, selon l'expression hardie mais juste du critique, ils n'étaient plus des gens, mais des ventres.

Avec leur heureux caractère, ils s'admiraient, et de même que les mamans ou les fermières disent « *beau* » au lieu de « *gros* » : Un *bel* enfant, un *beau* bœuf, ils déclaraient être *bel* homme et *belle* femme.

Bien plus, leur mépris pour les personnes minces allait jusqu'à la cruauté. Si Louisa (Loo) Glass s'était trouvée en face de la Vénus de Milo elle-même, bien certainement elle eût avancé les lèvres en une moue dédaigneuse et elle aurait murmuré :

— Astèque, va!

Or, ces deux êtres aux charmes monstrueux, si bien faits pour se comprendre, se livraient en paix aux joies d'un engraissement rationnel et indéfini, quand, la veille au soir, un ordre du lieutenant-gouverneur du Pendjah était venu troubler leur quiétude.

Ledit ordre annonçait l'arrivée de deux escouades cipayes et enjoignait au commissaire spécial de procéder, avec leur concours, à la confiscation d'une maison roulante d'aluminium, stationnant en dehors de la bourgade, ainsi qu'à l'arrestation de tous ses habitants.

Suivaient des détails sur la personne d'un certain sieur Mystère, se disant docteur, et se faisant accompagner de domestiques, qu'à leur allure, à leur physionomie, il était facile de reconnaître pour des marins d'Occident.

— Ciel et Terre, avait glapi Loo au reçu de cette missive!

— Eau et Feu! avait répondu Ellick!

Et les époux, se levant péniblement de leurs sièges, s'étaient précipités dans les bras l'un de l'autre, avec une telle ardeur de désespoir que leurs abdomens s'étaient violemment rencontrés. Sous ce heurt imprévu, chacun avait été projeté en arrière, et était tombé, meurtrissant sur le plancher une partie de son individu, non moins bien capitonnée, mais située à l'opposite de celle qui avait supporté le choc.

La maison trembla, les domestiques, accourus au bruit, réussirent, tirant de-ci, poussant de-là, à remettre sur leurs pieds les volumineux époux, et ceux-ci se retrouvèrent en équilibre, seuls, en face de leur émotion non calmée.

Ce que fut la nuit suivante, on ne peut en donner une idée. Jamais drame de l'insomnie ne se déroula plus noir. Certes il est navrant pour un citoyen maigre de se retourner sur sa couche en cherchant le sommeil qui le fuit; mais pour des êtres de puissante dimension, la chose devient un affreux supplice. Non seulement ils ne dorment pas, mais chaque mouvement est une fatigue sans bornes. Quelle lassitude pour eux de déplacer leur lourde masse, sans cric ni levier!

C'est pourquoi, au matin, Loo avait eu cette exclamation déchirante :

— Depuis hier, je dépéris.

Pourquoi Ellick avait constaté :

— Et moi aussi.

Un cliquetis d'acier les fit tressaillir. Le parquet gémissant sous leurs pas, ils coururent à la fenêtre.

Des soldats de l'armée anglo-hindoue, des cipayes, venaient de pénétrer dans la cour de l'habitation.

Ils étaient une vingtaine, commandés par deux « *corporals* » (caporaux) et un *bailiff* (sergent).

En apercevant Ellick, ce dernier salua :

— M. le commissaire spécial Glass? demanda-t-il.

— C'est moi-même.

— Veuillez nous guider, s'il vous plaît, vers le char à mettre en état d'arrestation. On nous a recommandé d'agir vite.

— Je descends.

— Un mot encore. Un officier du génie militaire suit avec les attelages nécessaires pour assurer la traction du car en question. Il importe donc de se hâter.

— Bien, bien, je suis à vous.

Et roulant plutôt qu'il ne marchait, Ellick Glass, suivi de la gémissante Loo, descendit dans la cour.

Aux cris de l'épouse, les serviteurs hindous se précipitèrent. L'un amena un âne blanc, monture habituelle du commissaire; un autre déploya au-dessus de sa tête un gigantesque parasol blanc, destiné à protéger son teint délicat contre les caresses brûlantes du soleil.

Un troisième agita devant sa face congestionnée un éventail de plumes, emmanché d'un long bambou.

C'est dans cet équipage que sir Glass, accompagné de Loo, écarlate d'émotion et juchée également sur un âne qui fléchissait sous le poids, se mit en marche à la tête des soldats.

Ceux-ci s'avançaient en bon ordre, les caporaux Sim et Sam en serre-files, le sergent Bum en tête.

La tête droite, les épaules effacées, les fusils en bandoulière, ces cipayes avaient fort bonne mine, et leur allure victorieuse indiquait bien qu'ils allaient enlever une redoutable fortification.

On sortit de Cheïrah, laissant en arrière les groupes bruyants des commères hindoues, affolées par ce déploiement inusité de forces militaires, et l'on s'engagea sur la route.

Au premier tournant on aperçut la maison d'aluminium immobile au milieu de la chaussée.

A cette vue, le sergent Bum leva le bras en criant d'une voix de stentor :

— En tirailleurs, et visez à entourer cette machine.

Sim et Sam, en caporaux soucieux de leur devoir, répétèrent le commandement.

Aussitôt les soldats se déployèrent en tirailleurs et la marche en avant fut reprise.

Loo poussa sa monture auprès de celle de son mari, et penchant vers le commissaire sa face de pleine lune, blêmie par l'anxiété :

— Ellick... ne craignez-vous pas que les habitants de cette demeure roulante se défendent.

— Cela est possible, Loo, répondit le gros personnage, que la température faisait ruisseler ainsi qu'une gargoulette ou un alcarazas.

— Possible! mais alors nous sommes en danger.

— Comme vous le dites, Loo!

Mistress Glass eut un sursaut qui fit chanceler son âne.

— Demeurez paisible, fit l'agent britannique, car si vous tombiez en présence de tous ces cipayes, votre honorabilité subirait une ineffaçable atteinte. La culbute d'une lady est particulièrement incorrecte.

Loo rougit :

— Ne grondez pas, Ellick, vous savez que je suis timide comme une gazelle, impressionnable comme une sensitive.

Sans rire devant cette gazelle forte comme un bœuf, devant cette sensitive de deux cents kilogs au moins, le tendre commissaire hocha la tête avec bienveillance :

— En effet, chère Loo, vous êtes restée l'être exquis que vous étiez jeune fille.

— J'étais maigre alors, susurra-t-elle avec une œillade sentimentale.

— C'était votre seul défaut, Loo, je le proclame avec une satisfaction d'autant plus grande que vous vous en êtes merveilleusement corrigée.

— Oh! mon cher et galant chevalier, gloussa-t-elle, touchée par ces paroles.

Puis revenant à son idée première :

— Mais si les gens du char résistent, que ferez-vous?

— Je dresserai procès-verbal, Loo.

— Mais s'ils ripostent par des coups de revolver, de fusil...?

— Alors, je descendrai de mon coursier et je me coucherai par terre. J'ai ouï dire par des soldats que, dans cette position, on narguait les obus : cela doit être bon aussi pour les balles, qui sont bien plus petites que les boulets.

— Oui, oui, peut-être, soupira languissamment l'épaisse lady. Mais, hélas! cher aimé, ces soldats sont de simples mauviettes, ayant l'épaisseur d'une règle d'arpenteur; tandis que vous, mon Apollon du Belvédère, mon Hercule Farnèse, même couché à plat ventre, vous présenterez encore à l'ennemi une cible...

Ellick leva les bras au ciel d'un geste résigné.

Pour la première fois de sa vie, il souhaita peut-être *in petto* d'avoir la maigreur d'un fakir, mais il n'en laissa rien paraître et continua d'avancer tandis que Loo, un peu en arrière, poussait des soupirs à faire tourner un moulin.

— Attention, clama le sergent Bum!

L'ATTAQUE.

— Cernez la maison, ordonnèrent Sim et Sam.

Ces clameurs tirèrent les ronds époux de leurs réflexions pusillanimes.

Les cipayes formaient le cercle autour de l'automobile. L'ennemi était cerné.

Du reste aucun mouvement ne décelait que les habitants de l'*Electric Hotel* se doutassent de la venue de la force armée. Tout demeurait silencieux, et le perron mobile d'arrière, abaissé au niveau de la chaussée, semblait inviter les soldats à envahir la maison d'aluminium :

Ce calme enflamma le courage d'Ellick. Avec effort, soutenu par deux cipayes, il parvint à descendre de son âne, qui témoigna sa satisfaction par un braiment prolongé. Le commissaire lui-même aida la potelée Loo à mettre pied à terre.

Puis, ce devoir de courtoisie rempli, Glass regarda les sergents et caporaux, prit une mine héroïque, qui allait à sa face large comme une collerette en point de Bruxelles à un hippopotame, et d'une voix ferme :

— Entrons, Messieurs, faisons respecter la loi.

Lui-même gravit le perron et s'engouffra dans le vestibule. Tous s'élançèrent derrière lui.

La salle était vide.

— En avant, dit encore Ellick, de plus en plus intrépide, vu l'absence d'adversaires.

Dans le salon, personne encore. Dans la salle à manger, même solitude. Sur la terrasse d'avant, des chaises de rotin, mais d'êtres humains, point.

— Ah çà! gronda le sergent Bum, les drôles se seraient-ils enfuis?

— Cela est à penser, fit sentencieusement le commissaire spécial.., Le pays est trop peuplé, hélas! Les coquins sont avertis du moindre déplacement de troupes. C'est ce que je faisais ressortir dernièrement dans un rapport lumineux; tant que la contrée aura des habitants, il sera impossible d'assurer l'ordre.

Et comme le sous-officier paraissait surpris de cette affirmation :

— Sans doute, mon estimable ami, expliqua Glass; supposez un désert... les opérations de police s'y pourraient exécuter en secret.

Il était très convaincu, et, vu son grade supérieur, le sergent ne jugea pas à propos de le contredire. On a le sentiment hiérarchique dans l'armée anglaise.

Seulement le digne militaire fit cette remarque :

— La maison a deux étages. Les rebelles se sont peut-être réfugiés en haut.

— Très juste.

— Il conviendrait donc de faire l'ascension.

— Indubitablement.

Sur ce, tous se mirent à la recherche d'un escalier. Ainsi que l'on s'en souvient, il n'en existait pas. Aussi, après avoir fouillé tout le rez-de-chaussée, Ellick, Loo et leurs compagnons se retrouvèrent-ils sur la terrasse d'avant, véritablement fort penauds.

— Cela est diabolique, grommela Bum.

— Satanique, appuya le caporal Sim.

— Béelzébuthique, conclut Sam.

— Ce *home* est hanté, soupira Loo dont les grosses joues se marbraient de peur.

Pour Glass, il ne dit rien et pour cause. Tous ces mouvements développaient outre mesure ses facultés *transpiratoires,* et il avait assez d'occupation à éponger la sueur qui coulait sur sa figure.

Les anciens Grecs, si prompts à voir des divinités partout, l'eussent certainement pris pour un dieu-source, ou pour un dieu-fleuve.

— La peste emporte le soleil, gémit-il en tordant son mouchoir tout imbibé d'eau, c'est un poêle de fabrication inférieure, on n'en peut régler le tirage, cela n'a pas le sens commun.

Ses yeux se portèrent machinalement sur la paroi de l'automobile, et il discerna les étiquettes du *bar-automatique,* qui avaient si fort réjoui les officiers de la garnison d'Aurangabad.

— Hip! Hip! cria-t-il, voici des rafraîchissements. Gentlemen, vidons un verre avant de poursuivre nos investigations.

Sans attendre de réponse, il se précipita devant le tableau :

— « Cherry »... non, trop doux. « Wiskey Cock-tail », trop fort. « Gin. » « Brandy. » « Absinthe. » « Bitter. » Ah! voici mon affaire : « Lemon-julep and soda-water. »

Puis lisant à haute voix une notice fixée à la muraille :

« Pour obtenir la boisson désirée, appuyer sur le bouton placé au-dessous de l'étiquette correspondante. »

Ellick se frotta les mains :

— All right!

Et sa lourde main pressa le bouton du « Lemon-julep ».

Tous s'étaient rapprochés, les lèvres gourmandes, avides d'imiter M. le commissaire, mais ils reculèrent soudain avec un cri de surprise.

Sous la poussée d'Ellick, un panneau s'était déplacé, et une trombe d'eau s'était déversée sur le crâne du fonctionnaire.

A demi asphyxié, ne comprenant rien à l'aventure, celui-ci poussait des hurlements plaintifs :

— Atchi... hugh!... brrrrrou! de l'eau pure... brrou! hum! hum! Atchi... c'est pour étendre un homme dans le tombeau... hugh! hogh! By God!

En épouse dévouée, Loo bouchonnait son mari, geignant d'une voix irritée :

— Cela est une trahison insupportable. Je pense que le coupable sera pendu.

Et Ellick toussant, éternuant, ripostait :

— Oui pendu, Atchi! Atchoum! Hum! Hum! à une potence... Atchoum!... de cent pieds de haut... atchi!

Soldats, gradés, avaient peine à conserver leur sérieux; mais ils se pinçaient pour ne pas rire, sachant, par expérience, combien dangereuse est l'hilarité des petits devant les mésaventures des grands.

Cependant, Loo, très versée dans les choses du ménage, se souvint fort à propos de la façon dont on fait sécher le linge après la lessive. Elle étendit Ellick sur le revers de la route, et en dix minutes, le soleil, collaborateur céleste des blanchisseuses, eut pompé l'humidité des vêtements du commissaire.

Point n'est besoin de dire que l'infortune de Glass n'était pas due au seul hasard.

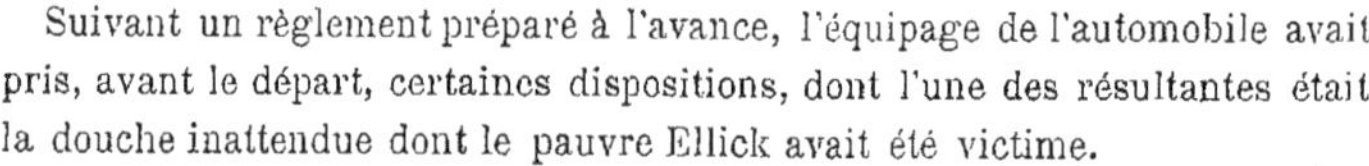

Suivant un règlement préparé à l'avance, l'équipage de l'automobile avait pris, avant le départ, certaines dispositions, dont l'une des résultantes était la douche inattendue dont le pauvre Ellick avait été victime.

Par exemple, le gros personnage ressentait une colère à nulle autre pareille.

Si obtus qu'il fût, il avait conscience du ridicule qui le couvrait et il avait hâte de se venger.

Aussi, à peine arrivé à l'état de dessiccation convenable, brandit-il son parapluie ainsi qu'un sabre :

— A la maison des bandits, gentlemen, et que force reste à la loi! Hurrah pour la vieille Angleterre!

Électrisés par cette laconique, mais mâle harangue, tous se précipitèrent.

Seulement, ils eurent beau courir ainsi que des insensés à travers les salles du rez-de-chaussée, cela ne leur fit pas rencontrer le moindre escalier accédant au premier étage.

Ellick, lui, avait retrouvé tout son calme, toute la lucidité de son jugement :

— Puisque l'on ne voit pas l'escalier, c'est qu'il est caché, dit-il gravement à Loo.

Et celle-ci, stupéfaite de la logique profonde enfermée en cette phrase prudhommesque, répéta sur le mode admiratif :

— Évidemment, il est caché, puisqu'on ne le voit pas.

Alors tous deux, tels des Peaux-Rouges (dont ils avaient la couleur) sur la piste de guerre, parcoururent lentement les salles. Ils déplaçaient les meubles, sondaient les murs, le plancher.

Ainsi, ils découvrirent le bouton-ressort, qui faisait mouvoir la benne reliant les deux étages de la maison d'aluminium.

— Tenez, chère Loo, voici encore un de ces damnés boutons.

— Attendez, Ellick, ne le poussez pas vous-même... je vais appeler l'un des soldats ... S'il y a encore une douche à recevoir, autant que ce soit ...

— Un guerrier... Dressé pour aller au feu, l'eau lui semblerait une commutation de peine, cela est vrai, *mon cher gracieux royal canard,* cependant je tiens à payer de ma personne, car vous ne l'ignorez pas, cette expédition me vaudra certainement un avancement, avec de bonnes livres sterling en plus.

— Ah! fit-elle tremblante, j'ai le souci de votre gloire, mon radieux Ellick, pourtant votre santé m'est plus chère encore.

— Et je vous en suis *le plus obligé,* Loo.

— Alors, ne vous exposez pas à une nouvelle douche...

— Je prendrai mes précautions cette fois.

Ce disant, Glass se plaçait en face du bouton-ressort, assez loin pour que le bras étendu de toute sa longueur, il eût peine à toucher le bouton mobile de l'extrémité de son parapluie.

— De la sorte, dit-il, rien à craindre.

Et il appuya.

Haletants, les deux époux regardaient le bouton, qui s'était enfoncé dans la paroi avec un claquement léger. Qu'allait-il se produire? Quel phénomène mystérieux naîtrait du déplacement de l'hémisphère de métal?

Rien. Un petit grincement continu, comme celui d'un engrenage en action. La paroi ne s'ouvrait pas.

Hypnotisés par la vue de la muraille, ni l'un ni l'autre ne songeait à lever les yeux en l'air. Le panneau du plafond s'était ouvert et la benne descendait.

Ellick et Loo eurent une même clameur d'épouvante. Un corps dur venait de heurter leurs crânes et pesait sur eux, les courbant vers le sol.

Ils regardèrent de côté. Horreur! C'était un énorme panier d'osier. C'était la benne. En prenant leurs précautions contre une aspersion possible, Ellick et Loo s'étaient placés juste sous la trappe mobile.

Affolés par cet incident incompréhensible pour eux, ils voulurent se dégager; mais leurs grosses personnes s'embarrassèrent réciproquement, leurs jambes fléchirent, et, pour la seconde fois depuis leur lever, ils s'assirent rudement sur le plancher.

— Oh! pleurnicha Loo, dont la sensibilité venait de subir une rude épreuve.

— Je pense que je suis meurtri, sanglota Ellick.

— Je pense aussi, fit-elle.

— Et je crois, reprit-il lamentable, que, de quinze journées... je ne pourrai plus m'asseoir que de l'autre côté... à l'envers... je devrai appuyer ma poitrine contre le dossier des fauteuils.

Loo baissa les yeux :

— Oh! ce sera très inconvenant et pas du tout commode.

Un gémissement en duo, et Ellick reprit :

— Je voudrais bien me relever.

— Moi aussi, mon cher époux.

— Oui; mais je ne sais pas... J'ai toujours regardé les gens en face et c'est très douloureux, d'être atteint... — il chercha une façon *non shocking*, d'exprimer sa pensée et acheva enfin : — d'être atteint en face... du côté du dos.

Un silence, puis courageusement Ellick poursuivit :

— Il faut, voyez-vous, remettre nos personnes sur leurs pieds.

— Il faut, acquiesça Loo sans bouger.

— Oui, sans hésiter davantage.

Et avec une vaillance digne d'éloges, en dépit de la souffrance, le commissaire s'étendit sur le dos, réussit à se rouler sur l'abdomen, et s'arcboutant sur les poignets et les genoux, parvint à se redresser, non sans gémir.

Une fois d'aplomb sur ses jambes, il rendit à son épouse une position verticale.

— Oh! firent-ils, chacun portant, d'un mouvement instinctif, sa main à l'endroit lésé. Il est fâcheux que le coup n'ait pas frappé le bras; au moins on pourrait le porter en écharpe... tandis que pour... cet organe... cela est presque tout à fait impossible.

Mais la benne, reposant sur le plancher, attira leur attention.

Des yeux, ils suivirent la chaîne montant vers le plafond, où le rectangle de la trappe se découpait.

Leur chute fut oubliée.

— Hurrah! clamèrent-ils, voilà l'escalier.

Au bruit, sergents, caporaux, cipayes accoururent. La vue de la benne leur arracha des exclamations de triomphe. Ellick fut proclamé le roi de la police, et quand il déclara modestement qu'il attendrait dans le salon que les soldats eussent fouillé l'étage supérieur, on prit pour une aimable réserve ce qui n'était en somme que poltronnerie.

. . . .

Cependant Jéroboam Sanders, Wilhelmina, les misses et les fraülen s'étaient réveillés. Ils avaient revêtu leurs uniformes hindous et, rassemblés dans l'une des salles du premier, ils constataient avec un ensemble touchant qu'ils avaient la tête douloureuse et la bouche mauvaise.

Le chloroforme avait laissé chez eux les mêmes traces que chez leurs compagnons, groupés, à cette heure, dans la caverne Zapolaki, au milieu des Compagnons de Siva-Kali.

Les jeunes filles ouvrirent un sabord et mirent le nez à la fenêtre. Presque aussitôt elles se rejetèrent en arrière. Elles venaient d'apercevoir les cipayes, au moment où ils pénétraient dans la maison d'aluminium.

— Des soldats! murmurèrent les gracieuses personnes.

— Des soldats! répéta Wilhelmina en réunissant d'instinct les talons et en laissant tomber ses bras, la main ouverte, le petit doigt sur la couture de son pantalon flottant.

Sanders sourit:

— Une visite de police, sans doute. Notre hôte nous a prévenus que la chose pouvait se produire. Aussi, du calme, ne nous troublons pas, et si l'on nous interroge, répondons sans hésiter que nous faisons partie du personnel de l'*Electric Hotel*. Inutile de créer des difficultés au directeur charmant qui nous héberge.

Ces paroles ramenèrent le calme sur toutes les physionomies. Les fillettes même furent prises d'une gaieté intempestive, à la pensée de se faire passer pour des servantes d'hôtel.

Il fallut que Jéroboam leur rappelât sérieusement que l'on ne badine pas avec la police.

Au surplus, celle-ci se fit attendre. Elle semblait se complaire au rez-de-chaussée, d'où montaient des cris, des interjections.

L'œil aux hublots, l'essaim narquois des petites Sanders-van Stoon assista au séchage d'Ellick sur le talus de la route. Ce fut une hilarité incoercible qui salua l'apparition du gros homme et de la tendre Loo.

Pour sévère qu'elle fût, Wilhelmina se sentit gagner par cette joie juvénile, et Sanders lui-même, oubliant son propre développement abdominal, se laissa aller à plaisanter :

— Ces deux tourtereaux sont gracieux comme des citrouilles.

Ce qui redoubla le fou rire général.

Mais le commissaire spécial rentra dans le char automobile. Un choc violent fit vibrer les cloisons. Ellick et Loo venaient de recevoir la benne sur la tête.

Quelques instants s'écoulèrent, puis des pas lourds sonnèrent sur le plancher de la pièce voisine.

— Les voilà, dit Sanders, attention !

La porte s'ouvrit. Le sergent Bum parut, escorté de Sim, Sam et de plusieurs cipayes.

— Que personne ne bouge, hurla le gradé en croisant la baïonnette. Ordre de Sa Majesté Victoria, Reine d'Angleterre, Impératrice des Indes.

A ce nom vénéré de tout bon Anglais, Jéroboam s'inclina profondément :

— Il est doux de se conformer aux ordres de la plus gracieuse des souveraines. Nous ne bougerons pas plus que des statues.

— C'est bon, grommela Bum, mis en défiance par cette soumission à laquelle il ne s'attendait pas. Assez de phrases... à la benne, marchons, le commissaire spécial vous interrogera en bas... Allons, marchons.

Personne ne fit un mouvement.

— Ah çà! hurla le sous-officier, vous êtes sourds?

— Non, non, répondit Sanders, mais au nom de la reine — il salua derechef — vous nous avez interdit de remuer... Maintenant vous nous ordonnez de marcher... il est impossible de marcher sans remuer.

— Ah! rugit Bum, tu fais le loustic, toi... attends, attends...

Et allongeant un coup de crosse dans les jambes de Jéroboam ahuri :

— Vas-tu marcher?

Sanders eut un cri de douleur. Wilhelmina bégaya en tremblant :

— Les voilà vos soldats anglais, dont vous êtes si fier!

Il ne répondit pas à cette remarque désobligeante de la Hollandaise, et regardant de côté le fusil du sergent, il se dirigea vers la benne.

Dix minutes après, toute la famille Sanders-van Stoon était rassemblée dans le salon, en face d'Ellick et de Loo, trônant majestueusement sur de vastes fauteuils, à peine assez larges pour les contenir.

Les cipayes formaient le cercle autour des prisonniers.

D'un regard scrutateur, Ellick enveloppa ceux-ci. La corpulence de Jéroboam parut le satisfaire, et il se pencha vers Loo pour lui glisser à l'oreille :

— Un homme de poids... cela saute aux yeux... Il doit être très fort... j'aurais préféré un bandit maigre, cela se retourne plus aisément.

Sa chère moitié opina du bonnet.

Et content d'elle, content de lui, Ellick enfla sa voix grasse :

— Nous allons procéder à un interrogatoire sommaire.

Les jeunes filles pouffèrent de rire. Le commissaire les considéra sévèrement et laissa tomber ces étranges paroles :

— Garde à vous! les *mathurins*. Tâchez de vous tenir convenablement devant l'autorité.

Elles demeurèrent saisies. Mathurins!... Pourquoi mathurins?

Ellick profita de ce répit :

— Vous, gentleman, répondez.

— A quoi, demanda ingénument Jéroboam?

— A cette question : Vous êtes le chef de mes prisonniers?

— Oui, oui, fit l'interpellé, le chef... et aussi le père de plusieurs, le beau-père des autres.

Du coup, Glass se frotta les mains :

— Parfait! Parfait! Vous êtes tous membres d'une même famille?

— En effet.

— Voilà un renseignement précieux... Veuillez écrire, Loo, puisque, aussi bien, vous faites fonctions de greffier.

Puis revenant à Jéroboam :

— Je vous sais gré de votre franchise. Si vous continuez à répondre de cette façon, je crois pouvoir affirmer que vous ne serez pas pendu...

— Hein, clamèrent les quatorze voix apeurées du groupe Sanders-van Stoon, pendu...?

— N'interrompez pas. Si je vous rassure, ce n'est point pour que vous abusiez de ma mansuétude.

— Permettez, permettez, bredouilla Jéroboam dont le visage était devenu blême, vous avez parlé de pendaison...

— Et vous n'aimez pas cela, souligna finement le commissaire.

— Dame... mettez-vous à ma place...

— Cela est impossible, gentleman; mais revenons à notre affaire. Vous plaît-il de m'apprendre votre véritable nom?

— Certainement.

— Je vous écoute.

— Je m'appelle Sanders, Jéroboam, Alcidus, Ulysses.

— Très bien,.. et vous n'êtes pas Docteur?

— Docteur...? Non.

— Et vous ne vous nommez pas Mystère?

— Naturellement, puisque c'est Sanders...

— De mieux en mieux. Le titre de docteur Mystère était donc un pseudonyme.

Jéroboam, Wilhelmina, les douze jeunes filles écarquillèrent les yeux. Ils ignoraient absolument que l'appellation prononcée par le commissaire, fût celle du « Directeur de l'*Electric Hotel* »; aussi la question leur parut-elle incompréhensible.

— Allons, fit gracieusement Ellick, je suis heureux de constater votre bonne volonté. Continuons, et tout finira par s'arranger à la satisfaction générale. Voyons, mon digne camarade, pourquoi vous êtes-vous affublé de ce surnom baroque : le docteur Mystère?

La foudre tombant au milieu des siens, n'eût pas stupéfié Jéroboam comme cette interrogation. Il promena autour de lui un regard effaré.

— Eh bien, insista le commissaire?

— C'est à moi que vous parlez?

— Il me semble.

— Et vous me demandez...?

— Pourquoi ce sobriquet « Mystère »?

Sanders leva les bras au ciel :

— Je ne sais pas de quoi vous m'entretenez là...; Je ne connais pas ce docteur.

Il s'arrêta net. Les sourcils d'Ellick s'étaient froncés de façon menaçante :

— Ah! prenez garde. Les dénégations sont inutiles..; je dirai plus, dangereuses...

— Mais...

— Vous avez avoué être le chef des habitants de cette maison roulante.

— Je l'avoue encore.

— Donc vous êtes le docteur Mystère,

— Pardon, Sanders, ancien représentant à la Chambre des Communes.

— Ne cherchez pas un alibi invraisemblable.

— Un alibi?

— L'alibi à l'état civil, inutile... insoutenable.

Cette fois, Jéroboam demeura sans voix. Ses idées se brouillaient dans sa tête. Est-ce que, par hasard, il serait en face d'un fou?

Ellick poursuivait paisiblement :

— Je veux vous démontrer, du reste, que le mensonge est inutile. Vos manœuvres sont percées à jour. Vous êtes venu dans l'Inde pour saper le pouvoir des brahmes.

— Moi! clama désespérément Sanders.

— Nous! crièrent Wilhelmina et les jeunes filles.

Le commissaire menaça ces dernières du doigt :

— Silence, les matelots!

— Matelots! protestèrent-elles.

— Silence. Nous n'avons pas à terre le martinet du maître d'équipage; mais si vous bronchez, je vous fais appliquer à chacun vingt coups de bâton.

— Ah bien! vous êtes galant, bredouilla Mme Sanders exaspérée.

— Je suis galant avec les dames ... mais avec des marins, ce serait ridicule, donc... silence ou le bâton.

Personne ne souffla mot, mais les misses, les fraülen, la vénérable Wilhelmina et Jéroboam échangèrent des regards qui disaient clairement :

— C'est un fou! C'est un fou!

Puis leurs yeux se portèrent sur les cipayes et leur physionomie exprima l'hébétement.

— Un fou ... Comment lui avait-on confié des soldats ... Les protections sans doute. Toujours les passe-droits administratifs.

Et le directeur de l'*Electric-Hotel*... où était-il en ce moment? Un mot de lui eût tout éclairci.

Graye, Ellick reprit :

— Je vous engage à ne plus me couper la parole. J'affirmais que votre but était de renverser le pouvoir des brahmes.

Comme Jéroboam faisait un mouvement, le commissaire appela un des soldats :

— Mon garçon, prenez la baguette de votre fusil; placez-vous à côté de ce prisonnier, et s'il parle, s'il ose un geste, frappez.

Les dents de Sanders s'entre-choquèrent de terreur, et son juge put continuer sans crainte d'être interrompu :

— Arrivé à Bombay, avec vos matelots dévoués.

— Matelots! glapirent les jeunes filles incapables de se contenir devant ce mot outrageux pour leurs charmes.

Mais sur un signe du commissaire, treize soldats, la baguette d'acier à la main, menaçèrent le groupe récalcitrant. Il y a des arguments contre lesquels on ne lutte pas. Les demoiselles le comprirent, et le silence rétabli, le gros Ellick poursuivit :

— Près de Bombay, dans une propriété louée à l'avance, vous avez construit le char-maison où nous sommes. Vous vous êtes rendu à Aurangabad. Là, avec une audace que je me plais à reconnaître, vous avez parié d'arrêter le char de Jagernaut et vous avez gagné votre pari. Pourriez-vous me dire dans quel but vous avez agi ainsi?

Désespérément Sanders se prit la tête à deux mains :

— Le pourriez-vous, insista Glass?

— Ah! je le voudrais, gémit l'infortuné Jéroboam, seulement je n'ai aucun souvenir de cela. Si j'ai manqué de respect au char de Jagernaut ... et cela est puisque vous l'affirmez,... je me trouvais probablement en état de somnambulisme.

Les lèvres de Loo, d'Ellick, de Bum, de Sim, de Sam, des soldats, s'épanouirent en une moue dédaigneuse :

— Peuh! Peuh!

Ellick ricana :

— Vous refusez de répondre, mon brave gentleman-bandit, à votre aise. Vos subordonnés seront moins discrets que vous.

Son index désigna Wilhelmina :

— Approche, toi, le vieux matelot.

La Hollandaise demeura suffoquée...

— Moi... moi...

— Oui bien, toi, malgré ton costume hindou, il est facile de reconnaître en toi un loup de mer. Ta charpente carrée, ta moustache clairsemée, ton facies coloré par le gin, désignent suffisamment le quartier-maître signalé par les rapports de police.

— Faquin, goujat, pleutre, drôle, misérable.

Durant deux minutes, la bouche de Wilhelmina, outrée de l'erreur du commissaire, bombarda celui-ci d'épithètes malsonnantes.

— Grossiers, ces marins, remarqua Loo.

— Que voulez-vous, *cher sucre candi de mon cœur*, il faut leur pardonner. Des gens qui passent leur vie avec des requins, des cachalots, des morues ou des baleines, ne sauraient avoir les belles manières des salons.

Et paternel :

— Allons, vieux *master,* tu as soulagé ta bile, causons sérieusement.

— Vous êtes fou, continua la Hollandaise de plus en plus furieuse; vous ne voyez pas plus clair qu'un conscrit, et l'arme à la bretelle, vous vous mettriez le fusil dans l'œil.

Les souvenirs militaires revenaient à l'ex-veuve.

— Il parle en véritable fantassin, fit Loo en portant à son joli gros nez court, son mouchoir imprégné d'essences aromatiques; cela me donne la nausée.

— Tu entends, garçon, gronda le commissaire, tu provoques la nausée chez cette lady; tâche de mettre un frein à tes écarts de langage.

Wilhelmina piaffa de rage :

— Modérez le vôtre tout d'abord.

— Le mien.

— Et quand vous parlez à une faible femme.

— Où prends-tu une faible femme? Ma lady est forte, très forte.

— Il ne s'agit pas d'elle, mais de moi.

— De toi,... Toi, faible femme.

Malgré la gravité connue de tout commissaire en fonctions, Ellick éclata de rire. Loo l'imita et les cipayes suivirent le mouvement.

— Oui, moi, une femme, mistress Sanders, qui mérite le respect; moi qui suis la mère, dont parlent les livres saints, le vase d'élection, le chandelier à sept branches, car j'ai sept filles.

L'hilarité devint délirante :

— Oh! le chandelier, bégayaient les assistants... oh! mistress Sanders.

Mais soudain Glass, par un énergique effort, redevint maître de lui-même. Il frappa du pied et d'un ton doctoral :

— Finissons cette plaisanterie. Vous ne nous donnerez pas le change en essayant de déguiser vos personnes. La note de police qui m'enjoint de vous arrêter porte ceci en toutes lettres : Le docteur Mystère est accompagné de matelots.

— Mais je ne suis pas le docteur, hurla Jéroboam.

— Nous ne sommes pas des matelots, crièrent les filles et la mère.

— Silence! rugit Ellick. La note policière est formelle. Vous devez penser qu'entre vos affirmations et celle d'une note émanant de mes chefs, je ne saurais hésiter. Vous êtes et resterez matelots, quoi que vous disiez, et vous passerez en jugement comme tels.

Et la bande féminine protestant, le commissaire se boucha les oreilles :

— Les menottes à ces coquins... bâillonnez-les; ils me brisent le tympan.

Les soldats s'avancèrent, mais les prisonnières n'eurent point à supporter le contact des menottes. Un nouveau personnage entra dans le salon.

— A vos rangs, fixe, commanda le sergent Bum!

Celui qui venait d'apparaître était grand, sec. Des favoris blonds encadraient son visage maigre. Tout vêtu de blanc, il portait sur la manche de son dolman les galons de lieutenant.

— Le lieutenant du génie Bullfrog, souffla Bum au commissaire.

Ellick se leva aussitôt :

— C'est vous, lieutenant, qui devez emmener cette maison roulante?

— C'est moi-même. Je *demande votre pardon* de vous interrompre.

— Oh! nous avions terminé. Nous allons diriger nos captifs sur la prison de Cheïrah.

L'officier étendit la main :

— Un moment;... je désire auparavant vous faire part d'une nouvelle qui doit réjouir tout bon Anglais. Les câbles l'ont apportée ce matin.

— Une nouvelle?

— Oui, du Transvaal.

Ce mot provoqua comme une commotion. Soldats, prisonniers, fixèrent leurs regards sur le lieutenant Bullfrog.

— Vous savez, fit ce dernier, combien les débuts de la guerre, contre les Boërs du sud-africain, ont été pénibles... Eh bien, nos généraux Roberts et Kitchener viennent de remporter une grande victoire, à Paarde-Berg. Ils ont capturé le général boër Cronje (1) avec 3.000 de ses soldats et 6 canons. C'est le commencement de la marche victorieuse vers Blœmfontain, capitale de l'Etat libre d'Orange, et vers Prétoria, capitale du Transvaal.

— Vive l'Angleterre, crièrent les soldats!

Plus haut que les autres, Jéroboam, emporté par sa joie patriotique, clama :

— Hurrah pour la vieille Angleterre!

Mais son cri s'étrangla dans sa gorge. Il avait oublié Wilhelmina. La Hollandaise avait écouté le récit du lieutenant avec une sourde colère. L'exclamation de Sanders déchaîna l'orage.

Elle bondit sur lui :

— Malheureux! Vous m'avez épousée, moi, veuve d'un brave officier de

(1) On prononce Croniie. Les Hollandais n'ont pas en effet notre son j. Le j chez eux représente un double i.

l'armée néerlandaise, et vous vous réjouissez des revers des Boërs, ces descendants des colons de Hollande... Soyez maudit!

— Mais je suis Anglais, moi, ma chère.

— Anglais... le lâche... il me rappelle ma honte!... Enchaînée à un Anglais!

Et sur le point de se trouver mal, Wilhelmina battit l'air de ses mains,

si malheureusement que deux soufflets vigoureux claquèrent sur les joues rondes de l'infortuné Jéroboam.

— Oh! clama-t-il, c'est trop fort.

Et elle d'une voix mourante :

— Non, pas assez pour votre indignité.

On les sépara, et cette fois, les fatales menottes furent mises à tous les prisonniers que les soldats entraînèrent au dehors.

Ellick était resté en arrière avec Loo.

— Ma chère, dit-il, notez que le matelot s'est déclaré hollandais et a manifesté des sentiments hostiles à la Grande-Bretagne. Cela aura son importance dans le procès de ces coquins.

Puis les deux époux sortirent de la maison d'aluminium, remontèrent péniblement sur leurs ânes, et suivant les captifs, que les cipayes encadraient, tous reprirent la route de Cheïrah.

Le lieutenant du génie Bullfrog et quatre soldats de son arme restèrent seuls près de l'automobile. Vingt chevaux, qu'ils avaient amenés pour traîner l'énorme machine, broutaient mélancoliquement, entravés au bord de la route.

CHAPITRE XI

CIGALE DEVIENT MÉCANICIEN ET DIPLOMATE

Bullfrog était un bon officier. Il savait sur le bout du doigt tout ce que doit connaître un lieutenant du docte corps du génie.

Pourtant il eut beau atteler ses vingt chevaux à la maison d'aluminium, il ne parvint pas à la déplacer.

Les roues, embrayées électriquement, refusaient de tourner. En vain on attacha les quadrupèdes par deux, par quatre, par huit de front, les chevaux tirèrent, suèrent, furent roués de coups, l'automobile ne bougea pas.

En vain Bullfrog parcourut les divers compartiments du logis, cherchant un levier, une manette, un appareil quelconque, susceptible de mettre en branle la lourde machine qui, la veille encore, roulait rapidement sur la route de Cheïrah.

Rien! Les patères avaient disparu, les moteurs étaient introuvables.

Disons de suite qu'ils étaient cachés à l'intérieur de la double enveloppe métallique qui formait la carapace de la maison d'aluminium.

De guerre lasse, le lieutenant dut renoncer.

Aussi bien, le jour baissait, et son « étude de l'automobile » devait être remise au lendemain.

Il renvoya hommes et chevaux au village, se fit apporter à diner, et déclara enfin qu'il dormirait dans l'étrange machine, enjoignant à ses subordonnés d'avoir à le rejoindre à l'aube.

Dormir, il n'y songeait guère.

Comme tout ingénieur véritable, l'officier du génie enrageait de ne pas trouver la formule de mise en marche de la maison. Bien certainement, s'il avait eu à s'expliquer sur cet objet, devant une assemblée savante, il eût déclaré avec l'aimable désinvolture d'un fils de l'X en défaut que *cela ne pouvait pas marcher.*

Malheureusement il était militaire. On ne lui demandait pas de prouver que l'appareil était imparfait et son cerveau merveilleusement organisé... Non, sa conviction personnelle ne serait pas partagée. Il devait, sous peine de se discréditer, actionner l'automobile.

Aussi, en se cloîtrant dans la demeure mystérieuse, son unique but était-il de poursuivre ses recherches, sans être surveillé par ses subordonnés.

Il se mit à l'œuvre, sans plus de succès d'ailleurs que durant l'interminable journée qui venait de s'écouler.

Vers minuit, désolé, éreinté, Bullfrog se laissa tomber dans un fauteuil.

— Je n'ai plus qu'à rendre mes galons, grommelait-il. Je serai la risée de mes collègues. Un lieutenant du génie qui ne peut faire rouler une voiture, cela est pitoyable. Je ne sais ce qui me retient de tout briser.

Soudain il releva la tête qu'il tenait courbée, dans l'attitude classique de l'homme écrasé par le destin. Un léger bruit était arrivé jusqu'à lui. On eût dit le pas circonspect d'une personne cherchant à s'approcher sans attirer l'attention.

Bullfrog bondit sur ses pieds, tira son sabre et marcha vers la porte reliant le salon au vestibule. Mais avant qu'il l'eût atteinte, celle-ci tourna rapidement sur ses gonds, et un gamin d'une quinzaine d'années, vêtu de vert, comme les prisonniers emmenés à Cheïrah, parut sur le seuil.

Le petit bonhomme salua gravement :

— Bonsoir, M'sieu, dit-il. Je suis content de vous voir debout; cela m'épargne l'ennui de vous réveiller.

C'était Cigale en chair et en os.

Un instant interloqué par le sans-façon de cette entrée, l'officier se remit aussitôt.

— Que voulez-vous, fit-il d'un ton rogue. Je ne vous connais pas, et je dois vous arrêter pour vous apprendre à pénétrer, comme un voleur, dans une habitation qui n'est pas la vôtre.

Le Parisien haussa les épaules :

— Vous êtes un vrai Anglais, vous... aimable comme un coup de trique...

— Jeune bandit... menaça le lieutenant...

Bonsoir, M'sieur!

— Allons, allons, interrompit Cigale avec un rire narquois... tâchez donc d'être poli... Vous n'êtes pas plus chez vous, ici, que moi-même... et je ne vous appelle pas : Cambrioleur.

— Ah çà!

— Fermez!... reprit le gamin... Vous avez une bouche bien fendue... à la britannique, *un coup de sabre, numéro un*. Fermez, je vous dis, ça fait des courants d'air.

Et reprenant un ton plus sérieux :

— Je suis venu, pour vous tirer d'*embarras*.

A ce mot, l'officier se redressa de toute sa hauteur :

— Un lieutenant de l'armée anglaise n'est jamais dans l'embarras.

— Ah! fit paisiblement Cigale, je m'étais donc trompé?

— Absolument.

— En ce cas, je vous fais mes excuses... Du moment où vous savez diriger cette automobile, je n'ai plus rien à vous apprendre. Bonne nuit, M'sieu, ne me reconduisez pas, je connais le chemin.

Déjà le Parisien mettait la main sur le bouton de la porte; mais ses dernières paroles avaient fait fondre la morgue de son interlocuteur.

— Attendez, attendez, s'écria celui-ci. Vous dites que vous connaissez le moyen de forcer cette maison à se déplacer?

— Sans doute.

— Comment avez-vous découvert?...

Le petit se gratta la tête :

— Ah voilà... Je veux bien vous conter mon affaire; mais si je vous renseigne, en échange vous ne me mettrez pas *au clou* — il se reprit — en prison, veux-je dire?

— Des conditions!...

— Non pas *des*, mais *une seule*, toute petite... après tout, cela doit vous être bien égal, cela *ne vous ferait pas le mollet plus cambré* de me jeter sur la paille humide des cachots. Promettez donc que je resterai libre et je parle.

C'est ennuyeux de céder, surtout pour un lieutenant du génie; mais Bullfrog venait de vivre des heures si remplies d'angoisse, qu'il n'hésita pas longtemps.

Entre deux blessures d'amour-propre, il choisit la moindre.

— C'est entendu, promit-il. Si vous me renseignez exactement, vous serez libre d'aller vous faire pendre ailleurs.

Cigale n'eut garde de relever l'impertinence, mais ses yeux brillèrent de malice et il reprit :

— Je vous remercie de votre gracieuseté. Maintenant venons au fait. Je fus mécanicien du docteur Mystère. Les moteurs vont reprendre leur place et dans un quart d'heure nous pourrons effectuer une course d'essai. Veuillez me suivre.

Sur ce, il conduisit son compagnon dans le vestibule, lui montra certaines plaques mobiles qui cédèrent sous la pression du doigt.

— Là, reprit-il, les moteurs sont à leur poste.

Bullfrog passa dans les compartiments voisins pour s'assurer de la véracité des allégations du Parisien. Avec des exclamations de joie, il constata la présence de machines électriques légères et simples, dont ses investigations de la journée ne lui avaient pas fait découvrir la cachette.

— All right! s'écria-t-il. Maintenant, il s'agit de donner le mouvement à tout cela.

— Le poste-directeur est au premier étage.

— Allons-y.

Tous deux se confièrent alors à la benne et prirent pied dans la salle des Patères.

Celles-ci, dissimulées derrière des panneaux tournants, reparurent sous les doigts de Cigale.

— Voilà, fit le gamin. Vous plait-il que nous marchions?

— Je le crois bien.

— En ce cas, appuyez sur cette patère à tête de femme, et vous verrez.

Le lieutenant obéit.

Aussitôt une légère secousse se produisit, suivie d'une trépidation à peine perceptible.

— Nous marchons, clama le Parisien.

— Vous pensez, mon jeune ami?

— Regardez vous-même.

En faisant glisser l'une des plaques d'avant, Cigale démasqua la lucarne rectangulaire qui permettait d'apercevoir la route et la campagne.

Bullfrog mit le nez à l'ouverture et poussa une exclamation ravie.

L'automobile roulait à une allure modérée sur la route blanche éclairée par la lune.

— Hip! Hip! Hourrah! cria l'officier enthousiasmé, nous marchons. Mon jeune ami, je n'ai qu'une parole. Vous êtes libre. Mais avant de nous séparer, je vous prierai de consacrer quelques moments à m'expliquer le détail de cette admirable machine.

Comme on le voit, il se départait de sa raideur et de son flegme natifs.

— Très volontiers, répondit Cigale, je vais *consacrer* une heure à cela. Ce sera suffisant.

Sa main s'abattit sur une patère et la maison d'aluminium stoppa.

— Si vous le voulez, M'sieu, nous allons descendre au salon; c'est là que la plus grande surprise vous attend.

L'intonation railleuse du petit bonhomme échappa au lieutenant, tout à la satisfaction d'avoir enfin réussi à manœuvrer l'automobile.

LA SURPRISE.

— Descendons, fit-il complaisamment. Il me tarde de connaître cette surprise dont vous parlez.

— Vous n'attendrez pas longtemps.

Cigale enjambait le rebord de la benne, l'Anglais s'y accroupit auprès de lui et la descente commença.

Mais le fond du panier d'osier n'avait pas encore touché le plancher du salon que Bullfrog, ahuri, fut enlevé par des mains vigoureuses, garrotté, bâillonné, étendu sur la couchette naguère occupée par le traître Arkabad.

Autour de lui se tenaient des hommes, uniformément vêtus de vert, et le visage barbouillé de noir.

Puis une trépidation l'avertit que l'automobile se remettait en marche. Quels étaient les personnages présents? Où le conduisait-on? Quel sort lui était réservé?

Points d'interrogation menaçants qui demeurèrent sans réponse. Cigale avait disparu, mais l'officier, réduit à l'impuissance, devait s'avouer avec rage que le gamin l'avait bel et bien joué.

Une heure s'écoula ainsi. Le char fit halte, et presque aussitôt le Parisien se montra à la trappe de la benne.

Il vint à l'un des hommes inconnus :

— Nous sommes à quarante kilomètres de Cheïrah, patron?

— Bien.

Le personnage regarda ses compagnons et prononça ce seul mot :

— Allez.

Alors les assistants s'approchèrent du lieutenant, le saisirent sans brutalité, qui par les épaules, qui par les pieds, et l'emportèrent. Traversant le vestibule, la terrasse d'arrière, ils descendirent avec leur fardeau sur la route. L'Anglais couché sur le talus du fossé, les individus muets prirent son revolver, en retirèrent les cartouches, débarrassèrent Bullfrog de son bâillon et des liens qui enserraient ses poignets, lui laissant les chevilles attachées.

Puis ainsi qu'une volée d'oiseaux surpris par le chasseur, ils se précipitèrent vers la maison roulante qui s'éloigna à toute vitesse.

Quand le lieutenant du génie, tout étourdi de l'aventure, eut réussi à défaire les nœuds compliqués de la corde enroulée autour de ses jambes, le char était déjà loin.

Sacrant, jurant, l'officier britannique dut se résoudre à reprendre à pied le chemin de Cheïrah. Après tout, une fois dans la bourgade, il pourrait aviser par le télégraphe ses chefs, ses amis, de l'incroyable coup de main dont il avait été victime. Toutes les forces de police seraient lancées à la poursuite des « voleurs de la maison électrique »; on les retrouverait sans peine, car une villa à deux étages sur roues ne se dissimule pas comme une bague.

L'espoir d'une revanche prochaine lui donnait du jarret et il marchait d'un bon pas.

. . . .

Cependant la maison roulante filait toujours vers l'ouest. Elle avait franchi des collines de faible hauteur et se trouvait en plein désert.

Le docteur Mystère, — car c'était lui qui avait reconquis son bien et s'était introduit dans sa demeure mobile, tandis que Cigale envoyé en avant, occupait l'officier sous couleur de lui en expliquer le mécanisme — le docteur Mystère ordonna la halte.

Des tentes furent dressées sur le sol. Cigale et Anoor, lassés par les émotions de la journée, ne tardèrent pas à s'endormir.

Quand ils rouvrirent les yeux, le soleil était déjà haut sur l'horizon. Mais ayant quitté leurs abris de toile, ils poussèrent un même cri de surprise. L'automobile n'était plus là.

A sa place un long wagon aux panneaux de bois peints de couleur grise et recouvert d'une bâche de grosse toile

— *Kekcekça*, fit le Parisien, prononçant comme ses congénères de la capitale l'interrogation : Qu'est-ce que c'est que cela?

Le docteur, debout auprès du char, lui répondit en souriant :

— Tu ne le reconnais pas, Cigale...? c'est tout simplement la maison qui nous sert d'habitation depuis Bombay.

— Ça?

— Oui. Les cloisons sont démontables, les plaques d'aluminium sont appliquées sur des châssis de bois afin d'éviter toute vibration, et en les déplaçant suivant un mode approprié, voici ce que l'on obtient.

— *Laminant! Laminant!* déclara le gamin dont l'admiration se traduisait toujours par ce vocable. Je saisis. Après les opérations d'hier, nous allons avoir toute la police à notre poursuite. Seulement la « *rousse* » (police) britannique pourra passer auprès de nous, sans soupçonner que ce chariot de bois est la maison de métal qu'elle recherche.

— Tu y es, Cigale!

— Seulement, une chose me tracasse...

— C'est?...

— Je me demande pourquoi vous n'avez pas opéré plus tôt cette métamorphose. C'eût été plus simple.....

— Que ce que j'ai fait?

— Dame! Écoutez donc. Il vous a fallu récolter une famille Sanders, l'habiller, la faire arrêter, reprendre l'automobile...

Mystère secoua la tête :

— Tu ne comprends pas?

— Non, entre nous, il me semble que...

— Que tu ne réfléchis pas.

— Par exemple!

Le gamin fronçait les sourcils, véritablement indigné.

— Tu vas t'en rendre compte. Pour que l'on croie la maison d'aluminium intacte, il est nécessaire que nul, en dehors de nous, ne se doute de sa modification...

— Bien sûr.

— Or, ce remaniement exige cinq à six heures de travail. Pouvions-nous l'exécuter, avec la certitude de n'être pas surpris, au milieu de pays très peuplés comme le Nizam, le district de Delhi.....?

— *Sufficit*, patron, c'est joué. Vous aviez besoin d'un désert...

— Tout simplement, mon ami. A présent, il ne nous reste plus qu'à changer de costume, et nul ne reconnaîtra en nous « la bande du docteur Mystère », comme vont certainement nous appeler les gazettes.

Une demi-heure encore, et les deux jeunes gens qui, sur l'ordre du savant, s'étaient retirés dans leurs tentes, reparurent.

Eux aussi étaient transformés.

Grâce à une mixture colorante, le visage pâle de Cigale s'était couvert d'un ton doré, et la tenue verte du gamin avait fait place à un uniforme rouge foncé garni de broderies de perles, qui lui donnait l'apparence d'un fils de la riche bourgeoisie parsi.

Anoor, elle, avait repris les vêtements de son sexe. Les cheveux ramassés en casque sur le sommet de la tête, le corps serré par la veste brodée, retombant sur le jupon court aux mille plis raides, les jambes emprisonnées dans le pantalon large, étranglé aux chevilles, le *tchitral* (voile) de gaze jeté sur la tête et les épaules, elle était si jolie ainsi, que le Parisien murmura :

— Ça, c'est un petit amour en sucre, roulé dans une papillote de soie.

Ce qui sans doute, dans son esprit capricieux, représentait l'idéal de beauté.

Et telle est la puissance d'une impression vraie, fût-elle exprimée de façon baroque, que la jeune fille rougit et abaissa ses paupières aux longs cils.

Pour la première fois, le gamin de Paris, la fillette hindoue se sentirent embarrassés en face l'un de l'autre.

Le docteur, qui ne les perdait pas de vue, ne parut pas s'apercevoir de leur trouble.

— Allons, dit-il. Mes braves matelots, moi-même, sommes devenus des marchands parsis. En voiture, enfants, et prenons la route de Lahore, où le traître Arkabad, le dévoué Dhaliwar, nous feront retrouver la sœur dont Anoor avait gardé le doux souvenir.

Tous s'installèrent dans le chariot, et celui-ci, quittant la direction est-ouest, s'élança avec une rapidité vertigineuse vers le nord. De ce côté, en effet, par delà les plaines sablonneuses du désert du Thar, se trouvait Lahore, la grande cité du Pendjah, où Mystère avait fixé rendez-vous au chef des Compagnons de Siva-Kali.

CHAPITRE XII

LA PAUVRE D'ESPRIT

Méconnaissable, tirée par huit chevaux achetés aux environs, l'automobile entra dans Lahore, par la porte d'Achtar-Kan, avec l'allure lourde et paresseuse d'un chariot de ferme.

Elle traversa les faubourgs de Montzang et d'Itchra, franchit le boulevard extérieur, qui occupe l'emplacement des anciens fossés de la ville, s'engagea sous l'une des portes de l'enceinte de briques crénelée.

Évitant les ruelles tortueuses et accidentées, la voiture suivit la longue avenue de Wales, dont la pente douce conduit au plateau de granit, soubassement naturel de la citadelle; ainsi elle passa devant le palais et la mosquée de Monti Mardjid (mosquée des perles), la mosquée d'Aurang-Zeb et le Chich-Mahal, le collège oriental, l'hôpital Mayo, le palais du gouverneur établi dans une admirable construction de l'époque mongole. Puis se jetant à droite, dans la rue des Etrangers (Stranger's street), elle gagna l'hôtel recommandé par tous les « guides de poche », comme *l'unique et sans pareil,* dirigé par le parsi Beïrali. Cet établissement mérite une description.

Le « Lucknow and Batna Hôtel » est un immense caravansérail, formé de constructions enchevêtrées. Ici un pavillon de trois étages, avec des colonnettes fuselées, des croisées en ogive ou en trèfle, se dresse auprès d'une écurie basse, dont le toit de chaume, les murs lézardés, contrastent avec la superbe apparence de son voisin.

Des cours, des passages étroits relient les diverses dépendances de l'hôtel et sont décorés de noms pompeux, tout comme les artères d'une ville. La cour d'honneur communique par l'Allée Verte avec le square Brahmapoutra. De ce dernier partent deux ruelles : Ellis et Jabbotah, conduisant la première à la cour Mitri, la seconde à la place Victoria, et ainsi de suite.

Ces bâtiments, ces noms, mi-partie hindous et anglais, forment la plus étrange mixture, la plus bizarre cacophonie, et pour tout dire, ils donnent l'impression exacte de la domination britannique, pratique et thésaurisant, mal assise sur la civilisation hindoustane, faite de rêve et d'oubli des nécessités terrestres.

Quiconque entre dans cette énorme agglomération est certain de n'y être pas découvert. L'individu se perd, se fond, sans laisser de traces, dans la masse grouillante, incessamment renouvelée, des clients de passage. Hommes, femmes, enfants, chevaux, mulets, chameaux, éléphants, chars, bœufs à bosse, crient, pleurent, hennissent, baritent, aboient, mugissent, obstruent les passages, se bousculent dans les cours, font tinter les sonnettes d'appel, crient aux fenêtres, se croisent entre les chariots, voitures, chaises à porteurs, sous les vérandahs, et les serviteurs hindous circulent au milieu du tapage, indifférents aux colères, aux épithètes malhonnêtes, apportant processionnellement un plat à barbe au voyageur qui a commandé son dîner, ou une soupière de riz à qui désire une brosse.

Heureux encore, quand ils ne font pas au touriste la réponse narquoise des gens du pays où le travail est le plus divisé du monde.

— Atteler le cheval du Sahib, ce n'est pas mon affaire, je suis garde d'écurie.

Ou bien :

— Je ne saurais servir le rôti du gentleman, ma fonction ne me permet de présenter que le dessert.

Car, dans cette contrée fortunée, la multiplication des castes a engendré celle des domestiques. Alors que nous autres, Européens, nous contentons d'un valet de chambre, un homme posé dans l'Inde doit avoir trois serviteurs, l'un est chargé de l'entretien des coiffures, un second s'occupe des vêtements, le dernier des chaussures.

Si l'on sort, on est accompagné d'un porte-parasol, d'un porte-narghileh et d'un porte-éventail.

Dernier exemple qui donnera une idée exacte de la situation. La nourrice hindoue donne son lait à son nourrisson, mais une autre servante lave, habille et couche le bébé. En outre, un domestique mâle porte l'enfant quand on le sort. Total : trois serviteurs pour un petit être de trois mois, et le nombre de ces dévoués travailleurs qui font si peu de chose, augmente proportionnellement avec l'âge du maître. Si bien qu'à cinquante ans... il faut un bataillon pour servir un homme.

Se frayant à grand'peine un passage à travers la cohue, le chariot du docteur Mystère parvint à l'annexe 28 du caravansérail. Il fut remisé sous un hangar; tandis que Kéradec et les matelots restaient « à bord », le docteur, Anoor et Cigale, escortés de Ludovic, se firent servir une collation.

Assis à l'ombre d'un auvent, tous trois regardaient curieusement le va-et-vient des voyageurs affairés, quand leur attention fut appelée par un personnage qui, debout à quelques pas d'eux, demeurait immobile et paisible au milieu de l'affolement général.

Son turban de soie, son long cafetan brun, son poignard au fourreau orné de pierres précieuses, décelaient le marchand riche. Ses yeux noirs, au regard net et franc, disaient l'homme énergique et courageux.

Cet Hindou semblait considérer Anoor avec une attention soutenue. Inquiet de cet examen prolongé, le docteur allait l'interroger quand l'indigène s'approcha lentement :

— Connaissez-vous le village de Cheïrah, à la limite du désert du Thar, demanda-t-il du ton courtois d'un cicérone?

Et Mystère ne répondant pas, il continua :

— On dit qu'il se passe en cet endroit des choses singulières. Que l'association redoutable des Compagnons de Siva a trouvé un chef, envoyé par Vischnou ... On l'appelle « le Tigre d'or ».

— Tiens, répliqua le médecin, adoptant les circonlocutions prudentes de son interlocuteur, ce n'est point là le nom qui était venu à mes oreilles.

— En vérité.

— Dhaliwar, m'avait-on affirmé, commande les « Compagnons ».

— Dhaliwar les a quittés.

— Pour venir à Lahore, peut-être?

Le marchand parsi croisa les mains sur sa poitrine et baissant la voix :

— C'est toi que j'attendais, maître; j'avais cru reconnaître la jeune fille que tu protèges, mais les ressemblances sont parfois menteuses et je devais m'assurer que les « Frères » ne te sont pas étrangers.

Mystère inclina la tête :

— Que veux-tu m'apprendre?

Après s'être assuré qu'aucun espion n'était aux écoutes, le parsi reprit :

— Dhaliwar est depuis hier dans les murs du couvent de Punjeet-Singh, où il a rejoint le brahme Arkabad, ainsi que tu le lui as ordonné.

— Comment sais-tu cela, questionna le savant toujours sur la défensive?

— J'ai conduit le chef jusqu'aux portes du saint lieu. Alors il m'a dit : Va au caravansérail; guette l'arrivée du maître, puis reviens dès que tu l'auras vu.

— Il ne t'a rien confié de plus?

— Non. Mais si tu le permets, j'irai vers lui. Depuis hier, il a sans doute surpris le secret que tu veux connaître.

Une buée rose monta aux joues brunes d'Anoor :

— Ma sœur, murmura-t-elle.

— Non, notre sœur, rectifia Cigale, car elle sera ma *frangine* aussi; et je l'aimerai bien. Pas autant que... vous, Anoor, mais beaucoup tout de même.

— Tiens, fit Mystère avec un sourire, tu ne tutoies plus notre petite amie?

Le gamin devint écarlate.

— Non... fit-il d'un air embarrassé; j'ai pensé que cela n'était pas convenable... parce que... enfin...

Il pataugeait :

— Elle est trop grande maintenant.

Le sourire du docteur s'accentua :

— Le fait est, déclara-t-il d'un ton énigmatique, qu'elle a beaucoup grandi... au moins dans ton estime... depuis huit jours.

Puis sans laisser au Parisien le loisir de répondre, il s'adressa au parsi :

— Va voir Dhaliwar. Il faut que j'arrive avant le brahme Arkabad auprès de celle qu'il veut martyriser moralement, après lui avoir imposé déjà les plus cruelles tortures physiques. Si la pauvre d'esprit doit recouvrer la raison, c'est la cause de la liberté; cette faveur de Vischnou sera accordée. Va et reviens.

— J'obéis, maître au Tigre d'or.

Mais, ces paroles prononcées avec la ferveur mystique dont seuls les Hindous sont capables, le marchand tira de son caftan une feuille de papier couverte de caractères sanscrits :

— Ceci, prononça-t-il, est une proclamation que le chef Dhaliwar a fait parvenir à toutes les fractions de l'association Siva-Kali, établies au Pendjah. Il me l'a remise pour la donner à la jeune fille aux yeux de gazelle — il désignait Anoor — ce papier lui enseignera ce qu'elle doit redouter.

Le docteur s'empara du parchemin. Il y jeta les yeux, puis congédiant le parsi du geste :

— Hâte-toi. A ton retour, cette enfant aura lu.

Aussitôt l'Hindou s'éloigna et disparut dans un bâtiment voisin.

Alors Mystère se pencha vers Anoor :

— Enfant à qui j'ai donné le nom de fille, écoute ce que Dhaliwar a jugé bon de faire connaître à ses fidèles. Tu comprendras quels dangers nous environnent, et combien j'ai besoin que tu aies confiance en moi.

— Oh! père, fit-elle, je crois en toi, comme en Brahma lui-même.

— Il ne suffit pas de croire, il faut obéir.

— Je suis ta servante.

— Ne pas faire un geste, ne pas dire une parole que je ne l'aie ordonné.

— Mon bras sera paralysé et ma bouche muette.

Elle disait vrai. Ses grands yeux exprimaient la foi, le dévouement, Mystère la considéra un moment en silence, un brouillard humide obscurcissant sa vue. Enfin il l'attira sur sa poitrine, la baisa au front, puis brusquement :

— Écoute, Anoor, et toi aussi, Cigale, toi qui t'es voué à la défense de cette opprimée, écoute.

Voici ce que, lentement, il lut :

. . . .

« Veillez, frères, veillez !

« Jadis, les habitants de Sindhi et du Pendjah rêvèrent d'indépendance. Ils n'avaient point de fusils, pas de poudre, pas de balles. L'or seul devait permettre d'acquérir ces choses.

« Ils voulurent de l'or.

« On décida que chaque jour, chaque citoyen offrirait son obole à la patrie ; le riche donna une roupie ; le pauvre une chétive pièce de cuivre. Guerriers, marchands, ouvriers ou laboureurs, tous payèrent avec joie ; seuls les brahmes, âpres chasseurs de numéraire, s'abstinrent de verser cet impôt.

« Malgré eux, le Trésor de Liberté grossit, devint immense.

« Un homme, sage parmi les sages, probe entre tous, centralisait les sommes destinées à racheter un peuple.

« Il les enfouissait dans une cachette. Lui et sa fille aînée connaissaient seuls l'endroit où les millions s'accumulaient.

« L'homme fut enlevé par les brahmes. Ceux-ci prétendirent lui arracher son secret.

« Au milieu des tortures, il garda le silence, et il périt sans avoir parlé.

« Veillez, frères, veillez !

« Les deux filles du martyr restaient. L'une avait quatre ans, l'autre, huit.

« L'aînée qui, malgré son jeune âge, avait fait preuve d'une fermeté de caractère incroyable, avait été conduite un jour, par son père, au lieu où gisait le trésor.

« Elle avait vu les millions, les avait touchés, et le mot de Liberté avait allumé en son cœur le dévouement des martyrs.

« Sur son sang, sur sa vie, sur son repos en Brahma — les trois serments les plus sacrés que puisse prononcer une Hindoue — l'enfant jura à son père que jamais elle ne révélerait, aux ennemis de l'indépendance, le gîte de l'or.

« Le père disparu, elle déjoua toutes les ruses, tous les artifices des brahmes. On la menaça de la séparer de sa sœur cadette, Anoor, pour laquelle elle avait la plus vive affection.

« La fillette pleura, mais ne parla pas...

« Les brahmines s'irritèrent de sa résistance. Par une nuit obscure, ils enlevèrent Anoor.

« La sœur aînée eut une crise de désespoir farouche, mais elle ne parla pas.

« Une fièvre ardente la saisit. Durant des semaines, elle se débattit, délirante, entre la vie et la mort.

« Et la protection de Vischnou s'épandit sur elle. Quand elle recouvra la santé, le dieu lui avait enlevé la raison, en faisant ainsi, selon la religion hindoue, un être sacré, dont chacun devait respecter l'existence, sous peine d'encourir la colère du conservateur des êtres.

« Depuis elle vit en son palais, inconsciente et douce, guettée par les espions des brahmes, par ceux des Anglais, qui notent ses gestes, ses paroles, avec l'espoir que la pauvre d'esprit trahira le secret qui lui a coûté l'intelligence.

« Elle compte dix-sept ans aujourd'hui, mais jamais elle n'a parlé.

« Veillez, frères, veillez !

« L'ennemi veille, lui. Il veut, par un choc brutal, rappeler à la raison, la pauvre victime. Il veut pouvoir la torturer pour lui arracher le mot qui mettrait en ses mains le trésor de Liberté.

« Veillez ! »

. . . .

Mystère s'était tu.

Soudain Anoor cacha son visage dans ses mains, et éclata en sanglots.

— Ma sœur... gémissait-elle d'une voix entrecoupée... ma sœur !

— Oh ! gronda Cigale bouleversé par la vue de ses larmes, soyez tranquille, frangine, le prémier brahme que j'attrape, j'en fais de la chair à pâté.

Mystère, lui, prit la fillette dans ses bras :

— Ne pleure plus, Anoor, nous retrouverons ta sœur, et nous lui rendrons la raison.

Les sanglots de l'enfant s'arrêtèrent,

Elle regarda le docteur de ses grands yeux humides :

— Tu pourrais accomplir ce miracle, père, fit-elle d'une voix anxieuse ?

— Oui, mon enfant... ma fille.

La figure d'Anoor s'éclaira.

— Alors cherchons sa trace, maître. Trouve-la, toi qui es si puissant... moi j'ai peur des autres. Si nous arrivions trop tard.

Soudain elle s'interrompit. Le marchand parsi au cafetan brun venait de reparaître.

Il se tenait près d'eux, haletant comme s'il venait de fournir une course précipitée. Tout son être exprimait l'angoisse, ses mains tremblaient et des contractions crispaient son visage décoloré.

— Qu'y a-t-il, questionna le savant avec inquiétude?

— Je n'ai pu approcher Dhaliwar.

— Tu n'as pu... Les brahmes du couvent de Runjeet-Singh auraient-ils l'audace de le retenir prisonnier?

Le parsi étendit les bras à droite et à gauche en un geste découragé :

— Prisonnier, je le voudrais... un captif se délivre...

— Mais enfin, parle... qu'est-il arrivé?

L'homme courba le front :

— Suivant tes ordres, maître vénéré, élu de Vischnou, je me suis rendu au cloître des brahmes. Là, j'ai demandé le chef Dhaliwar.

— Eh bien?

— On m'a répondu : Le chef Dhaliwar n'a jamais pénétré dans cette enceinte... Et cependant je sais le contraire, moi qui l'ai accompagné, moi qui ai vu les lourdes portes de bronze se refermer sur lui.

— Alors... interrogea le docteur dont la physionomie s'était assombrie?

— Alors, j'ai sollicité la faveur de m'entretenir avec le brahme Arkabad.

— Bien...

— Requête inutile. Le brahme Arkabad, m'a-t-on dit, est à Ellora...; on ne l'a point reçu à Runjéet-Singh.

— Quoi... il ne se serait pas trouvé au rendez-vous fixé par lui-même?

Le parsi eut un geste violent :

— Ils ont menti, ces brahmes que j'ai vus tout à l'heure. Arkabad est venu au couvent, il s'est emparé du pagne rougi de sang qu'apportait Dhaliwar, et il s'est enfui sans laisser de traces, car il veut être seul à connaître l'endroit où gît le trésor de l'Indépendance.

— Mais Dhaliwar... qu'est-il devenu?

Un sourire rageur distendit les lèvres de l'Hindou.

— Il y a des *selavos* (oubliettes) à Runjeet Singh.

Mystère tressaillit :

— Quoi, tu penses?...

— Que le chef est mort, oui..., traîtreusement précipité dans un abîme. Il ne présidera plus les assemblées des Compagnons de Siva-Kali.

Cigale et Anoor s'étaient levés tout pâles, impressionnés par les paroles du marchand.

Et tout à coup, le Parisien eut un éclair dans les yeux :

— Si vous le voulez, patron, j'irai chez ces moines de Brahma, et à moi, ils n'en conteront pas.

Le savant secoua la tête :

— Non, tu ignores les ruses de ces êtres en qui le cœur est mort.

— Bon! ils ne sont pas plus malins qu'un enfant de Paris.

— Ils te tueraient.

— Si je ne me mettais pas en travers. Voyez-vous, un *gosse* comme moi, ça passe partout. On ne s'en défie pas.

Et arrêtant le refus prêt à s'échapper des lèvres du savant :

— Le danger n'existe pas... et puis, s'il y en a un peu, vraiment, ça n'a rien d'inquiétant... Je me suis fait le terre-neuve d'Anoor... eh bien, quand on adopte cette profession-là, on sait bien que l'on *risque sa peau...* ce qui du reste est plus amusant que *de la remplir de graisse* comme un gros bourgeois gourmand.

Anoor, les yeux humides, écoutait son jeune compagnon, si simplement héroïque dans sa cocasserie d'expressions.

— Et puis... et puis, acheva le gamin, je me suis mis *dans la boule* que j'entrerais au couvent... j'y entrerai donc. Si vous refusez de m'y conduire, je file tout seul... je trouverai bien mon chemin... j'ai une langue, premier choix, pour demander ma route.

Il était si résolu que le docteur se laissa persuader.

Après tout, il fallait tenter quelque chose. La disparition d'Arkabad remettait tout en question. De nouveau, la piste suivie avec tant de peine depuis Audierne était perdue. A tout prix il importait de la retrouver.

Mystère céda.

Dix minutes plus tard, le savant, après avoir donné ses ordres à Kéradec, quittait le caravansérail avec Cigale et la gentille Anoor.

Derrière eux, Ludovic marchait gravement. Le petit ours avait jugé bon de s'adjoindre à l'expédition.

Tous quatre parcoururent les ruelles étroites, bordées de hautes maisons, indiquant chez leurs architectes la plus complète insouciance de l'alignement.

Des enfants sales, demi-nus, jouaient dans le ruisseau; un peu plus loin, un fakir mendiant, accroupi dans le renfoncement d'une porte, les jambes repliées sous lui, la face immobile, le regard vague, marmottait une incantation mystérieuse à l'adresse d'un dieu de bois doré, dressé sur une tablette où brûlaient des cierges de cire jaune.

Puis brusquement, on traversait une avenue anglaise, avec des villas blanches, séparées par des grilles coquettes, de la chaussée où les voitures, les chaises à porteurs circulaient. Et de nouveau on rentrait dans la ville hindoue; le défilé des gamins crasseux, des fakirs abêtis recommençait dans les ruelles étroites.

Parfois le fakir était remplacé par un lama thibétain au visage large, aux pommettes saillantes, qui, avec des cris aigus, faisait tourner son moulin à prières.

Parfois aussi, rarement, une Hindoue gracieusement enveloppée de voiles, passait, laissant derrière elle les senteurs lourdes du benjoin musqué, ce parfum que les femmes du Pendjah préfèrent à tout autre.

Curieuse, elle découvrait un instant ses yeux noirs pour considérer les étrangers, puis elle poursuivait son chemin.

Mystère et ses compagnons marchaient toujours.

Tombeau de Runjeet-Singh.

Des gardes de la police indigène, armés d'un long bâton ferré, se tenaient aux carrefours, immobiles comme des statues, attendant qu'une bagarre, une rixe, un vol appelât leur intervention.

Si l'incident se produisait, ils s'animaient soudain, et tombant sur a foule à bras raccourcis, ils avaient tôt fait de rétablir l'ordre en mettant en fuite les coupables et les innocents.

Enfin au haut d'une rue à pente raide, la Nasher-Hindh, une place spacieuse s'ouvrit devant les promeneurs.

En face d'eux s'élevait la muraille sculptée et crénelée du couvent brahmanique de Runjeet-Singh, à l'intérieur duquel se trouve le mausolée qui lui donna son nom.

— C'est là, fit Cigale, et avançant les lèvres avec une moue significative : Pas commode d'entrer là dedans.

Mais il haussa les épaules :

— Bah! il y a une porte, quelques fenêtres. Avec cela, les brahmes seront fins s'ils m'obligent à rester dehors.

Le gamin se tut tout à coup.

Ludovic qui, jusque-là, avait docilement suivi ses maîtres, en ours bien dressé, venait de les dépasser.

Il se tenait devant eux avec l'intention visible de les empêcher d'aller plus loin. Et comme ils s'étonnaient de son attitude, l'animal bondit vers Anoor, saisit entre ses dents le bas de la jupe de la jeune fille qu'il s'efforça d'entraîner vers l'une des avenues aboutissant à la place.

— A bas! Ludovic, à bas ! cria Mystère.

Ordre inutile. L'ours si calme, si obéissant d'ordinaire, semblait en proie à une exaltation insolite. Et toujours il tirait Anoor vers l'avenue.

Le docteur voulut lui faire lâcher prise. Alors Ludovic montra les dents, avança ses griffes acérées, puis il revint à la jeune fille et recommença son manège.

— Ah çà, qu'est-ce qu'il a... s'écria Cigale? On dirait vraiment qu'il veut forcer ma *frangine* à s'engager dans l'avenue de gauche.

— Oui, oui, répliqua Anoor, — et avec la naïve croyance du pays, elle ajouta : Il a une bonne raison sans doute, car Brahma met parfois sa sagesse dans le crâne des animaux.

— Route d'Amritzir, dit le Parisien, qui pendant ce temps avait consulté une plaque indicatrice de fonte, scellée à l'angle de la voie. Route d'Amritzir, cela ne vous frappe pas, Anoor?

Elle secoua la tête :

— Non... non... et pourtant — elle s'adressa au docteur — je voudrais suivre l'inspiration de ce pauvre ours. Il désire me conduire de ce côté, pourquoi n'y pas consentir?

Sa voix douce implorait.

Mystère eut un geste insouciant :

— Va donc, mon enfant... peut-être as-tu raison de te confier à l'être fidèle et bon qui t'a reconnue à l'autre bout du monde civilisé.

Sur ce, tous se dirigèrent vers l'avenue. Ludovic comprit que l'on accédait à sa fantaisie, et avec des bonds de joie, il s'élança en avant. Il précédait ses amis de quelques pas, s'arrêtait comme pour les attendre, puis repartait, le museau en l'air, flairant le vent. On eût dit qu'il suivait une piste; son allure ne trahissait aucune hésitation. Au contraire, ses mouvements exprimaient la satisfaction.

Sur la route poussiéreuse, qui tantôt longeait la voie du railway de Lahore à Amritzir et à Batala, tantôt s'en écartait, courant à travers la plaine verdoyante, les promeneurs continuaient à marcher.

D'instant en instant Ludovic paraissait plus content. Il se livrait à des bonds, à des cabrioles inexplicables. Soudain le chemin s'engagea dans l'ombre d'un petit bois; alors l'animal partit au galop et disparut à travers les arbres.

Les jeunes gens se regardèrent indécis, mais Mystère dit :

— Allons toujours. La conduite de Ludovic est étrange; mais tout me fait supposer qu'il a vécu dans ce pays... Allons... peut-être nous guide-t-il vers la demeure où il t'a connue enfant, ma douce Anoor.

La jeune fille lui prit la main et la porta à ses lèvres, puis sans un mot, on se remit en route.

Des oiseaux multicolores chantaient dans les branches, des parfums délicats montaient des mousses dont le sol était tapissé; des troncs d'arbres, dressés comme les colonnes d'un temple, des feuillages en voûte, émanait quelque chose d'impalpable qui poussait au recueillement.

En proie à une émotion presque religieuse, le docteur et ses compagnons allongeaient le pas. La route eut un coude brusque, déboucha du bois sous un arc de verdure, et les promeneurs s'arrêtèrent stupéfaits devant le spectacle magique qui s'offrit à leurs yeux.

Un lac, bordé de quais de marbre blanc, étendait sa nappe placide devant eux. Une île reliée à la terre ferme par une chaussée aux garde-fous à jour, dominés par des piliers-candélabres aux fûts surmontés d'une mitre d'or, en occupait le centre.

Sur l'îlot, un temple de marbre blanc avec un dôme et des clochetons d'or, se dessinait éblouissant sous la lumière du soleil.

Anoor chancela. Elle eut une sourde exclamation :

— Oh!

Puis ses bras s'étendirent, ses mains couvrirent ses yeux.

— Qu'as-tu, mon enfant, demanda Mystère surpris par la brusque émotion de sa jeune compagne?

— Oui, frangine, qu'avez-vous, répéta Cigale?

Elle secoua la tête et balbutia :

— J'ai... non, ce n'est pas possible... Je rêve... et pourtant...

— Mais enfin...?

Elle eut un geste d'une autorité étrange :

— Taisez-vous... au fond de moi des souvenirs effacés se réveillent... le voile d'ombre jeté sur ma vue se lève... Oh! ce lac... ce lac... ce sanctuaire...

Tout son être frémissait. Son adorable visage se contractait sous l'effort de la pensée.

Tout à coup, elle poussa un grand cri, se laissa tomber sur les genoux, et les bras étendus comme pour étreindre le paysage :

— Je vois... je me souviens... C'est l'Amrita Sara (Étang de l'immortalité), c'est le temple d'or, le Mahadeva... J'ai prié Brahma sur ses dalles de marbre.

Elle chancelait, Mystère la saisit dans ses bras.

Aussi ému qu'elle-même, le cœur du savant palpitait de joie; ainsi il allait avoir accompli sa tâche; il aurait ramené l'orpheline dans sa patrie.

Et il songeait aux caprices de la destinée. C'était Ludovic, le pauvre petit ours des cocotiers, premier jalon de ses recherches, qui venait de le guider vers le but. L'instinct d'un animal avait fait plus que les calculs profonds de l'intelligence humaine.

Comme une réponse à ses réflexions, le plantigrade se montra à ce moment sur la digue. Il accourut à toute vitesse, rejoignit ses amis et se mit à sauter autour de la jeune fille, lui léchant les mains, reprenant ses gambades, se livrant enfin à toutes les démonstrations de la joie la plus vive.

Immobile, les yeux noyés dans le vague, de grosses larmes coulant sur ses joues, Anoor semblait avoir oublié le présence de ses compagnons.

— Allons dans ce temple où toute petite tu implorais Brahma, lui dit doucement le docteur.

Au son de sa voix elle tressaillit; elle prit ses deux amis par la main et les entraînant sur la digue :

— Oui, oui... venez... que Brahma soit glorifié en ce jour.

Sur le dallage, les pas sonnaient.

— Ah! reprit-elle, je me souviens. Le temple de Mahadeva a ses murs blancs recouverts de semis d'arabesques, d'enroulements, de paysages... C'est le joyau du Pendjah! Car des pierres précieuses forment son ornementation capricieuse. Des émeraudes figurent les feuillages d'arbres enchantés aux fleurs de turquoise, de grenats, de lapis, de saphirs. Construit par Gourou-Govind-Singh, le plus sage des Sicks, il est vénéré même par les barbares. Mogols, Afghans, Persans, dans leurs invasions, n'ont osé porter une main profane sur les richesses qu'il contient. Elle, ma sœur, me contait autrefois ces belles légendes du temps passé... C'était de notre père qu'elle les tenait, et par sa bouche aimée, je croyais entendre la voix du martyr défunt.

Elle parlait comme en songe, sans s'adresser à personne, et ses amis, comprenant que cette détente était utile, nécessaire, ne l'interrompaient point.

Seulement, Cigale, toujours observateur, constata que la décoration des murs, qu'il avait prise à distance pour des peintures à la fresque, était une mosaïque de pierreries.

La coupole et les clochetons du sanctuaire sont d'or massif, représentant à eux seuls un poids de 150.000 kilogrammes, d'une valeur de 450.000.000 de francs. Ces simples chiffres dispensent de tout commentaire.

Dans le temple, où des vitrages de couleur laissent tomber une lumière bleuâtre, qui teinte de nuances imprévues les pierreries, les lames d'or et d'argent, courant sur les murs, les colonnes, en farandole étincelante, Anoor entre. Mystère et le Parisien la suivent, et Ludovic se déplace gravement, semblant avoir conscience de la sainteté du lieu.

Près d'une niche de marbre, sur laquelle sa fine silhouette se détache comme celle d'une vierge d'icone, la jeune fille s'est prosternée, et ses compagnons, debout auprès d'elle, respectent la méditation de l'exilée rentrant au pays des aïeux.

Et des pas cadencés résonnent sur la digue. Ils s'arrêtent au seuil. Cigale s'est retourné, il regarde. Une litière, aux rideaux de pourpre, est déposée à terre par ses porteurs hindous, drapés dans le *ferrim* (manteau rouge et blanc) de leur caste.

Deux femmes descendent. L'une vieille, parcheminée, horrible, avec ses grands anneaux d'or aux oreilles, sa mine sournoise de servante indigène; l'autre jeune, éblouissante de beauté, mais avec un regard bizarre, inquiet, comme égaré.

Toutes deux franchissent le portail. Dans la nef elles avancent. Elles arrivent à hauteur du groupe, elles le dépassent.

A ce moment Anoor relève sa tête inclinée. Ses yeux se fixent sur la nouvelle venue avec une expression de stupeur :

— Elle, elle, murmure-t-elle d'un accent étranglé.

Le docteur a entendu. Vivement il s'est penché vers sa protégée :

— Qui... Elle?

— Celle que j'ai pleurée si longtemps, fait la jeune fille d'une voix légère comme un souffle.

— Ta sœur, mon enfant?

— Oui... ma sœur aimée.

— Son nom?

— Son nom, c'est...

Anoor hésite, cherche, et les larmes montent à ses paupières :

— Je ne sais pas... Le nom de ma sœur chérie n'est plus dans mon esprit.

Elle tremble, incapable de se précipiter vers celle à qui elle tend les bras.

Et la pauvre d'esprit, car c'est en effet la victime des brahmes, dont parlait la proclamation du chef Dhaliwar, la pauvre d'esprit, dont la pensée endormie contient le secret du trésor de la Liberté, s'éloigne lentement.

Est-ce qu'elle va disparaître sans qu'Anoor ait apporté la consolation de ses baisers à ce front pur, enveloppe insensible d'un cerveau engourdi?

Non, cela ne se peut... Anoor fait un effort surhumain; elle réussit à se relever... elle va bondir, appeler... elle n'en a pas le temps.

De l'ombre d'une colonne, un homme sort, barrant la route à celle qu'elle veut rejoindre.

Cigale, le docteur, la jeune fille le reconnaissent. C'est Arkabad, le brahme, Arkabad qui vient remplir la cruelle mission qu'il s'est assignée.

A la main, le traître brandit un pagne de lin sur la blancheur duquel se détachent en rouge foncé des taches sanglantes.

— Na-Indra, dit-il, m'entends-tu?

— Na-Indra, répète Anoor, Na-Indra, son nom... mérité... Na-Indra, Baiser du Ciel!

Cependant l'insensée s'est arrêtée, elle regarde le brahme un instant, puis fouillant dans une pochette de soie, fixée à sa ceinture :

— Un mendiant, prononce-t-elle d'une voix douce, monotone. C'est l'aumône que tu demandes, qu'elle te soit accordée.

Mais Arkabad repousse la main charitable :

— Non, un messager qui t'apporte un souvenir précieux. Vois cette étoffe blanche. . Elle est tachée de sang... Ce sang est celui d'Anoor, ta sœur, égorgée sur l'autel de Siva.

Il semble qu'un bouillonnement intérieur fasse courir des rides fugitives sur le visage de Na-Indra, puis toute trace d'émotion s'efface; sa physionomie redevient placide et elle clame :

ELLE PASSE LENTE ET FROIDE DEVANT ARKABAD DÉCONCERTÉ.

— Les morts revivent en Brahma, que le créateur des êtres soit loué...

Elle passe, lente et froide devant Arkabad déconcerté. Celui-ci échange un signe rapide avec la suivante et s'élance au dehors.

Ainsi qu'une statue, Anoor est restée figée sur place. Quel horrible cauchemar elle vient de vivre! Vivante, elle a entendu annoncer sa mort à celle qu'elle aime, et elle n'a pas eu la force de crier au mensonge. Bien plus, elle a vu la sœur chère, dont la mémoire était demeurée en son cœur comme une fleur parfumée, elle l'a vue écouter insensible, inerte, la cruelle nouvelle.

C'est donc un corps sans âme qui s'agite là, devant elle, dans la clarté bleue du sanctuaire. Celle qu'elle retrouve a les traits, la forme, l'apparence de l'amie regrettée; elle n'a plus son cœur, elle n'a plus sa pensée.

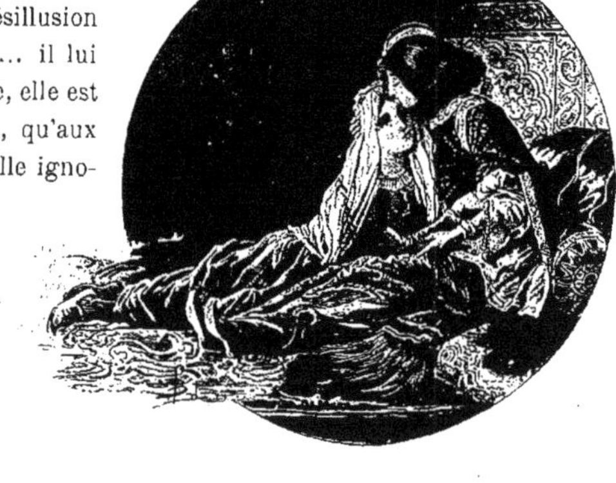

L'amertume de la désillusion lui monte aux lèvres... il lui semble qu'à cette heure, elle est plus loin de Na-Indra, qu'aux jours passés, alors qu'elle ignorait sa retraite.

Sans force, sans volonté, elle se laisse emmener vers la sortie. Docilement elle s'arrête avec ses amis auprès de la litière qui stationne sur la digue.

Quelle idée a donc le docteur Mystère?

Les minutes passent. Na-Indra reparait, toujours escortée de sa suivante.

— Anoor, murmure le savant, embrasse ta sœur.

Il a poussé la jeune fille en avant; celle-ci éperdue, le cœur bondissant dans sa poitrine, enlace l'insensée, et sans que sa pensée, sa volonté y soient pour rien, ce cri de douleur, de tendresse jaillit de ses lèvres pâlies :

— Je suis Anoor, ta sœur, qui t'aime et veut rappeler le souvenir en ton âme.

La pauvre d'esprit a frissonné, ses paupières ont battu précipitamment à plusieurs reprises. On croirait que les paroles d'Anoor ont éveillé un écho lointain dans son esprit. Mais ce trouble passager s'efface, disparaît. D'un mouvement automatique, Na-Indra porte la main à sa pochette, et redit comme tout à l'heure de sa voix à la monotone mélodie :

— C'est l'aumône que tu demandes, qu'elle te soit accordée.

Alors Anoor a un cri déchirant.

— L'aumône, non... c'est moi qui prétends te faire la charité de ma tendresse, moi qui ne veux plus te quitter, qui veux m'attacher à tes pas, te soigner, te chérir, te faire renaître de la nuit où tu te débats.

La suivante s'approche, elle fait signe aux porteurs; il faut écarter cette étrangère qui retarde le départ de Na-Indra.

Celle-ci étend la main :

— Ne plus me quitter... que cela aussi te soit accordé.

Et les Hindous s'arrêtent, l'insensée a parlé. Nul ne saurait s'opposer à ce qu'elle a décidé. La loi de Brahma est formelle.

« Aux pauvres d'esprit tu obéiras et tu les vénéreras ainsi que moi-même. Quiconque transgressera cet ordre sera déchu des célestes récompenses, il sera frappé dans sa personne et dans ses descendants...

Comme la vieille servante va essayer une dernière observation, Na-Indra reprend :

— Monte auprès de moi dans la litière, tes compagnons, les miens, marcheront. Ma demeure est proche. Elle est assez vaste pour contenir ceux qui font appel à l'hospitalité de Na-Indra.

Elle entraîne Anoor vers le véhicule, toutes deux s'asseoient côte à côte. Les rideaux de pourpre retombent, les cachant aux assistants. D'un même mouvement les porteurs ont soulevé la chaise et l'emportent d'un pas souple et cadencé.

Mystère, Cigale, la suivante qui les examine d'un œil défiant, suivent, prêtant l'oreille avec l'espoir d'entendre ce qui se dit derrière les rideaux clos.

Mais nul bruit ne parvient au dehors. Anoor, les bras jetés autour du cou de Na-Indra pleure doucement. Soudain elle tressaille de la tête aux pieds, une gouttelette brûlante vient de tomber sur son front. Elle lève les yeux, regarde sa sœur.

L'insensée, elle aussi, pleurait.

DEUXIÈME PARTIE

LA ROUTE DE L'AVENIR

CHAPITRE I

CONSPIRATION

— Quoi, Garieba, tu as laissé ces étrangers pénétrer dans le palais de Na-Indra?

— Le moyen d'empêcher cela, Sahib brahme?

Un silence suivit ces paroles. La vieille servante de Na-Indra se tenait debout devant trois hommes. L'un, à la figure farouche, aux yeux sombres, était Arkabad. Les deux autres, blonds, grands, le teint rose, écoutaient d'un air soucieux.

Lord Fathen, gouverneur du Pendjah, et son fils Téobald semblaient ennuyés.

Une heure plus tôt, tous deux étendus sur des chaises longues, à l'ombre de la vérandah de leur splendide habitation, située sur le coteau Varloor qui domine la cité d'Amritzir, tous deux discutaient un projet matrimonial.

Autour des colonnettes aux chapiteaux dorés, soutenant la toiture légère de la galerie ouverte, les vanilles et les pois odorants enroulaient leurs feuillages grimpants, semaient dans l'air alourdi du milieu du jour leurs parfums, embaumaient la sieste du haut fonctionnaire britannique et de son héritier.

Alanguis, à demi endormis, les deux hommes échangeaient des paroles rares, séparées par de longues pauses, comme si l'ardeur de la température ne leur avait pas permis l'effort d'une conversation suivie.

— Na-Indra est belle, murmurait Fathen.

Après un clignotement des paupières, un bâillement paresseux, Téobald répliquait :

— Belle, sans doute, sans doute... mais privée de toute faculté intellectuelle.

— Une chose charmante, Téobald. Le rêve pour un homme de cœur est d'avoir une femme sans tête. Cela supprime toute discussion dans le ménage Songez-y bien...; le but d'un gentleman est un *home* confortable et paisible. Na-Indra vous assurerait l'un et l'autre.

Le jeune homme haussa les épaules, souffla, puis d'un ton conciliant :

— Vous avez sans doute raison, mon père, j'épouserai donc cette *sotte poule aux œufs d'or*.

— Et bien vous ferez, conclut le gouverneur. Richesse et tranquillité, *vous aurez tué deux oiseaux avec la même pierre*.

Tous deux avaient fermé les yeux, épuisés par l'énergie dépensée pour échanger ces répliques, quand Arkabad était survenu, très irrité de l'insuccès de sa démarche au Temple d'Or.

Il désirait obtenir du gouverneur des papiers en bonne et due forme, lui permettant de se présenter au palais de « Baiser du Ciel » en qualité de domestique.

Ainsi il pensait trouver une occasion de prendre sa revanche.

Fathen grommela contre l'intrus qui troublait sa sieste, mais il ne pouvait congédier un personnage aussi important que le seigneur Arkabad.

Les ordres du gouvernement anglo-hindou sont formels... Tout fonctionnaire, depuis le vice-roi jusqu'au plus mince agent, doit aide, protection, appui à la caste vénérée des brahmes.

Frappant sur un gong, dont la vibration sonore fit accourir ses serviteurs indigènes, le lord, muni par leurs soins de « tout ce qu'il faut pour écrire », traça les certificats, références nécessaires, y apposa le timbre officiel et s'étendit derechef sur sa chaise longue, avec l'espoir de prendre un repos mérité.

Mais il était dit que, ce jour-là, il ne reposerait pas.

Au brahme succéda un négociant d'Amritzir. Celui-ci apportait une double barrique pleine de miel.

Le suc exquis, ravi aux fleurs par les laborieuses abeilles, joue un grand rôle dans l'alimentation des Européens aux Indes. On le transforme en *rewistahn*, gelée rafraîchissante qui, au dire des intéressés, facilite la digestion, décongestionne le foie, régularise les fonctions, et cœtera — la quatrième page des journaux ne tarit pas en éloges sur cette panacée universelle. Au vrai, le rewistahn est un mets agréable.

Sa préparation est originale. On prend une barrique, que l'on enfouit en terre ainsi que les tonneaux d'arrosage dans un jardin. Ce récipient rempli de miel, on y jette du gingembre, de l'amande de coco pilée, quelques bouteilles de rhum, du jus de citron. Puis, sur la face ouverte, on place un léger treillage de fil de fer, qui arrête les poussières flottantes, tout en laissant la mixture en contact avec l'air. Il se produit alors une fermentation. Toute la masse se fige, prend une consistance gélatineuse et une couleur acajou. Le rewistahn est à point. Pour le servir, on le fait passer par une glacière portative, et si l'on n'est pas guéri de tous les maux qui accablent l'humanité, au moins déguste-t-on un délicieux plat sucré.

Donc le négociant disposa son produit selon les règles de l'art, en bordure de l'allée centrale du jardin ombreux, qui s'étendait en contre-bas de la terrasse couverte, sous laquelle le gouverneur et son fils cherchaient vainement le repos.

Il se retire enfin... Mais il est remplacé aussitôt par Arkabad. L'un de ses papiers n'est pas en règle. Fathen répare l'omission. Il va pouvoir se livrer enfin aux douceurs du farniente.

Non, Garieba fait irruption sous la verandah. La vieille servante apporte la nouvelle de l'étrange rencontre faite par Na-Indra à la sortie du Temple d'Or.

Elle dit que des étrangers sont auprès de l'innocente, qui tout à coup les a pris en affection.

Arkabad, Fathen, Téobald sont bouleversés. Des inconnus ont capté la confiance de la jeune fille, dans le cerveau endormi de qui dort le secret du gîte des richesses qu'ils convoitent.

Ils s'entendent sans un mot. Un regard suffit. Il faut que ces vagabonds soient chassés, et le brahme, répondant à sa pensée intime, murmure :

— Ce soir, je ferai partie de la maison de Na-Indra. J'agirai. Viens, Garieba, fidèle alliée des prêtres de Brahma. L'audace des drôles qui ont alarmé ton dévouement sera punie.

Et laissant le gouverneur définitivement réveillé épuiser, à l'endroit des inconnus, le riche vocabulaire des injures britanniques, Arkabad s'éloigna avec la servante.

Le front penché, absorbé par ses réflexions, il descendit la pente douce du coteau Varloor, contourna l'Étang sacré, au centre duquel resplendissait le Temple d'Or, puis tournant le dos à l'agglomération d'Amritzir, il atteignit bientôt les haies épineuses qui entouraient la Na-Indra-poor — cité de Baiser du ciel — nom sous lequel les habitants désignaient la magnifique habitation occupée par la pauvre d'esprit.

A travers les feuillages, on apercevait au loin la façade, les terrasses, les statues de pierre rangées de chaque côté de la cour d'honneur. Un peu à l'écart, se distinguait une construction bizarre, tenant à la fois de la cage de fauves et de la volière.

Derrière les grilles de ce pavillon, des formes brunes se mouvaient.

— Les ours de Siva, marmotta la vieille servante.

Arkabad hocha la tête. A quoi bon lui dire cela? Est-ce qu'il ne connaissait pas la coutume des familles nobles du pays, qui entretiennent chez elles des « meutes » d'ours des cocotiers, emblèmes de liberté?

Mais Garieba reprit :

— Les étrangers... ceux qui se sont introduits dans la confiance de ma maîtresse...

— Oui. Eh bien?

— Ils ont avec eux un ours de Siva.

Du coup, le brahme tressaillit.

— Un ours... et ils sont trois...?

— Oui. Un homme à la fleur de l'âge; un adolescent et une jeune fille... Cette dernière porte un vêtement masculin, mais ce déguisement n'a pas trompé la vieille Garieba.

La visage d'Arkabad s'assombrit.

— C'est donc encore ce docteur Mystère, cet homme que, depuis Ellora, je rencontre sans cesse devant moi.

Puis s'animant par degrés :

— Une seconde fois, il a sauvé Anoor... Ah! ce personnage inconnu, inexplicable, ce sphinx vivant... il faut que je l'écrase.

Garieba courba la tête, et dans cette humble attitude, attendit qu'il plût à son puissant compagnon de s'expliquer davantage.

Celui-ci paraissait avoir oublié sa présence. Les sourcils froncés, il réfléchissait.

— Et maintenant, reprit-il après un moment, ils sont sous la protection de cette folle.

La servante fit oui du geste.

— Nul dans ce pays, où l'on respecte stupidement les insensés, n'oserait attenter à leurs jours. Moi-même, brahme, malgré mon pouvoir, je serais imprudent si je me laissais aller à la violence.

Il frappa violemment le sol du pied.

— Et pourtant, il faut qu'ils meurent. Devant le collège brahmique d'Ellora, j'ai juré que ces ennemis disparaîtraient... Je tiendrai mon serment.

Brusquement, Arkabad saisit le poignet de la vieille femme :

— Écoute.

— Mes oreilles sont ouvertes.

— Tu vois Na-Indra chaque jour?

— Je ne la quitte pas, Seigneur.

— Bien. N'as-tu jamais remarqué en elle des lueurs de raison? Ne t'a-t-elle pas paru parfois comprendre... ou tout au moins chercher à comprendre ce qui se passe autour d'elle?

La servante haussa les épaules d'un air embarrassé.

— Tu ne dis pas non, poursuivit Arkabad. Tu n'es donc pas certaine de sa démence?

— Je n'oserais rien affirmer, Sahib, cependant...

— Cependant?

— Il m'est arrivé de me poser la question que ta bouche sainte vient de prononcer.

Un éclair passa dans les yeux du brahme.

— Tu t'es demandé cela, Garieba?

— Oui.

— A quel propos?

La vieille se passa la main sur le front, sembla chercher, et se décida enfin :

— Voilà, maître, je vais vous dire toute la vérité. Peut-être mes idées sont-elles des songes de femme âgée, dont les yeux et l'intelligence baissent.

Vous apprécierez, mais j'ai cru remarquer à certains indices, bien faibles je dois le dire, que Na-Indra est parfois affectée par les paroles prononcées autour d'elle.

Cherchant ses mots, ainsi que ceux qui n'ont pas l'habitude de parler et qui désirent cependant faire partager leur conviction :

— Je crois, je ne puis affirmer, vous comprenez... Je crois que le regard vague de la folle s'anime parfois... Même, il m'a semblé qu'à certains moments, ses yeux rient positivement. Cela ne dure pas, c'est rapide comme l'éclair qui déchire le nuage et s'éteint, mais enfin on jurerait que, pendant une seconde, elle se moque de moi.

Arkabad se rapprocha vivement :

— Elle se moque de toi? Comment peux-tu supposer cela?

— Je me trompe peut-être, Sahib, et pourtant...

— Achève.

— Tenez, reprit la servante, il y a des choses que je vois, que je sens, et je ne sais pas les expliquer. Par exemple, la semaine dernière, vous m'avez envoyé un messager.

— C'est vrai.

— Avec l'ordre de parler à ma maîtresse de sa sœur Anoor disparue.

— Oui. Eh bien?

La vieille baissa la voix, comme si elle eût craint que la brise tiède portât ses paroles à un invisible espion.

— Eh bien, j'ai obéi. Le lendemain même, j'accompagnais Na-Indra dans le parc. Elle chantonnait une mélopée monotone dont les mères bercent le sommeil de leurs petits enfants. Je marchais à côté d'elle. Sans avoir l'air de m'occuper d'elle, je murmurai : Anoor! Anoor!

— Et..., interrogea avidement le brahme?

— Attendez, Sahib, attendez. Elle ne parut pas m'avoir entendue. Son visage demeura calme, ses yeux égarés, mais son pas se ralentit soudain, et elle se baissa pour cueillir une fleur.

Arkabad eut un geste violent :

— Si tu n'as pas d'autres preuves, commença-t-il...

Elle l'interrompit :

— Je n'ai pas été instruite, moi. Toujours j'ai servi les autres, les mots que mes lèvres disent, ne correspondent pas à ce que je pense. Mais j'ai vécu de longues années, envieuse des riches auxquels j'obéissais; j'ai pris l'habitude de les regarder, de pénétrer leurs pensées. Je vous affirme que le nom d'Anoor était parvenu jusqu'à son intelligence endormie.

La servante parlait avec une conviction si profonde, que le brahme en fut impressionné, son organe rude s'adoucit :

— Ne t'irrite pas, Garieba. Tu es fidèle et je te montre que j'ai confiance en toi.

— Oui, Seigneur.

— Je te l'ai promis. Si nous réussissons à arracher à Na-Indra le secret du gîte du Trésor de Liberté, les brahmes te feront riche. Tu commanderas à ton tour à de nombreux serviteurs.

La face parcheminée de l'Hindoue se colora légèrement :

— J'ai foi dans la parole des prêtres de Brahma.

— J'en suis certain. Aussi rappelle tes souvenirs, cherche. D'un détail oublié, d'un rien peut dépendre le succès.

— Alors, croyez la vieille Garieba. Je continue. Notre promenade se continua. Tout à coup, je saisis la main de Na-Indra et je la portai à mes lèvres, comme si je n'étais pas maîtresse d'un mouvement d'affection.

Un sourire passa sur le visage sombre du brahme :

— Bien! la comédie du serviteur dévoué.

— Oui, Sahib. Oh! chère maîtresse, m'écriai-je, toi, dont l'esprit ne saurait comprendre mon affection, puisses-tu voir renaître les jours heureux!

— Parfait!

— Et je me mis à raconter un rêve... que je n'avais pas eu, ricana la vieille : Anoor ressuscitée, reparaissant à Na-Indra-poor.

Arkabad grinça des dents :

— Il s'est réalisé ce rêve.

— Quoi?

— La jeune fille qui accompagne les étrangers, c'est Anoor.

— Elle, elle t'a donc échappé, maître...

Serrant les poings, le brahme gronda :

— Oui...! Celui qui la protège est un terrible adversaire. Il l'a arrachée aux flots de l'Océan, il a détourné d'elle le poignard des compagnons de Siva-Kali.

Et comme Garieba frissonnait, Arkabad changea de ton :

— Nous les vaincrons, qu'importe; reprends ton récit.

— Tandis que je parlais, Sahib — c'est à cela que je voulais arriver — Na-Indra me considérait. Son regard n'était plus vague, on eût dit qu'elle riait intérieurement, qu'elle pensait : Pauvre petite sotte, ton histoire est ridicule...

La vieille s'animait :

— Oh! je connais bien ce coup d'œil méprisant des maîtres; je ne m'égare pas, Sahib, croyez-moi. L'insensée se moquait... une fois de plus, l'un de ces êtres arrogants à qui Brahma a donné la richesse, songeait : Garieba est niaise, elle est niaise, Garieba.

Arkabad écoutait avec attention maintenant.

— Oui, fit-il enfin, cela est possible; mais des indices aussi légers ne suffisent pas. Na-Indra, privée de raison, est sacrée aux yeux de tous; quiconque porterait la main sur elle ou sur ses hôtes, celui-là, fût-il brahme, serait déchiré par la foule superstitieuse. Il faut l'amener à se trahir de façon si nette, si claire, que nul ne croie plus à sa folie.

Et comme Garieba hochait la tête d'un air de doute.

— Nous allons nous séparer, femme, continua le prêtre de Brahma d'une voix impérieuse.

La vieille s'inclina :

— Comme il vous plaira, Sahib.

— Je te rejoindrai plus tard. Au repas du soir, je veux servir à table.

— Vous, servir, comme un domestique?

— Je serai un domestique... Il n'est point de tâche vile pour qui combat au nom du Père des Êtres... Est-ce possible ce que je te demande?

— Sans doute, sans doute. Seule je recrute ou renvoie. Na-Indra ne s'aperçoit même pas des changements que j'apporte à son entourage.

Arkabad eut un sourire :

— En es-tu sûre, vieille Garieba?

Puis arrêtant la réponse sur les lèvres de la servante :

— Va... tu me reverras bientôt.

Son interlocutrice n'insista pas. Elle franchit la porte du parc et sa silhouette se perdit bientôt à travers les arbres.

Alors le brahme pénétra à son tour dans la propriété.

Lentement, avec des précautions félines, il s'avança vers l'habitation dont la façade blanche apparaissait au milieu des verdures.

Maison de campagne de riche nabab, la demeure de Na-Indra était construite en pierres et ses murs avaient l'épaisseur de ceux d'une forteresse, ainsi que dans toutes les résidences de la province frontière du Pendjab, où les incursions afghanes obligent les propriétaires à faire de leur logis un véritable château fort.

Mais les architectes hindous se rient des difficultés; la solidité de l'édifice n'exclut ni la légèreté ni la grâce. Des sculptures se creusent dans les piliers massifs. Sur les corniches ajourées courent des balcons aériens, dont les fines balustrades de bois de santal se découpent en dentelles. Le toit en tronc de cône, supporté par plusieurs rangs de colonnettes qui le séparent du corps de logis, se dresse ainsi qu'un parasol géant à l'abri duquel l'ombre et la fraîcheur règnent dans les appartements où, dans des vasques de marbre clapotent incessamment des jets d'eau glacée.

Au haut du perron de douze marches, à l'angle desquelles s'alignaient, telles des sentinelles vigilantes, des figures de stuc représentant l'ours de Siva, une vérandah aux colonnes élancées, bleu et or, occupait toute la façade.

Là, étendus sur des fauteuils dont le bois recourbé, emprunté aux branches de l'aromatique *noucléa*, s'enroule en formes graciles, Na-Indra et ses hôtes rêvaient, baignés dans l'ombre bleuâtre de l'auvent, en face du parc que le soleil emplissait d'un poudroiement d'or.

Anoor ne quittait pas des yeux sa sœur enfin retrouvée. De sa bouche s'échappaient les paroles caressantes, câlines, chant de tendresse dont l'insensée, les yeux mi-clos, semblait doucement bercée.

— Oui, ma sœur chérie... le maître l'a promis... la raison reviendra habiter sous ton front pur... Tes yeux, veloutés comme la corolle de la fleur du *basitra,* me reconnaîtront. Tu aimeras Anoor qui t'aime, et ton cœur ira aussi à ceux qui ont risqué leur existence pour réunir les orphelines. Tu chériras le seigneur Cigale, un Français qui rit toujours... il vient de loin, d'un pays où l'on est gai et où l'on ignore les brahmes... Ton affection ira encore au Maître, à celui que j'appelle mon père... Vos cœurs se fondront en une même tendresse, car si tu es, Na-Indra, le baiser du ciel, il est lui bien certainement Ob-Indra, la bonté des cieux.

— Ça, c'est bien dit, interrompit le Parisien, mais, bon sang! quel drôle de patois! Ob-Indra... en voilà un argot pas ordinaire!

Mystère prêtait l'oreille à ces discours, et Ludovic, allongé aux pieds de Na-Indra, demeurait sans mouvement ainsi qu'un tapis de fourrure fauve.

Nul ne soupçonna la présence d'Arkabad.

A vingt pas de là, abrité derrière un arbre, le brahme observait. Durant une demi-heure, il conserva l'immobilité d'une statue, scrutant les traits de ses ennemis, notant leurs paroles. Puis avec un geste d'impatience, il recula lentement, toujours masqué par le tronc rougeâtre de l'arbre, se coula dans les buissons, et par un grand détour, gagna les communs.

. . . .

Le soir venait.

Aux confins de l'horizon, le soleil se couchait dans l'infini tendu en baldaquin de nuées écarlates. Comme une illumination à la fin d'un banquet, un *bouquet* couronnant un feu d'artifice, l'astre dardait des rayons de rubis, parant les gazons de tons de pourpre, que l'ombre des troncs d'arbres, sans cesse allongée, striait de bandes d'un violet foncé.

Sur la terrasse couverte, les serviteurs muets avaient dressé la table. Aux colonnettes, ils accrochaient les lanternes aux formes de fleurs, dont les vitres colorées en rose laisseraient filtrer, la nuit tombée, une clarté de rêve.

Point de gazes protectrices contre les moustiques. Déjà dans l'air circulaient d'un vol cotonneux des bestioles étranges, bengalis nocturnes vêtus d'un plumage azur et noir, moelleux comme le velours. Avec ces compagnons ailés, nul insecte n'était à craindre, car les becs avides, grands ouverts, disaient que les maringouins, cousins ou autres, ne pouvaient amener leur piqûre venimeuse au delà de l'intention.

Et le soleil disparaissait : son globe cessait d'être visible, un arc de cercle embrasé, telle une gueule de four, dessinait son portail de braise sur la ligne d'horizon, s'éteignant peu à peu, violet, lilas, bleu, indigo.

Le ciel sombre se parait de sa rivière de diamants étoilés, à laquelle pendait, ainsi qu'une médaille d'argent, la lune dont la face tourmentée semblait sourire aux choses de la terre.

Et des bruits passaient dans l'air. Le monde diurne se couchait, lui aussi, les arbres, les buissons, les brins d'herbe craquaient... On eût dit qu'ils étiraient leurs branches, leurs brindilles, avant de se livrer au repos après la fatigue du jour. Les nocturnes s'éveillaient... Avec des cris gémissants, les rapaces s'appelaient, les insectes tournoyaient en nuages bourdonnants et de temps à autre, amenant chaque fois un silence momentané dans la nature effrayée, la basse profonde du tigre en chasse vibrait, chant de mort de la nuit hindoue.

— Na-Indra, baiser du ciel, sourire de la création, maîtresse aimée de ses serviteurs prosternés, la table est servie pour le repas de ta beauté.

C'est ainsi que Garieba, courbée en deux, les mains croisées sur la poitrine, annonça le dîner.

La jeune fille se laissa conduire à sa place, et autour de la table laquée, recouverte d'une nappe de soie transparente, dont le fond bleu était brodé de bouquets blancs, Mystère, Cigale, Anoor s'assirent en silence.

Debout à deux pas d'eux, coiffé du turban blanc et rouge des maîtres d'hôtel, un indigène se tenait prêt à obéir au moindre signe.

Na-Indra le considéra un instant de son regard vague, puis elle détourna les yeux et se prit à manger machinalement.

Mystère avait aussi examiné l'Hindou. Un sourire passa sur ses lèvres et il ne parut plus y faire attention.

Cigale, lui, bavardait.

— Vous direz ce que vous voudrez, déclarait-il la bouche pleine, une maison de campagne comme celle-ci aux environs de Paris, et cent mille francs de rentes, ça ferait joliment mon *blot*.

Il se reprit vivement :

— Mon affaire, j'oublie toujours que vous ne *mordez pas à l'argot*. Je mettrais Anoor en pension... pour qu'elle devienne une vraie Française... Je la conduirais le matin, j'irais la chercher le soir, comme une bonne d'enfant... et quand j'aurais fait le voyage un certain nombre de fois, elle passerait ses examens, tout le *barda* — non, tout le tremblement, je veux dire — et ça y serait.

— Très bien, approuva Mystère, mais après ?

— Après ? Après quoi ?

— Ses études terminées, que ferait Anoor ?

— Ce qu'elle ferait ?... Rien du tout, c'est le plus joli des métiers, il n'y a pas besoin d'apprentissage.

— Elle s'ennuierait bientôt.

— Que non pas. On se promènerait ; on irait au théâtre, aux courses, à l'Opéra, on dînerait chez des bourgeois huppés et on lancerait sa romance au dessert... S'ennuyer avec une existence pareille... n'est-ce pas, mademoiselle Anoor, que vous ne vous ennuieriez pas ?

La jeune fille sourit doucement :

— J'espère que non... seulement, je n'ose rien affirmer puisque — elle fixa sur lui son regard de velours — puisque, acheva-t-elle, père pense autrement.

Et comme le gamin de Paris faisait la moue, Mystère reprit :

— Vois-tu ! Cigale, notre jeune amie parle comme un ange qu'elle est, et je crois bien que tu gâterais sa nature en voulant la rendre parisienne.

Du coup, Cigale bondit :

— Gâter sa nature... en voilà *un bateau*... mais la Parisienne, c'est tout ce qu'il y a de mieux au monde... c'est la plus jolie femme de la plus belle ville du monde... gâter sa nature.

Le docteur et Anoor éclatèrent de rire.

— Là, là, ne t'emporte pas. C'est entendu... la grande malice de la création est d'avoir mis l'univers autour de Paris pour l'admirer... Es-tu content ?

— Oui et non.

— Comment cela?

— Oui, parce que vous avez dit vrai; non parce que vous avez l'air de me *monter une colonne.*

Avec un mouvement d'impatience, le gamin rectifia son expression :

— Cet argot, je ne m'en déferai jamais... la *colonne*, c'est une *scie*, non, c'est une façon de se moquer des gens.

— Tu te trompes, Cigale, je ne te raille point. Tu es bon, dévoué, joyeux, et en te voyant, je suis tout disposé à penser que Paris est une ville admirable et unique. Mais laissons cela. Nous nous occupions de l'avenir d'Anoor.

— Oui, acquiesça le Parisien, enchanté par les paroles que venait de prononcer le docteur.

— Eh bien, le but de la vie pour une jeune fille n'est pas d'aller au théâtre...

— Ça, c'est vrai.

— Pour son instruction, tu as parlé ainsi qu'un tuteur.

— Tuteur, ça me va.

— Bon... alors continue. Il faut songer à établir ta pupille.

— Établir... protesta le gamin se méprenant sur le sens du mot... non, non, je ne veux pas la mettre dans le commerce.

— Ce n'est point ainsi que je l'entends. L'établir, c'est la marier.

— La marier...?

Cigale resta bouche bée, sa figure pâlit.

— La marier, répéta-t-il.

— Sans doute, continua le docteur feignant de ne pas remarquer son trouble. Tel est ton devoir de tuteur. Bien plus, tu dois guider son choix parmi ceux qui aspireront à sa main...

— Ah!.. je dois, balbutia Cigale d'une voix tremblante?

— Certes... et pour commencer, apprends-moi quelles qualités tu exiges de celui qui aura ton agrément.

— Mon agrément, mon agrément..., fit le Parisien avec une sourde colère, — puis tristement, il ajouta : — Elle ne peut pas épouser un pauvre diable, non... elle ne le peut pas... même s'il l'aimait comme la prunelle de ses yeux.

— En effet, laissa négligemment tomber le docteur, c'est un gentleman qu'il lui faut.

— Oui, un gentleman, gronda Cigale lâchant la bride à sa mauvaise humeur, parlons-en un peu des gentlemen, des poseurs, des égoïstes, toutes les prétentions et tous les ridicules. Quand ils se sont mis de la cire aux

LE POISON.

moustaches et une fleur à la boutonnière, ils pensent que l'on ne saurait rien leur demander de plus... Anoor mourrait de chagrin avec un mari de ce calibre-là... et s'il la faisait mourir... je le tuerais, moi.

Il avait les larmes aux yeux; son visage resplendissait de résolution et de colère, et brusquement il abaissa ses paupières et demeura ainsi, les lèvres agitées par un léger tremblement.

C'est que son regard avait rencontré celui d'Anoor. Un choc électrique avait secoué les jeunes gens, et tandis qu'elle rougissait, fixant avec persistance ses yeux noirs sur une poutrelle de l'auvent, il sentait son cœur battre de coups sourds les parois de sa poitrine, il lui semblait qu'il allait tomber là, terrassé par l'acuité de son émotion.

Une révélation s'était opérée.

Anoor et Cigale venaient de comprendre. Depuis des mois, ils vivaient côte à côte, exposés aux mêmes dangers, l'esprit tendu vers le même but. Au contact de la grâce de la jeune fille, le Parisien s'était affiné, l'instinct de protection avait grandi en lui. Anoor à son côté s'était accoutumée à puiser la confiance dans le courage de son gai compagnon. Au temple d'Ellora, c'était son bras qu'elle avait cherché à l'apparition des panthères. Prisonnière des compagnons de Siva-Kali, c'était Cigale que, tout bas, elle avait appelé à son secours.

Et suivant la pente de la conversation dirigée par Mystère, tous deux, sans y être préparés, avaient eu soudain, dans l'éclair d'un regard, la perception nette qu'ils ne pourraient vivre séparés.

Ainsi qu'une cassolette brusquement ouverte fait monter vers les autels les fumées balsamiques de la myrrhe et de l'encens, leur cœur laissait fuser vers l'infini le chant inexprimé des pures affections, trésor poétique que la nature, en mère soucieuse des destinées futures de l'humanité, vient sans y être conviée, plus généreuse mille fois que la gentille marraine magique des contes de fée, glisser dans l'âme de l'enfant qui naît.

A quoi bon ce présent sans valeur marchande, disent les stupides personnages que notre société moderne, prosternée devant l'or, appelle les gens pratiques, les gens sérieux? A quoi? je vais vous le dire, à récompenser les héros acclamés ou obscurs, du devoir, du rêve, de la pensée, à leur donner l'éclatante supériorité intérieure qui les conduit au dédain de vos palais vaniteux, de votre opulence artificielle, à la pitié de vous-mêmes, accumulateurs de millions, dont le cœur et l'esprit râlent d'indigence.

Ce présent, c'est le ciel qui s'ouvre. De là l'émoi de Cigale, d'Anoor, car sans transition, leurs sentiments, comme un divin tremplin, les avaient projetés en plein azur.

A ce moment le serviteur au turban s'avança, portant une corbeille de filigrane d'or emplie de fruits.

Les ananas à la cuirasse jaune, les bananes, les goyaves se mêlaient aux baies des vergers européens, pommes, poires, pêches. Des grappes de raisins transparents s'écroulaient en cascades savoureuses sur ces assises solides.

L'indigène présenta la corbeille à la ronde.

— Des fruits, Sahib, murmura-t-il en arrivant auprès de Cigale.

Ses traits recevaient directement les rayons d'une lanterne; son visage apparaissait en pleine lumière. Le Parisien eut un cri étouffé :

— Qu'est-ce, interrogea le docteur?

— Rien, répliqua Cigale redevenu calme, je me suis mordu la langue.

Il se servit, mais tandis que le serviteur s'éloignait emportant la corbeille appauvrie d'une partie de son contenu, le jeune homme se pencha vivement vers le docteur.

— Cet homme, vous l'avez reconnu?

— Oui.

— Arkabad, le brahme, l'ennemi d'Anoor.

— Chut!

On eût dit que Na-Indra avait perçu le sens de ces répliques rapides, ses paupières eurent un léger battement, les coins de ses lèvres se relevèrent comme en un sourire aussitôt effacé. Ce fut tout.

Anoor, elle, n'avait rien vu. Avec des mines gourmandes, elle dégustait une de ces petites pommes rouges comme le sang, à saveur de citron, qui sont produites par le mancenillier hindou.

L'arbre vénéneux a été amendé par les cultivateurs, et son fruit est devenu sans danger.

Pourtant des accidents se produisent parfois, car rien n'indique, à l'œil ni au palais, si la greffe salutaire a été appliquée; aussi des cas d'empoisonnement sont-ils signalés chaque année par les annales scientifiques du Bengale.

Soudain Arkabad rentra dans la salle.

Le fourbe s'était fait un visage bouleversé :

— Personne de vous, Seigneurs, n'a mangé des pommes rouges?

— Pourquoi, interrogea Mystère?

— Une erreur. Une nouvelle servante a cueilli des fruits sur un mancenillier non encore greffé.

— Et, demanda Anoor...?

— Ce fruit est un poison violent, dont l'ingestion peut occasionner la mort.

La jeune fille poussa un cri de terreur :

— Père, père, j'ai mangé de ce poison,sauvez votre petite Anoor!

Mais Mystère la rassura d'un sourire :

— Le café est l'antidote de ce suc vénéneux.

Et emplissant du liquide parfumé une tasse de porcelaine transparente enluminée de couleurs délicieusement amalgamées, il la tendit à Anoor :

— Bois, enfant, et sois rassurée.

Durant cette scène rapide, le docteur n'avait cessé d'observer Arkabad. Celui-ci regardait Na-Indra, avec une lueur ardente dans les yeux.

L'insensée n'avait pas fait un mouvement. Ses narines s'étaient soudainement pincées, il est vrai, une pâleur nacrée avait couvert les joues, mais aucun geste n'avait décelé qu'elle eût prêté attention à ce qui se passait autour d'elle.

Arkabad fronça les sourcils et s'éloigna du pas traînant d'un serviteur fatigué.

Le repas était achevé.

Sans affectation, Mystère prit Cigale par le bras. Le Parisien voulait parler. Une brusque secousse que lui imprima son compagnon l'avertit de la nécessité de garder le silence.

Tous deux descendirent le perron, gagnèrent le jardin, ainsi que des promeneurs désireux de prendre un peu d'exercice après dîner.

Ils allèrent ainsi jusqu'à un espace découvert. Alors d'une voix faible comme un souffle, le docteur murmura :

— Pas un geste de surprise, Cigale. Dans la nuit, des yeux nous épient. Regarde le ciel, je suis censé te parler des étoiles.

Et tandis que sa main levée semblait indiquer les formes des constellations, Mystère reprit :

— Tu as reconnu Arkabad?

— Oui, j'ai failli le dire.

— Il est ici pour continuer son œuvre malfaisante.

— Je pense bien.

— Cette nuit, il ne faut pas dormir.

— Je ne dormirai pas.

— Veille sur Anoor.

— Je veillerai.

— Car moi, je m'absenterai pour rentrer avant le jour.

— Bien.

Le docteur eut un sourire satisfait :

— Tu ne me demandes pas où je vais?

— Non. A cette heure nous sommes en guerre avec les ennemis de ces deux anges qui s'appellent Anoor et Na-Indra. Vous êtes le capitaine, moi le soldat, j'obéis.

— Sapristi, tu deviens discipliné.

— Je ne le deviens pas. Le Français, turbulent durant la paix, comprend la plus stricte discipline en temps de guerre.

A deux mètres des causeurs, sur leur droite, un massif de cotonniers se balança légèrement bien qu'aucune brise n'agitât l'atmosphère.

Ludovic s'était étendu à ses pieds...

Le docteur le regarda du coin de l'œil;

— Un espion est tapi là-bas, murmura-t-il; puis, élevant la voix : rentrons... je suis épuisé de fatigue, je donnerais dix ans de ma vie pour être déjà étendu sur mon lit.

— Moi aussi, fit le gamin devinant d'instinct que des oreilles invisibles recueillaient les paroles prononcées. Rentrons donc.

Il parut étouffer avec peine un bâillement, et avec une démarche alourdie, il suivit Mystère qui se dirigeait vers l'habitation.

Derrière eux, dans les buissons, il se produisit comme un sillage presque insensible. Le Parisien remarqua cette lente ondulation des feuillages.

— Ah! bon, je comprends, se confia-t-il in petto. Des *curieuses* (oreilles) — se maquillaient *de la toison des poteaux* — (se cachaient sous les arbres)... Allons, voilà encore que je parle argot...

Mais haussant les épaules :

— Bah! je converse avec moi tout seul, ça n'a pas d'importance.

Cinq minutes plus tard, Mystère et ses jeunes compagnons étaient enfermés dans l'appartement mis à leur disposition dans l'une des ailes de la villa. Anoor se retirait dans sa chambre, et confiante dans la vigilance de ses amis, elle ne tardait pas à s'endormir. Alors le Parisien entr'ouvrit sa porte, glissa une chaise dans l'encadrement et s'assit, les yeux au guet. Ses mains croisées sur ses genoux tenaient la crosse d'un revolver. Ludovic s'était étendu à ses pieds.

Quant au docteur, il procédait à une singulière toilette.

Dépouillant ses vêtements, conservant seulement autour des reins un pagne de couleur sombre, il oignit son corps d'une substance brune analogue au brou de noix, et que les Hindous extraient de l'écorce d'un palmier.

Il lui fallut plus d'une heure pour mener à bien cette opération.

Mais il était devenu méconnaissable; il avait l'apparence d'un indigène des castes pauvres. Son turban noir, son poignard accroché au col par une lanière, la teinte brune de son épiderme, tout concourait à donner l'illusion.

Une fois prêt, il s'approcha de Cigale et répéta :

— Veille.

— Soyez tranquille, riposta le jeune homme. Avec Ludovic et moi, Anoor n'a rien à redouter.

Le docteur inclina la tête. Il prit la ceinture de soie — le pouram — qui faisait partie de son costume abandonné, et sans bruit il se dirigea vers la fenêtre qui occupait l'angle de l'habitation.

Il se pencha au dehors, inspecta les environs.

— Tout dort, dit-il comme se parlant à lui-même. Maîtres et serviteurs ont les yeux clos, je puis partir.

En prononçant ces paroles, il fixait solidement l'une des extrémités de sa ceinture à la balustrade d'appui et rejetait la fine étoffe de soie au dehors.

Ces ceintures, longues de plusieurs mètres et dont la trame est si légère qu'elles peuvent passer à travers une bague, ont une résistance extraordinaire. Sans se déchirer, elles supportent le poids d'un homme, et les Hindous les utilisent sans cesse; c'est la corde grâce à laquelle ils escaladent les palmiers, la passerelle qui leur permet de franchir les crevasses d'où monte le mugissement des torrents. Au repos l'étoffe légère devient ceinturon et soutient les armes de l'indigène.

Un dernier signe de la main à Cigale et Mystère enjambe la fenêtre. Le Parisien y court. Il voit le docteur glisser jusqu'au sol, avec une agilité qui indique une longue pratique des exercices corporels. Il le voit ramper sur les pelouses ainsi qu'un lézard géant, gagner les massifs ombreux, taches d'encre sur la terre argentée par la lune et disparaître.

Où va-t-il ainsi dans la nuit peuplée d'espions et de tigres?

Une ombre se balance sur la façade blanche...

Des rauquements lointains font monter la question aux lèvres de Cigale, mais il n'a pas le temps de se livrer à des suppositions.

Un frôlement à peine perceptible attire son attention. Qu'est cela? Une ombre se balance sur la façade blanche, telle une énorme araignée au bout de son fil. Elle descend, saute à terre... C'est un homme... un espion, car il se coule dans les traces du docteur. Ainsi que ce dernier, il se perd dans les massifs.

Le cœur du Parisien se serre. Il n'a aucun moyen d'avertir son maître que sa sortie était épiée.

Un instant, il songe à se lancer à la poursuite de l'espion, mais Anoor endormie fait un mouvement. Il ne peut pas déserter le poste qui lui a été confié. Il doit veiller sur la chère créature, et angoissé, frémissant, les doigts crispés sur sa poitrine, il demeure à la fenêtre, le cou tendu, cherchant à sonder les ténèbres de la nuit.

Tout à coup il tressaille. Un hululement aigu, perçant, aux modulations déchirantes a traversé l'espace. C'est le cri de l'orfraie fondant sur sa proie; mais on dirait que cette clameur lugubre est partie de la maison même.

Cigale se penche, regarde de tous côtés. Il n'aperçoit rien que les pelouses où les rayons lunaires se jouent en nappes blanches, rien que les arbres dressant leurs silhouettes noires sur l'écran du ciel scintillant d'étoiles.

Le mystère de la nuit hindoue l'étreint, l'oppresse. Tout semble reposer, et pourtant mille indices témoignent que la vie s'agite partout. Dans l'obscurité, on devine la course affamée des grands carnassiers; la poursuite cauteleuse des hommes bronzés. Il y a de la terreur dans le silence, de l'épouvante dans le froissement des branches.

. . . .

Cependant le docteur a gagné l'enceinte du parc. D'un bond il l'a franchie.

Il est sur la route déserte, ruban clair au milieu de la campagne d'un vert-bleuâtre que parsèment des rochers, des bouquets d'arbres.

A ce moment, le hululement qui a surpris Cigale, frappe son oreille. Il s'arrête une seconde, étonné :

— Le signal qui indique l'espion, gronde-t-il... Qui m'avertit ainsi?... Eh parbleu! c'est Cigale!... Ce Parisien observe tout, et il a dû surprendre cela comme bien d'autres choses.

On le voit, Mystère se trompait.

Quoi qu'il en soit, il était prévenu... Un ennemi surveillait sa marche.

— Arkabad, reprit-il, Arkabad, c'est cela. Lui seul a intérêt à m'épier.

Brusquement il se jeta derrière un bloc de rochers.

— Je vais me laisser dépasser.

Mais il attendit vainement une, puis deux minutes. Rien ne parut.

— Diable! il me chasse à vue. Mon mouvement ne lui a pas échappé et il attend que je me remette en marche.

Le docteur parut se consulter. Évidemment l'incident lui était désagréable. Enfin il se décida :

— Après tout, arrive que pourra! Si la lutte suprême doit être engagée cette nuit, elle me trouvera prêt.

Bondissant hors de sa retraite, Mystère, sans plus longs raisonnements, s'élança à travers champs, rapide comme une antilope.

Aussitôt une ombre jaillit d'un fourré situé à peu de distance, traversa la route en deux bonds et s'élança sur la piste du docteur.

Celui-ci ne détourna pas la tête. Il allait droit devant lui, escaladant les rochers; sautant par-dessus les clôtures. Personne n'eût reconnu en lui le gentleman correct et souriant qui répondait au nom de Docteur Mystère.

A cette heure, c'était un véritable sauvage qui, sans une hésitation, passait dans la nuit avec la vitesse souple des grands fauves des ténèbres.

Évidemment cet homme avait vécu de la vie libre des coureurs de buissons. L'élasticité de ses mouvements, sa résistance à la fatigue, tout le démontrait. Déjà il avait parcouru deux kilomètres et sa respiration restait calme, sa peau sèche. Ses muscles d'acier avaient supporté cette traite sans effort.

La plaine était traversée, maintenant Mystère gravissait les premières assises des hauteurs qui dominent Amritzir.

Un chaos de rocs, d'arbustes épineux semblait devoir arrêter sa marche, et cependant son allure en fut à peine ralentie. Il trottait toujours aussi aisément que s'il se fût trouvé sur une route en parfait état. Ses yeux discernaient les passages libres où il pouvait se glisser.

Soudain, derrière un buisson, une ombre se dressa.

— La Reine Rouge (Kali) interdit ce territoire, psalmodia le nouveau personnage.

— Le Tigre d'or ne s'arrête jamais, riposta Mystère sans manifester la moindre surprise.

Et sa main ouverte se tendit vers l'inconnu, montrant la figurine d'or, sur laquelle un rayon de lune piqua des paillettes brillantes.

L'homme s'inclina :

— Passe, Sahib, le Maître est partout sur son domaine.

Mais le docteur ne profita pas de la permission. Il se pencha vers son interlocuteur et si bas qu'il fallait des oreilles hindoues pour percevoir les sons.

— Un espion me suit.

— Je l'arrêterai.

— C'est Arkabad, exécuteur des sentences des brahmes d'Ellora.

— Je ne puis le frapper, sans un ordre formel du Tigre d'or.

— Je le sais et l'heure n'est pas venue où la parole appartiendra à l'acier vengeur. Ce que je veux, c'est que tu le retardes de quelques minutes, afin qu'il perde ma trace.

— Tu seras obéi, Sahib!

Sans une parole de plus, Mystère reprit sa course.

Une minute à peine s'était écoulée quand Arkabad parut à son tour; car c'était lui, le docteur avait deviné juste.

Le factionnaire des compagnons de Kali-Siva l'arrêta au passage.

— La Reine Rouge interdit ce territoire.

Le brahme ricana.

— Pas à moi, je pense, exécuteur des sentences d'Ellora.

— L'interdiction s'applique à tous, grands ou petits.

— Je veux passer.

— Pardonne, brahme, mais je ne puis enfreindre l'ordre.

Arkabad grinça des dents. Chaque seconde écoulée augmentait l'avance de celui qu'il poursuivait. D'un ton menaçant il gronda :

— Prends garde!

Mais le factionnaire resta immobile, les bras étendus.

— Tu peux me tuer, brahme, mais je ne te livrerai pas, vivant, le passage.

Les compagnons vengeront ma mort, car toi-même auras rompu la trêve proclamée entre les adorateurs de Brahma et de Siva-Kali.

La main d'Arkabad, qui déjà s'était posée sur le manche de son poignard, lâcha l'arme.

C'était vrai. Le meurtre d'un compagnon exposait le collège des brahmes à la vengeance de la redoutable association des sectateurs de Siva.

La situation était assez compliquée par elle-même, inutile de susciter de nouvelles difficultés.

Arkabad céda :

— Soit! Tu diras aux tiens que j'ai respecté la consigne qu'ils t'avaient donnée.

— Je le dirai, brahme.

— Adieu!

Et l'espion retourna sur ses pas. Le fugitif lui échappait; mais il avait maintenant la certitude que le docteur était, sinon affilié, du moins en relations suivies avec les compagnons de Siva-Kali.

— Allons, dit-il après un moment de silence, je n'ai qu'une ressource. Les compagnons de Siva-Kali sont alliés à ce personnage mystérieux... Je vais leur opposer les fanatiques de Dheera. Après tout, ceux-ci ne redoutent rien, pas même la colère des dieux, et je pourrai les employer contre cette folle de Na-Indra.

Qu'est Dheera? Bien avant l'éclosion du brahmanisme, la religion primitive hindoue était une sorte de panthéisme. Les esprits du mal ou *Devs* avaient pour chef le démon *Amhris-Mahn* ou *Ohmri-Sa-Mahn*, dont on a fait Arismane ou Orosmane, et celui-ci obéissait à Dheera, déesse étrange à tête de fauve et à quatre bras.

Lorsque le couple Siva et Kali détrôna cette divinité, il se forma une secte, celle des Dheeristes, dont les membres, fidèles aux antiques croyances, devinrent les ennemis irréconciliables des adorateurs des nouveaux dieux de la destruction.

Pratiquant la devise des brahmes : Diviser pour régner, Arkabad allait tenter d'opposer aux *Compagnons de Siva-Kali*, les *Fils de Dheera*.

. . . .

Mystère, certain de n'être plus inquiété, poursuivait son chemin. Il avançait lentement au milieu d'un chaos de pierres, qui semblaient marquer le champ de bataille de deux armées de Titans.

De loin en loin, un homme surgissait d'un tas de décombres. Mais le promeneur murmurait :

— Le Tigre d'or!

Sa main ouverte présentait la figurine de métal, et le factionnaire se replongeait dans sa cachette sans s'inquiéter davantage de lui.

Ainsi Mystère arriva sur un plateau hérissé de *pierres levées*, analogues aux menhirs bretons.

Entre ces masses granitiques il se glissa et parvint à un cirque, un kromlech (1) géant; au centre, trois hommes étaient assis.

Avec une exclamation gutturale, ils se levèrent à son approche. Lui, étendit les bras verticalement, les ramena sur ses yeux, les croisa ensuite sur la poitrine, et dans cette dernière attitude, vint s'asseoir auprès des inconnus.

Ceux-ci reprirent leurs places et un long silence régna.

Enfin Mystère ouvrit la bouche :

— Siva est grand, dit-il.

— Toute liberté vient de lui, répondirent les autres.

— De la mort naît la vie.

— Et la vie n'a de valeur que pour l'homme libre qui a secoué le joug.

Après ces paroles de reconnaissance, nouveau silence que le docteur rompit encore :

— Frères, je suis auprès de Na-Indra; gardienne fidèle du secret du Trésor de Liberté.

Un murmure approbateur accueillit ces paroles.

— Mais l'ennemi rôde autour d'elle. Arkabad, le brahme d'Ellora, s'est glissé parmi ses serviteurs. Arkabad le meurtrier de votre chef Dhaliwar.

— Arkabad que tu as protégé, Maître, en nous demandant de surseoir à notre vengeance...

— Ce que je demande encore, parce que l'heure de la lutte n'a pas sonné à l'horloge de l'infini.

— Alors, que veux-tu donc?

— Deux choses. Je dois rester ici, dans ce pays, car il me faut conquérir le Trésor qui nous fera indépendants, mais je veux préserver mes compagnons des dangers que seul je puis braver.

— Bien, Sahib.

— Qu'un des vôtres se rende demain au caravansérail de Lahore, qu'il remette ce papier à mes hommes restés là-bas avec ma voiture magique; voici une bague qui le fera reconnaître de Kéradec, leur chef.

Il tendait en même temps à ses auditeurs un anneau d'or dont le chaton figurait une tête de tigre.

(1) Le kromlech est un groupe de pierres levées, disposées en cercle.

LES COMPAGNONS DE SIVA-KALÎ.

L'un des assistants la prit avec les marques du plus profond respect, et humblement :

— Quelles paroles devra-t-il porter à tes amis?

— Celles-ci : « Partez immédiatement avec le chariot. Descendez vers le sud jusqu'au delà de Moultan. Là, vous franchirez la frontière du Béloutchistan, et par Quettah, vous gagnerez la ville afghane de Kandahar, où vous m'attendrez. Vous lèverez en route, avec les appareils que vous connaissez, le plan du pays. Si, d'ici à trois mois, je n'ai pas paru, ouvrez l'enveloppe cachetée, enfermée dans le compartiment 21 du chariot, et exécutez à la lettre les instructions qu'elle contient. »

Les trois hommes répétèrent mot pour mot les ordres de Mystère. Avec la prodigieuse mémoire qui caractérise les Hindous, leurs cerveaux avaient photographié en quelque sorte les phrases prononcées.

— Ceci est réglé; reprit le docteur, mes amis quitteront Lahore vers quatre heures du soir. Je désire qu'ils emmènent Anoor et le jeune garçon qui m'accompagne. Demain au début de la sieste, je sortirai avec eux. Soyez aux environs de la villa, je vous les remettrai et vous les conduirez au chariot. Ils protesteront sans doute, mais vous ne tiendrez aucun compte de leurs récriminations.

— Tu seras obéi.

Ceci dit, Mystère fit un signe, les assistants se penchèrent vers lui, de telle façon que leurs têtes se touchaient, et le savant leur parla longtemps à voix basse.

Sur les visages bronzés couraient de rapides frissons; les yeux noirs lançaient des éclairs subitement voilés par les paupières abaissées. Sans nul doute, le discours du docteur causait une grande joie aux compagnons de Siva.

La conférence prit fin.

Mystère se leva. Il allait reprendre le chemin de l'habitation de Na-Indra quand un cri bref retentit au loin.

On eût dit l'appel du héron surpris, au milieu de son sommeil, par un chat sauvage.

Tous eurent un mouvement et demeurèrent immobiles, attendant.

La pause, du reste, ne fut pas longue. Bondissant par-dessus les roches et les broussailles, un indigène demi-nu, son pagne souillé de boue, fit irruption à l'intérieur du Kromlech.

Sa respiration haletante, la sueur qui perlait sur son torse de bronze et qui, sous la pâle clarté de Phœbé, ruisselait en filets d'argent liquide, indiquaient que le nouveau venu avait fourni une course longue, précipitée.

Il s'arrêta à trois pas des chefs, salua et, se redressant de toute sa hauteur, il considéra les compagnons de Siva, semblant demander qu'on l'interrogeât.

L'un des hommes prit la parole :

— C'est toi, frère Fendit, je te reconnais.

— Oui, Seigneur des Nuits (titre donné par les adeptes aux dignitaires de l'association de Siva), oui, tes yeux ne te trompent pas.

— Tu parais fatigué,

— Je le suis, Seigneur.

— Le chemin était donc rude.

— Rude, certes, et aussi long, long. Mais ma course surtout était rapide, car je craignais d'arriver trop tard pour rencontrer auprès de vous le Seigneur du Tigre d'or.

Les chefs ne purent maîtriser un mouvement de surprise.

— Qui t'a dit que ce Seigneur fût parmi nous?

— Les échos du temple de Nor-Abad sont bavards et mes oreilles sont ouvertes.

— Quoi, tu viens du temple de Nor-Abad ?

— Oui.

— De ce temple où des insensés adorent Dheera, divinité qui ose s'insurger contre Siva le grand.

— Je viens de ce temple.

Les yeux rivés sur ceux de Fendit, le docteur écoutait.

— Et que faisais-tu en cet endroit? questionna-t-il.

— Fils de Vischnou, maître du Tigre, ami cher de Siva, je surveillais nos ennemis. Ils s'étaient réunis au nombre de trois cents pour se livrer aux pratiques de leur culte ridicule. Ils égorgent des victimes sur l'autel de leur déesse. Ce sont des fanatiques qui ne travaillent pas, ainsi que nous, à la délivrance de l'Inde. Je voulais connaître ceux qui allaient mourir, afin de pouvoir témoigner, si l'on nous accusait des meurtres, nous compagnons de Siva-Kali.

— Bien, continue.

— Tu le sais, la statue informe de Dheera à museau de crocodile se dresse sur un socle que le sang a rougi. A droite et à gauche, deux bas-reliefs gigantesques couvrent la muraille. L'un représente la lutte terrible du héros Arna et du géant Lchamsor; l'autre retrace la mort de Typhum qui enleva Miria, fille de Dheera, laquelle pour échapper à son ravisseur se précipita dans les flots de l'Indus qui se refermèrent sur elle. On dit que la statue de Typhum s'anime parfois et clame des oracles lorsque se préparent des événements graves. J'ignore si cela est vrai, mais ce dont je suis certain, c'est qu'entre elle et le mur existe un vide suffisant pour cacher un homme. C'est mon poste d'observation.

— Abrège, abrège.

— J'étais donc là, quand un brahme d'Ellora...

— Arkabad?

— Tel est son nom... Ce personnage est venu demander le concours des Dheeristes contre toi.

— Contre moi?

— Oui et contre un adolescent, contre une jeune fille qui dorment à cette heure dans le palais de Na-Indra.

Mystère avait tressailli violemment :

— Doivent-ils agir cette nuit? interrogea-t-il d'une voix qui tremblait légèrement?

— Non, car les Dheeristes sont convoqués pour demain seulement.

— Demain! s'écria le docteur avec joie, alors tout est sauvé. Mais que comptent-ils faire?

Fendit étendit les bras à droite à gauche en signe d'ignorance :

— Le brahme a entraîné le grand prêtre et le chef des sacrificateurs dans le réduit, où nul ne pénètre en dehors d'eux, et il m'a été impossible de recueillir leurs paroles.

— Alors, comment as-tu surpris le moment de la convocation des Dheeristes?

— Lorsque les chefs ont reparu, ils ont annoncé aux assistants que Dheera réclamait leur dévouement pour demain.

Le courrier se tut.

— Merci, Fendit, le Tigre d'or apprendra ton nom et l'inscrira parmi ceux de ses enfants préférés, déclara Mystère d'une voix grave. Va en paix, les dieux sont contents de toi.

L'Hindou se prosterna, puis en deux bonds fut hors du kromlech et disparut.

Alors Mystère étendit la main vers les chefs des compagnons de Siva :

— Vous avez entendu?

— Oui, Seigneur.

— Que mes instructions soient suivies.

— Elles le seront.

— Bien... le temps de liberté approche et nul obstacle ne pourra le reculer.

A son tour il quitta l'enceinte circulaire et reprit, en sens inverse, le chemin qu'il avait parcouru au départ.

Sans encombre, il parvint à la clôture du parc de Na-Indra. Il la franchit, gagna la maison.

A la fenêtre d'angle, sa ceinture de soie flottait toujours. Avec la prestesse d'un clown, le docteur grimpa jusqu'à la croisée; mais au moment où il allait sauter dans l'intérieur, le canon d'un revolver s'appuya sur son front, tandis que la voix bien reconnaissable de Cigale lançait ce bizarre avertissement :

— On n'entre pas, les guichets sont fermés.

— C'est moi, Cigale, murmura le docteur sans manifester la plus légère émotion.

— Ah! bon, alors prenez plante et donnez-vous la peine de vous asseoir.

Mystère d'ailleurs ne profita pas de la seconde partie de l'invitation.

— Il faut d'abord que je reprenne mon apparence européenne, nous causerons ensuite. Mais je ne veux pas remettre à plus tard mes compliments. Tu imites le hululement de l'orfraie à ravir.

— Le hululement de l'orfraie, répéta le gamin stupéfait...?

Puis il se frappa le front. Le souvenir lui revenait. Ce cri entendu dans la nuit au moment où un espion inconnu s'élançait à la poursuite de Mystère... c'était cela.

— Bon! fit-il, vous l'avez entendu... Moi aussi. Seulement ce n'est pas moi qui l'ai modulé.

— Pas toi.

— Mais non. Où voulez-vous que j'aie pris l'idée de vous avertir ainsi qu'un espion...

Le docteur n'écoutait plus.

— Ce n'est pas lui, pas lui, monologuait-il... Alors Anoor..

— Anoor... ah bien, non, vous savez. Elle dort comme un petit agneau. Pas un instant elle n'a ouvert les yeux.

— Qui donc en ce cas m'a averti du danger? qui donc connaît le signal annonçant la présence d'un espion?

— Ça, déclara Cigale, je ne pourrais pas vous le dire, car j'ai eu beau me *dévisser le cou*, ouvrir les *quinquets*, non, les yeux comme des portes cochères, je n'ai pas aperçu le chanteur. J'étais à la fenêtre, je vous avais regardé filer. Voilà tout à coup un autre bonhomme qui descend le long du mur et qui se lance à votre poursuite. J'étais perplexe; de quelle manière vous prévenir? Tout à coup j'ai entendu le cri de l'orfraie, mais vrai de vrai, il n'y avait personne.

Ainsi qu'un homme qui renonce à découvrir le mot d'une énigme, Mystère haussa les épaules et passa dans sa chambre.

Il en ressortit bientôt. La couleur foncée de sa peau avait disparu, et dans ses vêtements de soie, il avait repris son aspect de gentleman. Personne n'aurait pu croire que ce personnage correct et le sauvage qui galopait à travers la brousse une heure plus tôt, fussent un même individu.

Il vint à Cigale, lui raconta son aventure, en omettant cependant de lui apprendre qu'il avait décidé de se séparer d'Anoor et de lui le lendemain. Cette restriction évitait à Mystère les récriminations du Parisien, et celui-ci put rire tout à son aise de la singulière idée du *compagnon* Fendit, se cachant dans le bas-relief de Typhum, pour assister à la réunion des Dheeristes.

— Tu vois, conclut le docteur, que nous n'avons rien à redouter cette nuit. Va donc te coucher.

— Mais vous-même.

— J'en ferai autant, et je dormirai de bon cœur, quoiqu'une chose me taquine encore beaucoup.

— Laquelle donc?

— Savoir de quel gosier est sorti le cri d'orfraie qui m'a fait connaître la présence de l'espion...

— Et l'espion lui-même a dû se poser la même question.

— C'est probable... Enfin tout s'éclairera sans doute; bonsoir, Cigale.

— Bonsoir, Maître.

Comme la jolie Anoor, Cigale arrivait à appeler Maître, le mystérieux compagnon de voyage auquel les circonstances l'avaient attaché.

. . . .

Quand Anoor se leva, fraîche et rose après une nuit de bon repos, elle trouva le docteur et Cigale devisant gaiement, et elle ne soupçonna pas que ses amis avaient veillé durant la plus grande partie de la nuit.

CHAPITRE II

HÉROÏSME DE JEUNE FILLE

Arkabad ne parut pas de la matinée.

Inquiet de cette absence, Mystère parcourut l'habitation, se demandant où le brahme s'était caché.

La maison fouillée, il descendit au parc et le scruta dans tous les sens.

Recherche vaine.

De guerre lasse, le docteur s'était arrêté près de la porte de bois, devant laquelle Arkabad avait donné la veille ses dernières instructions à la vieille Garieba.

De cet endroit, le promeneur apercevait la vérandah, Anoor et Cigale jouant avec Ludovic et, allongée sur une chaise longue, Na-Indra, auprès de qui Garieba agitait lentement un grand éventail de plumes.

Absorbé en apparence, il suivait tous les mouvements de la servante, avec l'espoir vague qu'un geste, un regard lui indiqueraient la retraite de son ennemi.

Soudain son corps fut parcouru par un frémissement.

Derrière lui, une voix nasillarde avait prononcé ces paroles :

— O toi, que Brahma comble de ses dons, distrais une parcelle de ton superflu pour la laisser tomber dans la main tendue du fakir misérable, esclave de son vœu de pauvreté.

Mystère se détourna.

De l'autre côté de la barrière, un Hindou voûté, à la peau parcheminée, se tenait incliné, dans une attitude suppliante.

— Tu es un fakir mendiant? demanda le savant.

— Oui, Sahib. Vischnou, soutien des sages, m'a donné la force de mépriser le travail qui conduit à la fortume. Misérable volontaire, je tends la main et l'aumône seule conserve ma vie.

Le ton du vagabond était hautain. Avec orgueil, le fakir exprimait la pensée de sa caste. Horreur du travail, adoration du nirwana (glorification du repos, du sommeil, de la mort).

Le docteur eut un sourire. De sa poche il tira une pièce de monnaie, et s'approcha de la barrière pour passer son offrande au mendiant.

Celui-ci la prit d'une main avide, mais tandis qu'il s'inclinait, offrant pour un spectateur éloigné, l'apparence d'un pauvre qui exprime sa gratitude, sa bouche marmottait.

— Siva-Kali a exécuté tes ordres. Tes amis du caravansérail de Lahore sont avertis, Avec le char magique, ils quitteront la ville ce soir.

Mystère n'avait pas fait un mouvement, son visage n'avait exprimé aucune surprise. D'un regard circulaire il s'assura qu'aucun indiscret ne rôdait aux environs et s'appuyant paresseusement sur la barrière :

— C'est bien. Dis aux chefs que je suis content d'eux.

— Je le dirai, Sahib, seulement le danger t'entoure.

— Je le sais.

— Sais-tu où Arkabad, le brahme, se trouve en ce moment?

A cette question, qui correspondait si exactement à sa préoccupation, le savant devint attentif.

— Cela je l'ignore. Pourrais-tu m'instruire sur ce point?

— Oui.

— Parle donc.

— Arkabad a quitté la villa au point du jour. Il s'est rendu à la résidence du gouverneur Fathen.

Une ombre passa sur les traits du docteur.

— Achève, fit-il, cependant.

— Il l'a informé de ta présence en ce lieu. Il lui a conté tes exploits à Ellora, à Delhi, à Cheïrah. Le gouverneur a télégraphié à Delhi, au vice-roi. Il attend sa réponse pour t'arrêter.

Mystère se mordit les lèvres :

— Vais-je devoir fuir avec Anoor et Cigale, en abandonnant Na-Indra?

Toujours dans son humble attitude, le mendiant reprit :

— La fuite n'est plus possible.

— Plus possible, dis-tu?

— Non, les fanatiques de Dheera sont répandus dans la campagne. Derrière les buissons, les rochers, au milieu du feuillage des grands arbres, des yeux perçants sont ouverts. Tous dirigent leurs regards vers l'habitation de Na-Indra. Si tu en franchis le seuil, le sifflement du serpent Naja retentira de toutes parts et la mort sera sur toi. Il faut que Vischnou, dont tu es le bien-aimé, te rende invisible, puisque tu ne permets pas aux compagnons de Siva-Kali de verser le sang de tes ennemis.

Le fakir se tut et d'un pas traînant s'éloigna, soulevant de ses pieds nus la poussière de la route embrasée par les feux du soleil.

Mystère, la tête baissée, réfléchissait.

La situation était terrible. Les Dheeristes cernaient la villa, rendant toute évasion impossible.

Avant le soir, des soldats anglais se présenteraient pour le mettre, lui, en état d'arrestation, et infliger le même traitement à ses jeunes amis.

Si cette éventualité se produisait, Anoor, Na-Indra tombaient sans défense aux mains des brahmes.

Et nul moyen d'éviter le dénoûment préparé par le fourbe Arkabad.

Il eût fallu, selon l'expression du fakir, être invisible pour franchir le cercle d'espions dissimulé dans la campagne.

Cela malheureusement ne pouvait être réalisé. Certes, un déguisement eût suffi pour tromper des soldats européens, mais les regards aigus des fidèles de Dheera ne s'en laisseraient pas imposer. Sous un vêtement quelconque, ils reconnaîtraient les victimes choisies par le brahme d'Ellora.

Que faire?

A pas lents, le docteur revint vers la maison.

Sous la vérandah, Garieba éventait toujours la maîtresse inconsciente de la riche propriété. Cigale et Anoor, accoudés à la balustrade, causaient doucement, avec des éclats de rire qui partaient en fusées. Ludovic, délaissé à cette heure, s'étendait en bâillant d'un air ennuyé.

Sans affectation, Mystère rejoignit les jeunes gens.

— Ah ! s'écria Cigale, vous ne savez pas ce que prétend Anoor?

— Non!

— Elle regardait l'étang là-bas, derrière la cage aux ours de Siva, cet étang dont l'eau est cachée par les feuilles vertes des nénuphars et des nymphéas.

— Et, interrompit la jeune fille, j'ai vu une tête sombre s'élever au-dessus des feuilles, puis disparaître. Un instant après, les hautes herbes qui bordent la nappe d'eau ont été agitées, bien qu'il n'y eût aucun souffle de vent. Il y avait là un Hindou qui nous surveillait, et se voyant découvert, il a pris la fuite.

— Rêves d'une petite sœur apeurée, commença Cigale...

Mais la plaisanterie s'éteignit dans sa gorge. Mystère avait hoché la tête d'un air soucieux et de ses lèvres étaient tombés ces mots :

— Je pense qu'Anoor a bien vu.

— Comment, vous croyez...?

— Je crois que jamais nous n'avons été environnés de dangers comme en ce moment.

Puis rapidement :

— Il y a des choses que ma petite Anoor, ma fille, ignore. Elle est courageuse et confiante, elle doit tout savoir.

Le savant attira la jolie mignonne près de lui. En phrases brèves, il lui conta les événements de la nuit, sa promenade matinale, l'avertissement du fakir.

— Et maintenant, conclut-il, chaque minute augmente les chances de nos ennemis. Il faudrait agir, agir vite, mais un voile est sur mon esprit, je flotte dans l'indécision, je ne trouve pas le moyen d'échapper.

Avec une tristesse poignante, il ajouta, tandis que ses auditeurs demeuraient sans mouvement, la poitrine contractée par l'émotion :

— Allons-nous échouer au port. J'avais fait un rêve d'humanité. A travers mes conceptions, la fatalité t'a jetée, Anoor, mon enfant. Ta douceur, ta bonté, ta tendresse ont réveillé mon cœur que je jugeais mort. Tu m'as pris tout entier, comme vous prennent les faibles, les enfants, et le désir de ton bonheur a primé tout en mon esprit. Est-ce pour cela que je me débats dans le brouillard, sans idée claire, je ne sais; mais en songeant que je ne pourrais pas te sauver peut-être, il me semble que la folie me gagne, que ses griffes d'acier s'implantent dans mon cerveau.

Des larmes roulaient sur ses joues.

Anoor se serra contre lui :

— Père, dit-elle, ne pleure pas. Il reste toujours un moyen d'échapper aux méchants.

— Un moyen, dis-tu, lequel?

Elle eut un adorable sourire, et avec l'indifférence héroïque de sa race :

— La mort, père, qui nous réunira dans le pays du Nirwana éternel.

Et Cigale, bouleversé, balbutia dans un élan de désespoir comique.

— Si vous partez pour Nirwana, je prends aussi mon billet... un Nirwana, première classe, je ne veux pas rester tout seul à la gare.

Mystère ne répondit pas, mais ses yeux humides se reposèrent sur les jeunes gens avec un regard extasié.

Comme ils l'aimaient, ces pauvres êtres ramassés par lui aux confins de l'Europe! Comme ils étaient à lui, prêts à abandonner la vie pour le suivre!

En même temps, sa douleur se faisait plus poignante. Plus impérieusement s'affirmait le devoir de les sauver.

— Garieba, telle Tainareïa, fille d'Arçoli gémissant près du bûcher du héros Rama, la soif consume mes lèvres.

Tous se retournèrent. C'était Na-Indra qui venait de parler.

L'insensée continuait :

— Dans une coupe exprime le suc des citrons mûrs, joins-y l'eau fraîche des sources et présente cette boisson à ma bouche altérée.

Sans hésitation, la vieille Hindoue déposa son éventail sur un siège et se précipita dans l'habitation.

A peine avait-elle disparu que la folle se leva vivement.

Elle vint à Mystère, lui entoura le poignet de ses doigts fuselés, et sans le regarder, elle murmura :

— Viens.

Puis suppliante :

— Venez... désobéir à ceux dont l'esprit voltige autour du calice des fleurs, est outrager Brahma.

Étrange réflexion.

Na-Indra avait-elle conscience de son état, ou bien répétait-elle inconsciemment une phrase entendue souvent?

Le savant n'eut pas le loisir d'agiter cette question. La jeune fille l'entraînait. Il la suivit. Cigale, Anoor et Ludovic firent de même.

Na-Indra, satisfaite sans doute de leur soumission, avait lâché la main du docteur.

LE SOUTERRAIN.

Elle marchait d'un pas léger et rapide contrastant avec sa démarche habituelle.

On eût dit qu'elle se hâtait vers un but ignoré.

Ainsi elle arriva à l'entrée des caves souterraines, cryptes fouillées profondément dans le roc, afin de ménager aux boissons le charme de la fraîcheur.

Dans l'escalier tournant elle s'engagea, après avoir répété :

— Venez.

Ainsi que dans toutes les villas riches, les caves se subdivisaient en deux étages : Na-Indra, traversa le premier sans s'arrêter. Un nouvel escalier accédait au gradin inférieur.

Celui-ci aussi fut parcouru.

Des couloirs sombres, éclairés de distance en distance par des lanternes, s'enchevêtraient en labyrinthe ; mais l'insensée était sans doute familiarisée avec leurs méandres, car elle avançait sans hésitation, sans ralentir un instant son allure.

Enfin, elle poussa une porte qui céda sous sa main.

On pénétra dans un caveau de forme octogonale.

— Pourquoi nous a-t-elle conduits ici ? demanda Cigale en constatant que la salle ne présentait pas d'autre issue que celle par laquelle ses amis et lui étaient entrés.

Mystère haussa insoucieusement les épaules.

De cette promenade à la suite d'une folle, il n'espérait rien. Il n'avait pas voulu contrarier la pauvre enfant privée de raison, voilà tout.

Mais Na-Indra se livrait à un manège étrange.

Elle s'était appuyée contre l'une des parois, puis elle avait fait trois pas en avant. Alors elle s'était arrêtée, avait pivoté sur ses talons, de façon à faire face à la muraille perpendiculaire à celle qu'elle venait de quitter, et elle avait rejoint cette muraille.

Maintenant, la face contre les pierres, et les bras étendus en croix, elle promenait lentement ses mains sur le revêtement de plâtre.

— Na-Indra, sœur chérie, laisse ces blocs de pierre.

A cette prière d'Anoor, la folle ne prêta aucune attention. Elle continuait son inexplicable manège.

Et soudain un cri retentit lointain :

— Na-Indra, bonne maîtresse, où êtes-vous ?

C'était la voix de Garieba qui, revenue sur la terrasse, s'inquiétait de la disparition de la jeune fille dont Arkabad lui avait confié la garde.

— La servante va nous relancer ici, grommela Cigale.

— Évidemment.

— Na-Indra, reprit Anoor d'un ton suppliant...

Mais elle n'acheva pas. Une plainte analogue à celle d'un gond mal huilé se fit entendre, et sous les regards stupéfaits des assistants, le pan coupé reliant les deux parois touchées par la folle, glissa lentement, démasquant une ouverture béante.

Alors Na-Indra se retourna, son visage était transfiguré, ses yeux rayonnaient.

— Venez, dit-elle. Par ce chemin, vous passerez invisibles au milieu des espions du brahme Arkabad!

Un véritable rugissement s'échappa des lèvres de Mystère, de Cigale, d'Anoor. Tous trois se précipitèrent en avant, avides d'interroger Na-Indra; mais celle-ci se glissa par l'ouverture béante. Ils y entrèrent à sa suite, un peu bousculés par Ludovic, lequel ne se souciait pas de rester en arrière.

Un nouveau grincement retentit et le panneau de pierre se referma.

Tous étaient dans un boyau étroit; leurs mains étendues touchaient les parois. Des ténèbres opaques les environnaient.

Tout à coup une lueur tremblota en avant d'eux. Na-Indra venait d'allumer une bougie de cette cire rose odorante, extraite du gommier Ariak, dont l'usage est général au Pendjah.

Elle arrêta les questions prêtes à se formuler :

— Ne perdons pas de temps en vains discours. Les heures coulent pressées. Marchons... aucun obstacle n'arrêtera vos pas.

Joignant l'exemple à la recommandation, elle s'éloigna, élevant au-dessus de sa tête en un geste gracieux la bougie rosée. Force fut à ses compagnons de l'imiter.

Le souterrain se prolongeait, en ligne droite, et le docteur put calculer qu'il s'étendait bien au delà des limites de la propriété.

Il s'avançait certainement sous la campagne, sous les rochers, les massifs d'arbres qui abritaient les espions de Dheera.

L'insensée avait dit vrai. Les fugitifs étaient invisibles. Le souhait du fakir se réalisait. Vischnou permettait le miracle, et pour l'accomplir, ironie divine, il avait inspiré une folle.

Une folle! Oui, une insensée qui, à l'heure précise où les sages ne savaient plus à quel parti se décider, avait eu la lueur d'intelligence nécessaire au salut commun.

Ces réflexions se heurtant sous son crâne, le docteur allait toujours dans les traces de Na-Indra.

Celle-ci marchait, la tête droite, glissant sur le sol, sans adresser une parole, un regard à ses compagnons.

Combien de temps dura la promenade souterraine? Ni Mystère, ni ses jeunes amis n'eussent pu le préciser exactement; mais au jugé, ils estimaient avoir quitté les caves de la villa depuis une demi-heure environ, quand Na-Indra s'arrêta, au pied d'un escalier de granit, aux marches raides, qui semblait remonter à la surface du sol.

Celle-ci marchait la tête droite.

La jeune fille posa la bougie sur un degré, puis elle considéra ceux qui étaient près d'elle.

Enfin d'une voix douce, elle dit :

— Avant d'aller plus loin, je veux vous expliquer ce qui vous apparaît incompréhensible. Plus tard, il ne nous serait plus possible de nous entretenir en toute sécurité.

Tous la regardaient stupéfaits. Plus rien en elle ne trahissait la folie. Sa voix était nette, bien posée, et l'intelligence brillait dans ses grands yeux.

— Tout d'abord, continua-t-elle, Anoor, ma petite sœur chérie, viens dans mes bras, que je m'abreuve de tes baisers qu'il m'était interdit de te rendre, sous peine de te perdre, alors que des espions veillaient autour de nous.

Anoor eut un cri :

— Na-Indra, ma sœur, tu as recouvré la raison.

— Je ne l'ai jamais perdue.

— Jamais... pourtant hier encore...

— Quand tu m'as rencontrée au Temple d'Or, j'ai cru que j'allais mourir de bonheur, mon cœur battait à se rompre ; mon cerveau bouillonnait comme une chaudière.

— Tu m'avais reconnue.

— Ton image n'était-elle pas gravée dans mon cœur!

Les deux sœurs s'enlaçaient, pleurant, riant, le docteur et Cigale les observaient, bouleversés par la brusque résurrection de l'intelligence qu'ils croyaient éteinte à jamais.

Après les premières effusions, Mystère se rapprocha des jeunes filles :

— Une question, Mademoiselle, votre folie était simulée?

Na-Indra eut un rire perlé :

— Oui.

— Pourquoi?

— C'est ce que je veux vous raconter ; mais auparavant, laissez-moi vous dire ma reconnaissance. Vous avez sauvé cette enfant que mon père expirant m'avait confiée, et vous êtes celui que l'Inde opprimée attend. De ce jour vous comptez une alliée de plus. Moi!

Et avec une simplicité touchante :

— Bien faible est le soldat que je vous annonce ainsi, mais malgré sa débilité apparente, il peut donner la force aux guerriers du Pendjah, aux Radjpouts, à tous ceux que la domination étrangère irrite. Le Trésor de Liberté existe, je sais où mon père l'a enterré et je vous conduirai vers cet endroit, vous assurant ainsi le moyen de mener à bien les vastes desseins que rêve votre pensée.

Le docteur lui prit les mains :

— Merci, Na-Indra, votre confiance me récompense et au delà de tout ce que j'ai souffert sur cette terre de l'Inde.

Elle secoua la tête :

— J'obéis à ceux qui ne sont plus, à ceux dont les âmes, errantes à travers nos campagnes, gémissent de frôler un sol asservi.

Mais changeant brusquement de ton :

— Je veux vous apprendre ma vie ; je veux que vous me sentiez digne de partager vos dangers.

Il y eut un silence. Dans la crypte on ne percevait plus que le clapotement régulier des gouttes d'eau, tombant par infiltration de la voûte sur la terre

. . . .

— Il y a dix années, commença Na-Indra d'une voix sourde, toutes les félicités de Brahma tombaient en pluie de roses sur notre maison. J'avais sept ans, Anoor, trois,... et notre père, descendant vénéré des guerriers qui, dans le passé, colonisèrent le Pendjah, était au pinacle des honneurs. A son courage, à sa droiture, à son noble caractère, les populations du nord-ouest de l'Inde, du Sindhi à l'Himalaya, avaient rendu le plus éclatant hommage en lui confiant la garde du Trésor de Liberté.

En vain les brahmes l'entouraient d'espions; en vain ils employaient les ruses les plus inattendues pour lui arracher l'indication de l'endroit où il cachait ses trésors, ils ne purent rien apprendre. Le tribut, payé par les habitants patriotes, était apporté dans notre villa, descendu ostensiblement dans les caves.

Une fois là, il disparaissait sans laisser de traces, et sans que les avides prêtres de Brahma pussent deviner la raison de ce prodige.

Oh! ils mirent tout en œuvre. Les misérables allèrent même jusqu'à cette suprême lâcheté de vouloir faire espionner un père par son enfant!

Oui, à moi, fillette de sept ans, ils osèrent proposer de leur découvrir le secret. Comment ne me laissai-je pas tromper par leurs promesses?... Je ne sais. Sans doute Brahma avait résolu de délivrer ses fidèles de la tyrannie étrangère; il m'inspira. J'avertis mon père.

Alors se passa une scène qui a dominé toute mon existence.

Mon père me prit dans ses bras :

— Na-Indra, nul ne connaît la cachette du Trésor de Liberté... Ce que tu viens de m'apprendre, indique que l'impatience gagne nos ennemis... Je sens la menace suspendue sur ma tête.... La mort peut me surprendre, et cependant il faut que quelqu'un remette aux patriotes, au jour de la lutte, l'or qu'ils transformeront en armes. Toi seule peux faire cela. Le trésor, je te le livrerai, mais souviens-toi, enfant, que le secret ne doit être révélé qu'aux guerriers révoltés contre l'oppresseur, à eux seuls, et qu'il faut mourir plutôt que de permettre aux brahmes de s'en emparer.

On ne parle pas ainsi aux enfants d'ordinaire, mais avais-je encore l'insouciance de l'enfant?

Chaque jour, j'entendais des récits de fourberies des Brah mes, de tentatives vaines de corruption, et mon jeune cerveau s'était fait à l'idée du martyre pour la cause de l'Inde opprimée.

— Tu as sept ans, reprit mon père.

— Oui.

— Bientôt peut-être, vous serez orphelines, Anoor et toi ?

Et avec un sourire douloureux :

— Tu es l'aînée, tu veilleras sur elle, je te la confie.

— Je veillerai sur ma sœur, promis-je gravement.

— Mais pas même à elle, chère petite, tu ne révéleras le secret du trésor.

— Pas même à elle, je remets ma promesse entre les mains de Brahma.

Y avait-il dans mon accent une puissance de persuasion à laquelle mon père ne pouvait se tromper? Où bien avait-il reconnu dès longtemps en moi l'invincible obstination que les circonstances allaient rendre indispensable? Il n'en dit rien; le certain, c'est qu'il n'insista pas.

Mais la nuit suivante, mon père entra dans ma chambre. Je dormais, il me réveilla.

— Viens, ordonna-t-il.

Et je me levai, je jetai une tunique sur mes épaules, je glissai mes pieds nus dans des pantoufles. Ainsi accoutrée je le suivis.

Nous parcourûmes la maison où tout reposait, nous descendîmes aux caves. Mon guide se livra devant moi, à toutes les opérations que j'ai répétées tout à l'heure en votre présence.

Ainsi, il me découvrit le secret du passage souterrain par lequel l'or des patriotes du Pendjah était emporté hors de la villa; le passage qui m'a permis d'assurer votre fuite.

— Mais où conduisait-on l'or... commença le docteur intéressé au suprême degré par ce récit étrange?

— Cela, je ne saurais le dire, car mon serment fut formel, à personne ma bouche ne doit indiquer la cachette.

— Pourtant vous croyez en moi?

— Aveuglément. Aussi vous conduirai-je là où les richesses accumulées attendent le libérateur; seulement attendez, n'insistez pas à cette heure. Peut-être mes scrupules sont-ils exagérés; mais j'ai promis sur ma vie, sur mon sang, sur mon repos en Brahma, de ne jamais prononcer les mots désignant le gîte du Trésor de Liberté, et il me semble que ce serait démériter que de parler.

Elle secoua doucement la tête :

— En me faisant prêter serment sous cette forme, mon père avait un but caché. Il voulait que je ne pusse jamais céder à une minute d'entraînement, la parole est rapide, partant dangereuse. Tandis qu'avec l'obligation d'amener moi-même ceux en qui j'ai confiance à la cachette, cet homme sage m'a assuré le loisir de la réflexion.

Puis reprenant son récit, Na-Indra poursuivit :

— Personne ne soupçonna notre promenade nocturne. Par quel moyen les Brahmes parvinrent-ils à deviner que le secret de mon père était en mon pouvoir? Cela ne m'est pas connu. La chose certaine est que, une semaine plus tard, ce père bien-aimé disparut au cours d'une excursion dans la montagne.

Ce fut bien plus tard que l'on apprit la vérité.

Pris dans une embuscade préparée par les brahmines, notre père fut entraîné dans le temple de Nor-Abad, situé dans le désert montagneux de Pind-Dadan-Khan, entre la rivière Djhilam et le fleuve Indus.

Es-tu décidé à nous livrer le Trésor de Liberté?...

Durant cinq jours, toutes les tortures lui furent infligées. La faim, la soif contractèrent sa gorge, des lames d'acier, rougies au feu, déchirèrent sa chair. Sur ses plaies sanglantes on versa le suc brûlant du piment Après chaque blessure, après chaque souffrance, un brahme se présentait :

— Es-tu décidé à nous livrer le Trésor de Liberté?

Et mon père pantelant, brisé, réunissait ses ultimes forces pour regarder en face les bourreaux qui dépeçaient son corps et répondait d'une voix ferme :

— Non!

C'était avec une énergie farouche que Na-Indra s'exprimait maintenant. Sa taille souple se redressait, et dans ses yeux noirs brillait la flamme mystique de ceux qui sont appelés au martyre :

— Ce supplice atroce dura cent vingt heures. Puis Vischnou, conservateur de la vie, eut pitié de l'agonisant et lui permit d'entrer dans la mort.

Le cœur, les muscles du vaillant furent jetés en pâture aux chiens. Ses os, calcinés sur un bûcher, s'effritèrent en poussière parmi les cendres du bois consumé. Dernière profanation, cette poudre humaine fut dispersée à tous les vents. Les brahmes ne voulaient pas que des mains pieuses ornassent le tombeau de leur victime.

Elle s'arrêta comme oppressée par ces souvenirs cruels. Ni le docteur ni Cigale ne trouvaient un mot.

Anoor pleurait doucement au récit douloureux par lequel elle apprenait la fin admirable du héros de l'indépendance du Pendjab.

Et de nouveau la voix de Na-Indra se fit entendre, sourde, voilée, scandée de halètements soudains qui trahissaient les battements éperdus de son cœur :

— La première partie du drame était terminée. En frappant le père, les cupides prêtres de Brahma avaient cru avoir bon marché de la fille. Elle n'aurait plus pour la soutenir, la protéger contre sa propre faiblesse, le guerrier sans peur, de qui le devoir implacable avait été le plaisir unique, de qui le bonheur avait été le dévouement.

Vous savez la suite. Des menaces incessantes bourdonnaient à mes oreilles comme des mouches mauvaises.

Enfant! je ne soupçonnais pas la cruauté des hommes qu'affole la soif de l'or. Je me taisais. On enleva Anoor.

— Sœur, sœur chérie! gémit la protégée du docteur, en jetant les bras autour du cou de Na-Indra.

Celle-ci la baisa tendrement au front, puis la repoussant :

— Les instants fuient rapides. Laisse-moi achever mon douloureux récit.

Et désignant Mystère :

— Il faut qu'il sache tout, lui, qui consacre sa vie aux faibles, aux opprimés.

Ses grands yeux posèrent leur regard de velours sur le savant et d'une voix ferme elle poursuivit :

— La disparition de ma sœur me brisa. Si mon âme, inspirée par celle du cher mort, demeura inébranlable, mon corps chancela. Une fièvre cérébrale intense me jeta sur mon lit, délirante, inconsciente. Durant des semaines, je restai ainsi, enveloppée d'un brouillard douloureux, avec une vague perception de la souffrance, passant par éclairs, dans l'ignorance lourde de mon existence. Ce n'était plus la vie et ce n'était pas encore la mort. Je devais ressentir des impressions embryonnaires, comme l'arbuste alors que la cisaille du jardinier coupe les rameaux fleuris.

Et puis un beau jour, je m'éveillai sans force, mais aussi sans fièvre. Mon sang coulait, rafraîchi, dans mes veines; le cercle de fer qui comprimait mon crâne s'était relâché, avait disparu. La maladie était vaincue, je revenais d'entre les morts; comme au sortir des ténèbres, mes yeux, désaccoutumés de voir, étaient éblouis par la lumière.

Le souvenir ne me hantait pas encore, et je savourais ce bien-être prodi-

Garieba, ma servante, causait avec le brahme et lord Fathen.....

gieux de renaître à la vie, quand le bruit d'une conversation parvint à mes oreilles.

Les voix assourdies appartenaient à trois personnes assises au pied de mon lit.

Un coup d'œil prudent à travers mes cils baissés, me les fit reconnaître : Garieba, ma servante, causait avec le Brahme-Aïtar d'Ellora et lord Fathen, gouverneur de la province de Lahore.

Quel instinct m'avertit de me taire, de ne faire aucun mouvement? Cela est impossible à expliquer. Sans doute Brahma, dans sa suprême sagesse, avait décidé qu'il en serait ainsi pour que je pusse travailler à la délivrance de son peuple.

Et voici ce que j'entendis :

— Le thalle (*médecin*), disait Garieba, a déclaré la guérison proche. Avant trois jours, a-t-il promis, Na-Indra reprendra connaissance. Dans un mois, six semaines au plus, sa jeunesse aidant, elle sera redevenue aussi forte qu'auparavant.

— Six semaines à attendre encore! grommela le lord; six semaines pendant lesquelles le hasard peut faire découvrir à un voleur l'endroit où l'on a caché le Trésor de Liberté!

Les yeux de l'Anglais luisaient de cupidité.

— Tant d'or inutile, reprit cet homme, des millions dormant sous la terre alors qu'ils pourraient, à sa surface, s'épanouir en palais, en joies de toute espèce! Cela est irritant.

Le brahme eut un sourire ironique :

— Bah! Ces richesses ne tarderont pas à reparaître au jour.

— Le croyez-vous?

— J'en suis certain. Le père a eu le courage de supporter toutes les tortures sans trahir son secret, mais cette fillette parlera. A la première douleur, au premier filet de sang coulant sur sa peau, elle perdra la tête et obéissant à la peur, elle dira ce qu'elle sait.

Dans mon lit je frissonnai.

Oui, le prêtre d'Ellora avait raison. Je n'étais qu'une enfant et j'avais peur de la souffrance.

Je comprenais qu'aux mains des bourreaux, devant l'appareil sinistre de la torture, je trahirais l'espoir des patriotes du Pendjah.

— Ah! murmura le gouverneur avec une férocité tranquille, je voudrais déjà voir cette petite au supplice.

— Ne vous impatientez pas, riposta le brahme, cet instant désiré arrivera bientôt.

— Mais pourquoi attendre son complet rétablissement?

— Pourquoi?

— Oui, je vous le demande.

— Pour tenir compte des stupides idées des gens du pays, et ne pas provoquer un de ces mouvements insurrectionnels, que le gouvernement britannique prescrit d'éviter à tout prix.

Mélancolique et douce, la voix de Na-Indra résonnait dans la crypte. Sous la lueur tremblotante de la bougie rose, son visage charmant, auquel le souvenir d'un tragique passé donnait une gravité impressionnante, s'accusait par le jeu de la lumière et des ombres et prenait un caractère étrange, surhumain.

Elle n'était plus elle, la jeune fille, mais une sorte d'évocation déchirante de la patrie asservie.

Ses auditeurs écoutaient sans un geste, sans qu'à leurs lèvres montât une parole.

A quoi bon l'interrompre d'ailleurs, et quels mots eussent exprimé l'horreur, la pitié dont leurs cœurs palpitaient?

Elle reprit doucement :

— La réponse du Brahme-Aïtar m'avait surprise. A quelles idées du pays faisait-il allusion? Un espoir imprécis venait de naître en moi. Pendant quelques semaines je serais protégée par une chose inconnue. Pourquoi cette protection s'arrêterait-elle?

Probablement lord Fathen se fit des réflexions analogues, car il demanda :

— Voyons, voyons..., entendons-nous...

— Il me semble que nous sommes d'accord, commença le brahme.

L'Anglais l'interrompit vivement :

— Sans doute, mais je ne vois pas la nécessité d'attendre, quand il y a un intérêt capital à liquider rapidement cette affaire.

Cette affaire! c'est ainsi qu'il désignait mon supplice!

— Ah! Milord, plaisanta son interlocuteur, vous ne connaissez pas vos administrés.

— Ils n'ont qu'à obéir.

— Oui, oui, mais il faut tenir compte de leurs scrupules religieux, et les Védas sont formels...

— Les Védas ne s'occupent point de Na-Indra!

Je crois bien, expliqua la jeune fille, que l'Aïtar d'Ellora se moquait du fonctionnaire anglais, car son accent était singulier quand il répliqua :

— Je vois que je dois vous instruire, Milord. Regardez la vieille Garieba qui nous écoute. Vous ne doutez pas de son dévouement, j'imagine?

— Certes, non.

— Eh bien, demandez-lui, à elle qui a trahi son maître, à elle qui a livré Anoor et hait Na-Indra, demandez-lui si elle ne défendrait pas celle qui est là, inerte, couchée dans ce lit.

Il me désignait en parlant ainsi.

L'Anglais parut étonné. Il se retourna vers ma servante et sèchement :

— Parle, dit-il.

Et Garieba, murmura :

— Brahma frappe jusqu'à la plus lointaine génération, la famille qui lèse l'être privé de raison.

— Eh! s'écria le gouverneur, je sais cela, mais en quoi ceci gêne-t-il nos projets? Na-Indra n'est pas folle.

— Non, reprit le brahme, mais durant sa maladie, elle a eu le délire, elle a été momentanément privée de raison. Cela se sait aux environs.

— Après?

— Après? Il faut qu'elle sorte, que tous puissent s'assurer du réveil de son esprit, et, pour cela, qu'elle soit complètement guérie. Ensuite, nous serons libres d'agir à notre fantaisie. Avant, nous soulèverions la réprobation générale, et, conclut-il, nous serions imprudents de mettre en mouvement les colères populaires. N'oubliez pas que la province s'appelle le Pendjah, que les provinces voisines sont le Sindh, le Radjpoutana, foyers de rébellion...

Il parla longtemps, fit Na-Indra d'une voix sourde, et implanta dans mon esprit, sans le savoir, la résolution qui devait me permettre de garder mon secret.

Nul n'oserait torturer une folle; eh bien! pour tous je serais folle. En apparence dépourvue de raison, je resterais là, gardienne fidèle du Trésor de Liberté, jusqu'au jour où sonnerait à l'horloge de l'éternelle justice, l'heure bénie de l'affranchissement.

Le soir même, je parus sortir de ma torpeur.

Aussitôt avisés, le brahme et le gouverneur accoururent, mais leur désillusion fut cruelle. Je prononçais des paroles incohérentes, je commençais cette lugubre comédie qui devait durer neuf ans.

Un silence suivit ces dernières paroles.

Mystère, Cigale, Anoor considéraient avec stupeur cette jeune fille qui avait eu le courage atroce et admirable de simuler l'aliénation durant de si longues années.

Un instant le docteur ploya les genoux; on eût dit qu'il voulait s'agenouiller devant cette victime de la cause sainte de la liberté.

Dans ses regards, il y avait de l'égarement. Quelle souffrance, quelle abnégation étaient comparables à cet oubli complet de soi-même que Na-Indra venait d'exprimer avec tant de simplicité?

Et elle, pensive, acheva :

— Maintenant vous n'ignorez plus rien de mon histoire. Seulement, soyez muets. J'aurai encore besoin d'être folle pour vous protéger, pour vous conduire là où mon père a mis en sûreté le trésor.

Sans laisser à ses compagnons le temps de répondre, elle reprit la bougie à demi consumée, et s'engageant dans l'escalier :

— Venez, dit-elle, et gardez le silence, car maintenant nous allons marcher dans l'épaisseur des murs d'une maison habitée.

— Quoi, s'exlama Cigale, d'une maison...?

— Oui.

— Habitée par qui?

— Par lord Fathen, gouverneur du Pendjah, et par son fils Téobald.

Les voyageurs eurent un même mouvement. Na-Indra les faisait passer de surprise en surprise. Elle jouissait de toute sa raison, les sauvait à l'heure précise où ils se croyaient irrévocablement perdus, et elle leur donnait pour cachette l'endroit où personne n'aurait la pensée de les chercher : la maison même de leur ennemi.

CHAPITRE III

UN CHANGEMENT DE GOUVERNEMENT

— Téobald!

— Milord gouverneur et père?

— Vous avez télégraphié...?

— Ainsi que l'avait demandé le brahme Arkabad, oui.

— Et?

— Je pense que les cinquante hommes du poste de Boualior perquisitionnent à cette heure dans la villa de Na-Indra.

Lord Fathen et son fils échangeaient paresseusement ces répliques dans le somptueux bureau établi au premier étage de leur habitation.

Vautrés dans des fauteuils d'osier, en face de la croisée ouverte, ils regardaient au loin la campagne baignée de soleil, tandis qu'un *panka* de toile actionné par un fil électrique se balançait incessamment au-dessus de leurs têtes.

Au-dessus de la fenêtre, le toit avançait en auvent, laissant pénétrer dans la pièce une lumière en quelque sorte tamisée.

— Qui commande à Boualior, reprit Fathen?

— Le capitaine Gaberts.

— Un bon officier?

— Excellent, dit-on.

— Il prendra ces voyageurs qui inquiètent si fort le noble Arkabad... et on nous laissera tranquilles.

Téobald haussa les épaules :

— Un fâcheux, cet Arkabad.

— Chut! chut! interrompit vivement le gouverneur, les brahmes sont les fidèles alliés de l'Angleterre, il n'en faut pas médire... au moins à haute voix, acheva-t-il finement.

Puis la conversation tomba, et les deux hommes demeurèrent immobiles, somnolents, les yeux perdus dans le vague.

Ils ne se doutaient certes pas que, derrière eux, tapis dans le couloir ménagé à l'intérieur de la muraille, Mystère et ses compagnons ne perdaient pas un de leurs mouvements, pas une de leurs paroles.

De petits trous, percés à travers la paroi, permettaient aux fugitifs de voir ce qui se passait dans le bureau.

A ce moment même, Na-Indra parlait :

— Les environs sont infestés d'espions Dhééristes.

— Sans doute, répliqua Mystère.

— Il nous est donc impossible de fuir. Il nous faut passer dans cette villa deux ou trois jours, afin que le traître Arkabad et ses complices croient que nous avons quitté le pays.

— Oui, mais...

— Je sais ce que vous allez dire, j'y réponds de suite. L'habitation où nous sommes fut construite par Réesit-Begum, noble Sindhi, allié de notre famille. A cette époque, le pays n'était pas sûr, aussi construisit-on le passage souterrain que nous avons parcouru, afin d'assurer un refuge, tant à nos ancêtres qu'à Réesit-Begum lui-même.

— Bon bon, interrompit Cigale. Seulement si nous restons trois jours ici, il faudra manger...

— Attendez. Des couloirs comme celui où nous nous trouvons sont ménagés dans les murs. Des trappes ouvrent sur toutes les salles. Il nous sera donc aisé de prélever sans danger ce qui nous sera nécessaire.

— Ah! ça sera drôle... cela me rappelle Pierrot voleur.

— Plus bas, ordonna la jeune fille, ceux que nous entendons peuvent aussi nous entendre.

En effet, le gouverneur et Téobald s'étaient levés. Penchés en avant, ils semblaient prêter l'oreille. Évidemment un bruit insolite était arrivé jusqu'à eux.

— Vous n'avez rien entendu, Téobald, demanda lord Fathen?

— Pardonnez-moi, j'ai cru percevoir...

— Comme une conversation lointaine.

— Précisément.

Mais le gouverneur se rassit :

— Sans doute quelque jardinier.

— C'est probable, acquiesça Téobald en imitant le mouvement de son interlocuteur, ces gaillards-là rient de la chaleur et ils bavardent aussi tranquillement que s'ils jouissaient du climat tempéré des bords de la Tamise.

Puis d'un air engageant :

— Ne croyez-vous pas, cher père, qu'un *refreshment* nous ferait grand bien?

Un *refreshment* n'est pas ce que nous appelons *un rafraîchissement*. Il se compose en général de *roastbeef*, d'œufs, de poisson fumé, le tout abondamment arrosé de bière et de porto.

Aussi le mot fit-il dresser l'oreille aux fugitifs qui, de l'intérieur du mur, assistaient invisibles à la conversation. Aucun d'eux n'avait déjeuné, et chez Cigale surtout, la faim se traduisait par une impatience inquiétante.

Les yeux du gamin brillèrent :

— Ils vont manger, ces English et nous...

Il se tut; Na-Indra avait appuyé la main sur son bras.

— Nous mangerons aussi; mais taisez-vous, je vous en prie.

Au même instant, lord Fathen répondait d'ailleurs à son fils :

— Ma foi, Téobald, il y a souvent des idées sages dans votre jeune tête. Veuillez sonner, je me réconforterai avec plaisir, car en vérité le climat hindou est bien le plus débilitant qui se puisse rêver.

Le jeune homme profita aussitôt de la permission. Un domestique, appelé par le carillon de la sonnerie électrique, apporta bientôt un large plateau de laque sur lequel s'étalaient des viandes froides, des hors-d'œuvre variés, des bouteilles de bière.

De sa cachette, Cigale dévorait des yeux ces victuailles. Na-Indra lui prit la main et la pressa contre la muraille.

— Sentez-vous ici un angle de la pierre?

— Sans doute, il m'entre dans la main.

— Eh bien, dans un instant le gouverneur et son fils vont se lever; ils se précipiteront sur le balcon.

— Comment savez-vous cela?

— Peu importe. Alors appuyez sur cette aspérité; un panneau du mur glissera devant vous. Sautez dans la chambre, emparez-vous du plateau, revenez ici et refermez... le mouvement est le même.

— Bien... Mais, reprit le Parisien obstiné dans sa curiosité, s'ils ne bougent pas?

Na-Indra sourit :

— Tout se passera ainsi que je vous l'ai dit.

Puis elle adressa en langue hindoustani quelques mots au docteur Mystère, et se glissant dans l'ombre du couloir elle disparut.

Cependant, l'œil collé à l'étroite ouverture qui lui permettait de surveiller le bureau, Cigale aperçut le gouverneur et son fils s'approcher de la table, regarder d'un air ennuyé les différents mets entassés sur le plateau.

— Bon, grommela Téobald, *a slice of beef and carry* (une tranche de bœuf saupoudrée de carry) fera mon affaire.

Et le Parisien affamé le vit pointer une fourchette vers le plat où la pièce rôtie dressait ses tranches roses.

Mais soudain les Anglais eurent un geste de surprise indignée. Du jardin montait une voix perçante et cette voix clamait :

— Mort aux brahmes menteurs et à leurs domestiques anglais!

— *Quoi est cela?* bégaya le gouverneur.

— Quel impudent drôle se permet? bredouilla Téobald.

La voix continua :

— L'Inde aux Hindous et la potence aux oppresseurs!

Du coup, le père et le fils, oubliant leurs projets gastronomiques, coururent à la fenêtre et s'élancèrent sur le balcon.

— Vite, ordonna alors Mystère. J'ai reconnu la voix de Na-Indra. C'est elle qui a imaginé cette ruse pour éloigner nos adversaires.

Cigale n'eut pas besoin d'autre explication. D'une poussée vigoureuse, il fit mouvoir la pointe indiquée naguère par la jeune fille et un pan de muraille glissa, démasquant une baie rectangulaire.

Le chemin était libre.

En trois bonds, le Parisien fut auprès de la table, mais il avait mal calculé son élan. Il vint donner dans un fauteuil, le renversa et s'étala tout de son long sur le parquet, avec un tapage infernal.

D'un coup de reins, le jeune homme se remit debout; trop tard malheureusement, car, attirés par le bruit, Fathen et Téobald firent irruption dans le bureau.

Une minute d'indécision et les fugitifs étaient perdus. Le gouverneur appellerait ses serviteurs; Na-Indra, Anoor retomberaient aux mains de leurs persécuteurs.

Avec la rapidité de l'éclair, ces pensées traversèrent l'esprit de Cigale. A tout prix, il fallait empêcher les Anglais de sonner leurs domestiques.

Brusquement le Parisien se rua sur Téobald, plus rapproché de lui, et d'un coup de tête en pleine poitrine le jeta suffoqué sur le sol.

Fathen ouvrit la bouche pour lancer un cri d'appel, mais le son ne franchit pas ses lèvres. Un mouchoir s'appliqua durement sur sa figure et fut serré avec énergie.

Mystère venait au secours de son jeune compagnon!

En un instant, les Anglais ligottés furent entraînés dans le couloir secret et le panneau de la muraille se referma.

— Ouf! s'écria Cigale, nous l'avons échappé belle.

— J'ai eu peur, murmura Anoor toute tremblante.

Mais Na-Indra qui, son expédition terminée, était revenue sans bruit auprès de ses amis, laissa tomber ces mots attristants :

— Ceci peut compromettre nos desseins.

Tous la regardèrent avec surprise :

— Que voulez-vous dire? questionna le docteur.

Elle secoua la tête :

— Ceci : avant une heure, on viendra desservir la collation préparée.

— Évidemment.

— On s'apercevra donc de la disparition du gouverneur et de son fils.

— On les cherchera.

— Et on ne les trouvera pas, ricana Cigale.

Sa réflexion narquoise ne dérida pas la jeune fille :

— Le lieutenant gouverneur du Pendjah est un puissant personnage, reprit-elle. La nouvelle se répandra avec une rapidité prodigieuse; elle arrivera aux oreilles du brahme Arkabad.

— Eh bien?

— Eh bien, ce prêtre indigne de Brahma a l'habitude des temples machinés ainsi que des tables d'escamoteur. Ce seul indice le mettra peut-être sur la voie, lui indiquera comment nous avons échappé à ses pièges. Nous disparaissons de ma villa, à une heure de distance, le gouverneur est enlevé dans

CHEZ LE GOUVERNEUR.

la sienne. Arkabad est un esprit subtil, fait de ruse; il établira une corrélation entre ces deux événements; de là à découvrir la vérité, il n'y a qu'un pas.

Tous courbèrent le front. Évidemment Na-Indra avait raison.

— Craignez-vous donc qu'il trouve le passage secret, demanda le savant après un silence?

— Non, pour cela il lui faudrait démolir mon habitation pierre par pierre et, ajouta-t-elle avec un triste sourire, la maison d'une folle est sacrée.

— Alors, que nous importe?

— Nous avons besoin que les sectateurs de Dheera quittent le district pour fuir en toute sécurité. Si le brahme soupçonne la vérité, ses espions ne s'éloigneront pas et nous aurons simplement changé de prison.

Cela était certain. Personne ne songea à contester l'exactitude des déductions de Na-Indra.

Ainsi, après avoir entrevu le salut, les fugitifs allaient-ils être enlacés par une situation plus fâcheuse, empêtrés dans des difficultés plus grandes?

Et tout à coup Cigale éclata de rire :

— Comme au théâtre alors, fit-il.

Il s'interrompit pour donner libre cours à son hilarité.

Et comme ses compagnons l'interrogeaient du regard, stupéfaits de cette explosion de gaieté si peu justifiée par les circonstances, le Parisien s'expliqua :

— Le gouverneur et son fils sont ici, prisonniers; et cependant il faudrait qu'ils fussent libres dans leur bureau. Il y a un moyen.

— Un moyen? répétèrent les assistants.

— Mais oui... un moyen de théâtre; j'ai vu cela, moi, quand je vendais des contremarques à l'Ambigu.

— Et ce moyen?

— Simple. C'est de prendre leur place.

— Leur place?... Qui?

— Nous, tout simplement. Vous, patron, vous serez le gouverneur; moi, je deviendrai votre fils et je vous appellerai : papa! en anglais.

A cette proposition bouffonne que Cigale, en véritable enfant de Paris, énonçait comme la chose la plus naturelle du monde, le sourire refleurit sur toutes les physionomies.

— C'est fou, commença Mystère...

Mais le jeune homme ne lui permit pas de continuer :

— Fou, pas tant que cela. D'abord nous prenons les vêtements de nos prisonniers; il ne reste plus que notre tête pour nous trahir. Alors nous l'enveloppons de linges, sous le prétexte qu'un nuage de moustiques a envahi le bureau et nous a outrageusement piqués. Nous voici méconnaissables, n'est-ce pas?

— Ma foi, murmura le savant, ébranlé par le raisonnement de son jeune ami, cela ne me paraît plus aussi insensé que tout à l'heure.

— Là, vous voyez bien.

— Mais si le seigneur Arkabad venait...?

— Nous ne le recevrions pas.

— Le gouverneur ne peut lui fermer sa porte.....

— Oh! que si! Le tout est de savoir s'y prendre. *Peu importe ce qu'il y a dans la boutique, si l'étalage est bien fait :* voilà ce que l'on dit à Paris, et on a bien raison. Tenez... dévorés par les moustiques, le visage couvert de bandelettes, nous avons la fièvre, nous gardons la chambre, et Arkabad, pas plus qu'un autre, ne peut nous voir. Un seul domestique pénètre auprès de nous, un indigène facile à tromper, attendu que nous ne lui adressons la parole que tout juste pour les ordres indispensables...

Et comme on ne protestait plus autour de lui, Cigale ajouta gaiement :

— Allons vite à notre toilette, et mangeons notre déjeuner, je meurs de faim.

Un instant après, Na-Indra et Anoor, se tenant par la main, s'enfonçaient dans l'ombre du corridor.

Mystère et Cigale échangeaient leurs vêtements contre ceux de leurs captifs qui continuaient à ne rien comprendre à l'aventure.

Prêts enfin à jouer l'audacieuse comédie imaginée par le Parisien, ils rappelèrent leurs compagnes :

— Na-Indra, Anoor, dit le savant d'un ton grave, la garde des prisonniers vous incombe. Souvenez-vous que notre existence dépend de votre vigilance.

Elles inclinèrent la tête d'un même mouvement gracieux :

— Ils resteront ainsi, silencieux et résignés, ou bien ils mourront.

Êtres étranges que ces jeunes filles de l'Inde, pour qui la mort n'est point une idée terrifiante comme pour les femmes d'Europe!

Elles meurent sans lutte, et elles sont disposées à tuer sans remords lorsque l'intérêt des leurs l'exige.

Mystère connaissait bien ce côté du caractère indigène, car il ne marqua aucune surprise :

— Je compte sur vous, dit-il.

Et faisant de nouveau glisser le panneau mobile, il pénétra dans le bureau, suivi de Cigale enchanté de la mise en scène de son idée.

Pousser le verrou de la porte d'entrée fut le premier soin du docteur.

— Maintenant, fit-il avec un soupir de satisfaction, nous sommes chez nous. Déjeunons.

Oh! la collation était abondante. Chacun en eut sa part. Les prisonniers eux-mêmes reçurent la tranche de bœuf au carry qu'ils avaient espéré manger dans d'autres conditions.

Cigale, ravi d'apaiser sa faim, s'oubliait en sybarite dans les plaisirs de la mastication, quand on heurta à la porte.

Tous demeurèrent figés... l'instant critique était venu. Il allait falloir entrer dans la pratique de l'idée folle du Parisien.

De nouveau on frappa :

— Qu'est-ce? demanda alors Mystère en élevant la voix.

Du dehors un organe respectueux répondit :

— Le capitaine Gaberts, retour de son expédition à la résidence Na-Indra, désire entretenir Son Excellence le lieutenant général.

— Ah! murmura Cigale, celui qui devait nous arrêter... non, il faut voir sa tête...

Emporté par sa nature, tout au comique de la situation, il reprit à haute voix :

— Priez-le d'attendre un instant, je sonnerai.

— Cigale! fit le docteur d'un ton de reproche.

— Bah! un peu plus tôt, un peu plus tard, il faudra toujours nous montrer mais ne grondez pas, il s'agit de nous masquer.

Tout en parlant, Cigale regardait autour de lui.

A la fenêtre étaient fixés des demi-rideaux dits « brise-bise ». Il les décrocha prestement, les débarrassa des tringles dorées sur lesquelles l'étoffe se tendait, puis présentant l'un des carrés d'étoffe au docteur :

— Enveloppez-vous la tête, dit-il en riant, je me livre au même exercice.

Avec une dextérité rare, il s'enveloppait le crâne, ne laissant qu'une étroite ouverture à hauteur des yeux.

Cigale mettait tant de gaieté dans cette mascarade, que Mystère fut gagné par la contagion.

Du geste, il ordonna à Na-Indra de refermer l'entrée du couloir secret et, la jeune fille ayant obéi, il imita la manœuvre du Parisien.

Après quoi, il tira le verrou de la porte du bureau et appuya sur la sonnerie électrique.

Une minute se passe, puis des pas lourds frappent le plancher. La porte s'ouvre.

Le capitaine Gaberts paraît sur le seuil. Raide, flegmatique, gourmé, il lève la main à son casque colonial en un impeccable salut militaire. Il commence d'un ton respectueux :

— Mon général.....

Mais il s'arrête ahuri, écarquillant les yeux. C'est que les personnages qui le reçoivent sont véritablement étranges.

Il reconnaît bien les complets dont le gouverneur et son fils ont coutume

Il s'arrêta ahuri.

de se couvrir, et les broderies qui indiquent leurs grades, mais quelle idée a poussé ces gentlemen à s'entourer la tête de linges? On jurerait que, sur leurs épaules, sont juchés des fromages de Hollande qu'un négociant prudent a garantis contre la chaleur par une enveloppe de mousseline.

Certes le capitaine rirait bien, mais l'hilarité serait déplacée, irrespectueuse, antihiérarchique, et l'officier se mord les lèvres, mâchonne sa moustache, offrant aux regards de Cigale la mine la plus comiquement effarée qu'il soit possible d'imaginer.

Mystère cependant demeure imperturbable.

— Vous vous étonnez de notre accoutrement, capitaine, dit-il en contrefaisant sa voix?

L'officier s'incline :

— Je m'étonne... si toutefois Votre Excellence le permet.

— Je le permets; bien plus je veux vous expliquer. Un vol de moustiques nous a assaillis, mon fils et moi, nous a défigurés. C'est la fièvre assurée pendant deux ou trois jours. Nous ne recevrons personne durant ce laps... La gravité des circonstances seule nous a conduits à faire une exception en votre faveur.

Derechef Gaberts se courbe en accent circonflexe.

— Graves en effet sont les circonstances, gronde-t-il les dents serrées, redevenu sérieux à la pensée de l'inutile perquisition à laquelle il a procédé chez Na-Indra.

— Que signifient vos paroles, capitaine?

— Que la mission dont vous m'aviez chargé a complètement échoué.

Mystère et Cigale simulent la surprise.

— Échoué... vous ne prétendez pas dire que les perturbateurs réfugiés dans le logis de la folle se sont échappés?

— Je ne dis pas cela, Excellence, car je n'en sais rien.

— Comment?

— Attendu que je n'ai aperçu aucun d'eux.

Si confuse était la physionomie du malheureux capitaine, que le Parisien, le docteur lui-même eurent peine à conserver leur sérieux.

— Expliquez-vous plus clairement, parvint à prononcer ce dernier.

— Ainsi ferai-je. Au reçu de vos ordres, j'ai quitté le poste de Boualior avec vingt-cinq hommes. Je me présentais à midi exactement à la villa de l'insensée.

— Bien.

— Le brahme Arkabad me rejoignait alors, et nous pénétrions dans le logis, où nous trouvions tous les serviteurs bouleversés, criant, se prosternant, lançant des invocations aux démons des airs, de la terre et de l'eau.

— Qu'était-il arrivé?

— C'est ce que je demandai.

— Et?

— Une vieille servante, du nom de Garieba, spécialement préposée à la garde de miss Na-Indra, me déclara ceci : Sa jeune maîtresse était assise sur la terrasse auprès des étrangers signalés comme suspects. Elle avait prié la domestique d'aller lui chercher un peu de limonade. Sans défiance, Garieba avait obéi; son absence avait duré à peine cinq minutes. A son retour, sa maîtresse et les étrangers avaient disparu.

Mystère leva les bras au ciel, et avec une incrédulité parfaitement jouée :

— Ils ne pouvaient être bien loin, car les abords de la propriété étaient surveillés par des gens auxquels rien n'échappe.

— C'est ce qu'affirma le brahme Arkabad.

— Il avait raison et après...?

— Nous avons donc parcouru la villa, des caves aux combles, le parc, les communs.

— Bon...

— Mais, acheva piteusement le capitaine, nos recherches ont été vaines; nulle part les fugitifs n'avaient laissé de traces.

— Voilà qui est fort!

— Certainement, mon général, cette disparition est inexplicable. Le brahme appela alors les gens apostés dans la campagne, lesquels par parenthèse m'ont l'air de bandits. Aucun n'avait vu ceux que nous poursuivions. Le seigneur Arkabad les a lancés dans toutes les directions, il espère que les gaillards rejoindront ces étrangers que la peste étouffe.

Les talons réunis, l'attitude correcte, Gaberts attendait que le pseudo-gouverneur lui adressât les reproches d'usage. Chargé d'une expédition, il n'avait pas réussi. Certes ce n'était pas sa faute, mais la coutume hiérarchique voulait que son chef lui infligeât une réprimande.

Aussi fut-ce avec une véritable stupeur qu'il entendit celui qu'il prenait pour le lieutenant général lui dire d'un ton bienveillant :

— Vous avez agi au mieux, capitaine. Vous ne sauriez être accusé en la circonstance. Retournez avec vos hommes à Boualior, vous serez plus heureux une autre fois.

Il bredouilla un remerciement que le docteur interrompit :

— A propos, vous ferez faire une distribution de vin et d'ale à vos hommes, la journée a été rude pour eux. De plus, vous prierez le trésorier de Boualior de vous compter une gratification de vingt livres sterling.

— Ah! mon général, balbutia l'officier, tout ému de toucher une prime, alors qu'il attendait une admonestation désagréable.

— Allez et souvenez-vous que lord Fathen juge la conduite de ses subordonnés, non d'après le résultat, mais d'après l'effort.

Puis d'un ton bonhomme :

— Avertissez en passant mes serviteurs que je n'y suis pour personne jusqu'à nouvel avis. Il faut que je guérisse le dommage causé à ma figure par les exécrables moustiques.

Un salut militaire — en décomposant, s'il vous plaît — une, deux; un demi-tour à droite par principes, une... deux... trois, et le capitaine Gaberts quitta le bureau.

La porte retombée sur lui, Cigale s'affala dans un fauteuil, tout son corps secoué par une irrésistible hilarité.

— Non, disait-il, vous avez des idées extraordinaires.... Une gratification au capitaine parce qu'il ne nous a pas arrêtés... c'est trop drôle. Et la mine de ce brave homme... ah! ah! ah!

..... Je te tue comme un simple rat.....

Il se dressa soudain sur ses pieds, courut repousser le verrou et heurtant à la cloison.

— Mademoiselle Na-Indra, mademoiselle Anoor, ouvrez le panneau. Il faut que vous vous esbaudissiez avec moi.

Le mur glissa aussitôt, démasquant les jeunes filles et leurs prisonniers.

Elles riaient de bon cœur, tandis que les Anglais faisaient des grimaces bizarres, exprimant à la fois la colère et la stupéfaction.

— Ah! gronda Fathen, je ne ratifierai pas cette gratification au capitaine Gaberts.

A cette déclaration, l'hilarité du Parisien redoubla :

— Si tu savais ce que cela m'est égal, mon brave gouverneur!

— Je vous prie de ne pas me tutoyer.

— Je ne puis pas m'en empêcher, tu me plais.

— Et je vous invite, continua le lieutenant général dont la rage croissait de minute en minute, je vous invite à me remettre en liberté.

— Pas possible, tu n'es pas assez grand pour marcher seul.

— Vous ne voulez pas?

— Non.

— Alors je vais appeler et vous aurez à répondre devant les tribunaux britanniques...

Cigale cessa de rire :

— Mon gros Anglais, dit-il tranquillement, si tu as la maladresse de pousser un cri, je te tue comme un simple rat, ce qui te mettra dans l'impossibilité de témoigner devant un tribunal quelconque, britannique ou autre. Si tu es bien sage, sous trois jours, tu seras libre. Choisis.

Fathen courba la tête. Le dilemme posé par Cigale l'embarrassait. Et puis ce diable de Parisien avait un regard, un ton si résolus, qu'il était évident qu'à la moindre résistance, il mettrait sa menace à exécution.

— Voyons, reprit le jeune homme, donnez-moi tous deux votre parole d'officiers que, durant trois jours vous serez obéissants et muets. Passé ce délai, vous agirez comme bon vous semblera.

Fathen et Téobald hésitèrent encore un peu, pour la forme, mais la vue du revolver de leur interlocuteur fut pour eux un argument sans réplique; ils prononcèrent le serment demandé.

— Là, s'écria alors Cigale, nous avons nos coudées franches, repos sur toute la ligne. Trois jours à nous goberger aux frais de l'Angleterre !

L'après-midi s'écoula sans encombre.

Aidé par les jeunes filles, le facétieux Parisien avait réussi à confectionner des casques de carton recouverts de bandelettes de toile, qui s'appliquaient aisément sur le visage.

Ainsi, le docteur et lui pourraient dissimuler rapidement leurs traits si quelque visiteur indiscret se présentait.

L'heure du dîner arriva enfin. Les jeunes filles réintégrèrent leur cachette, tandis que Mystère et le Parisien, affublés de leurs masques, sonnaient les serviteurs et faisaient dresser la table.

Pour flegmatiques que soient les domestiques hindous, ceux-ci ne purent toutefois cacher leur étonnement à l'audition du menu que réclama le pseudo-lieutenant général.

Les Anglais sont généralement doués d'un robuste appétit, et lord Fathen ne faisait pas exception à la règle; mais jamais le gentleman n'avait englouti pareille quantité d'aliments.

Il est vrai que jamais il n'avait eu, comme ce soir-là, six bouches à satisfaire.

Le repas s'acheva cependant sans encombre. Le docteur et ses amis, enfermés derechef dans le bureau, voyaient avec satisfaction la nuit descendre sur la campagne.

La nuit, c'est-à-dire quelques heures de répit à leurs inquiétudes.

Car, en dépit de la belle humeur de Cigale, la journée n'avait pas été exempte d'angoisses.

Donc, devant la croisée largement ouverte, tous aspiraient avec délices la brise fraîche du soir, quand le bruit du galop d'un cheval arriva jusqu'à eux.

Dans leur situation, le moindre incident prenait de l'importance; ils prêtèrent l'oreille.

Le choc des fers sur le sol se rapprocha, grossit. Pas de doute, un cavalier se dirigeait à toute bride vers la villa du gouverneur.

Anoor, Na-Indra et leurs compagnons perçurent le bruit des sabots sur le dallage de la cour d'honneur, le murmure d'une conversation rapide, puis plus rien.

Une minute encore d'attente et on frappa à la porte. Vite les jeunes filles se réfugient dans le couloir secret, les hommes se masquent, ouvrent à l'importun.

C'est un domestique. Sur un plateau, il apporte une lettre qu'un messager vient de remettre pour lord Fathen. L'Hindou se retire et Mystère rappelant Na-Indra et Anoor, lit à haute voix l'étrange missive que voici :

Lahore, 6 heures du soir.

« Très honoré Lord,

« Votre honorable mémoire n'a certes pas perdu le souvenir de l'estimable Sanders, Jéroboam, jadis représentant à la Chambre des Communes, aujourd'hui citoyen libre et touriste.

« C'est Sanders qui trace ces lignes.

« Possédé du désir de vous revoir, de serrer votre main loyale qui a tant travaillé à la gloire de l'Angleterre, désireux aussi de rencontrer le noble et charmant Téobald, votre digne fils et héritier, disparu de mon horizon à l'âge tendre de trois ans, j'ai quitté le sol de la vertueuse Grande-Bretagne avec mes cinq filles, dont Maud, trésor de grâce et de sagesse, n'a pas oublié que la chaîne de roses des fiançailles la lia jadis au charmant et noble Téobald.

« Certes, je ne doute pas du plaisir que vous causera la venue d'une famille ayant effectué un si long voyage pour vous joindre, et si mes cinq délicieuses colombes de filles m'accompagnaient seules, j'aurais frappé à votre porte sans vous avertir, afin de vous laisser entière la surprise et la joie de l'apparition de visiteurs qui valent 500.000 livres sterling (12.500.000 francs.)

« Mais le lutin de l'Hymen s'est abattu sur mon cœur honorable durant la traversée, et j'ai enchaîné ma liberté contre celle de la vertueuse Wilhelmina van Stoon, qui a augmenté ma maison de ses sept filles.

« Cela ne serait encore rien.

« Quand un ami ouvre sa respectable maison à six personnes, il en peut également recevoir quatorze. Il n'y a que le premier invité qui coûte.

« Mais il y a autre chose : une verrue morale de mon épouse, une hérésie intellectuelle étrange, atroce et phénoménale, susceptible de vous déchirer l'âme si vous n'étiez averti.

« Wilhelmina est hollandaise, chers Gentleman et Lord, hollandaise, vous entendez bien? Hollandaise comme ces brigands de Boers qui, dans leur Transvaal montagneux, osent résister aux troupes de notre gracieuse reine.

« Hollandaise, ce ne serait rien encore; mais en dépit de notre affection elle se refuse à prendre les sentiments élevés d'une Anglaise, et quand je lui dis : Le monde doit appartenir aux Anglo-Saxons, elle proteste avec véhémence.

« Très honorable femme en dehors de cela, elle demeure intraitable sur cet objet.

« Depuis que l'illustre généralissime Roberts est entré dans Blœmfountein, capitale des rebelles de l'Orange, elle passe ses jours dans des colères continues, quoique successives.

« Le moindre succès des Boers, enlèvement d'un convoi, prise d'un canon, la fait exulter de joie.

« Dernièrement encore, lorsque les journaux ont publié le chiffre de nos morts, de nos blessés, savez-vous ce qu'elle m'a dit au lieu de pleurer sur ces pertes cruelles?

— « Les Boers sont environ 30.000 soldats, à l'heure qu'il est il vous ont mis pareil nombre de soldats hors de combat et la guerre ne fait que commencer. Le Transvaal sera le tombeau de la puissance de l'arrogante Angleterre,

« Telle est la maladie dont souffre ma respectable épouse. Je n'aurais pas voulu vous la présenter, sans vous mettre au courant.

« Ce devoir rempli, il me reste à vous aviser que notre courrier ne nous précède que de deux heures. Ce soir donc j'aurai la haute satisfaction de serrer les mains avec vous.

« Votre véritablement

« Jéroboam SANDERS. »

Après cette lecture, le docteur et ses amis se regardèrent.

Quoi! Sanders, sa femme, ses filles, abandonnés naguère dans la maison électrique, allaient envahir la villa!

Il serait impossible de conserver l'incognito devant cette famille encombrante, curieuse et turbulente.

Bien plus, si ces fâcheux reconnaissaient *l'hôtelier de l'Electric Hotel*, toutes les complications étaient à craindre.

Et Cigale traduisit la pensée de tous en s'écriant avec une intonation désolée :

— Pourquoi les stupides cipayes qui les ont arrêtés ne les ont-ils pas gardés en prison ?

A cette question la réponse était simple.

Le lieutenant du génie enlevé par le Parisien était rentré à Cheïrah après une marche pénible.

Là, brûlant de se venger, il avait raconté sa mésaventure, en l'enjolivant de détails flatteurs pour sa personne.

Ellick et Loo, avisés aussitôt, s'étaient sentis envahis par le doute ; n'auraient-ils pas fait incarcérer des innocents ? Tous ces gens qui se défendaient d'être soit le docteur Mystère, soit ses matelots, avaient peut-être parlé selon la vérité.

De là, nouvelle confrontation, explications dont la conclusion fut cette remarque de l'énorme Loo :

— Madame Sanders, Mesdemoiselles, nous regrettons l'aventure, mais avouez qu'en vous voyant si minces, si élancées, on pouvait hésiter à reconnaître en vous le sexe auquel j'appartiens.

Après quoi, la famille unie Sanders-van Stoon avait été remise en liberté.

Naturellement Jéroboam avait recherché l'interprète, cause initiale de ses tribulations, mais le rusé personnage avait disparu. Force fut à la troupe anglo-hollandaise de regagner Delhi, où elle apprit avec rage qu'aucun accident de chemin de fer ne s'était produit sur la ligne de Lahore.

Pestant, maugréant, tous avaient pris le train après une semaine d'un repos bien gagné. Parvenus à Lahore, le jour même ils avaient frété des voitures pour atteindre Amritzir et s'étaient fait précéder d'un courrier.

— Qu'allons-nous faire, dit tristement Anoor ?

Tous se regardèrent, n'osant répondre.

Alors Na-Indra prit la parole :

— Il faut quitter cette maison le plus promptement possible.

— Mais les adorateurs de Dheera, répandus dans la campagne ?...

— Ils nous reconnaîtront sans doute.

— Arkabad sera prévenu.

— Oui.

— Et nous serons attaqués par des ennemis trop nombreux...

La jeune fille secoua négativement la tête :

— Non, on nous suivra, on cherchera à ralentir notre marche, mais nul ne se livrera à des violences.

— Pourquoi?

— Parce que je suis folle.

— Folle, vous, Na-Indra?

Elle eut un délicieux sourire :

— Oui, moi. Les fous sont vénérés, quiconque leur cause dommage est poursuivi dans ses biens par la colère divine. Je fus insensée pour échapper à la torture. Je le serai encore pour vous sauver et vous conduire vers le Trésor de Liberté.

Et tendant les mains au docteur, enfonçant dans ses yeux le regard profond de ses yeux noirs :

— Croyez-moi, confiez-vous à la frêle créature suscitée par Brahma pour vous aider dans votre tâche libératrice.

Mystère hésitait encore; Na-Indra s'inclina devant lui :

— Je le sens, nous échapperons à nos ennemis. Le voyage sera long, semé de périls, mais le destin nous a réunis, vous qui venez parler d'affranchissement au peuple hindou, moi qui ai eu le bonheur de conserver intactes les richesses accumulées en vue de la lutte suprême de l'indépendance... De notre rencontre doit naître une chose heureuse pour la cause que nous avons embrassée tous deux.

Puis, prenant en quelque sorte le commandement, sans que personne songeât à protester :

— Ami, reprit-elle en s'adressant au médecin, appelez un domestique. Donnez les ordres nécessaires pour que la famille Sanders soit reçue convenablement. Vous êtes souffrant, hors d'état de vous présenter devant des dames; aussi vous vous dérobez ce soir, mais vous comptez offrir vos explications et vos excuses demain.

— Demain?

— Demain nous serons loin.

Avec sa voix douce, sa calme énergie, Na-Indra exerçait sur ses auditeurs une influence irrésistible. Ils se sentaient pénétrés de respect pour la gracieuse enfant et ils comprenaient, chose inexplicable jusqu'alors, le patient courage qui avait permis à l'enfant, à l'adolescente de simuler, durant neuf années, la folie constante.

Ah! elle était bien de la race de ces femmes héroïques du Pendjah, qui, du haut des terrasses de leurs maisons, suivaient les péripéties des combats livrés autour de leurs cités, et qui, le sort étant contraire, se poignardaient en souriant, ne laissant à l'ennemi qu'une ville peuplée de cadavres.

Alors que les circonstances se précipitaient, que Mystère lui-même hésitait sur la conduite à tenir, que son cœur battait à la pensée de se précipiter au milieu des Dheeristes, Na-Indra restait calme, considérait le danger sans émotion.

Hindoue, elle connaissait pourtant bien les ruses des Hindous. Elle savait que chaque pas sur la route à suivre, serait marqué par une embûche, par une trahison. Impuissants devant sa folie supposée, ses ennemis tenteraient l'impossible pour la forcer à se trahir, pour démontrer sa raison.

Pourtant aucun émoi n'apparaissait en elle, et sa voix conservait son timbre enjoué pour dire :

— Demain nous serons loin.

Loin de l'abri qui la garantissait à cette heure contre toute attaque.

Ce qu'elle avait résolu s'exécuta.

Après quoi il tendit la main au savant...

Les serviteurs de la villa du gouverneur reçurent les instructions du docteur.

Celui-ci, enfermé dans le bureau avec ses amis, et ses deux prisonniers que Ludovic ne quittait pas (on eût dit que le petit ours s'était donné mission de les garder), entendirent le brouhaha causé par l'arrivée de la famille Sanders-van Stoon.

Des bruits de pas, des portes ouvertes et refermées, des rires indiquèrent l'installation laborieuse des touristes. Puis le silence se rétablit peu à peu. Les hôtes s'étaient sans doute couchés.

L'heure de partir était venue.

Lord Fathen et Téobald furent extraits du couloir secret.

— Messieurs, leur dit Mystère, plus tôt que je ne le pensais, je vais vous rendre la liberté.

— Aoh! grognèrent avec un ensemble satisfait le père et le fils.

— Je vous prendrai quatre chevaux.

Le visage du gouverneur se rembrunit :

— Quatre...?

— Oh! ne craignez rien. Ce n'est point un vol. Veuillez m'apprendre quel est le prix de vos meilleures montures, et je vous le verserai immédiatement.

Au fond de tout bon Anglais, le commerçant sommeille. La proposition du savant ramena le sourire sur les lèvres de Fathen.

— Cinquante livres (1.250 francs) pièce, répliqua-t-il après une rapide réflexion.

Il majorait de moitié la valeur de ses quadrupèdes, car en ce pays le cheval est loin d'atteindre les prix exorbitants auxquels l'ont fait monter en Europe les sociétés pour l'amélioration de la race chevaline.

Mais le médecin ne parut pas le remarquer :

— C'est donc deux cents livres que je vous dois.

— Exactement.

— Les voici.

Ce disant, Mystère tirait de son portefeuille des banknotes qu'il remit à son interlocuteur.

Ce dernier les examina avec attention, et certain de leur authenticité, les enferma dans un tiroir. Après quoi, il tendit la main au savant :

— Marché conclu.

Vraiment le lieutenant général gouverneur du Pendjab n'en voulait plus à celui qui s'était emparé momentanément de sa demeure et de sa personnalité. A pareil prix, il eût consenti à offrir chaque jour l'hospitalité aux pires ennemis de son gouvernement.

Songez donc : cent livres, deux mille cinq cents francs de bénéfices par vingt-quatre heures! C'est un taux qui permettrait de tout exiger d'une âme noble, vraiment éprise de l'idéal du Doit et Avoir.

Mystère profita aussitôt des bonnes dispositions de son hôte.

— Une dernière question reste à régler.

— Parlez, parlez, honorable gentleman.

Fathen se mordit les lèvres. Dans sa satisfaction, il avait dépassé les limites de la courtoisie.

Le docteur n'abusa pas de sa confusion.

— Nous allons sortir de cette salle, vous y laissant seuls. Je demande votre parole de ne pas pousser un cri, de ne pas chercher à franchir la porte avant quarante-cinq minutes.

— Et si nous refusions, s'écria Téobald, essayant de se montrer digne?

— En ce cas, expliqua paisiblement Mystère, le soin de notre sécurité nous obligerait à vous rendre muets.

— C'est-à-dire?

— Que les morts sont les plus discrets des confidents.

Les deux Anglais sentirent un petit frisson courir le long de leur échine, et le gouverneur, non sans précipitation, bredouilla :

— Les quarante-cinq minutes écoulées, nous serons libres d'agir à notre fantaisie?

— Entièrement.

— Alors vous avez ma parole.

— Et la mienne, acheva Téobald.

— Bien.

Et appuyant la main sur l'épaule de Cigale qui écoutait gravement :

— Descends aux écuries, mon enfant. Selle quatre chevaux et tiens-les en main dans la cour.

D'un bond Cigale fut dehors.

Alors le médecin s'approcha des jeunes filles et leur parlant à voix basse :

— Allez m'attendre dans la salle voisine.

Toutes deux obéirent sans demander d'explications.

Resté seul en face de ses prisonniers, Mystère posa ostensiblement la main sur la crosse du revolver qu'il portait à la ceinture :

— Une dernière formalité, Messieurs, veuillez dépouiller les vêtements que nous vous avons prêtés en échange des vôtres et en faire un paquet. Vos uniformes nous seront utiles pour nous éloigner de votre habitation; plus tard, il nous sera probablement précieux de les remplacer par d'autres.

Son accent était si net, son geste si expressif que les Anglais n'eurent même pas l'idée de résister.

Le père et le fils commencèrent à se déshabiller.

CHAPITRE IV

MAUD SE DÉSOLE

Jéroboam Sanders, Wilhelmina van Stoon et les douze charmantes misses ou fraulen avaient été désagréablement impressionnés à leur arrivée.

Ni lord Fathen ni Téobald ne s'étaient trouvés là pour les recevoir. Si nous savons la cause de leur absence, les touristes l'ignoraient, et Wilhelmina avait profité de l'occasion pour se lancer dans une charge à fond contre la politesse, les usages, les mœurs britanniques.

Bien entendu elle avait continué par un parallèle avec la politesse, les mœurs, les usages hollandais, parallèle tellement partial que Jéroboam s'était fâché.

L'inévitable discussion sur la guerre du Transvaal avait recommencé, lui déclarant que lord Roberts serait bientôt à Prétoria, elle soutenant que pas un Anglais n'arriverait en vue de la capitale du président Krüger.

Bref, tout le monde s'était retiré de méchante humeur.

Les jeunes filles, rassemblées dans trois chambres transformées en dortoir, avaient, suivant le règlement édicté par l'ex-veuve van Stoon, soigneusement natté leurs cheveux, revêtu les longues chemises de nuit qui leur donnaient l'apparence d'angelets auxquels on aurait coupé les ailes; mais au lieu de se coucher, elles s'étaient réunies autour de Maud, vraiment très mélancolique et dolente.

La gentille Maud avait été plus affectée que personne de la froideur de la réception à la villa.

Comment, elle avait traversé la Méditerranée, la mer Rouge, l'océan Indien, la vallée du Gange, entraîné ses sœurs, puis ses belles-sœurs à sa suite en leur disant :

— Là-bas est le fiancé que l'on m'a réservé dès l'âge de trois ans. Il a sûrement des amis également épousables. C'est le mariage en masse assuré pour nous toutes.

Et le fiancé n'était pas sur le seuil pour lui souhaiter la bienvenue!

— Voyons, Maud, répétaient les jeunes filles. Il a été dévoré par les moustiques, il a craint de te paraître laid. Rien en cela n'est de nature à t'affliger.

Elle secouait la tête, avec l'obstination des jolies têtes blondes ou brunes, réfractaires à tout raisonnement. Elle allait même jusqu'à affirmer qu'en pareil cas, elle se fût montrée sans hésiter, ce qui, toutes les demoiselles en conviendront, était absolument contraire à la vérité.

Quelle fillette consentirait à présenter aux regards d'un fiancé son visage ravagé par les dards empoisonnés des moustiques?

Donc, au milieu de ses sœurs, elle s'était assise près d'une fenêtre qui permettait d'apercevoir au-dessous la cour d'honneur.

Soudain elle redressa sa tête douloureusement penchée et lança un regard au dehors.

— Des chevaux, dit-elle. Qui donc peut sortir à pareille heure?

Une douzaine de têtes curieuses se groupa, bouquet de jeunesse, derrière les vitres.

Maud ne s'était pas trompée. Quatre coursiers sellés, tenus en mains par un personnage qu'ils masquaient, faisaient sonner leurs fers sur les dalles de la cour.

— C'est vrai, clama Frijfine. Est-ce que vraiment on se promène au milieu de la nuit dans cet étrange pays?

— Il est permis de le croire, reprit une autre, car... je ne me trompe pas, deux de ces animaux portent des selles de dames.

Maud fut secouée par un frisson :

— De dames?.....

— Regarde toi-même.

— C'est vrai.

En effet l'observation était exacte.

Dans le groupe des jeunes filles plana un lourd silence. Lord Fathen était, comme disent les Anglaises, *en état de veuvage*, et son fils Téobald *en état de célibat.*

Quelles personnes du sexe faible pouvaient se trouver dans leur demeure et en sortir mystérieusement ainsi?

— Je comprends, dit gravement l'une des Hollandaises.

Tous les regards convergèrent sur elle :

— Tu comprends?

— Oui, j'ai écouté les récits que nous faisait notre digne mère sur les coutumes de Sumatra.

— Eh bien?

— Ici, ce doit être la même chose.

— Mais encore?

— Je m'explique.

Maud n'avait rien dit. Elle restait, le front appuyé à la vitre, absorbée par la vue de ces chevaux dont les formes élégantes se dessinaient en noires silhouettes sur le fond blanc du dallage.

— Vous saurez, reprit l'orateur, qu'au pays malais, javanais, etc., l'Européen qui désire épouser une indigène de grande famille, se rend chez les parents de celle-ci et les comble de cadeaux.

— Cela se fait partout, interrompit Anneke, même en Hollande.

— Attends un peu. Le lendemain, la jeune personne distinguée se présente avec sa famille chez le futur. Tous y passent la journée, regardent l'installation, puis vers le soir, au dîner, la fiancée, interrogée sur la décision qu'elle a prise d'agréer ou non la recherche dont elle est l'objet, répond qu'il ne saurait lui convenir de décider cela; qu'elle chérit ses parents et ne les quittera que contrainte et forcée. Tout cela, mes chères sœurs, n'est pas un refus, c'est simplement un cérémonial prévu auquel il faut se soumettre.

— Passons... après?

— Alors les parents feignent une grande colère. On enferme la jeune fille dans une salle en lui déclarant qu'elle se conformera de gré ou de force aux volontés de sa famille, qui a négocié le mariage le plus honorable et le plus avantageux pour elle. Puis au milieu de la nuit, la mère, comme prise de pitié, vient délivrer sa fille. Des chevaux sont prêts; toutes deux sautent en selle et partent au galop. Mais le père et le fiancé qui guettent enfourchent aussitôt d'autres coursiers et se lancent à la poursuite des fugitives. Une course effrénée a lieu dans la campagne. En fin de compte, la fiancée se laisse rejoindre et le mariage peut être célébré, car toutes les conventions établies par les ancêtres ont été respectées.

Maud poussa un long soupir et d'une voix caverneuse :

— Alors Téobald, parjure à la parole donnée jadis, serait sur le point d'épouser une femme de couleur, une sauvage?

— Hélas! je le crains.

Maud se cacha le visage dans ses mains :

— Une Anglaise rivale d'une Peau-Noire! quelle humiliation!

[illegible]urs et belles-sœurs se précipitèrent à l'envi pour la consoler, mais un [illegible]ement sonore monta de la cour.

D'un même mouvement, toutes coururent aux fenêtres et restèrent saisies.

Deux femmes étaient en selle, franchissant la grille. A quelques pas derrière elles deux cavaliers rendaient la main à leurs montures. Ces cavaliers étaient vêtus de blanc, et sur leurs manches, la clarté de la lune faisait briller des insignes connus.

— Le lieutenant général! s'écrièrent onze voix rageuses.

— Le capitaine Téobald! gémit un douzième organe, celui de Maud qui, après s'être dressée un moment, retomba sans force sur son siège.

Plus de doute, les jeunes filles venaient d'assister à une cérémonie analogue à celles des contrées javanaises rappelées un instant auparavant.

Le soir même de l'arrivée de la fiancée britannique, Téobald marquait sa préférence pour une autre.

Et quelle autre? Une femme de couleur, une sauvagesse!

Larmes, cris, malédictions, tout ce que la douleur de l'amour-propre froissé peut inspirer à une jeune fille méconnue, Maud en donna le triste spectacle à ses sœurs éperdues.

Il ne fallut pas moins de trente-cinq minutes pour maîtriser le premier élan de sa colère.

Elle se calma cependant, et après un rapide conseil, les douze héritières Sanders-van Stoon allaient prendre un repos bien gagné, quand un tintamarre épouvantable les contraignit d'ajourner encore cette sage résolution.

Les sonneries électriques crépitaient, des appels effarés se croisaient, des pas lourds ébranlaient les planchers.

Du coup, les fillettes crurent à une invasion soudaine de barbares, à une révolte de cipayes, à une attaque à main armée de la résidence.

Suivant le sage instinct des demoiselles bien élevées, elles cherchèrent aussitôt à se placer sous la protection de leurs vénérés parents. En flot tumultueux elles se précipitèrent vers la porte, l'ouvrirent... et se rejetèrent en arrière en poussant en chœur l'exclamation saxonne :

— Shocking!

Dans la salle voisine elles avaient aperçu deux hommes bondissant, avec des hurlements d'énergumènes, au milieu de serviteurs hindous médusés, et ces deux personnages étaient en chemise.

Le délai promis écoulé, Fathen et Téobald cherchaient à entraîner leurs domestiques à la poursuite des fugitifs.

Deux hommes, bondissant, avec des hurlements d'énergumènes.

Or, une miss bien née ne saurait tolérer de pareils écarts de tenue. Voilà comment en cette nuit mémorable fut rompu à jamais le mariage pour lequel Sanders avait parcouru trois mille cinq cents lieues.

Il est vrai que l'ancien représentant s'était marié lui-même, et qu'il ne se trouvait pas plus heureux pour cela. Tels sont les jeux du hasard et le système de compensations auquel se complaît le destin.

. . . .

Cependant Mystère et ses compagnons galopaient à travers la campagne. Cramponné à la partie antérieure de la selle de Cigale, l'ours Ludovic

MYSTÈRE ET SES COMPAGNONS GALOPAIENT A TRAVERS LA CAMPAGNE.

dressait la tête pour regarder au loin, entre les oreilles du cheval lancé à toute vitesse. A deux ou trois reprises, le plantigrade grogna sourdement, ce qui le fit gourmander par son maître.

Pourtant l'animal indiquait ainsi un danger. Si les cavaliers avaient songé à regarder en arrière, ils eussent vu des ombres humaines se lever derrière des buissons dépassés un instant plus tôt.

Ces silhouettes sombres s'élançaient en courant parmi les cultures, se dirigeant toutes vers le nord.

En elles, Mystère, Na-Indra eussent reconnu les féroces sectateurs de Dheera auxquels le brahme Arkabad avait confié le soin de surveiller les abords d'Amritzir. Ces espions sagaces avait-ils été trompés par le déguisement de Cigale, du docteur? Mystère. Les Dheeristes étaient muets et aucun bruit ne trahissait leur course rapide dans la nuit.

Les fugitifs allaient toujours. Dans les ténèbres, ils reconnurent le bourg de Bhera. Sur un pont de bois, ils franchirent la rivière Djhilam qui, à cent kilomètres au sud, apporte le tribut de ses eaux à l'Indus.

Ils s'engageaient dans le district peu peuplé de l'Entre-Djhilam et Indus. Des collines rocheuses, des bois épais, les obligeaient à d'incessants détours.

A l'aube, leurs chevaux exténués s'arrêtèrent à quelques centaines de mètres du village de Tsillahan.

Perché sur une hauteur escarpée, ainsi qu'un nid d'aigle, Tsillahan est entouré par une enceinte crénelée. Des tours massives dressent de loin en loin leur masse sombre lui donnant son cachet de forteresse d'avant-garde, chargée d'arrêter les envahisseurs venus par la vallée de l'Indus, grande route préparée à l'invasion par la nature, à travers les montagnes lointaines de l'Afghanistan.

Deux jours de marche encore et Mystère, ses amis, franchiraient la frontière. Sans doute la rancune des brahmes les pourrait suivre au delà, mais au moins ils n'auraient plus à craindre la police, les soldats anglais.

En songeant à cela, ils oubliaient leur fatigue, le sourire éclairait leurs physionomies, leurs yeux se fixaient avec espoir sur l'horizon ouest, derrière lequel se cachait la terre libre des Afghans.

Mais, pour l'instant, il s'agissait de donner aux chevaux un repos mérité, d'accorder aux voyageurs eux-mêmes quelques heures de sommeil. Les jeunes filles malgré leur courage se sentaient brisées par la course furibonde succédant à une journée d'angoisses.

Aussi, tirant après eux leurs montures ruisselantes de sueur, tous gravirent à pas lents la route sinueuse accédant au village.

Déjà toute la population était debout. Hommes, femmes, enfants sont employés à l'extraction du minerai de cuivre qui abonde aux environs.

L'exploitation de cette richesse naturelle est des plus simples. Dans le rocher, à ciel ouvert, on pratique un fourneau de mine et l'on y met le feu. L'explosion se produit, des quartiers de roc cuprifère sont projetés au loin. On les recueille et des chariots les emportent à Valliour, d'où un embranchement industriel les conduit jusqu'à Rawalpinde, station du Transpeninsular Railway.

Pauvres, mais hospitaliers, les habitants de Tsillahan accueillirent les voyageurs avec bonté; l'*Adji*, chef du village, les mena dans sa propre maison. Des galettes de millet, du miel, des fruits leur permirent d'apaiser leur faim. Après quoi, leur hôte leur souhaita bon sommeil, et s'en fut au travail, les laissant maîtres de son logis.

Na-Indra, Anoor se jetèrent aussitôt sur les nattes dressées pour elles, et bientôt leurs compagnons les imitèrent.

La matinée, les heures brûlantes de la sieste s'écoulèrent sans que les fugitifs en eussent conscience. Ce fut seulement vers le déclin du jour qu'ils sortirent de l'anéantissement où les avait plongés leur extrême lassitude.

Ils se sentaient dispos, prêts à continuer la marche vers la liberté. De grands bassins emplis d'eau fraîche avaient été déposés auprès de leurs couchettes, et tous procédèrent avec plaisir à des ablutions prolongées.

Rafraîchis, ils songèrent à prendre congé de leur hôte; mais au seuil de l'appartement une surprise désagréable les attendait.

L'Adji était là. Ses vêtements de travail avaient fait place à ses habits de cérémonie, sur sa blouse de soie brodée, il portait en travers le baudrier-cartouchière.

A la vue des fugitifs, il s'inclina cérémonieusement :

— Salut, frères, dit-il.

Et Mystère lui ayant répondu par les mêmes paroles :

— Tu es mon hôte. Sous mon toit, tu es sacré, ainsi que ceux qui t'accompagnent.

Son accent inquiéta le médecin :

— Pourquoi ces mots, Adji?

Le chef sourit avec embarras :

— Il est du devoir du maître de la maison d'avertir son hôte des dangers qui le menacent.

— Y a-t-il donc un danger sur ma tête?

— Peut-être.

Il y eut un silence. Anoor s'était rapprochée vivement. Quant à Na-Indra, elle avait repris l'air égaré d'antan et ne paraissait prêter aucune attention à la conversation.

Après une pause, Mystère demanda encore :

— Quel est le péril que tu annonces?

— Le plus terrible de tous.

— Explique-toi plus clairement;

— Soit. Les brahmes sont irrités contre toi.

Le médecin tressaillit. Les brahmes! Est-ce que ses ennemis avaient retrouvé sa trace? Et ce fut d'une voix sourde qu'il questionna son interlocuteur :

— De quels brahmes s'agit-il?

— D'Arkabad, le sage d'Ellora.

Arkabad! C'était donc vrai. Le misérable fourbe continuait à traquer ses victimes.

Cependant le médecin ne s'abandonna pas. Il releva la tête et regarda l'Adji bien en face :

— Ne me cache rien, que s'est-il passé?

Le chef étendit les mains et lentement :

— Je rentrais ici pour la sieste, *à l'heure où l'ardeur du soleil est telle que le croyant se demande pourquoi Brahma a créé l'enfer*. Tu dormais ainsi que tes compagnons. Certain que tu n'avais besoin de rien, j'allais moi-même me livrer au repos, quand le brahme Arkabad est arrivé, suivi de plusieurs hommes, qu'aux emblèmes ornant leurs turbans je reconnus pour des adorateurs de Dheera.

— Bien, continue.

— Leurs chevaux étaient blancs d'écume, ils avaient dû fournir une longue traite. Tu es le chef de Tsillahan, me dit le brahme et tu héberges des voyageurs arrivés ce matin. Comme j'hésitais à répondre, il poursuivit : Ils sont quatre. Un homme dans la force de l'âge, deux jeunes filles, un adolescent. Ce dernier traîne après lui un ours de Siva. En l'entendant, je compris qu'il était bien informé. Cela est vrai, répondis-je, ceux que tu désignes sont mes hôtes. — Cependant, tu vas me les livrer, fit-il avec hauteur. Je secouai la tête : Non, car ils sont doublement sacrés à mes yeux : comme hôtes d'abord et ensuite parce que l'une des jeunes filles m'a paru privée de raison.

Mystère lança un rapide coup d'œil sur Na-Indra. Elle était là, indifférente en apparence, jouant avec les sequins de sa parure.

L'épreuve qu'elle avait annoncée la veille en parcourant le souterrain mystérieux creusé entre sa villa et la Résidence, l'épreuve allait-elle avoir lieu?

Devrait-elle simuler la folie pour détourner le malheur de ses amis?

— Qu'a répliqué Arkabad?

— Il m'a dit : Adji, tu te trompes. La folie ne pèse point sur le cerveau de cette jeune fille. C'est un rôle qu'elle joue pour soustraire des misérables à ma vengeance. Je ne cédai pas, malgré l'assurance avec laquelle il prononça ces paroles.

— Tu as eu raison, car, hélas! elle est insensée.

— Je le pense. Alors le brahme s'emporta, menaça; je me bornai à lui réciter le décret de Brahma enjoignant aux hommes de vénérer les pauvres d'esprit, sous peine d'encourir sa colère. Alors le sage Arkabad s'apaisa : Tu as raison, me déclara-t-il; mais tu ne me refuseras pas le moyen de te prouver que cette jeune fille n'est point folle, ainsi que tu le crois. Ceux qui me suivent resteront au village, tu nous conduiras, tes hôtes et moi, entourés par autant de guerriers que tu le désireras jusqu'au point où j'ai préparé la preuve. Si je dis vrai, tu me livreras ces coupables; sinon ils seront libres de s'éloigner.

Le front penché, Mystère écoutait. Tout à l'heure il avait pressenti la vérité. Quel coup de théâtre avait manigancé Arkabad pour amener Na-Indra à se trahir?

De nouveau, le savant tourna ses regards vers la jeune fille. Elle ne parut pas s'en apercevoir; maintenant elle soulevait gracieusement sa longue tunique et esquissait un pas de danse, comme si son esprit était hanté par le souvenir d'une almée, d'une bayadère entrevue au passage.

Cependant il fallait répondre.

En une seconde, le docteur envisagea la situation. Refuser l'épreuve, c'était avouer qu'Arkabad avait dit la vérité, se condamner à demeurer enfermé dans la maison de l'Adji; d'autre part, accepter le défi du brahme était plein de périls. Quelle combinaison avait enfantée cet esprit de ruse? serait-il possible à Na-Indra, cette frêle jeune fille, de déjouer les calculs de son ennemi?

Il hésitait. Tout à coup la sœur d'Anoor poussa un petit cri; elle franchit le seuil semblant poursuivre une forme invisible, créée par son imagination. Elle se dirigeait vers le portail ouvrant sur la place publique. Mystère eut un geste effrayé. La pseudo-folle acceptait la lutte. Mais il n'était plus temps de reculer; aussi affermissant sa voix :

— Conduis-nous, Adji. J'ai confiance en toi.

Un quart d'heure plus tard, escortés par cinquante guerriers en armes, les voyageurs, Arkabad, le chef, quittaient le village et se dirigeaient vers une des exploitations minières, située à peu de distance.

Le Docteur avait pris le bras de Na-Indra.

Mais sur la demande de Cigale, les chevaux des fugitifs, tenus en main par quatre jeunes hommes, suivaient tout sellés, et sur celui du Parisien Ludovic se prélassait, la gueule entr'ouverte. En le considérant de près, on eût pu croire que l'ours riait.

Peut-être que cela était vrai. Quel humain saura jamais ce qui se passe dans la cervelle obscure des animaux?

Le docteur avait pris le bras de Na-Indra. Il semblait guider les pas de la pseudo-folle. Elle l'avait laissé faire, mais avec une force de volonté incroyable, elle conservait son regard étonné, sa physionomie sans expression.

En vain, tout proche d'elle, Arkabad scrutait son visage, espérant y voir passer la lueur d'intelligence qui démontrerait la justesse de ses calculs, il ne discernait rien. En apparence, la jeune fille était impassible.

Et le médecin sentait ses appréhensions diminuer. Un respect dévotieux l'envahissait. Il admirait l'énergie de la gracieuse jeune fille, et son esprit se reportant en arrière, lui retraçant les longues années de démence simulée, sous l'œil malveillant des espions des brahmes et des autorités anglaises, une tendresse empreinte de mysticisme se développait en son âme.

Elle se montrait à lui comme l'incarnation divine de la Liberté, de cette cause sainte pour laquelle tous deux souffraient. Aux heures de crise, quand les nations se débattent entre la vie et la mort, le destin, désireux d'enflammer le cœur des guerriers, de l'élever au niveau des sacrifices nécessaires, suscite volontiers, l'histoire en fait foi, des femmes, des adolescentes qui exaltent les vertus de dévouement.

Frêles, jolies, semblant créées seulement pour les tournois souriants des réunions mondaines ou pour les tranquilles devoirs de la femme, ces inspirées se dévoilent soudain, leurs lèvres s'entr'ouvrent, laissant couler la musique de leur voix, la poésie de leur pensée, et les peuples se lèvent, renversent les oppresseurs, donnent leur or, leur sang pour faire croître la plus belle, la plus adorable des fleurs, la fleur de Liberté.

Na-Indra, marchant d'une allure paisible, insouciante, imprimant sur ses traits la marque d'un factice hébétement, causait à Mystère un éblouissement moral. Il avait l'impression que son front pur allait se nimber d'une auréole de lumière. Elle lui apparaissait telle une de ces vierges inspirées qui, à l'heure de la libération, guident les peuples esclaves vers l'indépendance, comme si en leur corps juvénile était enfermée une étoile de clarté ravie au manteau bleu de l'infini.

Anoor, elle, marchait auprès de Cigale :

— Ami, dit-elle brusquement, continuant ainsi un monologue intérieur, ami, je ne veux pas redevenir l'esclave d'Arkabad.

Le Parisien frissonna.

Justement il songeait à cela. Il cherchait le moyen d'arracher sa gentille compagne aux serres du brahme. Chose étrange, elle répondait à sa pensée.

— Moi non plus, je ne veux pas qu'il vous emmène captive, qu'il fasse de vous une victime. Seulement, je suis devenu *béte comme une sardine...* je ne trouve rien.

Malgré la tournure pittoresque de la phrase, une émotion vraie vibrait dans la voix du gavroche.

Anoor sourit avec mélancolie :

— J'ai trouvé, moi.

— Vous?

— Oui.

— Vous avez de l'esprit comme un ange.

La fillette secoua la tête :

— Oh! ne vous confondez pas en louanges. J'ai trouvé une chose à laquelle vous n'osez pas songer; un moyen désespéré, rien de plus.

Et lui, ne répondant pas, devinant vaguement ce qu'elle allait dire, courba la tête.

Un silence suivit, puis la jeune fille reprit lentement, la voix affermie :

— Quand la vie est cruelle, Brahma permet de chercher un refuge dans l'anéantissement.

— Mourir, vous... balbutia-t-il?

— Être libre, rectifia Anoor. Choisir le trépas, la main qui doit le donner, c'est encore une joie.

Elle lança un regard vers le ciel, comme pour le prendre à témoin et doucement :

— Aussi j'exige une promesse de vous.

— De moi?

— Oui. Là-bas, dans votre pays, vous m'avez conservé l'existence; ici vous avez affronté mille dangers pour me réunir à ma bien-aimée Ni-Indra. Je vous appartiens puisque je ne suis que par vous; mais vous m'appartenez puisque vous ne sauriez m'abandonner sans que je cesse d'être.

— Oh! Mademoiselle, bégaya Cigale...

Elle l'interrompit :

— Venant de vous, la mort m'apparaîtra sous les traits d'une amie. Promettez donc que si notre ennemi triomphe...

— Vous promettre cela, jamais je n'aurai le courage...

— Préférez-vous qu'il m'emmène enchaînée, qu'il m'inflige mille tortures...?

Un flot de sang monta aux joues pâles du Parisien. Il ferma les yeux et, d'un ton rageur :

— C'est entendu, je vous tuerai...

— Merci.

— Et moi après... Comme cela, conclut-il avec un accent burlesque et déchirant, nous continuerons le voyage ensemble... Seulement *on aura changé de train.*

Il y eut une buée humide sur les yeux clairs de son interlocutrice, mais Anoor renfonça ses larmes et elle tendit la main au brave garçon.

Il la prit et ne la lâcha plus.

Les doigts enlacés, crispés par l'angoisse, ils marchèrent côte à côte, sans se regarder, sans parler.

Qu'auraient-ils dit? Ne savaient-ils pas, ces enfants attristés, que la pensée de chacun d'eux était toute pleine de l'image de l'autre?

Cependant, prisonniers, Adji, guerriers avaient descendu la pente rapide de la colline sur laquelle s'élevait la muraille de Tsillahan.

On arrivait dans un vallon resserré, dont les rochers éventrés attestaient que là, l'extraction du cuivre était en pleine activité. Sur les parois, caressées par les rayons obliques du soleil, des traînées éblouissantes projetaient des éclairs; c'était le cuivre natif mis à nu par le travail des mineurs.

Partout des excavations, des éboulis, des arbres brisés, des buissons courbés, écrasés sous des avalanches calcaires. Par ses déchirures, ouvertes comme des bouches douloureuses, la montagne semblait prête à pleurer sur les souffrances que lui imposait l'avidité humaine.

Et dans ce chaos, champ de bataille grandiose et triste de l'industrie, Arkabad avançait d'un pas sûr, précédant la petite troupe.

Contournant les obstacles, se frayant un chemin à travers les broussailles, il marchait sans une hésitation. A le voir, on comprenait qu'il avait reconnu son terrain avec soin, avant d'engager la lutte. Et le cœur du docteur se serrait à cette constatation.

A quelle épreuve Na-Indra allait-elle être soumise par le perfide brahme?

Celui-ci s'arrêta enfin devant un énorme bloc rocheux de forme cubique qui jaillissait, ainsi qu'un promontoire, du flanc de la hauteur.

Sur l'une des faces se découpait une lucarne carrée qu'un *bourrage de mine* aveuglait.

Arkabad la désigna du geste.

— Adji, tu connais ceci?

Le chef sourit :

— Oui, c'est une mine préparée.

— A l'intérieur sont enfermés cent kilogrammes de poudre.

— Ah! murmura l'Adji d'un air surpris; tant que cela! Le bloc va s'éparpiller en poussière.

A cette réponse, le brahme fit peser sur Na-Indra un regard cruel :

— Certes, ce rocher sera pulvérisé, reprit-il en appuyant sur les mots, et celui qui enflammera la mèche destinée à provoquer l'explosion sera en danger de mort, car, vu la faible épaisseur de la masse, *la cheminée de mine* (1) est courte.

— En effet. S'il en est ainsi, le péril est grand. Mais je ne vois pas de rapport entre cette mine et l'objet qui nous a amenés ici.

Arkabad eut un ricanement farouche :

— Tu comprendras dans un instant.

Avec une rapidité qui prouvait que le traître avait préparé son effet il enflamma une allumette et l'approcha de la mèche.

— Je mets le feu. Sauve qui peut! cria-t-il.

Lui-même prêcha d'exemple en s'enfuyant à toutes jambes, donnant ainsi le signal d'une débandade générale.

Cigale, des premiers, avait entraîné Anoor; mais à cinquante pas, la jeune fille se dégagea de son étreinte et se retournant en arrière :

— Regardez, dit-elle seulement.

Cigale obéit et demeura stupéfait, anéanti.

Le docteur et Na-Indra étaient debout, immobiles à la place qu'ils occupaient tout à l'heure.

Le premier mouvement de Mystère avait été de bondir vers la jeune fille, de l'emporter dans une course éperdue, loin de ce volcan qui allait vomir la flammé et la mitraille de rochers; mais elle l'avait arrêté par ces simples paroles :

— Si je me sauve, il dira que je ne suis pas folle.

En l'espace d'un éclair, le savant avait compris le plan infernal d'Arkabad.

Le brahme, mû par un soupçon lointain de la vérité, avait pensé épouvanter la jeune fille. Obéissant à l'instinct de la conservation, elle prendrait le large, pensait-il, et alors il pourrait affirmer sa raison :

— Elle a compris le danger; elle s'est mise en sûreté, donc sa folie n'est pas vraie.

Sans hésiter, avec cette lucidité étrange que la longue pratique de la guerre

(1) Une mine se compose de deux parties principales : la *chambre* ou *fourneau* où s'entasse la matière explosive : la poudrière qui contient le bourrage et la mèche aboutissant au dehors. Souvent la mèche est remplacée par un circuit électrique.

de ruses lui avait donnée, Na-Indra avait percé à jour les projets de son ennemi. Maintenant elle était là, à côté de la mine prête à éclater, bravant la mort pour ne pas trahir son secret.

Une épouvante admirative emplit l'âme du médecin. Un flot de paroles monta à ses lèvres sans qu'il parvînt à les prononcer.

Na-Indra était là, à côté de la mine prête à éclater.

Tout au plus réussit-il, au prix d'un immense effort, à murmurer :

— Puisque vous restez, je reste aussi.

Comme un nuage rose colora les joues de la jeune fille. Un instant ses yeux perdirent leur expression hagarde, pour se fixer avec une reconnaissance attendrie sur cet homme, inconnu trois jours avant, et qui consentait à mourir avec elle. Puis toute trace d'émotion s'effaça, ses regards se portèrent sur la mèche qui se consumait lentement.

Le cordeau extérieur était anéanti.

Dans la cheminée de mine, ainsi qu'une mouche de feu, la section ardente s'enfonçait toujours plus loin.

Une minute d'horrible anxiété s'écoula et comme du fond d'un rêve, le docteur perçut ces paroles articulées auprès de lui :

— Vous voyez bien que Brahma lui a ravi la raison et qu'elle doit être libre ainsi que ceux qui veillent sur elle.

— Oui, Adji, je vois qu'il en est ainsi.

Mystère jeta un regard surpris autour de lui. Le chef, Arkabad, les guerriers s'étaient rapprochés sans qu'il les entendît.

Le brahme est sombre, une sourde fureur brille dans ses yeux noirs.

Et le docteur discerne la vérité.

La mine n'existe pas. C'est un simple épouvantail disposé par l'astucieux Hindou. Il a compté sur la surprise, sur la peur pour amener sa victime à se livrer.

Mais les longues réflexions ne sont pas permises aux fugitifs.

Le chef secoue énergiquement la main de Mystère :

— Je suis heureux que mes hôtes puissent continuer leur voyage en liberté, sous la protection de Brahma. Tes chevaux sont prêts. Pars. Celui dont la maison a abrité ton sommeil fait des vœux pour ton bonheur.

Il est sincère, ce premier magistrat de Tsillahan; toute sa personne exprime la satisfaction. Ses hôtes sont sauvés et le représentant des brahmes, de ces brahmes à l'endroit de qui tout habitant de l'Inde nourrit une haine secrète, est vaincu.

Le médecin répond à son étreinte. En hâte, il aide les jeunes filles à se mettre en selle. Lui-même saute à cheval, Cigale l'imite :

— Adieu, dit le savant en saluant de la main.

L'Adji sourit :

— Au revoir peut-être.

Et Mystère répète :

— Oui, peut-être.

Puis il donne de l'éperon à sa monture. Suivi par ses compagnons, il s'engage dans les sinuosités de la vallée. Un promontoire rocheux masque bientôt le groupe qu'il vient de quitter. Alors il se dresse sur ses étriers, et d'un accent intraduisible :

— Au galop! notre salut dépend de la rapidité de notre fuite.

Les quatre chevaux, enlevés par leurs cavaliers, bondissent; une course vertigineuse commence, les sabots frappent le sol pierreux d'où jaillissent des gerbes d'étincelles, les crinières flottent avec des battements d'ailes, et penchés sur le cou de leurs montures, étourdis par le vent qui frappe leurs visages, Na-Indra, Cigale, Anoor, Mystère filent vers l'Ouest ainsi qu'un tourbillon d'ouragan.

C'est la chevauchée éperdue de ceux sur qui plane la mort.

CHAPITRE V

LE CANOT A SOUPAPE

C'est un paysage magnifique et sauvage que celui des rives de l'Indus, en aval de Rawalpnide.

Sur la rive gauche, une vaste plaine parsemée de buissons de faible hauteur; sur la rive droite, la forêt profonde que les gens du pays appellent *la forêt du Beloutche.*

De ce côté les berges sont escarpées, ravinées. Les terres éboulées tracent des rigoles rougeâtres. On dirait des ruisseaux de sang coulant sous le vert sombre des arbres.

Et le fleuve dévalant les dernières pentes des montagnes afghanes, lointaines ramifications du Pamir, enfer de neige reconnu par Bonvalot, le fleuve roule ses flots tumultueux, écumants, sur lesquels des plaques d'écume tourbillonnent ainsi que de grandes mouettes mortes.

C'est là le repaire d'élection des sectateurs de Dheera. C'est là que la religion sanglante fut fondée par le Beloutche Aramin-Log. Ce fanatique, réfugié dans la forêt à laquelle il a donné son nom, prétendait avoir été favorisé d'une apparition de la déesse Dheera.

— Tue, lui aurait-elle dit, la mort me plaît.

Et le fanatique tua.. En cinq ans, il égorgea onze cents personnes, hommes femmes, enfants.

Tout est grandiose dans l'Inde, même l'assassinat. Dans nos contrées tempérées, où le sang suit avec calme nos artères reposées, ce monstre eût passé pour fou, un cabanon à Bicêtre eût été la récompense de ses horribles exploits.

Dans l'Hindoustan, où le soleil de feu fait bouillonner les cerveaux, Aramin fut divinisé. Il devint le chef d'une école, d'une religion dont la règle, le but furent le meurtre.

De livres saints, point; de principes de morale, aucun. Un impératif unique et déconcertant.

— Tue!

Les tigres doivent avoir une religiosité analogue; c'est un mysticisme de fauves.

Or, en cet endroit, le fleuve coupe la route de Djhilan à Kobat, dernière station avant la frontière afghane. Un passeur s'est établi là, et sur un petit canot, il effectue la traversée des rares voyageurs et de leurs marchandises.

Gakan est son nom.

Or, le matin de ce jour, à l'heure même où Mystère et ses amis dormaient à poings fermés sous le toit de l'Adji de Tsillahan, Gakan avait passé sur la rive gauche deux voyageurs, dont une voyageuse.

Celle-ci était jolie, robuste; ses cheveux noirs, ses grands yeux, ses dents blanches, son teint mat, formaient un ensemble agréable à voir. Avec cela d'allure décidée, cette charmante personne avait pris un plaisir évident à la traversée difficile du fleuve.

Le sentiment de son compagnon, un jeune homme frêle et pâle, avait été tout autre, et le « ouf! » qu'il n'avait pu retenir en mettant le pied sur la rive en disait long sur ses transes en bateau.

Une valise formait leur unique bagage, avec une tente portative dont chacun portait en bandoulière une partie des piquets.

Une fois sur le sol ferme, la jolie personne avait ordonné d'une voix de contralto et avec un fort accent italien :

— Timoteo, ze vous prie de dresser mia tente bella.

Et l'interpellé avait zézayé :

— Z'obéis, cara Graziella dé mon âme.

Sur ce, avec une dextérité qui prouvait une longue habitude de cet exercice, il avait enfoncé les piquets en terre, tendu la toile, assujetti les cordes, et bientôt une jolie tente bleue s'était dressée sur le sol ainsi qu'une fleur géante.

Alors Timoteo s'était incliné devant sa compagne :

— Signorina, la tente della marchesina est prête à la recevoir.

Elle avait daigné sourire :

— Céla mé rézouit dé vous voir si attentif, caro Timoteo. Zé pense chaque zour davantage qué oune femme sera *hourouse* avé vous.

Le jeune homme joignit les mains :

— Per la Santa Madona, zé souis bouleversé dé zoie.

— Soyez bouleversé, amigo, permit Graziella, Soyez-lé, ma, zé vais dormir, zé compte sur votre vizilance pour qué rien il vénait troubler mon répos.

— Zé veillerai comme oun archanze sour oun trésor, zé lé zure.

L'Italienne eut un geste de reine et disparut sous la tente bleue.

Son compagnon s'allongea sur le sol, tandis qu'à quelque distance, le batelier, auprès de son bateau amarré, se couchait à l'ombre d'un buisson en attendant de nouveaux clients.

La voix de Graziella se fit encore entendre.

— Vous veillez, Timoteo.

— Zé veille sur vous, étoile dou matin.

— Alors zé dors avé confiance.

Et le silence s'établit, troublé seulement par le grésillement des herbes ou le bourdonnement des insectes.

Allongé dans l'étroite zone d'ombre de la tente, le jeune Italien rêvait.

Il se remémorait les événements qui l'avaient entraîné, lui, paisible étudiant de Bologne, si loin de sa patrie, à la suite de la petite marquise — la marchesina — Graziella.

Car la séduisante voyageuse était bien réellement marquise, et de plus, chose rare en Italie plus que partout ailleurs, fort riche.

Et le défilé des souvenirs commença dans l'esprit du jeune homme.

Il se revoyait, lui Timoteo Galiéri, étudiant, vaguant dans les rues de Bologne. Un jour, au Corso, il avait vu passer Graziella dans sa voiture aux chevaux blancs, et dès lors, il avait gravité dans son orbite.

L'Université lui avait paru ridicule, et l'univers pour lui tint désormais dans le regard de la marchesina.

L'étudiant modèle devint un flâneur. Il se rendit à cinq heures, chaque jour, chez le glacier Salvedri, dont l'établissement était fréquenté par le beau monde. Au théâtre, il alla applaudir des acteurs qui l'ennuyaient, car ce qu'il préférait dans la meilleure des pièces, c'était l'entr'acte, durant lequel il pouvait tourner le dos à la scène, et demeurer ravi, extasié, les yeux fixés sur une loge où trônait la belle Graziella.

A force de le rencontrer partout, la petite marquise le remarqua; Italienne poétique et romanesque, elle fut touchée de cette admiration muette. Bref, un dimanche qu'elle le croisa sur le Corso, elle fit arrêter sa voiture, en descendit, et avec la candide inconvenance des femmes de sa nation, elle vint à l'étudiant :

— Bonzour, inconnu, lui dit-elle.

Il bredouilla :

— Bonzour, reina dé beauté.

Le trouble du soupirant n'avait pas été maladroit. Reine de beauté, voilà une appellation qui incite à l'indulgence.

— Zé sens vos regards sour moi touzours, reprit la Marchesina.

— Pardonnez.... commença-t-il.

Elle l'interrompit vivement :

— On né pardonne que les inzures, et vous né m'avez pas inzuriée. Ma zé veux savoir lé nom dé ces yeux qui mé suivent sans cessé.

Il rougit, pâlit, puis d'une voix à peine distincte.

— Timoteo Galiéri.... qui né voit rien qué vous au monde et né désire qué être votre serviteur.

— Z'accepte. A partir dé cé moment, vous êtes mon cavalière servante.

L'usage italien permet à une dame de choisir un cavalier servant qui l'accompagne à la promenade, au spectacle, en voyage, s'occupe de retenir les voitures, les places de théâtre ou de chemin de fer, porte l'éventail ou les lorgnettes, fait enregistrer les bagages, mérite en un mot le qualificatif de *servante* en devenant le serviteur volontaire de celle qui l'a choisi.

Presque toujours le cavalier servant subit, dans cette condition, l'initiation au grade plus élevé de fiancé.

L'initiation avait été pénible pour Timoteo.

D'un naturel doux, presque timide, bien plus porté aux rêveries philosophiques qu'aux brutalités de l'action, il avait trouvé en Graziella un tyran, gracieux mais perpétuellement agité.

La marchesina était une tête folle, adepte convaincue de tous les sports. La course, l'automobilisme, la natation, le tir lui étaient familiers, et Timoteo pâlissant sur les livres, inhabile aux exercices violents, lui parût pusillanime.

Elle entreprit de le former.

Alors commença pour le pauvre garçon la plus agitée des existences. A cheval, à bicyclette, en voiture électrique, en canot, il eut toujours en main les rênes, le guidon ou la rame.

Et quand il était bien las, sa future l'envoyait à la douche, au massage pour se remettre au plus vite et reprendre son entraînement sportif.

Ses jours s'écoulaient dans un essoufflement continu. A ce jeu-là, il maigrit, devint un peu plus blême, mais les nerfs de ce rêveur acquirent une vigueur insoupçonnée. Un après-midi que Graziella, en dépit de ses supplications, voulut sauter d'une hauteur de quatre mètres sur une plate-forme de rochers, l'étudiant se précipita, la reçut dans ses bras et la déposa sur le sol, sans avoir fléchi sous le poids.

La petite marquise fut étonnée. Elle avait pris l'accoutumance de considérer son cavalier servant comme un élève, et voilà que, tout à coup, il donnait une preuve de vigueur qu'elle se sentait incapable d'imiter.

La marchesina était une tête folle.

Un travail s'opéra dans sa petite tête fantasque. Le résultat en devait être bizarre.

Certain matin, au moment où l'étudiant venait se mettre à ses ordres, elle l'interpella en ces termes :

— Timoteo, mon dévoué, zé crois qué les livres, ils n'ont pas dé sécrets por vous.

— Cé sont des amis qué ze comprends.

— Bené.

— Perche mé démander céla?

— A cause qué zé sonze à mẽ rendre dans l'Hindoustan, qué zé sais pas la linguistica del popolo dé cé pays.

— Zé ne saisis en aucoune façon.

— C'est clair, pourtant, commé el soleil del firmamente. Per voyazer, il faut parler. Donc, zé compté sour vous, amico. Vous apprendrez l'hindoustani. Zé vous accordé six mois.... Après nous partirons.

— Ma, bella Graziella, essaya de protester l'étudiant.....

Elle ne lui permit pas d'achever :

— Six mois, c'est beaucoup, fit-elle avec un doux sourire, mais zé veux qué vous parliez optimé.... lé mieux du monde. Zé vous permets trois heures de travail çaque zour. Zé souis bona, zé vous autorise à mé baiser la main.

Et Timoteo s'était mis à piocher l'hindoustani, et le semestre écoulé, les deux fiancés s'étaient embarqués à Brindisi.

Désireuse de ne rien faire comme les autres, Graziella, au lieu de gagner Bombay, Madras, Colombo ou Calcutta, avait voulu poser le pied sur la terre hindoue à Kabatchi, petit port situé à l'embouchure de l'Indus, non loin de la frontière du Béloutchistan. Puis elle avait remonté la rive droite du fleuve, dédaignant d'utiliser la voie ferrée qui, par Chikacpoor et Moultan, va se raccorder à Lahore à la grande ligne du Pendjah-Bengale.

Ses bagages seulement avaient été confiés au railway..... De gare en gare les colis remontaient vers le nord, suivis d'étape en étape par les voyageurs.

C'est ainsi que la marchesina et son patient fiancé avaient atteint la forêt du Beloutche et traversé l'Indus.

Sous la tente bleue Graziella dormait.

Au dehors, étendu sur le sol, Timoteo rêvait.

Oh! il ne se plaignait pas de son sort. *La* voir sans cesse, être son serviteur, entendre sa voix, quel bonheur plus grand pouvait être espéré? Si elle l'avait désiré, il l'aurait accompagnée dans la lune, dans le soleil, dans les étoiles, ces yeux de l'infini, moins brillants, moins lumineux que les yeux de la marchesina.

Seulement l'étudiant était fatigué; la clarté aveuglante qui couvrait la terre l'aveuglait. Bientôt ses paupières clignotèrent, un voile couvrit sa pensée, et il demeura immobile, engourdi, dans un état qui tenait à la fois de la veille et du sommeil. Soudain il ressentit une impression bizarre.

Il lui sembla qu'un homme se glissait auprès de lui, que des regards perçants pesaient sur son visage.

Durant quelques instants, il ne put réussir à secouer la torpeur dont il était envahi; mais enfin, après un effort de volonté, il parvint à ouvrir les yeux.

Fut-ce prudence, fut-ce hasard, — Timoteo n'a jamais osé le décider lui-même — le jeune homme ne fit pas un mouvement.

D'un regard circulaire, il examina les environs, et brusquement il eut un sursaut. A dix pas de lui, courbé sur le sol, un indigène, au torse nu, marchait avec précaution.

Timoteo referma les paupières, puis regarda de nouveau. L'apparition persista. Elle se dirigeait vers l'endroit où le passeur reposait.

Une angoisse curieuse saisit l'Italien.

Sans bien se rendre compte de son action, il se souleva légèrement et, après s'être assuré que sa chère Graziella dormait paisiblement, il se prit à ramper dans les traces de l'Hindou.

Pour la première fois, il comprit l'utilité des sports. Son corps, assoupli par les exercices violents, était bien décidément l'esclave docile de sa volonté. Sans bruit, avec la démarche silencieuse d'un félin, il se glissait sur le sol, contournait les buissons.

En avant de lui, l'étudiant distinguait toujours la silhouette de l'indigène.

Maintenant celui-ci ne prenait plus de précautions. Il s'était redressé développant sa taille, et il allait ainsi qu'un homme assuré de n'avoir rien à craindre.

Brusquement il disparut comme s'il se fût enfoncé sous terre.

Mais Timoteo ne crut pas une seconde à une intervention féerique. La berge formait en cet endroit une sorte de gradin. Le promeneur cuivré avait tout simplement sauté auprès du batelier endormi.

Redoublant de prudence, l'étudiant continua d'avancer, et bientôt, entre les tiges des roseaux qui garnissaient la rive, il discerna celui qu'il surveillait.

L'Hindou avait secoué le passeur, et celui-ci se levait péniblement, se frottant les yeux, l'air ahuri.

— Allons, secoue-toi, paresseux, gronda le nouveau venu d'un accent autoritaire...; c'est le cas de le dire, la fortune te vient en dormant.

— C'est bon, c'est bon, Sahib, bredouilla le marinier. Brahma n'interdit pas à ses créatures de se reposer lorsqu'elles n'ont rien à faire. Et, en face de la forêt du Beloutche, consacrée à la divine Dheera, les voyageurs sont peu nombreux.

Il était dit que toutes les idées folles de Graziella trouveraient ce-jour là leur utilité.

Les deux indigènes conversaient.

Les deux indigènes conversaient en dialecte hindoustani et Timoléo ne perdait pas une de leur paroles.

— Cara mia, murmura-t-il in petto, ze vous accousais dé mé contraindre à étoudier l'hindoustani. Z'étais oun bête; zé vous démanderai l'absolution à zénoux.

Mais il cessa de monologuer pour prêter l'oreille à l'entretien des Hindous.

— Ta barque est bien petite, remarqua l'interlocuteur du batelier.

— Les courants engloutiraient un bateau plus grand, Sahib.

— Possible. Combien de personnes peux-tu traverser à la fois?

— Deux, sans me compter.

Le questionneur garda le silence comme s'il réfléchissait, puis brusquement, d'une voix dure, hautaine :

— Cette coque de noix t'appartient?

— Oui, Sahib.

— Et tu connais bien le fleuve?

— Depuis vingt ans, je suis passeur.

— Tu t'es vanté, à la dernière foire de Rawalpindi, d'être capable de le traverser à la nage.

Le marinier considéra son interlocuteur avec une surprise profonde :

— Comment sais-tu cela, Sahib?

— Peu importe. As-tu, oui ou non, prononcé les paroles que je viens de répéter?

— Oui.

— Exprimais-tu ainsi la vérité, ou te laissais-tu aller à une affirmation vaniteuse?

— Je disais vrai. L'Indus semble terrible, mais c'est un bon fleuve pour ceux qui le connaissent. Ses courants portent le nageur, et sans fatigue, sans danger, on peut atteindre l'autre rive.

— Alors tu opérerais cela sans crainte.

— Oui, Sahib. As-tu l'intention de t'assurer de mon talent de nageur?

L'Hindou ne répondit pas de suite.

— Une question encore, fit-il bientôt, la barque t'appartient?

— Oui. Elle fut fabriquée à Salskan, cité dont les habitants excellent dans la construction des canots. L'an dernier j'ai payé la dernière roupie que je devais encore.

Et avec une nuance d'orgueil, le passeur ajouta :

— Elle est donc bien à moi; nul n'en peut réclamer une planche ou un clou.

— Combien l'as-tu achetée?

— Quatre guinées (104 francs), Sahib.

— En voici dix pour que ce bateau soit à moi.

La face maigre du passeur s'épanouit :

— Dix....!

Et faisant sauter les pièces d'or dans sa main :

— Je regrette de n'en avoir qu'une à vous vendre, acheva-t-il d'un ton pénétré.

Son interlocuteur eut un sourire grimaçant :

— Pour dix guinées de plus tu consentiras bien à faire chavirer ton canot au milieu du courant?

— Oui, oui..... vous tenez à me voir nager?

— Non.

— Alors je ne comprends plus, Sahib.

Timoteo écoutait toujours. Il avait le pressentiment que l'inconnu si généreux devait avoir un but criminel. Pourquoi? Il n'aurait su l'expliquer, mais sa conviction était faite, et son cœur sautait dans sa poitrine, à la pensée d'empêcher peut-être la réalisation de projets meurtriers.

A l'exclamation du batelier, l'homme aux guinées ne répondit pas de suite. Il parut se consulter. Enfin d'un ton tranchant :

— Tu es un adorateur de Brahma, demanda-t-il?

— Oui, Sahib, murmura le pauvre diable en se courbant avec respect.

— Je suis Arkabad, exécuteur des volontés de la confrérie d'Ellora.

Le marinier s'inclina encore davantage :

— Sahib Arkabad, je ne sollicite plus d'explications, j'obéirai aveuglément.

— Bien.

Celui qui venait de se parer du titre terrible d'exécuteur d'Ellora, prit un temps avant de continuer :

— Il est possible que ce soir quatre personnes arrivent ici à cheval. Deux hommes, deux filles. Un ours de Siva les accompagne.

—Bien, Seigneur. Si ces gens se présentent, je les reconnaîtrai.

— J'y compte. Ils te demanderont de les passer sur l'autre rive. Tu y consentiras. Seulement ta barque est petite, et tu ne pourras prendre à bord que deux voyageurs à la fois.

— Cela est vrai.

— Le plus jeune, sans nul doute, prendra place dans le canot avec la plus petite des deux jeunes filles.

— Tu le dis, Sahib, cela doit être.

— Ceux-là sont condamnés par les prêtres d'Ellora. Parvenu au milieu du fleuve, fais en sorte que l'embarcation chavire.

Le batelier ne sourcilla pas. Fanatique comme tous ceux de sa race, il ne songea même pas à discuter.

Les brahmes ordonnaient, donc l'œuvre était agréable aux dieux.

— La barque est largement payée, fit-il, elle peut disparaître. Ton serviteur, Sahib exécuteur, te promet obéissance.

— Bien. Veille jusqu'à ce soir. Si ceux que tu attends ne paraissent pas, c'est que jamais plus ils ne traverseront l'Indus. Alors garde l'or et continue ton métier. Oublie que je suis venu à toi. Songe que les brahmes, généreux à l'égard de leurs fidèles, sont sans pitié pour ceux qui trahissent leurs secrets.

De nouveau la main d'Arkabad se tendit vers le passeur :

— Voici les dix guinées destinées à payer le danger que tu peux courir.

— Cela fait vingt.

— Es-tu satisfait?

— Oui, Sahib!

— En ce cas, adieu.... et souviens-toi.

D'un bond, le brahme sortit du trou dans lequel s'était passée la scène. Sans le voir, il frôla presque le corps de Timoteo qui, les cheveux hérissés, avait assisté à la préparation d'un crime dont la raison lui échappait; puis il partit à une allure rapide à travers la plaine, insensible à l'ardeur du soleil, aux aiguillons des broussailles qui griffaient au passage sa peau brune.

Placidement, avec l'indifférence des Hindous pour la vie humaine, le batelier se recoucha, et bientôt il reprit son sommeil interrompu.

Alors l'Italien se glissa hors de sa cachette et alla reprendre son poste auprès de la tente bleue.

Ah! il n'avait plus envie de dormir, l'ex-étudiant de Bologne. Ses yeux se fixaient avec une épouvante indicible sur la rivière aux tourbillons écumants. Chaque remous lui apparaissait comme une gueule avide, ouverte pour happer les victimes qu'un arrêt mystérieux des brahmes avait vouées à la mort.

Deux hommes, deux jeunes filles.

Et son regard attendri se reportait sur la tente qui abritait la fantasque Graziella.

Sous l'étoffe azurée reposait une autre jeune fille, à laquelle il avait donné son cœur tout entier. Ceux que le passeur attendait, étaient peut-être aussi des rêveurs de tendresse qui, sans le savoir, marchaient au trépas, la main dans la main.

Non, ils ne mourraient pas, ces aimants. Le destin, dans ses conceptions inexplicables, avait voulu que la folle Graziella entraînât Timoteo dans l'Inde, afin que le modeste et timide étudiant pût se dresser devant les inconnus menacés en leur criant :

— Arrêtez! le crime vous guette.

Longtemps il rêva ainsi; transformé par les circonstances, il n'avait plus peur du pays inexploré, de la campagne déserte, des dangers cachés par les mille accidents du terrain.

L'idée du dévouement le grandissait :

— Timoteo, appela une voix dolente.

Il se précipita à l'entrée de la tente où venait d'apparaître sa fiancée, rose, fraîche, reposée.

— Timoteo, reprit-elle, ze né vois pas le feu pour lé thé.

— Pardonnez, mia cara, z'ai oublié.

La jolie Italienne leva les bras au ciel.

— Oublié... Santa Madona..! Qué zé souis malheureuse d'être ainsi néglizée par mon cavalière servante!

Mais déjà l'étudiant disposait des brindilles arrachées aux buissons voisins. Une allumette leur communiquait sa flamme bleuâtre. Dans un récipient nickelé, Timoteo allait puiser de l'eau au fleuve, et la bouilloire placée sur le feu, il y versait avec précaution quelques pincées de la feuille parfumée de Chine.

Graziella ne fut pas désarmée par son empressement :

— Tout cela, c'est dou retard. A quelle heure noctourne zé réprendrai ma route!

Elle s'interrompit stupéfaite; son fiancé avait répondu :

— Nous ne partirons peut-être pas, cara de mon cœur. Nous attendons ici l'arrivée dé voyazeurs à qui zai besoin dé parler.

Comment! l'esclave se révoltait; il prétendait l'obliger à séjourner en ce point isolé, éloigné des habitations!

— Zé partirai sola, déclara-t-elle avec impatience, et zé dirai à tous : Mio cavalière servante, il m'a abandonnée.

Nouvelle surprise, Timoteo secoua la tête:

— Vous né partirez pas.

— Zé né.....

— Non, et vous m'approuverez dé rester.

— Moi?

— Par cé qué votre cœur, il est excellentissimo, et qué c'est lui qui conseilléra dé démeurer.

Suffoquée par tant d'audace, la marchesina ne put proférer une parole, et son interlocuteur profita très adroitement de ce mutisme temporaire, pour avouer son aventure.

A mesure qu'il parlait, le visage de la gentille Italienne s'éclairait. Elle joignait les mains, lançait des :

— Povero!...

Enfin, elle prit Timoteo dans ses bras, appliqua un baiser sonore sur son front!

— Ma, c'est héroïco, cela qué vous avez fait, carissimo. Zé souis fière dé vous, oui, oui, vous avez bien pensé... Il faut sauver ces signoritas et ces signori, qué l'on veut touer. Par santo Beppo, des fiancés peut-être... Mais c'est un homme indigne qué cé brahme Arkabad. Si zé lé rencontre, zé lé salouerai pas.

Tout ce qu'il y avait de bon, de noble en la frivole créature éclairait son joli visage.

— Ma, fit-elle tout à coup, vous devez être d'oune lassitoude, mio caro! Pas de repos, pas de sommeil dépouis cé matin!

— C'est vero comme la Santa Trinita, répondit-il.

Graziella joignit les mains :

— Et il reste débout... et il fait lou thé... héroïco, zé dis, héroïco.

Puis avec l'exagération italienne, passant de sa tyrannie habituelle à la servitude volontaire :

— Couchez-vous, mio dolce amico, couchez-vous sous l'oumbra dé ma tente. Lou thé, c'est moi qui lé préparerai... réposez, mio bravounetto cavalière, réposez... zé veillerai.

En vain Timoteo voulut résister; sa gracieuse campagne mit à le servir la même obstination qu'elle avait d'ordinaire à le commander, et bientôt, étendu à l'ombre, il assista, les yeux mi-clos, le cœur délicieusement ému, aux allées et venues de sa fiancée.

Tout interloqué de l'interversion des rôles, il se figurait rêver. De sa bouche s'échappaient des exclamations admiratives :

— Mia cara.... Mia divina.

Et elle, toute rosée par son ardeur culinaire, se retournait, adoucissant sa voix pour dire :

— Dormez... zé lé veux.... fa dodo, parvoulo.

Douces furent les heures qui suivirent. Pour la première fois, les fiancés s'étaient compris. Graziella ne voyait plus en son compagnon un jouet docile, et elle n'apparaissait plus à Timoteo comme un ange fantasque et déconcertant.

Tous deux déclarèrent que jamais le thé n'avait été si parfumé, la collation si exquise, la température si douce.

Le repas achevé, la jeune Italienne exigea que son ami s'endormît. Elle s'assit auprès de lui, prit sa main dans les siennes et fredonna une de ces chansons berceuses que les femmes romaines chantent auprès des berceaux.

Et lui, heureux de cette tendresse brusquement épanouie, perdit la notion des choses en balbutiant :

— Si c'est oun rêve, qué l'on né mé réveille zamais.

Un long moment se passa ainsi, puis soudain, Graziella se pencha en avant, écouta attentivement. Enfin, de ses doigts fuselés elle chatouilla le visage du dormeur :

— Caro Timoteo... Caro Timoteo !

Il ouvrit les yeux :

— Z'entends le bruit de cévaux arrivant au galop.

L'Italien bondit sur ses pieds et saisit sa carabine.

— Oh ! fit-elle avec admiration, vous êtes courazeux comme il dio Mars loui-même. Z'avais peur, ma zé souis rassourée à costa dé vous.

Timoteo se redressa, délicieusement caressé par les paroles de sa compagne. Il s'assura que son arme était en état et prêtant l'oreille à son tour :

— En effet..... c'est lé pas dé plousieurs cévaux.

— Les voyazeurs qué nous attendons, sans doute.

— Nous allons lé savoir bientôt.

Le bruit se rapprochait rapidement. Bientôt des silhouettes galopantes parurent dans la plaine, et cinq minutes plus tard quatre cavaliers mettaient pied à terre en face des fiancés.

— Eh ! les deux signori, s'exclama l'Italienne.

— Et les petites Signorinas, reprit Timoteo.

Avec un cri, il ajouta :

— Et l'ours dé Siva.

— Cé sont eux.

— Plous dé doute.

Mystère et ses amis, car c'étaient bien les fugitifs, considéraient avec surprise ces inconnus qui gesticulaient, semblant ivres de joie de les voir. Que signifiait cette étrange attitude?

L'explication ne se fit pas attendre. Graziella courut à eux et avec de grands gestes :

— Voyazeurs... écoutez la voix della providence. Né traversez pas lé fleuve Indous.

Et comme ils la regardaient étonnés, elle acheva :

— La mort vous guette dans ses tourbillons. C'est lé brahme Arkabad qui est véun !

Arkabad ! à ce nom tous tressaillent. Mystère se rapproche de l'Italienne :

— Que dites-vous ?

— Zé dis lou bateau va çavirer, et lou petit Signor, la Signorina noyés, roulés par l'onde fouriosa. Zé dis, Timoteo a entendu la conspirationé. Vous savez pas, Timoteo, qui c'est.... ze le présente à vos seigneuries.

La jolie fille prenait en même temps son fiancé par la main :

— Timoteo, mio servante cavalière, oun brave, oun héroïco qué z'épouserai avec zoie ; vous semblez pas comprendre. Timoteo, parlez, expliquez au signor cé qué vos yeux perçantissimes ont vu.

L'intervention du jeune Italien était nécessaire, car les voyageurs commençaient à douter de la raison de Graziella.

D'un ton plus posé, Timoteo narra son aventure et le plan concerté par les Hindous.

La mort vous guette dans ces tourbillons.

A ce récit, les visages devinrent sombres.

Cependant le docteur tendit la main aux Italiens et de sa voix grave :

— Merci à vous qui n'avez pas craint de séjourner ici pour prévenir des inconnus du danger dont ils sont menacés. Par malheur, nos ennemis nous traquent. Il faut que nous passions l'Indus... il le faut.

Les fiancés gardèrent le silence, impressionnés par l'accent du médecin. Ils sentaient que le hasard venait de les mêler à un drame terrible et sur leur peau couraient des frissons.

Et tout à coup l'organe du Parisien s'éleva, ironique et gai comme toujours :

— Bon, on va *rouler le Mandarin!*

Tous se tournèrent vers lui.

— Nous devons traverser l'Indus, fit-il tranquillement : eh bien, nous le traverserons, si ma chère petite sœur Anoor a assez de confiance en moi pour me confier le soin de défendre son existence.

La fillette eut un délicieux sourire :

— Je crois que vous donneriez votre vie pour protéger la mienne... Je me confie à vous.

Une rougeur ardente couvrit les joues de Cigale et il balbutia :

— Merci, ma sœur.

Mais ses regards, voilés de larmes, donnaient à ces trois mots une telle signification de tendresse que la sœur de Na-Indra baissa ses paupières aux longs cils sombres.

Déjà le Parisien était redevenu maître de lui :

— Vous, monsieur le docteur, vous passerez le premier avec Mlle Na-Indra. Après, ce sera notre tour.

— Mais que comptes-tu faire?

Cigale haussa les épaules :

— Me croyez-vous capable de venir à bout d'un batelier hindou?

— Oui, certes, seulement.....

— Oh! pas de seulement. Laissez-moi vous ménager le plaisir de la surprise.

Sans doute Mystère allait insister pour connaître le plan de son compagnon, mais Graziella, qui depuis un instant s'entretenait à voix basse avec Timoteo, ne le lui permit pas.

— Signor, fit-elle, z'ai une requête à vous adresser.

— Après le service que vous nous avez rendu, Mademoiselle, répondit le médecin, ce ne sont pas des prières, mais des ordres que vous êtes en droit de formuler.

Elle sourit gentiment :

— Non! non... pas oun ordre, oune prière plutôt. Timoteo est courazeux comme oun lion, il tire bien et son fousil est della meilloure marque. Permettez qué nous vous accompagnions. Nous voyazeons sans bute fixe et cela nous séra agréable dé parcourir la via..... la route avé vous.

Une nouvelle lubie, généreuse celle-là, avait en effet germé dans la tête de la marchesina. Puisque son fiancé et elle-même avaient pu rendre un premier service aux fugitifs, pourquoi ne continueraient-ils pas?

Avec cela, l'amour du pittoresque ne perdant jamais ses droits sur une cervelle romanesque, le voyage serait bien plus amusant.

En vain le docteur parla-t-il des périls sans nombre menaçant la troupe, l'Italienne insista tant et si bien qu'il fallut consentir. L'ordre de marche fut donc modifié ainsi : Mystère et Na-Indra emprunteraient les premiers la barque du passeur, Timoteo les rejoindrait ensuite avec Graziella. Enfin Cigale s'embarquerait avec Anoor et mettrait à exécution l'idée de salut dont il avait refusé de faire part à ses amis.

Tout bien convenu, la tente bleue fut baissée, roulée, et la petite petite troupe des fugitifs, renforcée des deux Italiens, descendit vers la rivièr .

Le batelier les avait vus venir. Debout auprès de sa frêle embarcation, il disposait les avirons. Il eut un léger mouvement de surprise en reconnaissant Timoteo et sa compagne, mais probablement il se dit qu'il n'était pas chargé de discuter les fantaisies des voyageurs, et haussant les épaules avec insouciance, il déclara qu'il était prêt au départ.

Son regard s'était porté cependant sur Ludovic qui, tout heureux de n'être plus cahoté par le galop d'un cheval, manifestait sa joie par une course éperdue à travers les buissons.

Mystère avait remarqué l'attention de l'indigène, il avait surpris le sourire énigmatique qui avait contracté une seconde sa face cuivrée. La pensée du batelier lui était apparue nettement :

— Je ne me trompe pas, s'était affirmé l'homme, voilà l'ours signalé par le puissant brahme Arkabad, et voici les jeunes gens qui doivent périr.

Mais rien ne trahit l'angoisse qui oppressait Mystère. Soutenant Na-Indra, il prit place dans la barque avec la jeune fille, dont la main tremblait dans la sienne.

Le passeur se mit aux avirons et la traversée s'effectua sans encombre.

De même pour Timoteo et Graziella.

Par exemple, l'Italien, si troublé par la vue des flots écumants, lors de son premier passage, semblait transfiguré. La fibre héroïque des peuples latins s'était éveillée en lui, et son bras s'arrondissait, en un geste protecteur, autour de la taille de Graziella devenue timide en raison inverse de l'aplomb croissant de son fiancé.

Tout à l'heure elle le protégeait; maintenant elle se faisait toute petite, comme pour se réfugier dans le courage subitement révélé de son compagnon.

Et avec une sorte de respect pour lui, elle sentait pousser en elle les adorables faiblesses féminines qu'elle avait ignorées jusqu'alors. C'était d'un regard plein d'émoi qu'elle considérait les eaux tourbillonnantes, et ses grands yeux au rayonnement adouci se fixaient avec une tendre gratitude sur son compagnon quand il disait pour la rassurer :

— N'ayez pas peur, cara mia... Cé fleuve, il fait plous dé brouit qué dé mal; son courant portait vers la rivé droite, et lou batelier n'avait presqué rien à faire.

Enfin, tous deux sautèrent sur la berge auprès de Mystère, au bras duquel Na-Indra tremblante s'appuyait.

Les branches des grands arbres de la forêt du Béloutche retombaient au-dessus de leurs têtes, les nimbant d'une pénombre bleutee, et la pâleur inquiète de la sœur d'Anoor se teintait de nuances d'azur, prêtant à son visage une apparence surnaturelle.

Graziella en fut frappée. Née sur la terre classique de l'art, elle ressentait vivement les impressions d'ombre et de lumière. Elle aussi saisit le bras de Timoteo, et les quatre voyageurs silencieux suivirent de regards angoissés la barque qui retournait prendre Cigale et Anoor, très occupés à cette heure à caresser Ludovic.

Peu à peu l'embarcation gagnait sur le courant. A chaque coup d'avirons elle se rapprochait de la rive gauche.

— Encore cinq minutes, elle touchera, gémit sourdement Na-Indra.

Mystère frissonna. La voix de la jeune fille répondait à sa pensée. Le drame médité par le traître Arkabad allait se dérouler devant eux. Impuissants à y prendre part, ils en suivraient les moindres péripéties.

Pourvu que Cigale ne se laisse pas devancer par le passeur! Évidemment le Parisien a une bonne idée; le médecin le connaît trop bien pour en douter. Le jeune homme a parlé avec une confiance tranquille, bien faite pour rassurer ses amis. Mais est-on jamais certain du succès? Les combinaisons les mieux établies ne sont-elles pas déjouées par le hasard?

Et si le brave enfant de Paris s'était trompé... ce serait l'engloutissement dans les eaux mugissantes; Anoor, lui-même, tournoyant dans les remous, blancs d'écume!

A ce moment, Mystère se reprocha de n'avoir pas insisté, de n'avoir pas forcé son cher compagnon à parler...

Tout à coup, il cessa de penser, la proue du canot glissait sur le sable doré de la rive gauche.

A ses gestes, on devinait que le batelier invitait les jeunes gens à y monter.

Ceux-ci ne se firent pas prier. Légère comme un oiselet, Anoor alla s'asseoir à l'arrière.

Cigale s'installa auprès d'elle, et d'un bond, l'ours Ludovic vint se placer à leurs pieds, sous le banc.

LES RAPIDES DE L'INDUS.

Appuyant un aviron sur la berge, le passeur repoussa la barque dans le courant, se laissa tomber sur son banc, et rama vigoureusement pour gagner le milieu du fleuve.

L'heure marquée pour le crime était venue. L'attaque et la défense allaient se produire, rapides comme les froissements de l'acier dans une passe d'armes.

Anxieux, haletants, les spectateurs de la scène demeuraient sur la rive, le corps penché en avant, les yeus fixes.

La barque avançait peu à peu, oscillant sur les remous, filant comme une flèche dans les rapides resserrés entre des rochers qui pointaient comme des têtes noires que les flots couvraient d'une chevelure d'écume.

Déjà la nacelle avait atteint le milieu de la rivière, elle allait entrer dans le courant qui devait l'amener vers la rive droite.

A ce moment le batelier se leva brusquement.

Mystère, Na-Indra, les Italiens poussèrent un cri d'angoisse, mais la voix s'éteignit dans leur gorge.

Plus prompt que le passeur, Cigale avait étendu le bras, le vent avait apporté aux voyageurs l'écho d'une détonation sèche, et l'Hindou, frappé d'une balle en pleine poitrine, était resté une seconde debout, vacillant, les mains instinctivement crispées sur sa blessure.

Alors le Parisien se glissant vers lui, l'avait enlevé d'un coup brusque par les jambes et précipité dans le fleuve.

Un choc sourd, une gerbe liquide rejaillissant en l'air ainsi qu'une fusée, puis plus rien, que la barque tournoyant au gré des tourbillons avec ses deux jeunes passagers.

Grâce à son sang-froid ordinaire, Cigale avait évité le danger le plus pressant : mais il s'en fallait que sa tâche fût terminée.

Il était seul maintenant pour diriger l'esquif, seul sur un cours d'eau dont les difficultés, les embûches lui étaient inconnues.

Et cependant son visage n'exprima aucune émotion.

— N'ayez pas de crainte, petite sœur Anoor, j'ai canoté à Bougival, l'aviron me connaît.

Puis il se mit gravement aux rames.

Ses yeux ne quittaient pas la surface de l'eau; il semblait que le petit Parisien devinait d'instinct la direction à suivre. Profitant des remous, utilisant les courants rectilignes, il amenait insensiblement la barque vers la rive, où ses amis, le cœur bondissant, la respiration sifflante, l'encourageaient du geste.

Mais une poussée de l'eau tumultueuse emporta le canot vers un rocher. D'un coup d'aviron, Cigale fit dévier la chaloupe. Au lieu de se briser sur l'écueil, elle le frôla au passage. Seulement, en évitant un péril, le Parisien s'était jeté dans un autre. Saisie par un courant impétueux, la frêle nacelle glissait sur les vagues avec une rapidité folle et s'éloignait de la rive droite.

Des cris d'appel parvinrent aux oreilles du jeune homme. Il regarda en arrière, aperçut ses amis se confondant en mouvements éperdus.

— As pas peur! cria-t-il comme s'ils pouvaient l'entendre; ce n'est pas plus terrible que la baie d'Audierne.

Et, s'adressant à Anoor, sa voix gouailleuse amollie par une infinie tendresse :

— Souvenez-vous, petite sœur, j'ai été vous repêcher dans la mer furieuse... Même si nous chavirons, faut pas s'inquiéter, je me charge de tout.

Elle secoua sa jolie tête :

— Je ne crains rien auprès de vous.

— A la bonne heure, s'écria-t-il ravi; alors, matelot, *souque* ferme, pour ne pas te faire *drosser* contre les récifs.

Ses souvenirs de matelot lui revenant, il se commandait la manœuvre.

— La barre à tribord!... bien... pique tout droit... à tribord encore!... la barre toute!... bâbord maintenant, bâbord!... satané remous... Nage, garçon!

Cependant Mystère et ses compagnons, en voyant la barque emportée par le courant, avaient essayé de la suivre à pied; mais la forêt encombrait la berge de ses broussailles, de ses lianes. En quelques minutes, les voyageurs eurent épuisé leurs forces contre cette muraille verte, élastique et résistante.

Hors d'haleine ils jetèrent un regard éploré sur le fleuve.

L'embarcation n'apparaissait plus au loin que comme un point noir. Elle disparut bientôt dans une courbe.

La nuit allait venir. De l'horizon sous lequel le soleil venait de descendre, un étincellement de pourpre, dernière résistance de la lumière aux ténèbres victorieuses, jetait sur la plaine, sur les eaux, son chatoiement rouge comme un manteau de César.

Cigale et Anoor seraient perdus dans l'ombre; en ce pays peuplé d'ennemis, de bêtes féroces, qu'adviendrait-il d'eux? Et Na-Indra se laissa tomber à terre, se cacha le visage de ses mains, puis murmura désespérément :

— Brahma! Brahma! Sublime force! pourquoi accables-tu ainsi la faiblesse de ta servante!

CHAPITRE VI

LA FORÊT DU BÉLOUTCHE

Toujours le courant entraînait la barque. Mais le coude de la rivière qui avait dérobé l'esquif aux yeux de Na-Indra, amena tout naturellement la fin de la navigation mouvementée de Cigale et de sa gentille compagne.

Le canot fut jeté sur la rive gauche. D'un bond, le Parisien fut sur le bord, et maintenant la nacelle, il aida Anoor à prendre pied sur le sol ferme.

Abandonnée à elle-même l'embarcation tournoya un moment, comme si elle hésitait à se séparer du bord, puis, saisie par un remous, elle reprit sa descente vertigineuse du fleuve.

Les jeunes gens étaient seuls.

Ils avaient atterri au fond d'une crique. Un sentier étroit, tracé sans doute par les fauves qui, la nuit, viennent se désaltérer dans l'Indus, s'enfonçait dans l'obscurité de la forêt.

— Suivons-le, décida Cigale. La nuit est proche; il ne nous faut pas songer à rejoindre nos amis. Pour l'instant, il s'agit de trouver un campement où nous puissions reposer à l'abri des bêtes féroces, car les ténèbres de l'Inde sont peuplées de dents et de griffes avec lesquelles nous ne souhaitons pas entrer en relations suivies.

Sans mot dire, Anoor prit le bras du Parisien, et tous deux, jeunes robinsons égarés dans la forêt vierge, se mirent en marche.

Le sommet des arbres conservait encore les dernières clartés du soleil, mais déjà l'ombre s'épaississait sur le sol. Une nature effrayante, formidable, se déroulait aux regards des deux pèlerins engagés dans la sente. Tantôt ils longeaient de véritables murs de lianes, dont le frôlement inattendu les faisait s'arrêter brusquement, le cœur serré, comme s'ils eussent senti le contact d'un reptile.

Puis l'horizon s'élargissait un peu. Les végétations s'espaçaient en paysages désolés, parsemés d'énormes roches hérissées d'arbres aux aspects étranges. Les plantes, les pierres prenaient, dans l'air assombri, des formes horribles.

Cigale et Anoor marchaient toujours, elle serrée contre lui, tremblante, n'osant exprimer la terreur grandissante qui l'étreignait; lui, inquiet pour elle.

— Bon, fit-il tout à coup, si le sentier se prolonge longtemps ainsi, nous grimperons dans un arbre; on sera très mal pour dormir, mais on se rattrapera un autre jour; l'important à cette heure est de ne pas servir de *rafraîchissement*, comme disent les Anglais, à quelque félin, tigre ou panthère en quête de collation.

Les dernières buées lumineuses flottant dans l'atmosphère s'éteignirent. Cigale et Anoor avaient l'impression de se mouvoir dans une cloche noire.

Ils allaient s'arrêter quand une clairière se présenta devant eux. A quelques pas, ils distinguèrent vaguement une construction. Ils s'approchèrent vivement, avec l'espoir que des hommes habitaient là. Mais ils furent déçus dans leur attente.

C'était une de ces spacieuses cabanes où les indigènes déposent le riz ou les céréales après la moisson.

Bâtie sur des pieux solides hauts de quatre à cinq mètres, supportant le plancher, recouverte d'un toit de bambous desséchés, percée seulement d'une ouverture, à la fois porte et fenêtre, à laquelle on accédait par une échelle grossière, la cahute n'était pas luxueuse. Mais en somme elle offrait un abri à peu près sûr, et les jeunes gens n'hésitèrent pas à escalader les degrés de l'échelle, qu'ils remontèrent après eux.

A l'intérieur, des feuilles sèches, quelques poignées de paille oubliées, les cloisons disjointes par les ouragans et les ardeurs du soleil composaient un ensemble peu confortable, et pourtant la jeune fille poussa un soupir de satisfaction en y arrivant. Là, on n'avait pas à craindre le tigre, ce sinistre rôdeur de la forêt hindoue.

Comme pour égayer encore les égarés, la lune se leva, inondant de sa lueur claire la surface de la clairière.

— Dormez, petite sœur, pria Cigale qui avait formé de feuilles et de pailles éparses une couche suffisamment moelleuse, dormez.

Elle lui tendit la main :

— Et vous?

— Moi, je n'ai pas sommeil. Nous autres Parisiens nerveux, nous ne savons pas dormir.

Elle pressa plus tendrement ses doigts :

Ils distinguèrent une construction.

— Parisiens nerveux... peut-être, murmura-t-elle... mais aussi plus courageux, meilleurs, plus dévoués que les autres hommes.

Et lui se taisant, tout troublé par l'accent vibrant de la voix de la jeune fille, elle reprit :

— Vous ne me quitterez jamais, Cigale.

— Jamais, bredouilla-t-il..... pourtant, quand vous serez en sûreté avec mademoiselle Na-Indra.....

— Jamais, redit-elle avec plus de force.

Il essaya de rire :

— Comme valet de chambre alors...

— Oh! fit-elle, et une larme brilla dans ses yeux.

Du coup, le Parisien se gratifia d'une calotte magistralement appliquée.

— Je suis bête à manger du foin, voilà que je vous fais de la peine.....

Non, là, je resterai près de vous longtemps... jusqu'à votre mariage.

Mais il s'arrêta interdit. Anoor ne cherchait plus à retenir ses larmes :

— Qu'avez-vous?

— J'ai, j'ai une grande tristesse de vos paroles.

— Qu'ai-je donc dit.....?

— Ceci : vous me quitterez quand je me marierai.

— Dame! grommela Cigale en fourrageant ses cheveux... Dame...

— Ah! gémit-elle... C'est donc vrai ce que prétendent les gens de ce pays. Les hommes d'Europe n'aiment pas épouser les jeunes filles de l'Inde.

Le Parisien resta interdit.

Un monde de pensées bourdonna dans sa tête. L'affection fraternelle qui existait entre Anoor et lui s'était-elle transformée chez sa gentille compagne en un sentiment plus tendre?

Il n'osait pas la comprendre.

Et puis en lui-même la lumière se faisait. Il lui semblait lire pour la première fois dans son propre cœur, et stupéfait, il constatait que lui aussi subirait un déchirement s'il devait se séparer d'Anoor.

— Les filles de l'Inde, reprit Anoor, ont un cœur ainsi que les femmes d'Europe, mais le soleil a doré leur teint, et elles expient la faute du soleil.

Ah! Cigale n'y tint plus :

— Vous vous trompez, Anoor!

— Non.

— Je vous jure que si, nulle Européenne ne me semble aussi jolie, aussi digne de tendresse que vous.

— Alors, fit-elle ingénument, un rayon joyeux dans les yeux, pourquoi me parler de mon mariage avec un autre?

— Pourquoi? pourquoi?

— Oui, pourquoi?

La jolie voix de la fillette avait des inflexions enveloppantes, et Cigale doucement répliqua :

— Vous êtes riche... Anoor... je suis pauvre.

— Tant mieux, nous serons riches tous les deux.

— Vous ne comprenez pas...

— Je comprends très bien, au contraire... L'argent, c'est très amusant à dépenser, mais cela n'a rien à voir avec l'affection.

— Non... en effet... mais...

— Si vous étiez riche et moi sans fortune, est-ce que je vous plairais moins?

— Ah non! par exemple.

— Là... vous voyez bien... ne discutons plus... c'est entendu... vous serez mon mari et nous vivrons toujours l'un près de l'autre.

La nature indienne réveillait les échos de la nuit sauvage. Des clameurs lugubres, des gémissements plaintifs retentissaient dans la forêt, dominés par d'épouvantables rugissements. Fauves inoffensifs ou sanguinaires, victimes et bourreaux entraient en scène dans le drame nocturne du désert, lançant vers les étoiles les râles d'agonie et les cris stridents des vainqueurs vautrés dans l'orgie voluptueuse du sang.

Les arbres, les buissons se courbaient, avec de vibrants frémissements, sous ces rafales de plaintes, de grondements apportés sur l'aile de la brise des ténèbres et qui étouffaient par instants le bruit lointain des rapides de l'Indus.

Ni Cigale ni Anoor n'entendaient ces choses. Les palpitations de leurs cœurs arrivaient seules à leurs oreilles, les initiant aux harmonies des saintes tendresses. Mais avec l'intuition délicate des Parisiens, le jeune homme, qui avait grandi, enfant abandonné, sur ce pavé de Paris où l'on apprend toutes choses, art ou subtilité de sentiments, devina qu'à cette heure, dans ce désert, il ne devait pas entretenir sa compagne de ses rêves d'affection.

— Anoor, dit-il gravement, oublions aujourd'hui les paroles que nous venons d'échanger, nous nous les rappellerons plus tard, en présence du docteur, de votre sœur, et c'est eux qui décideront de notre avenir.

Elle secoua la tête d'un air mutin, pourtant elle ne protesta pas.

— Bonsoir, murmura-t-elle.

Et fermant les yeux, elle s'allongea doucement sur son matelas de feuilles, tranquille sous la garde de son compagnon.

Cigale se leva doucement, vint s'asseoir au bord de la fenêtre par laquelle les égarés avaient pénétré dans la cabane, et appuyant son front sur ses mains, il scruta du regard la profondeur de la forêt.

L'échelle était couchée le long du mur auprès de lui. Quinze pieds le séparaient du sol. Il tourna les yeux vers Anoor, dont la respiration régulière disait le repos paisible et il eut un geste de satisfaction.

La jeune fille était abritée contre les bêtes méchantes. Le jour viendrait sans incident fâcheux.

Rassuré par ces pensées, le Parisien se laissa insensiblement glisser de la veille dans le sommeil, de la réalité dans le rêve.

Soudain la forêt sembla se courber sous une rafale hurlante. Cigale rouvrit les yeux, réveillé d'un coup, prêt à la défense.

Un spectacle inoubliable se présenta à ses regards.

Les buissons qui entouraient la clairière, éventrés comme par la hache, s'ouvrirent et vomirent dans l'espace libre une trombe d'animaux affolés. C'étaient des antilopes galopant, le col recourbé, les cornes collées aux flancs, des éléphants, la trompe haute, lançant des cris perçants, rappelant l'appel des trompettes... et au milieu de ces herbivores, des carnassiers, panthères, tigres, bondissaient, aussi effrayés en apparence que leurs inoffensifs compagnons de fuite.

Lancés comme des obus, les animaux traversèrent la clairière et s'engouffrèrent, trombe vivante, dans la forêt.

Étonné, le Parisien se demandait s'il n'avait pas rêvé. De nouveau le carrefour était désert, et n'étaient les broussailles brisées, le sol déchiré, les herbes couchées, le bruit lointain de la course éperdue s'enfonçant dans les taillis, il eût pu être tenté de répondre par l'affirmative.

Que se passait-il donc?

Le silence s'était rétabli. Le jeune homme commençait à se rassurer quand de nouveaux bruits firent renaître ses inquiétudes.

Ceux-ci étaient discrets. On eût dit que, dans la trouée pratiquée par la fuite des fauves, des êtres s'avançaient mystérieusement, avec précaution, comme s'ils eussent voulu dissimuler leur marche.

De temps à autre un glapissement de chien sauvage, un strident appel de perroquet réveillé en sursaut, un sifflement de singe s'élevait, annonçant qu'une cause ignorée de Cigale troublait la tranquillité de ces animaux.

Intrigué, pressentant un danger, le Parisien rampa hors de la cabane. Le long d'un des pieux fichés en terre, il se laissa glisser, et se coulant dans les buissons, il se dirigea sans bruit vers l'endroit d'où partaient les murmures indistincts qui avaient appelé son attention.

Bientôt il perçut le bruissement des feuilles sèches sous des pieds nombreux. Il frissonna; son oreille exercée ne pouvait s'y méprendre, c'étaient des hommes qui marchaient à quelques mètres de lui.

Des hommes, errant la nuit dans ce désert verdoyant, devaient appartenir à la race indigène, non à la caste paisible des agriculteurs endormis maintenant dans leurs cases après les fatigues du jour, mais à quelqu'une de ces redoutables associations qui voilent leurs coutumes sanglantes d'un manteau de ténèbres.

Cette pensée jaillissant du cerveau tendu de Cigale lui causa un malaise inexprimable.

Anoor, lui-même, n'étaient-ils pas en butte aux attaques des brahmes assistés des adorateurs de Dheera?

Lui ce n'était rien. Dheeristes ou brahmines n'auraient pu troubler la belle confiance du Parisien; mais Anoor... Anoor, cette petite sœur chérie, qui naïvement, loyalement, était devenue en cette nuit une petite fiancée... Anoor serait menacée comme son compagnon, plus que lui encore...

Un instant Cigale s'arrêta. Ses dents claquaient, il se sentait sur le point d'éclater en sanglots en mesurant le péril où se trouvait Anoor. Mais il se contraignit. Les émotions ne doivent pas atteindre le guerrier, et à cette heure, il était sur le sentier de la guerre, cherchant à reconnaître l'ennemi s'approchant.

Nerveusement il refoula ses larmes, dompta le tremblement de ses muscles. Sur les coudes, sur les genoux, il reprit sa course rampante.

Et brusquement il s'arrêta, médusé par ce qu'il voyait.

Les arbres, moins serrés en cet endroit, élevaient leurs troncs ainsi que les colonnes d'un temple, et à travers les feuillages, des rayons de lune arrivaient jusqu'au sol, créant sous le couvert une pénombre laiteuse.

Et dans cette vague clarté, des hommes s'agitaient.

Seul en tête d'une troupe qu'il commandait sans doute, un être étrange et terrible allait debout, avec des gestes de fou.

Ce sauvage, hideux comme un de ces monstres de pierre qui étonnent dans les bas-reliefs des temples hindous, portait de longs cheveux noirs, ruisselant en cascade embroussaillée sur ses épaules osseuses, amaigries par les jeûnes fanatiques. Son corps était recouvert d'une teinture blanche, et son visage grimaçait effroyablement avec son front peint d'un enduit crayeux d'où partaient des raies de même teinte qui partageaient les joues, le nez, le menton, en bandes alternées claires et sombres.

Ce chef marchait debout, suivi par une meute formidable d'indigènes. Ceux-ci, couchés sur le sol, rampaient : on eût dit une armée de serpents émigrant vers les plateaux arides à l'époque où les pluies torrentielles de l'hivernage transforment les bas-fonds en marécages.

— A qui en ont ces singes-là? murmura le jeune homme.

Naturellement sa question demeura sans réponse, et il n'eut d'autre ressource que de surveiller les nouveaux venus en se glissant sur le flanc de la colonne.

Avec une angoisse aiguë, il constata que la troupe se dirigeait vers la clairière. Le doute n'était pas possible, elle suivait la percée pratiquée par les animaux sauvages dont la fuite avait troublé le repos de Cigale.

Bientôt d'ailleurs on atteignit la limite de l'espace dénudé.

Alors le chef, qui marchait le premier, s'arrêta. Il prononça quelques paroles que le Parisien ne comprit pas; mais les gestes de l'orateur, désignant la cabane où reposait Anoor, expliquaient assez la présence des fanatiques.

C'était à la jeune fille qu'ils en voulaient.

A cette découverte, le cœur du jeune homme cessa de battre un instant, puis il se prit à palpiter éperdument, martelant de coups sourds la poitrine qui l'enfermait. Un flot de sang monta au cerveau de Cigale, l'étourdit.

Le brave garçon fut sur le point de se lever, de bondir sur les ennemis, de se faire tuer pour défendre celle qui avait enseigné la tendresse à ce déshérité; mais rapide comme l'éclair, la réflexion interrompit le mouvement commencé.

Les agresseurs étaient au moins une centaine; l'issue d'un combat n'était pas douteuse, le Parisien succomberait. Lui mort, Anoor serait à la merci des indigènes. Non, il fallait renoncer à l'attaque de vive force, recourir à la ruse...

Mais quelle ruse?

Soudain il étouffa un cri..... un être velu s'était glissé auprès de lui et lui léchait les mains.

Après une seconde d'émotion, il reconnut Ludovic.

Le petit ours, un peu oublié pendant la traversée de la forêt, avait laissé ses compagnons s'installer dans le grenier rudimentaire de la clairière. De son côté sans doute, il avait trouvé un refuge plus à sa convenance sur un palmier dont il avait croqué les fruits avec délices.

Comme Cigale lui-même, la tempête de fauves l'avait troublé. Du haut de son observatoire, il avait assisté à la sortie de son jeune maître, l'avait suivi silencieusement et venait enfin de le rejoindre.

Aux heures d'angoisse, la solitude est la pire des souffrances. La venue de Ludovic rendit au Parisien tout son sang-froid. Il lui sembla qu'un compagnon précieux lui était donné, ses idées se firent plus nettes.

— Le danger que court Anoor n'est pas immédiat, songea-t-il. Ces coquins sont à la solde du brahme, ils préparent quelque nouvelle trahison contre Mlle Na-Indra. Seul je puis avertir mes amis, il faut donc que je reste libre.

Une réflexion douloureuse le fit pâlir :

— Anoor aura bien peur en se voyant entourée par ces monstres.

Mais il secoua la tête :

— Je serais près d'elle, que cela ne changerait rien. D'ailleurs je n'ai pas le choix : je dois laisser faire.

Et couché dernière un buisson, il assista impassible, se mordant les lèvres pour ne pas rugir sa haine à l'exécution du plan ourdi par les Hindous.

Ceux-ci avaient envahi la clairière.

A pas furtifs, ils s'étaient rapprochés de la cabane. Aucun bruit ne parvenant jusqu'à eux, ils parurent chercher l'échelle pour atteindre le plancher aérien.

Sa disparition les retarda un peu, mais ils eurent bien vite pris leur parti.

Quelques-uns coururent aux pieux supportant l'édifice, les enlacèrent, et avec une agilité simiesque s'élevèrent au-dessus du sol.

Cigale les vit atteindre l'ouverture, disparaître à l'intérieur.

Un silence mortel suivit, puis un cri étouffé, terrifié, retentit.

C'était la voix d'Anoor, surprise en plein rêve par ses ennemis.

Les doigts du Parisien, appuyés sur le sol, égratignèrent les mousses, mais l'énergique adolescent ne bougea pas.

Un mouvement se produisit à la fenêtre noire.

Un indigène posait l'échelle, découverte enfin par les ravisseurs, et deux des monstres à face humaine descendaient portant dans leurs bras une forme blanche qui se débattait.

Anoor était prisonnière.

Et comme pour pousser à son paroxysme l'effrayante émotion du spectateur de ce drame, elle lança un appel désespéré :

— Cigale... Cigale... à moi !

Cigale s'aplatit sur le sol et mordit la terre pour ne pas répondre.

Peut-être si cette torture morale se fût prolongée, le Parisien aurait fini par se trahir, les forces humaines ont des limites; mais le destin avait décidé qu'il en serait autrement.

Un sifflement aigu s'enfonça dans l'air ainsi qu'une flèche sonore, un tourbillonnement se produisit parmi les hommes cuivrés et tout disparut comme par enchantement englouti par l'obscurité du sous-bois.

Les Hindous avaient abandonné la clairière et ils entraînaient leur captive vers la retraite inconnue d'où Cigale espérait la délivrer.

D'un bond, le vaillant Parisien fut debout, et caressant le pelage soyeux de Ludovic :

— Allons, Ludo, dit-il, nous voici seuls ensemble comme à l'époque où nous parcourions la France en artistes. Il s'agit de ne pas perdre la trace de ces macaques au teint de chocolat :

Vraiment l'ours semblait comprendre. Il modula un petit grondement sourd, et le nez contre le sol, il s'élança sur la piste des indigènes.

Tout d'abord, Cigale le suivit avec prudence, craignant de tomber dans une embuscade; bientôt il se rassura. Probablement les Dheeristes le croyaient égaré dans la forêt, à la recherche de la route, car ils n'avaient pris aucune précaution. Ils allaient droit devant eux, sans ordre, sans effacer les traces de leur passage.

— Ils me méprisent donc bien comme adversaire, grommelait le jeune homme? Eh bien, attends un peu, garçon; on te fera voir comment un marin d'Audierne se chauffe, quand il a appris la navigation à Paris.

Et il accéléra son allure.

Ludovic trottait gaillardement, éclairant la route. Son attitude indiquait que le voyageur n'avait rien à craindre. L'instinct subtil de l'ours l'eût averti de la moindre embûche.

Bientôt la forêt changea d'aspect.

Les arbres se firent rares, remplacés par d'infranchissables enchevêtrements de broussailles épineuses.

Mais sans hésiter, Ludovic relevait des sentes invisibles, et la poursuite ardente continuait au prix de quelques égratignures.

Ainsi l'homme et la bête descendirent une pente raide, hérissée de pierres, qui les conduisit au fond d'une gorge déserte que les habitants du pays appellent le ravin de Deerut-Typhum.

Puis il fallut escalader une rampe escarpée, lit desséché de torrent qui traçait au milieu des broussailles sombres un ruban blanc comme celui d'un chemin établi par les humains.

L'ascension fut rude, et en arrivant au plateau supérieur, Cigale, en dépit de son courage, se sentit pénétré par l'épouvante. Ce n'était pas la crainte ridicule des pusillanimes qu'il éprouvait, mais cette terreur qu'inspirent certaines horreurs sublimes de la nature et que les anciens désignaient justement sous le nom d'épouvante sacrée.

Autour de lui s'étendait une plaine bouleversée, effrayante à voir sous la clarté lunaire, une plaine d'ombre, un champ de mort, sous le ciel plein de lumière et d'astres de vie. Par milliers, des quartiers de rocs se dressaient en pierres levées, en figures de monstres pétrifiés, chaos formidable, décor farouche que les éléments semblaient avoir créé pour servir de cadre au crime, au sang versé. Étreint à sa base par un cercle de ténèbres, chacun

CIGALE... CIGALE... A MOI!

de ces blocs portait à son sommet un point lumineux tombé des étoiles. On eût dit les yeux cruels des fauves de la nuit.

Trébuchant sur les cailloux qui se dérobent sous ses pieds, se meurtrissant aux angles de granit, Cigale avance toujours.

Ludovic le précède, mais la démarche de l'intelligent animal est devenue plus prudente.

— Attention! songe le Parisien, l'ennemi ne doit plus être loin.

Un bruit d'eaux mugissantes arrive jusqu'à lui. Il avance encore, et soudain il débouche sur une large plate-forme. Il en gagne le bord, il regarde : un abîme est là... une falaise de soixante pieds de haut descend à pic vers un courant torrentueux.

Cigale reconnaît l'Indus. A la suite des bandits, il a rallié les rives escarpées du fleuve, en amont sans doute de l'endroit où il l'a traversé, car les détails qui l'entourent ne rappellent rien à son souvenir. Mais l'apparence générale du paysage ne lui permet pas d'hésiter, et puis, si le brave garçon n'est pas un géographe de première force, il sait cependant que, dans la région, il n'existe aucun cours d'eau important en dehors de l'Indus.

La corniche sur laquelle il se trouvait se dessinait comme une marche entre deux falaises : l'une montant du fleuve, l'autre s'élançant du plateau pour se perdre dans les nuages. Tantôt ce plan intermédiaire avait à peine un mètre de large, tantôt au contraire il s'étalait ainsi qu'une place publique.

Cigale allait pénétrer dans un de ces espaces, quand il s'arrêta et se blottit vivement derrière une masse rocheuse.

Le portique du temple de Typhum était devant lui.

Une large excavation, taillée à même la paroi de la falaise supérieure en polygone, s'ouvrait béante, sombre, inquiétante, comme la gueule d'un monstre de granit.

Un tableau en relief la dominait.

Typhum y était représenté et près de lui Rama enfant. Cette seconde statue, bien qu'elle n'eût pas donné son nom au temple dheeriste, était l'objet de la vénération des fidèles. On raconte en effet que lors d'une invasion afghane, le roi du Pendjah Thaoub, capturé par les vainqueurs, fut conduit en ce lieu pour y être supplicié, et qu'il dut la vie à l'intervention de Rama, dont l'effigie s'anima, ce dont les Afghans furent si terrifiés, qu'ils rendirent la liberté à leur captif et regagnèrent précipitamment leurs montagnes.

. . . .

Entraînée par les fanatiques, Anoor avait été amenée au temple de Typhum.

Devant le portique, elle avait embrassé le paysage d'un long regard. Dans sa pensée elle apercevait le ciel, les plaines verdoyantes pour la dernière fois. Un instant elle songea à Cigale, dont la disparition, inexplicable pour elle, la remplissait d'inquiétude. Et l'espoir tenace lui souffla à l'oreille :

— Peut-être est-il libre! Peut-être s'occupe-t-il déjà de ta délivrance!

Mais elle chassa cette idée. Si intrépide que fût le Parisien, que pourrait-il contre la bande de furieux qui grouillait autour de la fillette? Et comme elle se répondait :

— Il ne pourra que mourir!

Elle souhaita, avec l'inconscient dévouement des cœurs aimants, que le jeune homme ne retrouvât pas sa trace, et en formulant ce vœu avec ferveur, elle ne s'aperçut pas, exquis oubli d'elle-même, qu'elle renonçait à l'ultime espoir d'échapper au supplice.

Adieu aux choses de la terre. Adieu au compagnon cher... tout était dit ainsi, tout était consommé. Avec l'impression que déjà elle était sortie de la vie, Anoor pénétra avec ses gardiens dans le temple, antre de la mort.

Dans le dédale souterrain, on marcha durant quelques minutes, puis une porte massive grinça sur des gonds rouillés.

— Entre, ordonna un organe rude.

La prisonnière obéit. La porte retomba derrière elle et l'obscurité l'entoura.

Étourdie, surprise par les ténèbres, la captive demeurait immobile, n'osant avancer, retenue par cette crainte imprécise de l'obstacle invisible que donne l'ombre.

Où était-elle? N'était-ce point là un de ces cachots d'où l'on ne sort pas, un de ces cachots auxquels les architectes du moyen âge empruntèrent les abîmes artificiels que l'on nomma « oubliettes »?

Peut-être qu'en faisant un pas en avant, elle allait rencontrer un puits, le vide, qu'elle serait précipitée! Un cri, un frôlement rapide contre des parois humides, un choc terrible... et plus rien. Elle serait rayée du nombre des vivants et son corps brisé s'éliminerait peu à peu, ne laissant qu'un squelette grimaçant, juché sur les squelettes blanchis des victimes précédentes.

Cela lui fit froid. Elle ferma les yeux pour les rouvrir bien vite. Sous ses paupières closes, sa pensée surexcitée lui avait montré un amas d'os, sinistre jeu de jonchets de la mort.

Elle tremblait de marcher et il lui devenait insupportable de rester en place.

— Oh! fit-elle à haute voix, Brahma, protège l'enfant innocente.

O surprise! elle entend son nom.

— Anoor, ma sœur, est-ce toi?

— Na-Indra!

— Oui, par ici.

A tâtons les deux sœurs se cherchent, parlant sans arrêt afin de se guider l'une vers l'autre. Elles s'atteignent, s'enlacent éperdument :

— Ma douce Na-Indra!

— Anoor, ma chérie!

Et puis des questions.

— Tu es donc prisonnière aussi?

Anoor dit sa marche à travers la forêt, son réveil subit, sa surprise, sa douleur en se voyant aux mains des Dheeristes.

L'histoire de Na-Indra est identique. A la chute du jour, avec le docteur Mystère, Timoteo et Graziella, elle avait campé sur la rive même de l'Indus. La gracieuse Italienne lui avait offert de partager l'abri de sa tente bleue.

Vers le milieu de la nuit, la tente s'était abattue brusquement, enveloppant les jeunes filles de ses plis lourds. Elles avaient perçu confusément le bruit d'une lutte, de sourdes imprécations. Puis le silence s'était fait. Elles s'étaient senties enlever, porter. La tente s'était transformée en filet et leurs mystérieux ravisseurs ne les en avaient extraites que pour les enfermer dans le cachot où elles se trouvaient.

Le docteur, les Italiens, immobiles et silencieux jusque-là, s'avancent alors du fond de l'ombre.

— Ma chère petite!

— Povera signorina!

— Cara puerita!

— Mon cher père!... Mademoiselle!... Monsieur!...

On se serre les mains, on échange des baisers auxquels les larmes mêlent leur amertume.

Anoor est presque heureuse. Elle a oublié le danger. Elle ne comprend qu'une seule chose, c'est qu'elle n'est plus seule.

Mais une lumière éclaire la prison. Ce sont des Hindous portant des torches. Ils déposent devant les captifs des claies de roseaux couvertes de fruits, de légumes. Ils leur offrent également des vases de formes bizarres, comme en fabriquent les potiers du Suichré, dans lesquels tremblote une eau limpide.

Sur la demande de Mystère, ils laissent aux prisonniers un fagot de branches résineuses.

Au moins on pourra se voir. L'horreur du noir au moins sera épargnée aux malheureux.

Sur le conseil du docteur, tous mangent du bout des dents, en se forçant, mais la nourriture leur rend des forces; leurs idées deviennent plus nettes, et Anoor exprime son étonnement de ce que l'on ait osé porter la main sur Na-Indra.

— Les fous sont vénérés; ceux qui les tourmentent sont frappés par Brahma en eux et en leurs descendants jusqu'à la cinquième génération. D'où vient l'audace de nos geôliers?

— Je l'ignore, répond le médecin d'un air pensif.

— Ma, intervient Timoteo, perche mia Graziella est-elle mise en carcere douro? Zé ne peux pas mé figourer perche?

— Comme vous, elle expie le mouvement généreux qui l'a poussée à nous aider.

— Oh! moi, cela n'a pas d'importance.

— Pour moi non plus, interrompt l'Italienne. Zé pense qué ces Hindous sont des banditti parfaitement malhonnêtes, et zé les méprise.

Elle ne se doute pas des supplices que les farouches Dheeristes infligent à leurs victimes.

Tous la considèrent avec tristesse, et aucun n'a le courage de lui dépeindre la situation sous son véritable jour.

— Si la belle n'était pas là, glisse Timoteo à l'oreille de Mystère, zé pleurerais sour elle, car les atroces ennemis né nous épargneront pas.

— Je le crains.

— Ils ont à venzer leurs camarades.

Et avec une nuance d'orgueil :

— Quoiqué surpris, nous en avons toué une dizaine.

C'est vrai, l'ex-étudiant a bravement combattu aux côtés du docteur, et la victoire des Dheeristes leur a coûté cher.

De là un souci de plus pour les deux hommes. Quel supplice horrible combinent à cette heure leurs geôliers, eux qui torturent déjà, avec d'infinis raffinements de cruauté, les victimes dont ils n'ont pas eu à se plaindre!

Et la conversation tombe. La journée s'écoule pesante, sans fin. Par deux fois, les hommes préposés à la garde des captifs pénètrent dans le cachot, chargés de nourriture. Leur apparition indique aux voyageurs la marche des heures, et ceux-ci s'étonnent de les trouver aussi lentes.

Il doit être environ neuf heures du soir. A ce moment, à la surface de la terre, le soleil est descendu sous l'horizon, le crépuscule rapide a donné tout juste aux étoiles le temps de s'allumer dans les plis lourds du manteau indigo du ciel. C'est l'instant où les tigres et les sectateurs du Dheera flairent le sang.

Mystère sait ces choses, lui qui connaît l'Inde comme s'il l'avait toujours habitée, et d'une oreille inquiète il cherche à surprendre les bruits extérieurs.

Soudain un frisson agite tout son être. Des pas glissent sournoisement près de la porte. Un bruit métallique et celle-ci s'ouvre, laissant pénétrer dans l'antre un flot de lumière.

Les captifs sont aussitôt debout.

Des Dheeristes entrent, forment le cercle autour des Européens. Les poignards à la lame arquée brillent dans leurs mains de bronze.

Et sur le seuil se montre le brahme Arkabad.

Lui, toujours lui, poursuivant sans répit ceux dont il a juré la perte.

Il s'avance lentement, se place vis-à-vis du docteur, et d'une voix grave :

— Mystère, favori de Vischnou, je te salue.

Sa voix sonne ironique. Le médecin ne répond pas.

— Tu accompagnes une jeune fille à qui le père des êtres a ravi sa raison, reprend le brahmine, et fort de la protection que la loi divine accorde aux créatures ainsi déshéritées, tu as cru pouvoir impunément braver les sages, les prêtres de Brahma qui, dans la retraite, supputent les effrayants problèmes de l'infini.

Le docteur hausse les épaules :

— J'ai cru que les prêtres respectaient la loi qu'ils proclament divine. J'ai cru que les insensés étaient sacrés, et que quiconque portait sur eux une main téméraire devait craindre la colère de Brahma.

— Tu as eu raison de croire cela, car c'est la vérité.

— La vérité... allons donc!

— Pourquoi doutes-tu?

Mystère désigna Na-Indra de la main :

— Parce que la démence de celle-ci n'a pas empêché tes séides de l'arrêter, de la jeter en prison. Qu'ils tremblent ! Brahma sait venger ses offenses.

Par ces paroles il espérait semer la division parmi les assistants. A sa grande surprise, aucun ne parut avoir entendu.

Comme des statues de bronze, ils restèrent immobiles, leurs visages n'exprimant aucune émotion.

Quant à Arkabad, il eut un sourire dédaigneux :

— Tu tentes vainement d'effrayer ces fidèles. Moi, Arkabad, exécuteur des volontés du collège sacré d'Ellora, j'ai pris seul, devant le créateur du monde, la responsabilité de l'arrestation de Na-Indra.

— Il est avec le ciel des accommodements, dit Mystère d'un ton railleur.

Son interlocuteur ne s'arrêta point à cette plaisanterie.

— Si j'ai agi comme je l'ai fait, c'est par amour de la justice..

— Ah! ah! voici du nouveau...

— ... et afin de ne pas permettre qu'au moyen d'une imposture, des fourbes se jouent des paroles sacrées, rapportées par les Védas.

— Des fourbes...

— Oui.

Le docteur promena autour de lui un regard étonné et d'un accent incisif :

— J'ai beau lever mes yeux sur l'assistance, je ne vois qu'un fourbe, toi. Est-ce donc de ta personne que tu parles?

Un murmure menaçant s'éleva du cercle des Dheeristes, mais Arkabad fit un geste et le silence se rétablit.

— Injures inutiles, reprit le brahmine. Tu appelles la mort prompte que l'on donne à l'ennemi dans la colère afin d'éviter la longue torture. Nous ne nous laisserons pas prendre à ta ruse.

Et comme Mystère avait un geste de protestation :

— Écoute, j'ai des raisons de croire que Na-Indra usurpe les privilèges de la folie.

— Elle?

Le docteur se tourna brusquement vers la jeune fille, il tremblait qu'elle ne se fût oubliée.

Non, elle avait repris son air détaché de toutes choses, et à cet instant critique elle jouait avec l'un de ses bracelets.

Rassuré, Mystère revint au brahme.

— Il est commode de dire : J'ai des raisons... et cela ne suffit pas pour tourner la loi.

— Aussi ne la tournerai-je pas.

— Cependant l'arrestation de cette pauvre enfant...

— Était nécessaire afin de dissiper mes soupçons ou de les transformer en certitude.

— Tu prétends donc.....

— Tenter une épreuve.

— Et si tu es convaincu d'erreur?

— En ce cas, répliqua le prêtre d'une voix forte, elle sera libre ainsi que vous tous qui l'accompagnez. Je mettrai à votre disposition des chevaux, et j'offrirai des présents à Dheera et à Brahma, pour obtenir le pardon de ma méprise. N'est-ce point là, frères, ce que, dans ma loyauté, j'ai promis devant vous en sollicitant votre concours?

— Oui, répondirent les fanatiques.

Mystère courba le front.

Avec une habileté infernale, le prêtre avait trouvé le moyen de se rire de la loi, tout en paraissant la respecter.

Mais ce qui terrifiait surtout le docteur, c'était la tranquille assurance avec laquelle Arkabad avait parlé de l'épreuve qu'il projetait.

Si elle échouait, il rendrait la liberté aux prisonniers, il l'avait promis aux bandits dont il se servait; donc il agirait bien ainsi qu'il l'avait dit.

Mais alors, il était donc bien certain du résultat de son épreuve. Quelle combinaison machiavélique avait-il donc trouvée pour contraindre Na-Indra à avouer qu'elle simulait la folie?

Vainement Mystère se posait cette question. L'organe du brahme coupa court à ses réflexions :

— L'heure est venue, disait l'exécuteur d'Ellora. Conduisez les captifs à l'endroit désigné. La fin de la nuit les verra libres ou convaincus d'imposture.

En une seconde, les prisonniers furent séparés les uns des autres, entourés de gardiens, et poussés vers la porte.

En lente théorie, toute la troupe traversa les salles du temple, se dirigeant vers l'entrée de la falaise.

On l'atteignit enfin. La lune jetait sur le plateau une clarté blafarde, et les captifs eurent une même exclamation. L'aspect des êtres avait complètement changé.

Maintenant une haute grille formait, en avant du pylône, comme une salle réservée. On eût dit l'armature métallique d'une serre. A vingt pas de là un rectangle de cinq mètres sur trois était également enclos d'une grille; mais celle-ci ne se fermait pas à la partie supérieure, laissée libre.

— Allez, ordonna Arkabad.

Et saisis brutalement par vingt Dheeristes, le docteur et Anoor furent poussés vers une porte qui s'ouvrit dans la grille du pylône.

Presque portés par leurs guides, ils franchirent l'espace découvert, atteignirent l'enclos qu'ils avaient distingué.

Là encore une porte s'ouvrit et se referma sur eux. Le médecin et la jeune fille se trouvèrent enfermés dans l'enceinte grillée, comme dans une cage ouverte à sa partie tournée vers le ciel.

Les Dheeristes étaient retournés vers le pylône, et Anoor, le visage collé aux barreaux de fer de sa nouvelle prison, voyait en face d'elle, derrière le grillage défendant l'entrée du temple de Typhum, les masques sombres des sectaires de Dheera.

— Que veut dire ceci, murmura Mystère? Rien ne nous serait plus aisé que de grimper et de franchir la clôture métallique qui nous entoure. Les grilles qui ferment les jardins n'ont jamais arrêté les voleurs ni les amateurs de libres promenades, elles ne retiendraient pas davantage des prisonniers...

Il n'acheva pas. Le bêlement tremblotant d'un chevreau venait de se faire entendre.

— Un chevreau!

Anoor tourna vers lui son visage blême contracté par une inexplicable terreur.

— Oui, balbutia-t-elle... un chevreau... là-bas.. près du pylône... ils lui pincent les oreilles pour le faire crier....

Le chasseur a suivi tous ses mouvements, sa lance s'est dressée.

Il la regarda, ne comprenant pas :

— C'est cela qui te donne cet air effrayé, Anoor?

— Oui.

— Mais pourquoi?

— Pourquoi? Vous le demandez... Vous ne savez donc pas... ce chevreau c'est.....

La voix de la jeune fille s'étrangla dans sa gorge :

— C'est....? insista Mystère.

— L'appât du tigre.

Le docteur pâlit à son tour.

L'une des façons de chasser le tigre dans l'Inde est ce que l'on pourrait appeler : la chasse à la cage.

A proximité des jungles, dans une plaine découverte, ou dans une enceinte solide, analogue à celle qui emprisonnait le savant et sa jeune compagne. Un chevreau y est conduit, attaché à un piquet, et un chasseur courageux s'y enferme avec lui.

Cet homme est armé d'une longue lance.

Une fois installé, il pince le chevreau, le fait crier. Les plaintes aiguës du petit animal se répercutent au loin, attirent le tigre qui rôde à la recherche d'une proie. Le terrible félin apparaît bientôt, tourne autour de la cage, s'irrite contre l'obstacle des barreaux. Puis il réfléchit, constate que, d'un bond, il pourrait franchir cette clôture incommode, écraser sous sa griffe puissante le chevreau qui se tait maintenant et grelotte de peur.

Il se rase, décrit un cercle dans l'air. Il a bien calculé son élan; il descend juste au-dessus de la cage; mais le chasseur a suivi tous ses mouvements, sa lance s'est dressée, et c'est ce formidable aiguillon qui reçoit le fauve, le transperce et le rejette blessé à mort au dehors.

Mystère et Anoor étaient enfermés comme l'appât vivant, et ils n'avaient aucune arme; les bêlements qui retentissaient sous le pylône appelaient le tigre chargé de dévorer, sous les yeux de Na-Indra, la mignonne Anoor et celui qu'elle nommait son père.

L'épreuve d'Arkabad éclatait aux yeux, à la vue du tigre prêt à dévorer sa sœur, Na-Indra se trahirait.

Le chevreau gémissait toujours.

Quelques instants se passèrent. Le savant se débattait dans la plus épouvantable indécision. Avec sa voiture électrique, tous ses instruments de défense lui manquaient. La lutte était impossible. Ah! s'il avait conservé seulement un de ses étranges pistolets chargés de capsules d'acide prussique!... mais rien, rien !

Tout à coup, il appela Anoor :

— Coûte que coûte... il faut sortir d'ici... Y rester, c'est condamner Na-Indra avec nous.

Mais il ne continua pas — et regarda, les cheveux hérissés, vers l'endroit où le plateau se resserrait en défilé.

Le bras de la fillette était étendu vers ce point; elle bégayait :

— Trop tard... il vient!

Oui, le tigre venait, la tête basse, la démarche oblique, battant ses flancs de sa queue, dont les coups résonnaient sourdement dans le silence.

C'était un énorme félin, un de ces vieux mâles dans tout le développement de leur force, un de ces terribles adversaires dont la rencontre trouble les chasseurs les plus blasés sur les émotions de la poursuite du tigre.

L'animal avançait prudemment. Abrité derrière un rocher, il regardait les grilles, l'entrée du temple. Avant d'attaquer, il étudiait le terrain avec la prudence de ses congénères.

Il demeura ainsi, durant un espace de temps qui parut interminable aux deux infortunés.

Mais si aigus que fussent les regards du carnassier, d'autres yeux suivaient la scène avec une acuité plus grande encore.

Ces yeux appartenaient à Na-Indra.

Au premier rang des curieux abrités par la grille du pylône, Na-Indra, ainsi que sa sœur, avait deviné, dès que le chevreau avait lancé sa plainte grêle, l'affreux spectacle auquel on la conviait.

Elle aussi avait pensé que le brahme mettait en scène une idée de démon.

Mais à cet instant suprême, elle retrouva l'énergie qui, durant de longues années, lui avait permis de dissimuler sa raison.

Et le cœur broyé par l'épouvante, mais la face calme, impassible, rien ne transpirant au dehors de son agonie intérieure, elle était restée à la place où on l'avait mise.

Ah! les cruelles minutes!

Le tigre hésite. Bientôt rassuré, il fait quelques pas sur la plate-forme. Il s'étire voluptueusement, cambrant son échine souple. Le museau tendu, il flaire les émanations de ses victimes.

Puis il dresse la tête et de sa gueule entr'ouverte s'échappe un rauquement joyeux.

Horreur! c'est un appel. A peine l'onde sonore qui le porte a-t-elle cessé de vibrer, que trois monstres fauves rayés de noir viennent rejoindre le premier.

Tous regardent du côté de la cage; leurs narines aspirent l'air de façon gourmande et un formidable concert éclate.

Les bêtes chantent le festin prochain.

Et rampant sur le ventre, avec de brusques détentes des jarrets, elles se rapprochent insensiblement de l'enceinte de fer.

Les voici contre les barreaux. De leurs pattes puissantes, les tigres essaient d'ébranler cette barrière, dont ils ne connaissent pas la résistance, supérieure à leurs forces.

Elle résiste. Ils s'étonnent, essaient d'introduire leur muffle entre les tiges d'acier. Les barreaux ne cèdent point.

Alors ce sont des grondements colères; comme des enfants gâtés, les félins se fâchent de ne pouvoir atteindre l'objet de leur convoitise. De terribles coups de pattes font vibrer les tiges de métal.

Soudain le vieux mâle se rend compte que, pour pénétrer dans l'enclos, il faut bondir. Un colloque grondant s'engage entre lui et ses compagnons.

Ceux-ci s'écartent. Lui recule de quelques pas; il prend du champ. Enfin la distance lui paraît bonne; il se rase prêt à décrire la parabole au bout de laquelle ses griffes fouilleront des chairs pantelantes.

De leurs pattes puissantes, les tigres essaient d'ébranler cette barrière.

C'en est fait. Mystère, Anoor sont perdus. Le docteur s'est placé vaillamment devant la fillette; mais qu'est le rempart d'une poitrine humaine devant l'attaque furieuse d'un tigre affamé?

Ah! la force morale a des bornes. Na-Indra a déjoué toutes les embûches; mais là, devant cette scène d'épouvante, elle succombe. Elle oublie qu'Arkabad, debout derrière elle, ne perd pas un de ses mouvements; que plus féroce que les carnassiers, il a préparé l'aventure qui doit livrer la pauvre enfant à la monstrueuse inquisition des brahmes. Auprès d'elle un Dheeriste tient un fusil à la main.

Na-Indra s'en saisit. Elle vise, tire. Un jet de flamme passe dans l'air. Un rugissement farouche lui répond.

Le tigre a fait volte-face. Il fonce sur le grillage du pylône d'où est partie la balle qui l'a atteint sans le mettre hors de combat.

Et tandis qu'il bondit, gronde, hurle, rugit, faisant ployer sous ses poussées violentes les grilles qui semblent prêtes à se rompre, Arkabad appuie sa main sur l'épaule de la jeune fille et clame triomphant :

— Tu t'es livrée, Na-Indra. Tu n'est pas folle!

Fauve de la forêt, fauve du temple se répondent, acharnés l'un et l'autre à la perte d'une pauvre enfant sans défense.

Au bruit de la détonation, les tigres survenus à l'appel du blessé se sont enfuis. Ils ont disparu. Seul, celui-ci continue ses efforts impuissants.

Un sifflement léger retentit. Le monstre s'arrête brusquement... chancelle sur ses pattes énormes, tombe sur le côté et ne remue plus.

Qu'est-ce? Est-il mort?

Oui.... les minutes s'écoulent et il conserve la même immobilité. De leurs yeux soupçonneux les Hindous observent l'animal. Ce n'est pas une feinte, il ne respire plus.

Un cri de joie sort de toutes les bouches. La porte grillée s'ouvre, les sectateurs de Dheera se précipitent au dehors. Ils vont tâter le corps encore chaud du fauve.

Arkabad, tenant Na-Indra par les poignets, sort à son tour. Avec quelques indigènes, il va extraire Mystère et Anoor de leur prison.

Ils ont échappé à la dent des félins, mais c'est pour être livrés aux bourreaux des brahmes.

Na-Indra sanglote :

— Pardon! pardon! je n'ai pu me contenir. Vivre sans vous m'eût été impossible. Je me suis condamnée, pour atteindre avec vous le ciel bleu d'Indra.

Elle s'excuse, pauvre et généreuse enfant, qui vient de donner son existence.

Arkabad triomphe, il ricane, il plaisante.

Il ramène ses prisonniers vers le temple, d'où ils ne sortiront désormais que pour marcher au trépas.

Mais il s'arrête tout à coup, demeure sur place, médusé. Les Dheeristes ne bougent plus, font silence. Tous regardent le bas-relief de Typhum qui domine le pylône.

Un grognement est parti de là haut.

Et comme tous considèrent les dieux de pierre, un des personnages du tableau s'anime, étend le bras en un geste menaçant.

— Amenez des chevaux pour les étrangers, Rama veut qu'ils partent et il vengerait leur mort.

Quoi? le prodige de la statue de Rama se reproduirait! Les Dheeristes se jettent le front contre terre.

Mais la forme blanche qui, sous la lune, a une apparence fantastique, reprend :

— Amenez les chevaux, puis entrez dans le temple et priez. Vischnou est irrité que l'on ait porté la main sur ses protégés.

Arkabad voudrait résister aux ordres du dieu de pierre. Il devine quelque jonglerie, mais les bandits de Dheera ne le permettent pas.

Ils croient, eux, avec tout l'entêtement d'esprits obtus et fanatiques. Malgré ses observations, le prêtre est entraîné dans le temple. Des Dheeristes amènent des chevaux, puis se sauvent précipitamment.

Ils vont rejoindre leurs compagnons déjà en prières.

Anoor, Na-Indra, Mystère, Graziella, Timotéo s'entre-regardent effarés. Rêvent-ils donc? Non, la statue s'agite de nouveau.

— Ne perdez pas de temps, nom d'une pipe! à cheval et à toute vapeur!

Quel singulier vocabulaire emploie Rama!

Leur ahurissement augmente. Le personnage se déplace, il court sur la corniche puis il descend le long de la paroi, se cramponnant au nez des dieux, posant le pied sur leurs épaules.

Il saute à terre, une boule noire bondit auprès de lui.

— A cheval! patron, crie l'étrange figure. Na-Indra et Anoor sur le même dada, afin qu'il m'en reste un.

Le même cri sortit des lèvres des assistants :

— Cigale!

Le Parisien, car c'était bien lui, sauta sur l'un des coursiers, indiquant ainsi que le moment ne lui semblait pas propice aux longues explications.

Tous l'imitèrent; bientôt la petite troupe se retrouva sur la crête de la falaise et à toute vitesse reprit la route de l'Ouest, de la terre afghane où elle n'aurait plus rien à craindre des brahmes.

Le moyen employé par Cigale s'expliquait de lui-même. Parvenu devant le temple, le jeune homme, désireux d'observer sans être vu, avait avisé le bas-relief géant de Typhum et avait gagné cet observatoire, accompagné de Ludovic, qui ne le quittait pas d'une semelle. De ce poste élevé, il avait assisté à un conseil tenu par Arkabad et les chefs Dheeristes. Il avait suivi la construction des cages. Des propos saisis au vol lui avaient rappelé la légende de la statue de Rama, et dans son cerveau fantasque avait germé l'idée bizarre dont la mise à exécution venait de sauver ses amis.

S'introduisant dans la poussière accumulée derrière les figures du bas-relief, il s'était donné l'apparence d'un personnage du tableau. Un pistolet à acide prussique, conservé par le brave garçon avait déterminé la mort du tigre.

Et quand on le félicita chaudement après avoir mis plusieurs kilomètres entre la bande de fugitifs et le temple, Cigale répliqua :

— Une simple *blague*... n'importe quel *Parigot* l'aurait faite. Seulement, puisque vous êtes contents, je vais en profiter pour vous faire un aveu.

— Lequel ? demandèrent Mystère, Na-Indra, Anoor, dont la curiosité était piquée au vif par les dernières paroles de leur ami.

— Voilà. Quand nous avons quitté le char électrique, vous, mon cher docteur, mon père, vous aviez ordonné de remettre au magasin les musettes qui nous ont servi dans la caverne Zapolaki.... !

— En effet.

— Eh bien, je vous ai désobéi.

— Tu as gardé le sac de toile.

Cigale éclata de rire :

— Non, non, je l'ai rempli de cailloux, et je l'ai donné au patron Kéradec, qui l'a religieusement serré.

Son hilarité gagna tout le monde.

— Si bien, conclut le gamin, que j'avais empoché le lance-acide prussique, qui n'a pas été inutile tout à l'heure...

— Certes.

— Et que je possède en outre une petite boîte dont j'ignore l'usage, mais que je vous remettrai, car cela pourra servir à l'occasion.

CHAPITRE VII

UN GUERRIER A L'ALCOOL

— Dear me... Ce gentleman...

— C'est le directeur de l'Electric-Hotel.

— Vous le reconnaissez, Wilhelmina?

— Parfaitement, Jéroboam.

— C'est lui! C'est lui! clamèrent douze voix fraîches, mais irritées.

Telles furent les exclamations qui accueillirent l'entrée de Mystère et de ses compagnons dans la cour du fortin de Markover (district de Peschaver), établi sur les bords de la rivière de Caboul, affluent de l'Indus, à quelques centaines de mètres de la frontière.

Et la famille Sanders, père, mère, misses et fraülens, entoura, menaçante et glapissante, la petite troupe des fugitifs.

Comment la tribu anglo-hollandaise se trouvait-elle là?

Après les événements d'Amritzir, les jeunes filles avaient décidé à l'unanimité qu'elles ne pouvaient séjourner plus longtemps dans la villa du gouverneur Fathen, où les messieurs parcouraient l'habitation,

Dans le simple appareil
D'un *gentleman* qu'on vient d'arracher au sommeil.

Les officiers anglais, furieux d'avoir été bernés par le docteur et ses amis, brûlant de prendre une éclatante revanche, n'insistèrent pas pour retenir des visiteurs arrivés à une heure si malencontreuse.

Et la famille unie Sanders-van Stoon s'était retirée dignement. Mais sur leur route, les douze aimables filles, rendues bavardes par l'espoir matrimonial qui chantait en elles, avaient parlé à tort et à travers. Elles craignirent le ridicule au retour, et grâce à l'arme du vote, elles décidèrent que l'on rentrerait en Europe par l'Afghanistan et la Perse.

On avait pris le train jusqu'à Peschaver, station terminus du railway gangétique, et depuis deux jours on s'était arrêté à Markover, où les nombreuses formalités administratives imaginées par le Gouvernement général des Indes, retenaient les voyageurs.

Ce furent des journées orageuses.

Pleins de rage d'être contraints à stationner dans le fortin, où le confort le plus élémentaire faisait défaut, la querelle anglo-boer s'était rallumée plus aiguë que jamais entre la sèche Wilhelmina et l'opulent Jéroboam.

L'occupation de Blœmfountein, de Johannesburg, de Pretoria par les Anglais avait exalté l'ancien député à la Chambre des Communes.

La Néerlandaise avait applaudi à la courageuse ténacité des Boers de Krüger et du général Botha, abandonnant les villes pour commencer la terrible et meurtrière guerre de guérillas.

— Ah! clamait-elle, les Anglais n'en sont pas encore où ils pensent. La vraie guerre, la guerre d'extermination commence. Partout, au nord, au sud, au levant, au couchant, des *commandos* boërs vont tenir la campagne. Patrouilles, traînards, convois seront enlevés. Sans compter que les Afrikanders du Cap s'agiteront de leur côté. L'armée britannique, harcelée par un ennemi insaisissable, fauchée par la maladie, fondra comme un morceau de beurre sur un feu ardent.

Débutant sur ce ton, on juge du diapason auquel montait la conversation.

Les douze aimables fillettes de ces époux combatifs, se relayaient pour monter la garde entre leurs parents. Elles ne pouvaient les empêcher de s'invectiver à distance, mais du moins, elles les mettaient dans l'impossibilité d'entrer en contact, ce qui eût eu les conséquences les plus déplorables.

Jéroboam s'arrachait les cheveux d'avoir lié sa vie à celle d'une femme qui n'avait de tendresse que pour la soldatesque. Il adressait des invocations à sa défunte épouse, trop tôt ravie à son affection, et qu'une inexplicable folie l'avait poussé à remplacer..... numériquement, car un ange ne se remplace pas en réalité.

De son côté, Wilhelmina vomissait feu et flammes contre les civils, êtres inférieurs et ridicules qui ne conçoivent rien au génie militaire; ces civils pusillanimes, surtout lorsqu'ils sont anglais, dont tout le courage se borne à couvrir d'épithètes malsonnantes une pauvre veuve incapable de se venger.

A son tour, elle se répandait en phrases gémissantes à l'adresse de feu van Stoon, ce guerrier hollandais, magnifique et bienveillant, dont l'apparition eût mis en fuite tous les civils incivils de la Grande-Bretagne.

A ce jeu-là, les deux conjoints, disjoints par la politique, et empêchés par leurs filles de se rejoindre, eussent fini par trépasser de male-rage, quand la vue de Mystère et de ses amis les sauva.

Une commune haine contre l'homme qui avait eu une si large part dans leurs tribulations, fit taire leur patriotisme, fatigué d'ailleurs par leur longue discussion.

Avec un sens exquis de la situation, de Maud à Anneken, les demoiselles lancèrent un cri aigu de tourterelles en colère, et la cohue Sanders-van Stoon, rugissant, glapissant, menaçant, entoura les fugitifs.

Ceux-ci, invités, à cent mètres de là, par une patrouille, à se présenter au fortin pour y décliner leurs noms, qualités, et cœtera, avaient obtempéré à cet ordre.

A ce moment, ils songèrent à fuir. Mais déjà la lourde porte de bois donnant accès dans la cour s'était refermée, et les murailles élevées défiaient toute idée d'évasion.

En vain le docteur, Cigale, Anoor, Na-Indra, les fiancés italiens eux-mêmes, essayèrent-ils de se faire entendre. Est-ce que la raison peut calmer l'enthousiasme batailleur d'un mari et d'une femme, heureux de déverser leur mauvaise humeur sur des tiers, ou de douces jeunes filles qui viennent de manquer des mariages?

Les Sanders-van Stoon s'animaient de plus en plus, des ongles roses menaçaient d'arracher les yeux des auteurs de tout le mal, quand une grosse voix apaisa la tempête comme par enchantement :

— Si l'on ne fait pas silence, je mets tout le monde au cachot.

Et un robuste vieillard, dont la barbe blanche faisait ressortir le teint, cuit par le soleil, s'avança dans le cercle.

C'était Ar-Vindou, descendant des Begum de Peschaver, chef du poste-frontière de Markover.

— Voyons, dit-il, de quoi se plaint-on?

Tout le monde répondit en même temps, chacun accusant son voisin.

— Silence! hurla Ar-Vindou, assourdi, ou j'appelle mes soldats.

Puis s'adressant à Jéroboam que, vu son volume, il considéra sans hésiter comme le personnage le plus important :

— Vous, gentleman, parlez.

Très flatté, avec des tournures de phrase qu'eussent applaudies ses anciens collègues à la Chambre des Communes, Sanders narra les circonstances qui avaient amené sa présence dans l'Electric-Hotel; l'erreur judiciaire — il enflait sa voix pour prononcer ces deux mots — qui s'en était suivie; son arrestation, celle de sa famille, l'interrogatoire devant les magistrats de Cheïrah; les explications successives grâce auxquelles l'innocence des touristes s'était démontrée; — enfin, la culpabilité évidente de Mystère et de ses compagnons, lesquels voyageaient certainement en fraude, puisque les autorités britanniques et brahmaniques s'étaient émues de leur séjour sur le territoire hindou.

Le commandant du fortin écouta l'orateur sans l'interrompre. Il hochait la tête en homme qui considère la situation comme grave. Quand Sanders se tut, Ar-Vindou prononça ce jugement digne de Salomon :

— Je n'ai rien compris à votre histoire; mon devoir est donc de vous retenir tous prisonniers et de demander des instructions au gouvernement du Pendjah. Vous allez être enfermés dans les locaux que je vais mettre à votre disposition. Des factionnaires veilleront aux issues. Chaque jour, promenade de deux heures dans la cour. J'ai dit.

Un concert de récriminations s'éleva aussitôt.

Les Sanders-van Stoon (qui en définitive avaient raison), ne pouvaient accepter d'être traités en suspects.

Quant à Mystère et à ses amis, à peine délivrés des Dheeristes, ils se revoyaient captifs des cipayes. C'était retomber de Charybde en Scylla.

Mais le chef du fortin n'admettait pas la critique.

— Ceux qui préfèrent la prison à des chambres commodes n'ont qu'à parler, gronda-t-il d'une voix tonitruante. Ce que j'ai décidé s'accomplira. Là-dessus, la paix ou le cachot.

Le calme se rétablit sans retard, et tous, courbant la tête, se laissèrent conduire aux locaux désignés par Ar-Vindou aux soldats indigènes qu'il avait appelés d'un coup de sifflet.

Bien simple l'installation des prisonniers.

Une vaste salle, aux murs blanchis à la chaux, et qu'une cloison de planches arrivant à mi-hauteur du plafond séparait en deux parties égales.

La troupe de Mystère fut enfermée d'un côté, celle de Sanders de l'autre.

— La colère de Brahma s'étend sur nous, fit tristement Na-Indra, lorsque les cipayes se furent retirés. Une heure de marche encore et nous aurions franchi la frontière. Devant nous se serait étendue la route libre qui devait nous conduire au Trésor de Liberté. Maintenant tout est remis en cause.

— Ze souis fourioso dé cette maléchance, gronda Timoteo en serrant les poings.

— Fourioso, amico, répéta tendrement la charmante Graziella; zé comprends votré fouror : ces Anglais, que notre gouvernément présente como des alliés, sé conduisent como dé véritables banditti.

Mystère ne disait rien. Une ride profonde barrait son front, et ses yeux, où luisait la flamme de la réflexion, se fixaient alternativement sur Na-Indra, sur Anoor, sur le Parisien, avec une expression d'affectueuse pitié.

Lui aussi devait s'avouer que la situation semblait désespérée.

Captifs de soldats indigènes au service de l'Angleterre, ses amis et lui seraient certainement conduits devant le Lieutenant Gouverneur du Pendjah, ce lord Fathen auquel ils avaient fait passer une si fâcheuse journée.

Conséquence : le docteur et Cigale jetés dans quelque prison; Na-Indra et sa sœur livrées au cruel Arkabad.

Il n'était personne, jusqu'aux gentils et bons fiancés italiens, qui n'eût à s'effrayer des suites de l'aventure.

La voix du Parisien frappa soudain l'oreille du savant :

— Mademoiselle Na-Indra, disait Cigale, je ne vous demanderai pas où est le Trésor; d'abord cela m'est bien égal, et ensuite vous ne me répondriez pas. Mais vous pouvez me donner un renseignement.

— Lequel, monsieur Cigale?

— Celui-ci. Au delà de la frontière, aurons-nous un long chemin à parcourir pour y arriver?

Avant que Na-Indra pût répondre, Anoor se jetait à son cou :

— Parle sans crainte, sœur chérie. S'il te demande cela, c'est qu'il a une idée. Il est brave et adroit. Il nous sauvera.

La jeune fille avait voué au gavroche une confiance sans bornes, et elle la traduisait ingénument par ces paroles.

—Je le pense comme toi, ma mignonne Anoor, répliqua l'interpellée; si j'ai paru hésiter, c'est que je supputais la distance à parcourir!

Et regardant Cigale :

— Il nous faudra franchir des montagnes, suivre la rivière de Caboul, au bord de laquelle nous sommes en ce moment, jusqu'à la ville afghane qui lui a donné son nom. Après quoi, nous redescendrons au sud, vers Kandahar, où le Chef — ses grands yeux se fixèrent sur le docteur avec une sorte de ferveur — a prescrit à ses serviteurs de l'attendre. Ensuite, le voyage ne sera pas terminé, mais la partie la plus pénible sera accomplie.

Le savant hochait la tête.

— Étrange, murmura-t-il d'un ton pensif! La recherche du trésor accumulé pour la liberté hindoue, nous entraîne à parcourir, à reconnaître la route d'invasion que suivront certainement les libérateurs. Mogols, Tartares, Aryens ont toujours pénétré dans l'Inde par la vallée encaissée où coule la rivière de Caboul. Les Russes, qui semblent désignés comme les alliés des soulèvements futurs de l'Inde, passeront par le même chemin. — Étrange! étrange!

— Oui, repartit Cigale, seulement il faut commencer par brûler la politesse au seigneur Ar-Vindou.

— Oui.

— Et le voyage comportant pas mal de kilomètres, il ne suffit pas de nous évader, nous devons aussi préparer l'évasion de nos *dadas*.

Anoor battit des mains :

— Vous avez une idée?

— Pas encore, mais on va vous trouver cela.

— Ah! dit-elle, je savais bien que vous ne nous laisseriez pas en captivité!

— Chère, chère petite sœur!

— Plus petite sœur, rectifia-t-elle vivement; souvenez-vous de ce que nous avons décidé avant la terrible arrivée des Dheeristes.

Le Parisien rougit, ses yeux se voilèrent :

— Ne parlons pas de cela encore. Une fois en sûreté, nous expliquerons la chose à nos amis, ils décideront. Pour l'instant, il s'agit de sortir d'ici.

Et avec une assurance comique :

— Nous en sortirons. Voyez-vous des Hindous *débarbouillés au chocolat*, empêcher un *Parigot de Paris de se donner de l'air?*

Puis tout à son idée :

— D'abord, la revue de nos armes. Mon grand ami, mon père, je vous ai avoué que j'avais vidé dans mes poches la musette, *le sac à malices* que vous m'aviez confié lors de notre expédition aux grottes de Zapolaki. Je crois bien que j'ai *semé* (perdu) la plupart des objets dans les exercices variés auxquels j'ai été obligé de me livrer. Il m'en reste deux : le pistolet à acide prussique, qui m'a l'air d'une arme sérieuse...

— Mais dont je répugne à me servir contre des cipayes, déclara vivement le médecin. Ce sont des Hindous; ils servent contre leur gré un maître puissant... Sans pitié pour les tyrans, je veux épargner les esclaves.

Cigale haussa les épaules et philosophiquement :

— Bon! Je remise le pistolet pour l'instant, mais je le garde. Il contient encore trente-huit projectiles. Avec cela, il y a de quoi transformer le fortin de Markover en *château de la belle au bois dormant pour toujours*. Voici maintenant une petite boîte qui contient une poudre brune, je ne me figure pas ce que c'est.

En parlant, le jeune homme avait tiré de sa poche une petite bonbonnière de nickel qu'il présentait au savant.

Celui-ci sourit dédaigneusement :

— Peuh! ceci ne saurait nous servir, c'est de la poudre d'*antiéthyline*.

— Ah! ah! de la poudre de *crinoline*, plaisanta Cigale, décidé comme toujours à écorcher les mots scientifiques.

— Non, d'antiéthyline, répéta le docteur, c'est un remède, un simple remède.

— Contre quelle maladie, s'il vous plaît? Si j'interroge, ce n'est pas par une curiosité banale, mais enfin, je ne serais pas fâché de savoir ce que contient cette petite pharmacie de poche.

— Tu n'as et n'auras jamais, j'espère, le terrible mal qu'une pincée de cette poudre suffit à vaincre.

— Une pincée? et le mal est terrible?

— Juges-en; c'est l'alcoolisme.

Cigale éclata de rire.

— Ah! bon, s'écria-t-il, la maladie des ivrognes; votre poudre les empêche de marcher de travers?

— Ne ris pas, fit gravement son interlocuteur. L'alcoolisme, où tu ne vois que matière à plaisanterie, est un mal aussi terrible que les épidémies devant lesquelles la foule tremble. Le choléra, la peste, la perfide influenza, ces meurtrières avérées, font moins de victimes que l'alcool.

— Quoi! bégaya Cigale interloqué, c'est sérieux?

— Juges-en. Dans les pays où sévit l'alcool, le nombre des fous, des assassins augmente de façon terrifiante, car l'alcool détruit, annihile les résistances de l'individu. Notre corps, mon enfant, peut être comparé à une forteresse, gardée par des *microbes bienfaisants*, chargés de détruire des *microbes mauvais* qui cherchent sans cesse à démanteler la place. L'alcool est le complice des *mauvais* en tuant *la garnison*. Le cerveau s'atrophie chez l'alcoolique, les facultés de raisonnement disparaissent; il devient *impulsif*, c'est-à-dire qu'il obéit à des impulsions nerveuses irraisonnées. Il a des rages sans cause, au cours desquelles il peut tuer sans le vouloir. Tous ses organes s'oblitèrent, subissent une sorte de ramollissement, et le plus terrible est que ses enfants naissent avec des tares alcooliques : épilepsie, tuberculose, hydrocéphalite, crétinisme, dégénérescences de toute nature, décompositions sanguines, musculaires ou nerveuses de toute espèce.

— Brrrou!... fit le Parisien avec un frisson, moi qui croyais que l'alcool donnait des forces!

— C'est une erreur, malheureusement très répandue. L'ouvrier, l'agriculteur croient reprendre de la vigueur en ingurgitant de l'alcool. Ils obtiennent simplement une surexcitation passagère qui leur donne l'illusion de la force. Avec l'éther, la morphine, la nicotine, tous les poisons dont se sert l'ignorance humaine, on obtient les mêmes résultats. Cela fait sur l'organisme l'effet d'un coup de fouet sur un cheval fatigué; la pauvre bête se raidit, fait un effort supplémentaire, qui la laisse ensuite plus lasse. Mais en lui allongeant un coup de fouet, il ne viendra à la pensée de personne que l'on augmente sa vigueur.

— Bien sûr que non.

— L'alcool n'agit pas autrement, et un ministre de la guerre dans ton pays, mon enfant, a accompli une bonne action, si bonne qu'elle peut en racheter bien des mauvaises, le jour où il a interdit la vente de l'alcool dans les cantines militaires.

— Vraiment?

— Je te l'affirme et tous les savants te l'affirmeraient comme moi.

La figure du Parisien exprimait la stupéfaction :

— Bon, je vous crois... Je ne suis pas un savant, moi; mais en vivant auprès de vous, j'ai appris une chose que l'on ferait joliment bien d'enseigner à tous les ignorants, ceci : que les savants savent bien mieux les choses que les ignares.

Et comme Mystère souriait, le jeune homme reprit avec vivacité :

— Cela a l'air d'une vérité de La Palisse, et pourtant c'est étonnant comme, dans la masse du public, on est disposé à résister à la science : c'est peut-être parce que les gens ont appris à l'école trop peu de chose. Ainsi un médecin, qui a fait de longues études, ordonne un remède..., le premier âne venu, qui ignore tout de la médecine, se permet de critiquer l'ordonnance. Le malade absurde n'exécute pas le traitement prescrit, il adopte *un remède de bonne femme*. S'il guérit, il se moque du docteur; s'il meurt on accuse le praticien qui, raisonnablement, n'y est pour rien.

Mais changeant de ton :

— Et vous avez trouvé le moyen de vaincre l'alcoolisme?

Il y avait de l'admiration dans l'intonation du gavroche.

— Non, répondit Mystère, non. J'ai simplement perfectionné une méthode découverte par trois savants français : MM. Sappelier, Thébault et Broca.

— Et cette méthode?...

— Procède des méthodes usitées à l'Institut Pasteur. On donne la maladie que l'on veut guérir à un animal : chien, lapin, cobaye, chèvre... on soutire la partie fluide du sang, ou sérum, de ces animaux, et en l'injectant sous la peau des humains, on pratique une sorte de vaccine, qui arrête le développement du mal.

Cigale se frotta les mains avec satisfaction :

— Je dois devenir plus intelligent, déclara-t-il. C'est étonnant comme je suis maintenant vos explications.

— Alors je continue. MM. Sappelier, Thébault et Broca, reprenant les travaux des docteurs Toulouse, Meramaldi, Evelyn, eurent l'idée de rendre un cheval alcoolique en humectant son avoine d'eau-de-vie. L'opération réussit à merveille, les chevaux ayant un faible marqué pour le vin et les spiritueux. Or le sérum de l'animal permit de guérir les alcooliques humains auxquels il fut inoculé, et de les guérir d'autant plus complètement qu'à la suite du traitement ces hommes conservent pour les boissons fortes *un dégoût insurmontable.*

— Quoi? Ils ne veulent plus boire?

— De spiritueux, non. Le nombre des guérisons s'élevait à 60 pour 100 des malades. Les 40 insuccès provenaient tous, ou de la mauvaise volonté des patients qui ne suivaient pas le traitement jusqu'au bout, ou de tares constitutionnelles les rendant réfractaires au sérum. J'ai simplement repris les travaux des savants que je viens de nommer. Grâce à une préparation chimique, j'ai métamorphosé le sérum en poudre et j'ai décuplé son action. Il suffit de faire infuser une pincée de cette poussière dans un verre d'eau et d'inoculer le liquide ainsi obtenu à un alcoolique pour le ramener à l'état normal.

A ce moment, Cigale poussa un cri de désespoir :

— C'est admirable, mais nous perdons notre temps!

— Que veux-tu dire?

— Que les minutes galopent et qu'une seule pensée devrait nous occuper.

— Laquelle?

— Sortir d'ici.

C'était vrai. Pendant un instant, la digression scientifique du docteur avait fait oublier aux assistants la situation dangereuse dans laquelle ils se trouvaient.

La réflexion du Parisien les ramena à la réalité.

— Zé pense qu'il faut tenire counseil, déclara Graziella.

— Et trovare le modo dé quitter cette citadella, appuya Timoteo.

— Oui, oui, murmurèrent Na-Indra et Anoor, avec un regard plein de confiance à l'adresse de Mystère et de Cigale.

Ceux-ci, redevenus graves, s'inclinèrent :

— Tenons conseil, et fasse Brahma que nous soyons bien inspirés.

Sur des escabeaux grossiers, épars dans la salle, tous s'assirent, et la délibération allait commencer, quand une volée d'invectives éclata au-dessus de leurs têtes.

Ils sursautèrent ; se retournant, ils furent pris d'un fou rire, en présence du spectacle hilarant qui s'offrit à leurs yeux.

Après le premier moment de stupeur, causé par leur incarcération, les membres de la famille Sanders-van Stoon n'avaient pas tardé à prêter l'oreille à la conversation qui avait lieu de l'autre côté de la cloison séparative des deux groupes de captifs.

Puis ils s'étaient avisés que ladite cloison ayant à peine deux mètres de haut, il leur suffirait de grimper sur les escabeaux, dont ils étaient également munis, pour regarder par-dessus l'obstacle de planches. Et tous, papa, maman, filles, s'étaient perchés. Leurs têtes dépassaient la séparation et ils apparaissaient à leurs voisins, tels une famille de décapités.

Mais c'étaient des décapités parlant. La voix de stentor de Jéroboam, l'organe aigu de Wilhelmina, les timbres argentins des misses et fraülens, se mêlaient en une cacophonie d'invectives, de reproches, de menaces, du plus irrésistible effet.

— Misérables !

— Coquins !

— Vous serez tous remis au bourreau.

— Car vous avez fait emprisonner un citoyen de la Grande-Bretagne.

— Ainsi qu'une citoyenne Néerlandaise.

— Et vous avez rompu le mariage de pauvres jeunes filles, qui ne méritaient pas ce traitement barbare.

Tout cela proféré en même temps par des voix mugissantes, grinçantes, sifflantes.

Malgré la gravité des circonstances, les compagnons de Mystère se tenaient les côtes.

Et, effet logique de leur gaieté, plus ils riaient, plus les Sanders-van Stoon s'irritaient. Jéroboam était violet de colère comme une fleur d'iris, Wilhelmina devenait d'un jaune bilieux, tel un souci, et les jeunes filles avaient des visages roses comme des petites pivoines.

Heureusement l'excès de leur rage les essouffla vite et, profitant d'un instant où les quatorze représentants du foyer de Sanders reprenaient haleine, Cigale lança, avec son accent inimitable de faubourien de Paris :

— Madame, Mesdemoiselles et vous, Gentleman, *fermez vos becs que j'ouvre le mien.*

Leurs têtes dépassaient la séparation.

L'audace du gavroche les étourdit. Il poursuivit :

— Il est superflu de vous déclarer que je ne suis pas dans cette place pour mon plaisir. Tout comme vous, je préférerais courir les champs en liberté.

— En liberté, lui, lui! grondèrent ses interlocuteurs.

Mystère et ses amis écoutaient, ne sachant où l'orateur désirait en venir.

— Or, continua imperturbablement Cigale, vos cris ont interrompu un conciliabule avec mes compagnons ; conciliabule dont le résultat eût été assurément de découvrir un procédé quelconque de quitter cette prison.

— La quitter! hurla Sanders retrouvant l'usage de la parole, la quitter! mais je m'y opposerais par la force, *rostro et unguibus*.

— Du *quibus* (monnaie), plaisanta le Parisien qui n'avait, on le sait, qu'une vague teinture de latin; du quibus, je ne vous en demande pas, bien que, seul, je sois en mesure d'empêcher les autorités anglaises de vous mettre à mort.

— A mort? bégayèrent tous les Sanders-van Stoon.

— Sans doute. Vous avez été nos compagnons dans l'*Électric Hotel*. Vous vous êtes trouvés en même temps que nous à la villa du gouvernement à Amritzir; maintenant vous êtes, toujours comme nous, dans le fortin de Markover. Qu'il me plaise de déclarer que vous êtes nos complices — les circonstances le démontrent pleinement — et vous partagerez notre sort.

Un murmure terrifié répondit seul à cette audacieuse déclaration.

La teinte des visages Sanders-van Stoon changea. De la colère, les quatorze Anglo-Hollandais étaient précipités dans l'épouvante.

Et Jéroboam devint vert comme laitue, Wilhelmina prit un ton de tomate pas mûre. Quant aux jeunes filles, leurs jolies figures avaient emprunté la pâleur du lis.

— Donc, conclut triomphalement Cigale, il est nécessaire que mes amis et moi désertions ce fortin inhospitalier et que nous travaillions en même temps à votre délivrance.

Cette fois la famille ne protesta plus. Les Sanders-van Stoon étaient domptés.

— A la bonne heure! s'exclama le Parisien, voilà que vous devenez raisonnables.

Et souriant :

— Maintenant que vous me semblez calmes, je veux vous expliquer pourquoi nous sommes poursuivis par les autorités anglaises, indignement trompées par les brahmes.

Un murmure curieux répondit à ces paroles. Décidément, Cigale avait l'art d'intéresser les foules.

Dans un style coloré, parsemé de locutions pittoresques, il résuma ses aventures, celles de ses compagnons :

Le drame d'Audierne;

La rencontre d'Anoor et de l'ours Ludovic;

La recherche de Na-Indra;

La fuite d'Amritzir.

Les jeunes demoiselles Sanders et van Stoon écoutaient avec une émotion croissante. Ainsi, ces hommes qui leur avaient été dépeints comme des bandits, étaient simplement des gens de cœur vouant leur existence au salut de deux orphelines!

Graziella de son côté, avec sa nature expansive d'Italienne, lançait des exclamations attendries :

— Povero!... Santa Madona!... Corpo Santo!

Timoteo serrait les poings, marmottait de terribles menaces contre les brahmes.

Bref, quand Cigale eut achevé, Maud s'écria :

— Mes sœurs, nous allons voter sur la question de savoir si nous serons, ou non, les alliées de ces honnêtes gentlemen.

Selon l'usage de la famille anglo-hollandaise, le scrutin fut ouvert, et bientôt Sanders proclamait avec stupeur ce résultat :

— 14 votants, 14 oui!

L'alliance était adoptée à l'unanimité. Pour la première fois, une question posée dans le ménage avait rallié tous les suffrages.

Ceci fut doux au cœur de Jéroboam; si doux qu'il en oublia les tribulations multiples qui avaient abouti à cet instant fortuné.

. . . .

Vers trois heures, les prisonniers furent extraits de leur geôle. Encadrés par des cipayes, ils furent conduits dans la cour du fortin, et invités à s'y promener deux par deux.

Ar-Vindou lui-même se montra un instant pour aviser ses captifs qu'il avait dépêché un exprès à Amritzir, afin que le gouverneur décidât de leur sort.

Mais le chef s'éloigna précipitamment en entendant des cris lointains, rauques et désolés.

Mystère, qui marchait auprès de Cigale, s'arrêta soudain :

— Qu'est cela, murmura-t-il d'un air pensif?

— Ça... c'est un gaillard qui a des poumons d'acier, répliqua Cigale. Il pousse des beuglements comme un taureau.

Un soldat de garde secoua la tête :

— Non, non, c'est un homme qui souffre.

— Un malade?

— Non, un possédé.

Le savant imposa silence au Parisien qui allait se lancer dans une improvisation ironique.

— Akkar, le fils chéri de notre chef Ar-Vindou.

— Et il est possédé?

— Oui. Les Djinnehs (esprits de la nuit) se sont introduits dans son corps et ils le torturent. C'est effrayant de le voir. Ses yeux semblent prêts à jaillir de leurs orbites, ses lèvres tremblent, ses bras, ses jambes se contorsionnent.

— Ah!

Et après un instant de réflexion, Mystère demanda :

— Akkar était en bonne santé auparavant.

— Il avait la force d'un bœuf.

— Il mangeait bien.

— Comme un tigre affamé.

— Sans doute, il buvait comme il convient à un guerrier?

— Ah! Sahib prisonnier, dix guerriers n'auraient pu engloutir la même quantité de liquide. En face des bouteilles, il n'était plus un homme, croyez-le; il avait alors la soif d'un dieu.

— Merci.

Mystère reprit sa promenade avec Cigale. Quand ils se furent éloignés de quelques pas, Cigale dit à voix basse :

— C'est un ivrogne, cet Akkar?

— Oui, un ivrogne invétéré. A ce point que ce malheureux est aujourd'hui alcoolique...

Une plainte plus lamentable traversa l'atmosphère.

— Écoute cela, Cigale, écoute. C'est le gémissement de l'alcoolique délirant. Les nerfs, brûlés, détraqués par le poison, échappent un beau jour à la discipline de la volonté, ils se livrent alors à une véritable crise épileptique. Durant deux, trois, quatre jours, le malade grimace, grince des dents, hurle, en proie à des hallucinations effroyables, et sans trêve, sa carcasse saute, frissonne, danse, ses bras se tordent, ses pieds s'agitent. Il voudrait résister, arrêter ce mouvement insensé; il ne le peut. La mort vient enfin le délivrer et terminer les affres du *delirium tremens.*

— Quoi? c'est la maladie dont souffre...

— Ce malheureux, oui.

Du coup, Cigale esquissa un entrechat.

— Qu'as-tu donc, questionna le médecin surpris par ce brusque accès de gaieté chorégraphique?

— Ce que j'ai?... vous le demandez?

— Sans doute.

— Eh bien... j'ai trouvé le moyen de gagner la frontière.

— Toi?

— Grâce à l'alcoolisme qui, une fois au moins, aura eu du bon.

Et comme Mystère exprimait par ses gestes qu'il ne comprenait pas, Cigale poursuivit :

— Ça ne fait rien, prévenez nos compagnons de se préparer à monter à cheval.

— Pourquoi?

— Je vous le dirai après. Inutile de perdre un temps précieux.

Puis revenant au cipaye auquel il avait parlé un instant plus tôt, le Parisien lui dit :

— Fais appeler Ar-Vindou, j'ai à lui parler.

Le soldat haussa les épaules :

— Il est auprès du lit de son fils ; il ne viendra pas.

— Il viendra si tu ajoutes que je sais vaincre les Djinnehs.

Cette phrase, prononcée d'un ton ferme, fit sursauter l'Hindou.

— Les Djinnehs, reprit-il avec une certaine hésitation, se rient des efforts des hommes.

— Je n'ai pas le loisir de discuter avec toi. Fais la commission dont je te charge, ou sinon, tu causeras la mort d'Akkar, et Ar-Vindou ne te le pardonnera pas.

Fais la commission dont je te charge...

La menace assouplit aussitôt le soldat :

— Suis-moi, je te conduirai devant le chef.

— Marche.

— Mais avant, laisse-moi te prévenir du danger que tu vas courir.

— Parle.

— Ar-Vindou est violent. Si tu le trompais, il n'hésiterait pas à te briser la tête d'un coup de pistolet.

Cigale sourit tranquillement :

— C'est tout?

— Il me semble que c'est suffisant.

— Il te semble mal. Marche, mon gros, je t'excuse de ne pas savoir. Mais il faut réellement que tu sois de ton pays pour t'imaginer qu'un pistolet est capable de m'effrayer.

Bien qu'il ne comprît pas le sel de cette plaisanterie, le militaire indigène n'insista pas.

A sa suite, Cigale traversa le bâtiment qui avait été affecté aux prisonniers, parcourut une seconde cour, et par un corridor sombre, déboucha dans un jardin soigneusement entretenu, au fond duquel se dressait, à l'ombre de grands pins-parasols, un kiosque rustique.

C'était de là que partaient les cris; à présent qu'ils n'étaient plus atténués par l'éloignement, ils déchiraient les oreilles du jeune homme et faisaient courir des frissons le long de son échine.

Horribles, grinçants, saccadés, hurlements de fauve pris au piège, d'insensé dont la folie martèle le cerveau, exprimant à la fois la douleur et l'épouvante, ils faisaient songer aux lamentations de ces damnés dont le grand poète Dante Alighieri retrace l'éternelle agonie dans sa *Divina Commedia.*

Le cipaye paraissait très troublé.

— Tu entends? bégaya-t-il.

— Dame! je ne suis pas sourd.

— Et tu persistes à vouloir combattre les esprits qui ont envahi le corps d'Akkar?

— Certainement.

Et à part, le Parisien acheva :

— Les esprits, il n'y en a qu'un, mon garçon, l'esprit-de-vin.

Quant au soldat, il prit enfin une résolution :

— Attends-moi là, je vais avertir le chef Ar-Vindou.

— Va.

Ce disant, le jeune homme s'assit sur un banc de rotang, et l'indigène s'élança au pas de course vers le pavillon, où il disparut.

Son absence ne fut pas longue. A Cigale, qui se bouchait les oreilles pour ne pas entendre les cris farouches de l'alcoolique Akkar, le cipaye fit signe d'approcher.

Le Parisien ne se déroba point à l'invitation. Un instant plus tard, il mettait le pied sur le perron de bois établi en avant du kiosque.

Ar-Vindou, le vieux chef à barbe blanche, vint à sa rencontre.

Les hurlements du malade redoublèrent en ce moment. On eût dit qu'il protestait de toutes ses forces contre la venue de l'étranger. Ce fut du moins ainsi que le commandant du fortin interpréta cette recrudescence de rage.

— Tu entends? dit-il rudement au Parisien.

Celui-ci ne sourcilla pas :

— Vous avez tous la manie de poser cette question : tu entends. Il y a donc beaucoup de sourds dans le pays?

Mais la plaisanterie ne dérida pas son interlocuteur qui répéta, absolument comme si le jeune homme n'avait pas parlé :

— Tu entends?

— Parbleu oui, riposta Cigale devenant sérieux. Ton fils crie comme *s'il était payé aux pièces.*

— Tu sais pourquoi il se plaint ainsi?

Du coup, Cigale se fit une contenance grave, réfléchie, et d'un ton pénétré :

— Les Djinnehs sont en lui.

— En effet.

— Mais je les chasserai, si tu as confiance en moi.

Il y avait une telle assurance dans la voix du jeune homme qu'Ar-Vindou se sentit impressionné :

— Le pourrais-tu vraiment?

— Oui, mais il faut avant tout que tu répares une iniquité que tu as commise.

— Moi, gronda le chef en fronçant les sourcils?

— Toi-même. Tu retiens ici des voyageurs inoffensifs, aux intérêts desquels il importerait de partir de suite.

— J'attends des ordres du gouverneur de la province.

— On n'attend d'ordres de personne pour accomplir ce qui est juste.

Et d'un air détaché :

— Comme il te plaira au surplus. Attends les ordres. Quand ils arriveront, ton fils sera mort.

Le vieillard se prit à trembler à ces sinistres paroles.

— Tu es certain que ces voyageurs sont inoffensifs?

L'indigène hésitait, il fallait frapper un grand coup. Cigale avisa un superbe paon qui, à trois pas de lui, faisait la roue.

— S'ils sont inoffensifs, tu vas en juger, Chef. Ils ne veulent tenir leur liberté que de ta courtoisie... s'il n'en était pas ainsi, ils sortiraient à l'instant du fort et nul ne pourrait s'opposer à leur départ.

Un sourire écarta les lèvres d'Ar-Vindou.

— Tu doutes, poursuivit le Parisien, tu as tort. Ils sont ainsi que moi des magiciens illustres, et il leur suffirait d'étendre la main vers toi, vers tes soldats pour que vos cœurs cessent de battre et que l'engourdissement de la mort vous envahisse.

— Allons donc, tu plaisantes.

— Tu veux des preuves... soit.

Et ayant l'air de chercher autour de lui, Cigale désigna soudain le paon. L'oiseau orgueilleux, jadis consacré à Junon, continuait à faire chatoyer au soleil les pennes multicolores de sa queue.

— Ce paon se porte à merveille, dit-il.

— En effet.

— Je vais le tuer.

— Par un simple geste?

— Oui, regarde.

Ce disant, le jeune homme tendit le bras vers l'oiseau. Celui-ci eut un cri rauque, ses ailes battirent désespérément l'air, puis ses pattes plièrent, il palpita une seconde le ventre contre terre, le bec ouvert en une crispation suprême et enfin il roula sur le côté.

On devine que le pistolet à acide prussique, adroitement dissimulé dans la manche du gavroche, venait d'accomplir son œuvre.

Mais pour le chef, auquel ses connaissances bornées ne permettaient pas de soupçonner le subterfuge, l'aventure prit une apparence féerique, miraculeuse. Il alla au pauvre oiseau, le souleva, et certain que la vie l'avait abandonné, il se retourna vers le gavroche, qui riait in petto de son émoi.

L'arrogance d'Ar-Vindou était tombée. Il se fit humble pour murmurer :

— Ordonne, j'obéirai.

— Et ton fils chéri sera sauvé.

— Je crois en toi.

— Bien. Fais rendre leurs chevaux, leurs armes, leurs bagages à tous tes prisonniers.

— A tous? même à ceux qui t'invectivaient à l'arrivée.

— Même à ceux-là. Leur colère provenait d'une erreur dissipée maintenant.

Le chef s'inclina et frappant sur un gong pour appeler un serviteur :

— Est-ce tout?

— A peu près. Que tous montent à cheval; que les portes de la cour soient ouvertes devant eux, afin qu'à mon retour, rien ne retarde notre départ.

Un cipaye accourait, répondant au signal du gong. Le chef lui transmit textuellement les ordres du Parisien et le soldat repartit en trottant pour les faire exécuter.

LE PROFESSEUR CIGALE.

Alors Cigale frappa amicalement sur l'épaule de son interlocuteur.

— Tu es juste, Ar-Vindou, aussi Vischnou, père des justes, va-t-il permettre que j'expulse les démons qui ont élu domicile dans le corps de ton fils. Conduis-moi près du malade.

Avec empressement, le chef passa devant et pénétra avec son compagnon dans une salle assombrie par des stores baissés.

Cigale distingua confusément une forme humaine qui se contorsionnait sur une natte tendue au milieu de la pièce.

Parler était impossible. Les vociférations de l'alcoolique résonnaient aiguës, incessantes, s'opposant à toute conversation.

Mais sur une table de bambou, le gavroche aperçut une carafe, des verres. Il s'approcha, remplit à demi l'un des gobelets de cristal, puis tirant de sa poche la boîte emplie de poudre brune, il en jeta une pincée dans le liquide, marmottant :

— Le docteur se trompait lorsqu'il prétendait que l'antiéthyline nous serait inutile, elle nous sauve tout simplement.

Paroles qui, arrivant indistinctes aux oreilles du chef, lui semblèrent être une diabolique incantation.

L'eau bouillonna au contact de la poudre. Un instant troublée, elle redevint limpide, la dissolution était opérée.

Alors, à l'aide d'un minuscule injecteur sous-cutané, adhérent au couvercle de la boîte, Cigale, avec l'aplomb d'un vieux professeur, fit plusieurs piqûres de sérum à Akkar.

Peut-être le piqua-t-il un peu fort et l'opération fut-elle plus douloureuse pour le patient qu'elle ne l'est habituellement, mais l'effet en fut foudroyant. Probablement le Parisien, sans sans douter, avait forcé la dose.

Les cris cessèrent brusquement, les yeux cessèrent de rouler dans leurs orbites; les membres s'allongèrent immobiles, et Akkar, fermant les paupières, s'endormit d'un calme et profond sommeil.

Ar-Vindou regardait absolument médusé.

— Les Djinnehs ont fui, bégaya-t-il... Étranger, que désires-tu de moi.

— Rien. Je vais rejoindre mes compagnons et partir avec eux.

— Partir, mais si les Djinnehs revenaient?

— Sois sans crainte, ils ne reviendront jamais.

Et mêlant la vérité à la fiction, afin de persuader son ignorant interlocuteur :

— Vois-tu les Djinnehs s'étaient cachés dans les liqueurs fortes que buvait ton fils.

— Quoi? ces esprits des ténèbres avaient eu cette duplicité?

— Parfaitement!

— Mais ils recommenceront alors. Car, aussitôt debout, Akkar demandera à boire, je le connais bien.

Le chef s'arrêta en voyant Cigale hausser les épaules.

— Tu ne crois pas cela?

— Non.

— Pourtant, je t'assure...

— Oh! chef, je sais que tu parles selon la vérité. Mais, en chassant les démons, j'ai aussi donné à ton fils l'horreur des boissons spiritueuses.

— Quoi?

— Désormais, il les repoussera avec dégoût et ne voudra plus absorber que de l'eau.

— Est-ce ainsi vraiment?

— Pourquoi doutes-tu? T'ai-je trompé jusqu'à présent?

L'Hindou se courba... on eût pensé qu'il allait se prosterner :

— Non, non, grand magicien, je ne me permets pas de suspecter ta loyauté. Seulement pardonne-moi d'avoir hésité... ta science de l'inconnu, je ne la partage point, et mon esprit n'est pas assez vaste pour comprendre l'incompréhensible.

Le brave homme aurait continué longtemps sur ce ton, mais Cigale, encore que la crédulité du vieillard l'amusât, avait hâte de se retrouver au milieu de ses amis.

Il prit donc congé du chef, regagna la première cour.

En face de la porte ouverte au large, ses compagnons, les Sanders-van Stoon, attendaient tous à cheval.

Et Anoor tenait en main la monture de Cigale, sur laquelle déjà Ludovic était juché.

D'un bond, le Parisien fut en selle et d'une voix stridente :

— En avant!

La petite troupe s'ébranla aussitôt, franchit l'entrée du fortin avec un bruit de tonnerre et s'élança au triple galop vers l'ouest, où l'on devait rencontrer la frontière.

Ce fut une course éperdue de plusieurs kilomètres, et soudain tous éprouvèrent une émotion poignante.

Sur les deux côtés de la route se dressaient des poteaux aux couleurs britanniques supportant un double écriteau.

Sur celui qui indiquait l'est on lisait :

INDIA

Sur l'autre, pointant vers l'occident, se développait ce mot :

AFGHANLAND

C'était la frontière.

Quelques pas encore et les sabots des chevaux foulèrent le sol de l'Afghanistan.

Les voyageurs avaient enfin quitté la terre hindoue, opprimée par les brahmes.

CHAPITRE VIII

LA ROUTE DES INVASIONS

Les voyageurs remontaient maintenant la vallée de la rivière de Caboul, immense défilé dont la longueur dépasse 200 kilomètres, et que la nature semble avoir creusé tout exprès pour permettre aux migrations humaines de passer des hauts plateaux afghans dans les plaines d'alluvion de l'Indus et du Gange.

Parfois, le val se développait en cirques immenses et verdoyants; parfois il s'étranglait en cols resserrés entre des falaises rocheuses d'un rouge brun. A de certains endroits même, la montagne semblait vouloir fermer tout passage et ne laissait au bord du fleuve-torrent qu'un chemin étroit, raboteux, difficile, surplombant des abîmes.

Et toujours les cèdres, les sapins, les chênes dressaient leurs troncs géants sur les pentes.

Sortis enfin des territoires soumis à l'autorité brahmanique, la petite troupe se laissait aller au rêve.

Les sabots des chevaux frappaient le sol aux mêmes endroits qu'avaient foulés, depuis 10.000 ans, les hordes attirées du nord et de l'ouest vers l'Inde, par la richesse de la péninsule gangétique.

Et Mystère expliquait :

— Ici, ce tumulus formé de pierres amoncelées sans ordre recouvre la sépulture des chefs Sicks, Ouaver et Rajni, qui, d'après les traditions védiques, se ruèrent, l'an 3000 avant notre ère, sur les provinces du Pendjab, du Sindhi et du Radjpoutana.

Un peu plus loin, il désignait un monolithe dressé sur un sommet :

— Cette stèle gigantesque fut érigée en l'honneur de la conquête du Radjpoutana par une invasion composée des peuples habitant le sud de la Sibérie et du Turkestan actuels.

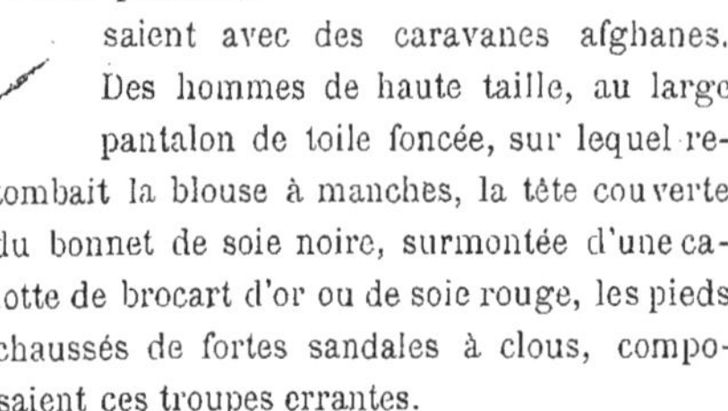

Les Anglais à l'est.

Et tous, à revivre ainsi le passé, dans le décor même où s'étaient déroulés les événements que racontait le savant, éprouvaient une émotion profonde.

De temps à autre, ils se croisaient avec des caravanes afghanes. Des hommes de haute taille, au large pantalon de toile foncée, sur lequel retombait la blouse à manches, la tête couverte du bonnet de soie noire, surmontée d'une calotte de brocart d'or ou de soie rouge, les pieds chaussés de fortes sandales à clous, composaient ces troupes errantes.

Les Russes à l'ouest.

Sur les épaules de ces voyageurs reposait le long fusil aux garnitures d'argent, à leur ceinture brimballait le sabre recourbé, au fourreau richement ouvragé, et sur leur poitrine s'étalaient les étuis à cartouches.

Ces gens passaient, considérant les étrangers d'un air

soupçonneux. De loin en loin, un Afghan portant au bonnet la pierre améthyste des *Serdars* (chefs d'*oulous* ou de tribus) ou le grenat des *Khans* (chefs de district) interrogeait les compagnons de Mystère.

Et toujours ils s'éloignaient en disant d'un ton railleur :

— Allez à Caboul. Il est bon que les étrangers voient notre ville. On leur contera le désastre de 1842.

C'est en 1842, en effet, qu'une armée britannique fut exterminée, et les habitants du pays ont conservé de ce fait d'armes un souvenir orgueilleux, mélangé d'une haine incoercible contre les Anglais.

Sans doute, dans leur ignorance, les Afghans prenaient les fugitifs pour des Anglais, car pour ce peuple aux connaissances géographiques rudimentaires, il n'existe que deux nations européennes :

Les Anglais à l'est;

Les Russes à l'ouest.

Selon que le voyageur pénètre en Afghanistan par le couchant ou le levant, il est catalogué aussitôt : Russe ou ami, ou bien Anglais et ennemi.

Cependant, Mystère, Cigale, les gentilles Na-Indra et Anoor, les fiancés italiens, le groupe Sanders-van Stoon avançaient sans encombre.

Le quatrième jour de marche, ils atteignirent, vers le soir, le village fortifié d'Arizahad.

Le Serdar, suivant l'usage, leur ouvrit sa maison. En ce pays hospitalier, recevoir les étrangers est l'une des fonctions de ceux qui occupent les charges publiques.

Les chevaux menés à l'écurie, l'hôte offrit aux voyageurs un repas copieux, arrosé de ce vin acide et sucré que les montagnards récoltent sur les hauteurs.

Vers la fin du dîner, des jeunes hommes et des jeunes filles furent introduits dans la salle et dansèrent l'*Attam* ou *Goumbou*, pas national afghan.

Réunis en cercle, au nombre de dix, ils s'agitaient en cadence, exécutant des figures variées, pantomimes de chasse, de guerre, de pêche, le tout accompagné de cris, de battements de mains et de claquements de doigts.

Puis le Serdar renvoya les danseurs et avec un accent d'imperceptible ironie :

— Je vous ai réservé pour la fin le divertissement le plus intéressant.

— Qu'est-ce donc? interrogea Mystère.

— C'est la représentation de la pièce nationale.

— Qui se nomme?

— La *Grande Victoire*, prononça le chef d'une voix formidable (1).

Le docteur, Anoor, Na-Indra, qui comprenaient la langue du pays et servaient d'interprètes, sourirent.

Ils allaient assister au récit du désastre anglais de 1842.

Le Serdar les considéra avec étonnement, hocha la tête, et frappa dans ses mains.

Aussitôt les portes s'ouvrirent, des serviteurs disposèrent des bancs au travers de la salle, en face d'une caisse de bois figurant assez bien un théâtre guignol.

Sur l'invitation de leur hôte, les voyageurs s'assirent, et les serviteurs prirent place derrière eux.

Alors le chef se leva et gravement annonça :

— La *Grande Victoire*, œuvre dramatique en cinq tableaux. Récit fidèle de la façon dont les nobles guerriers afghans châtièrent l'insolence des conquérants anglais.

Le rideau de toile bise se leva sur un décor aux enluminures brutales, représentant la salle d'un palais.

Presque aussitôt, deux marionnettes de bois découpé, recouvertes de peintures figurant des uniformes anglais, entrèrent en scène, et furent accueillies par des : hou! hou! insultants.

Les serviteurs manifestaient leur haine contre l'ennemi séculaire.

Mais laissant de côté les interruptions des spectateurs, nous allons donner quelques extraits textuels de cette curieuse pièce, qui explique mieux que de longs raisonnements, la situation des rivaux russes et anglais dans l'Afghanistan.

LA GRANDE VICTOIRE

(PIÈCE EN CINQ TABLEAUX)

1er TABLEAU

LORD ROBERT SALE, LORD ELPHINSTONE

LORD ROBERT SALE

Major général Elphinstone, que pensez-vous de la situation?

(1) Toute cette scène est rigoureusement exacte. Dans tout village afghan, il existe un théâtre semblable à celui que nous décrivons ici. Il est permis de penser que la pièce et les décors naïfs ont été composés par des industriels russes qui ont rendu ainsi, sans s'en douter, un signalé service à la cause de la pénétration moscovite.

ELPHINSTONE

Elle est mauvaise, généralissime Robert Sale, et ces Afghans sont des coquins.

ROBERT SALE

Qu'il faut mettre à la raison par les armes. Voyons, récapitulons. Le chef suprême des Afghans, Dost-Mohammed, successeur de Futtah-Khan, a auprès de lui un officier russe, sur les conseils duquel il veut donner la province de Hérat à la Perse et enlever à l'Angleterre la province de Peschaver.

ELPHINSTONE

Oui.

ROBERT SALE

Nous devons empêcher cela. Nos troupes sont réunies. Dès demain nous marcherons sur Kandahar, par les monts du Béloutchistan.

ELPHINSTONE

Enfin! nous allons donc écraser ces bandits.

2e TABLEAU

UNE PLACE A KANDAHAR

SCÈNE I

ELPHINSTONE, ROBERT SALE, OFFICIERS ANGLAIS

ELPHINSTONE

Nous avons pris Kandahar et les montagnards sont exterminés.

ROBERT SALE

Oui. Dost-Mohammed s'est enfui dans les montagnes. Nous lui avons donné comme successeur Soudjah, qui nous est tout dévoué. A présent, il faut frapper de terreur la population, afin d'éviter à jamais qu'elle se soulève.

ELPHINSTONE

Vous avez toujours raison.

ROBERT SALE

Que l'on amène les prisonniers.

SCÈNE II

LES MÊMES, PRISONNIERS AFGHANS, UNE FEMME

ROBERT SALE (*aux prisonniers*)

Vous êtes des bandits. Vous avez osé tirer sur des soldats anglais.

UN AFGHAN

Pourquoi ont-ils envahi notre pays? Pourquoi ont-ils détruit nos récoltes, brûlé nos maisons?

ROBERT SALE

Tu raisonnes, toi... Allons, qu'on lui coupe la tête!

(*Un bourreau s'approche et tranche la tête de l'Afghan.*)

LES OFFICIERS ANGLAIS

Très bien. Quand on ne sait pas se servir de sa tête pour être sage, on n'a pas le droit de la conserver.

ROBERT SALE

Aucun des prisonniers n'a été sage. Bourreau, enlève la tête à tous ceux qui sont là. Tu les donneras ensuite à mes soldats pour jouer aux boules.

LA FEMME AFGHANE (*tombant à genoux*)

Grâce!

LES AFGHANS (*avec colère*)

Relève-toi, femme. On ne s'agenouille pas devant un Anglais.

ROBERT SALE

Bourreau, frappe. (*Le bourreau décapite les Afghans.*)

ELPHINSTONE

Maintenant, allons déjeuner.

ROBERT SALE

Volontiers. Cette petite cérémonie m'a mis en appétit. (*A un officier :*) Vous, gagnez la maison de cette femme. Vous y prendrez ses enfants et on les vendra comme esclaves. Il ne faut négliger aucun profit et avoir de la tête (*il rit*) pour tous ces imbéciles qui ont perdu la leur.

ELPHINSTONE

S'ils avaient été élevés en Angleterre, ils auraient eu de l'ordre, et cela ne leur serait pas arrivé.

(*Au troisième tableau, les Anglais vainqueurs, maîtres de Caboul, apprennent avec surprise que les Afghans se sont soulevés et les entourent.*)

TABLEAU 4

UNE GORGE ENCAISSÉE DANS LA MONTAGNE

SCÈNE I

DOST-MOHAMMED, KHANS ET SERDARS AFGHANS

DOST-MOHAMMED

Quelles nouvelles du combat?

UN KHAN

Puissant Esshah (roi), nos troupes sont victorieuses sur toute la ligne. Les Anglais qui ont tenté de forcer les passes, ont été rejetés dans Caboul.

MOHAMMED

Vainqueurs! Les esprits du ciel ont donc enfin pris en pitié les opprimés. La terre de nos pères va redevenir libre. Le talon orgueilleux du conquérant ne la meurtrira plus

Une gorge dans la montagne.

LE KHAN

Et toi, le prince proscrit, tu remonteras sur le trône dont les envahisseurs t'avaient chassé, et tu seras de nouveau notre Esshah vénéré.

MOHAMMED

Oui, j'en serai heureux, moins heureux que de l'indépendance reconquise.

SCÈNE II

LES MÊMES, UN OFFICIER, PUIS ELPHINSTONE

UN OFFICIER (*entrant*)

Souverain dont le front touche les étoiles, le chef des impurs Anglais vient en parlementaire.

MOHAMMED

Que veut-il?

L'OFFICIER

Sans doute faire sa soumission.

MOHAMMED

Amène-le ici.

L'OFFICIER (*appelant au dehors*)

Conduisez le parlementaire devant le roi, il consent à l'entendre.

ELPHINSTONE (*entre, escorté par deux guerriers afghans*)

Je te salue, roi.

MOHAMMED

J'attendrai, pour te saluer, de connaître quelles propositions tu m'apportes.

ELPHINSTONE

Prends garde!

MOHAMMED

A quoi? Il ne dépend que de moi de lancer mes colonnes contre Caboul et d'anéantir ton armée. Va, crois moi, le temps des menaces est passé; implore ma clémence, et je pardonnerai sans doute, parce que les pauvres gens que tu commandes t'obéissent, faute de pouvoir faire autrement. Ils ne sont pas coupables ceux-là, et je répugne à les immoler.

ELPHINSTONE

Il me semble que tu as l'intention de me rendre responsable de tout.

MOHAMMED

N'es-tu pas le chef, et cela n'est-il pas juste?

ELPHINSTONE (*avec terreur*)

Alors tu veux m'enlever la vie?

MOHAMMED

Tu es venu dans mon pays comme un pillard. Tu as tué mes compatriotes, volé leurs biens, lancé la flamme sur leurs villages... et cependant je pardonnerais, moi... mais je n'en ai pas le droit. Le tribunal des Khans te jugera, et il sera fait ainsi que cette assemblée l'aura décidé.

ELPHINSTONE.

Écoute, roi. Cela ne te rapportera rien de me tuer.

MOHAMMED.

Les juges ne punissent pas les criminels dans l'espoir de faire fortune.

ELPHINSTONE.

Moi..... j'ai des trésors... je te les offre en échange de ma vie.

MOHAMMED.

Des trésors volés. Dans nos montagnes on n'accepte pas ces présents-là.

ELPHINSTONE (*suppliant*)

Non, dans l'Inde, je possède des propriétés, des éléphants, des champs où croissent le riz, les céréales, où paissent des troupeaux nombreux. Tout cela est à toi si tu me permets de quitter sain et sauf ton pays.

MOHAMMED (*se tournant vers les Khans*)

Vaillants chefs, vous entendez ce que me propose cet Anglais?

LES KHANS

Il a tué nos frères, il doit périr.

MOHAMMED

Que vaut pour vous le sang de cet homme?

UN KHAN

Rien. Ce n'est pas pour sa valeur que nous le réclamons; c'est pour apaiser les esprits de ceux qu'il a égorgés.

MOHAMMED (*à Elphinstone*)

Ils ne veulent pas de ton or. C'est le fleuve de sang qui coule dans tes veines que les guerriers afghans désirent voir se répandre sur la terre.

ELPHINSTONE (*avec désespoir*)

Ainsi tu es sans pitié?

MOHAMMED

Si tu avais seulement combattu comme un guerrier, nous pardonnerions; mais ton gouvernement ne t'avait pas ordonné de massacrer les prisonniers, d'égorger les femmes, les enfants.

ELPHINSTONE

Je n'ai rien fait de semblable.

MOHAMMED

Tu essaies en vain de me tromper (*appelant*). Que le sorcier soit amené ici.

SCÈNE III

LES MÊMES, LE SORCIER, LES FANTOMES

LE SORCIER

Le roi des rois a besoin de moi?

MOHAMMED

Oui. Sorcier, regarde cet homme. Le connais-tu?

LE SORCIER

Parfaitement, c'est le major général, Elphinstone.

MOHAMMED

Bien. Il demande grâce de la vie pour lui et ses soldats, affirmant, sous la foi du serment, que jamais il n'a commis de meurtres sur des personnes innocentes.

ELPHINSTONE

Je le jure.

LE SORCIER (*étendant les bras et prononçant des paroles magiques*)

Que tes yeux voient tes victimes, que le sang versé par ta cruauté crie à tes oreilles.

ELPHINSTONE (*chancelant*)

Qu'est-ce donc que j'éprouve... Il me semble que mon esprit s'échappe de mon corps... Ah! (*avec horreur*) des tombes partout, partout dans la campagne... mais elles s'ouvrent... Les entrailles du globe rejettent les cadavres des trépassés.

(*Entre une procession d'hommes, de femmes, d'enfants. Tous sont décapités et portent leurs têtes dans leurs mains.*)

LES HOMMES

Nous sommes les prisonniers qu'Elphinstone a fait égorger sans jugement. Nous étions seulement coupables d'avoir combattu pour l'indépendance de notre pays.

LES FEMMES

Notre crime était de pleurer sur nos époux morts à la guerre. C'est pour cela qu'Elphinstone a fait trancher nos cols blancs, sur lesquels flottaient les anneaux soyeux de nos longs cheveux.

LES ENFANTS

Elphinstone nous fit mettre à mort. Nous ayant faits orphelins, il nous jugea indignes de vivre.

ELPHINSTONE (*s'agenouillant*)

Éloignez ces ombres... Éloignez-les... grâce, grâce!

TOUS

Qu'il lui soit accordé la grâce qu'il nous a accordée à nous-mêmes.

(*Les ombres disparaissent*)

MOHAMMED

Relève-toi, général. Tu es venu en parlementaire, tu es sacré. Retourne à Caboul en sécurité; mais retiens mes paroles. Avant huit jours, toi et les tiens vous serez morts.

TABLEAU 5

LE CHAMP DE BATAILLE
DES CADAVRES ANGLAIS SONT ENTASSÉS PARTOUT.

SCÈNE UNIQUE

DOST-MOHAMMED, KHANS, SERDARS, UN SOLDAT ANGLAIS

MOHAMMED (*au soldat anglais*).

Tu vois?

LE SOLDAT

Je vois.

Des trépignements accueillirent la chute du rideau.

MOHAMMED

De l'armée insolente des Anglais, il ne reste qu'un seul vivant, toi.

LE SOLDAT

C'est vrai.

MOHAMMED

Tu es libre. Retourne chez les tiens, et dis-leur comment les Afghans punissent les voleurs et les vagabonds.

(*Le rideau tombe*)

Des acclamations, des trépignements accueillirent la chute du rideau.

Tous les Afghans, debout, applaudissaient avec rage cette pièce naïve qui relatait les fastes de leur glorieuse campagne de 1842.

Mystère, Na-Indra, Anoor joignirent leurs bravos à ceux des Afghans. Leurs compagnons les imitèrent.

L'étonnement du chef du village fut porté à son comble par cette manifestation, et il ne put se défendre de demander au docteur :

— Tu n'es donc pas Anglais, que tu applaudis à leur défaite?

— Non, répondit le savant. Nous appartenons à une autre nation, amie et alliée du grand Tzar Blanc.

C'est sous ce titre que les populations d'Asie désignent l'Empereur de Russie.

— Amis du Tzar Blanc? s'écria le chef.

— Oui.

— Alors, amis des Afghans?

— Entièrement.

Sur cette affirmation, le Serdar se leva, et dans une harangue enthousiaste, il annonça aux assistants que son toit était honoré d'abriter des étrangers dont le cœur battait à l'unisson de ceux des Russes et des Afghans.

Ce fut une joie générale. Les danses recommencèrent pour ne finir que bien avant dans la nuit.

Et les voyageurs harassés, purent enfin gagner leurs chambres, accompagnés jusqu'au seuil par le chef.

CHAPITRE IX.

CHEVAUX ET CŒURS AU GALOP

Après cet intermède dramatique, les compagnons du docteur dormirent profondément, et le lendemain, escortés pendant plusieurs kilomètres par le Serdar et des guerriers qui tiraient des coups de fusil pour leur faire honneur, ils reprirent le chemin de Caboul.

Vers cinq heures, ils s'arrêtèrent sur un plateau ombragé de grands arbres, situé entre une plaine et une pente s'abaissant à quatre cents pieds plus bas.

Conduites par Wilhelmina, les douze demoiselles Sanders-van Stoon descendirent vers la rivière pour se livrer à leurs ablutions.

Na-Indra et Anoor entraînèrent Graziella.

Cigale et Timoteo s'enfoncèrent dans les fourrés à la poursuite de Ludovic, qui lui-même chassait à vue des abeilles sauvages.

Mystère resta seul à la garde des chevaux entravés.

Le docteur profita de ce moment pour tirer son carnet et compléter les notes qu'il prenait depuis que l'on avait franchi la frontière afghane.

Des croquis, des indications de latitude, de longitude, couvraient les pages, et sur une feuille blanche, le savant se mit à dessiner un levé topographique, dans lequel un initié aurait reconnu sans peine le chemin parcouru dans la journée.

Il était absorbé par ce travail, quand une voix cassée attira son attention. Il se retourna.

Tirant par la bride un superbe cheval, un vieillard courbé, voûté, vêtu à l'afghane, se tenait derrière lui.

— Seigneur, fit le nouveau venu d'une voix chevrotante, je te salue.

— Salut, père, répondit le médecin, adoptant la formule de politesse usitée dans le pays, lorsque l'on parle à un homme âgé.

— Tu es courtois bien qu'étranger, mon fils. Aussi j'espère que tu accéderas à ma prière.

— Parle, père.

— Je suis lassé par une longue route. Je fus un guerrier renommé, mais l'âge a glacé mon sang et détruit mes forces. Laisse-moi reposer dans ton campement. J'y serai en sûreté, car livré à moi-même, je serais une proie facile pour les loups, contre lesquels mon bras débile ne saurait plus me défendre.

Mystère eut un sourire bienveillant :

— Père, entrave ton cheval près des nôtres, et attends le retour de mes amis. Tu partageras notre repas et nous veillerons sur toi.

Se confondant en remerciements, le vieillard fit ce que le médecin avait dit et celui-ci se remit au travail.

Presque aussitôt Na-Indra reparut. La jeune fille avait laissé ses compagnes au bord de l'eau, pour remonter auprès de Mystère.

Tout à son labeur, il ne s'aperçut pas de sa venue. De peur de le troubler, elle se tint à distance, les yeux fixés sur lui, avec une expression mélancolique et tendre.

Le vieillard l'observait. Soudain il eut un geste brusque et très bas :

— Jeune fille, dit-il, ton ami m'a permis d'abriter ma faiblesse dans son camp. Il est tout à ses pensées. Viens réjouir les oreilles du vieillard fatigué de la musique de ta voix.

La jolie Hindoue vint s'asseoir auprès de l'étranger.

— Voici, père. Veux-tu que je te raconte la belle légende de Rama conquérant le royaume des lotus, pour que toutes les fleurs appartiennent à Aipoutra, sa fiancée?

— Oui, ma fille, mais auparavant, laisse-moi te faire un présent pour ta bonté à l'égard d'un voyageur inconnu. Dans les fontes de ma selle, j'ai des bijoux précieux. Une perle, moins pure que ton sourire, sera cependant d'un ravissant effet dans l'ébène de tes cheveux.

Ce disant, il se levait avec peine et se dirigeait vers sa monture.

Na-Indra le suivit, murmurant des remerciements. Quelle jeune fille ne serait pas reconnaissante quand on lui offre un bijou pour parer sa beauté?

Tout au plaisir de la rencontre, elle ne remarqua pas que le vieil homme débarrassait adroitement son cheval de ses entraves. Ce fut fait du reste si rapidement qu'un être plus défiant eût pu ne pas s'en apercevoir.

— Tiens, ma fille, cette perle te paraît-elle digne de briller sur ton front?

Na-Indra demeura muette d'admiration.

De la grosseur d'une noisette, la perle que lui tendait le vieillard était du plus merveilleux orient.

Et comme elle la contemplait, elle se sentit brusquement saisie par la taille, enlevée de terre, jetée en travers sur le cheval de l'inconnu? Celui-ci bondissait en selle avec l'agilité d'un adolescent.

Stupéfiée, ne comprenant pas, Na-Indra leva les yeux sur lui et une épouvante folle l'envahit.

La barbe de neige du voyageur avait disparu et le visage cruel d'Arkabad le brahme se présentait aux regards de la malheureuse enfant.

Arkabad dont elle se croyait délivrée à jamais, Arkabad avait suivi les fugitifs à la piste et il mettait à exécution un plan combiné par lui.

Na-Indra eut un cri terrible; un hennissement de douleur lui répondit. Arkabad venait d'enfoncer ses longs éperons dans les flancs de son cheval, et le coursier, après un bond affolé, s'emportait en un galop éperdu.

— Mystère! Mystère! mon seul ami... sauvez-moi!

Ainsi criait la jeune fille, tandis que les sauts du cheval la meurtrissaient contre le bois de la selle et que son corps juvénile se ployait comme s'il allait se briser.

Le docteur s'était retourné à ces appels.

D'un coup d'œil il avait compris, jugé la situation. Tout son être avait subi une commotion électrique, et sans réfléchir, sans songer même à avertir ses compagnons, il courut à sa monture, coupa les entraves et se mit en selle.

Un instant plus tard, au milieu d'un tourbillon de poussière, il se ruait à la poursuite du ravisseur.

En homme qui connaît le pays, Arkabad s'était jeté dans un sentier impraticable en apparence. Une pente raide, mais peu longue le conduisait sur un plateau uni où le vaillant animal dont il excitait l'ardeur d'un éperon impatient, pourrait se donner carrière.

Et Na-Indra appelant toujours, il l'interpella brutalement :

— Tais-toi, jeune fille.

— A moi! clama-t-elle sans l'écouter.

— Tais-toi, reprit-il rudement, ou mon poignard fera de toi un cadavre.

Elle le regarda bien en face :

— Que m'importe ! j'emporterai avec moi le secret que ton avidité brûle de connaître.

Elle s'attendait à une explosion de colère, elle fut déçue. Le brahme sourit ironiquement :

— Il t'importe beaucoup.

— Non.

— Tu te trompes, Na-Indra, ou bien tu essaies de me tromper.

Elle murmura, sans baisser les yeux :

— Na-Indra ignore le mensonge.

De nouveau Arkabad fit entendre un ricanement :

— Est-il possible que tu n'aies pas encore lu dans ton cœur?

Les joues de la jeune fille se couvrirent d'une teinte rose, ses paupières papillotèrent, et sa voix frémissante trahit l'émotion qui l'agitait :

— Je ne comprends pas, fit-elle doucement.

D'un coup de poignet, le brahme enleva son cheval qui avait buté sur un caillou et se penchant vers sa prisonnière :

— Na-Indra est la gardienne du Trésor de Liberté.

— Gardienne fidèle... qui donnera sa vie pour ne pas livrer l'espoir des opprimés à ceux qui les écrasent sous le joug.

— En effet, jeune fille, tu pensais ainsi autrefois.

Elle le toisa fièrement :

— Je n'ai pas changé.

— Hop !... ho !... clama le brahme en rassemblant les rênes.

Devant lui se dressait une banquette rocheuse qui eût semblé infranchissable à bien des sportsmen, mais les chevaux afghans « boivent l'obstacle », selon l'expression des merveilleux cavaliers montagnards.

Enlevé d'une main ferme, le coursier, en dépit de son double fardeau, passa ainsi qu'une flèche au-dessus de la barrière de rochers.

Le sentier s'étendait en ligne droite au milieu d'une plaine unie, sans un arbre, et qu'une herbe courte couvrait d'un manteau roussâtre.

Arkabad regarda en arrière. Mystère était invisible. Le prêtre eut une exclamation triomphante, il crut avoir distancé le poursuivant, et reprenant la conversation où il l'avait laissée :

— Tu prétends n'avoir pas changé, Na-Indra?

— Oui... Je suis demeurée fidèle à mon devoir comme toi-même es resté fourbe.

Philosophiquement, le brahme haussa les épaules :

— Je sers Brahma,... et tous les moyens sont bons quand ils ont pour but la gloire du créateur du monde. Ton faible esprit de femme ne saurait concevoir ces choses. Aussi je dédaigne tes outrages.

— Le dédain est l'arme des coupables. Ceux que l'on accuse injustement ne dédaignent pas de se défendre.

— Comme il te plaira, jeune fille, ce n'est point sur moi que je veux discuter, mais sur toi.

Et éperonnant son cheval dont la robe brune commençait à ruisseler de sueur :

— Encore un effort! Tadgiri, bientôt nous serons hors d'atteinte.

Comme si le généreux animal eût compris, il repartit à fond de train.

— Tu t'es métamorphosée à ton insu, Na-Indra, continua le prêtre en scandant les syllabes pour leur donner toute leur valeur. Tu t'es métamorphosée. Autrefois tu serais morte sans faiblesse pour ne pas divulguer le secret que t'a confié ton père...

— Assassiné par les tiens.

— Aujourd'hui, poursuivit Arkabad, sans prêter la moindre attention à l'interruption, aujourd'hui l'idée du trépas t'épouvante.

— Non.

— Pourquoi dissimuler?... est-ce que les yeux de l'exécuteur d'Ellora ne lisent pas dans les cœurs? Tu as peur de mourir, te dis-je, parce que tes beaux yeux se fermeraient, et que dans leur miroir limpide, ils ne refléteraient plus les traits d'un homme qui a ravi ton âme...

Il prit son temps et acheva impitoyablement :

— Celui que tout à l'heure tu appelais à ton secours.

Tout le sang de la jeune fille reflua à son cœur. Un brouillard humide obscurcit sa vue et son charmant visage se décolora soudain.

De ses lèvres jaillit un sourd gémissement, et inerte, sans voix, elle resta courbée en deux sur la selle, ballottée de même qu'un cadavre par le galop du cheval.

C'était vrai. Le brahme avait vu clair dans sa pensée.

Comme la fleur ouvre sa corolle aux rayons du soleil, de même sa tendresse était allée sans qu'elle y songeât, sans qu'elle pût s'en défendre, à ce mystérieux inconnu qui le premier avait voulu la défendre, l'arracher aux mains des espions, par la faute desquels son enfance, sa prime jeunesse, avaient été condamnées à la tristesse, à l'hypocrisie de la démence simulée.

Elle se revoyait autrefois, vierge farouche, ne donnant à sa vie d'autre but que le martyre pour la patrie, pour la liberté.

Ayant sans cesse à lutter, à se défendre, elle avait pris l'habitude de penser en homme; son esprit n'avait point appris les subtiles délicatesses féminines. En elle ne s'était point éveillée la vague rêverie des jeunes filles, l'espoir du fiancé souriant, du mariage parmi les toilettes chatoyantes, les fleurs, les harmonies.

Et le docteur Mystère lui était apparu.

Alors son âme guerrière s'était amollie; Na-Indra s'était devinée femme. Avec une douceur angoissante et délicieuse, l'affection s'était développée en elle. Ainsi que toutes celles qui rencontrent la tendresse sans y avoir songé, à qui la loi divine d'aimer est brusquement révélée, elle s'était donnée tout entière, sans restriction, sans hésitation, au sentiment nouveau.

Cela avait été une joie intense et cachée; l'affection jaillissant du fond d'elle-même, comme la source fraîche s'élance d'un sol desséché, avait fait fleurir toutes les suavités, toutes les grâces, tous les charmes inconnus jusqu'alors. Ainsi que les jardins, la tendresse a ses parterres.

Oui, le cruel brahmine avait bien vu.

La mort lui faisait horreur, c'était désormais la nuée noire qui aveugle les étoiles, c'était la meurtrière de l'espoir.

Renversée en arrière, la tête ballottant à chaque bond du cheval de son ravisseur, Na-Indra regardait la surface de la plaine qui lui paraissait glisser au-dessous d'elle avec une rapidité vertigineuse.

Soudain elle reçut une commotion violente, et presque aussitôt une détonation d'arme à feu parvint à son oreille.

La monture d'Arkabad avait fait un brusque écart; mais, ramenée par son cavalier, elle fonçait de nouveau sur l'horizon.

Seulement, la pauvre bête arrosait de sang le chemin parcouru. Elle était blessée.

La jeune fille chercha des yeux celui qui avait frappé l'animal.

Elle l'aperçut enfin, à cent mètres d'elle, arrivant comme l'ouragan sur son cheval aux crins hérissés, dont les narines dilatées laissaient passer le souffle avec un grondement de vent d'orage.

C'était le docteur.

Distancé d'abord par son ennemi, Mystère avait atteint le plateau. En dix secondes, il se rendit compte de la supériorité de la monture d'Arkabad.

Continuer la poursuite dans ces conditions eût été folie. Il fallait à tout prix ralentir la course furibonde du coursier.

Mystère avait alors saisi sa carabine.

Par deux fois, il appuya la crosse à l'épaule et l'abaissa, n'osant tirer. Son cœur battait avec force, ses yeux se troublaient, et il était indispensable d'être calme pour ne pas risquer d'atteindre celle qu'il voulait sauver.

Et à cette heure où le brahme apprenait cruellement à la pauvre Na-Indra sa tendresse encore inavouée pour son compagnon de voyage, une révélation analogue s'opérait spontanément dans l'esprit du médecin.

Nettement il découvrait que son anxiété ne provenait pas du danger que

C'était le docteur.

courait la gardienne du Trésor de Liberté. — Tous les trésors du monde, il en eut la rapide intuition, il les eût donnés pour qu'elle fût hors de danger.

Mais son émoi était uniquement causé par ce fait qu'une jeune fille à la voix harmonieuse, au regard troublant, était emportée par ce cheval lancé comme un boulet, qui détalait devant lui sur le sol raboteux du sentier.

Sa beauté, son charme seuls le préoccupaient. Il ne songeait pas : Elle morte, jamais je ne connaîtrai le gîte de l'or accumulé pour libérer un peuple; mais il murmurait d'une voix haletante :

— Si elle meurt, je mourrai, car la vie sans elle, sans sa chère présence, serait une insoutenable torture.

Chez ces deux êtres, pétris de patriotisme, pour qui le rêve d'émancipation avait été la seule aspiration, une évolution identique s'accomplissait à la même heure. Le péril couru par Na-Indra avait été l'étincelle déterminant l'explosion de sentiments trop longtemps contenus.

— Il faut pourtant que ce cheval ralentisse ce train d'enfer, gronda Mystère dont le visage pâle, crispé, les yeux fulgurants, avaient une effrayante expression de terreur et de haine. Il le faut!

Sa volonté tendit ses nerfs à les briser. Il se contraignit au calme, commanda à son cœur d'apaiser ses palpitations, et pour la troisième fois, il mit en joue le cheval de son adversaire.

Une seconde il resta ainsi, attendant le moment favorable, puis son doigt pressa la détente. La détonation éclata, faisant vibrer le canon de son arme, et avec un sifflement de reptile, la balle décrivit sa trajectoire.

Penché sur le cou de sa monture dont ses éperons labouraient les flancs saignants, Mystère regardait.

Il vit le cheval d'Arkabad s'écarter de sa ligne de course, son galop un instant brisé, et repartir, enlevé en quelque sorte à la force du poignet par son cavalier.

Une foulée rageuse amena le docteur au point où l'animal avait été atteint. Une large tache de sang avait éclaboussé le sol.

Une traînée rouge la continuait. La blessure était sérieuse. Bientôt le coursier, affaibli par la perte de son sang, devait s'arrêter.

Le docteur eut un rugissement sauvage. Il allait donc tenir sous son genou le prêtre misérable qui l'avait poursuivi depuis des semaines, qui avait désespéré ses jeunes amies, et surtout celle qu'il voyait là-bas, devant lui... Na-Indra... baiser du ciel.

— Baiser du ciel, murmura-t-il avec ferveur, quel nom lui conviendrait davantage!

Mais sa réflexion s'acheva par un cri d'épouvante.

Comme il l'avait prévu, le cheval d'Arkabad faiblissait. Le brahme comprit que son adversaire le rejoindrait... l'issue de la chasse n'était plus douteuse, c'était une simple question de minutes.

Et il serait vaincu, lui l'exécuteur des temples d'Ellora, et il reviendrait parmi les brahmes ses frères pour leur annoncer que Na-Indra, le docteur Mystère, Anoor lui avaient échappé, qu'ils vivaient libres, hors de leurs atteintes, détenteurs de ce trésor prodigieux dont l'emploi intelligent bouleverserait l'ordre établi.

Non, mille fois non!

Cet or n'appartiendrait pas aux prêtres de Brahma, soit, mais au moins il ne deviendrait la propriété de personne.

Il resterait enfoui dans sa cachette ignorée et nul n'en profiterait jamais. Puisque la fortune ne pouvait appartenir à Ellora, du moins ne serait-elle pas une force menaçante, ennemie.

Ces réflexions contenaient l'arrêt de mort de Na-Indra.

La jeune fille disparue, en effet, le secret du trésor s'éteignait avec elle. Et puis n'était-ce pas une magnifique vengeance que de creuser l'abîme d'une tombe entre elle et ce docteur Mystère, coupable d'avoir bravé la puissance des brahmines?

Arkabad se retourna sur sa selle. Le médecin n'était plus qu'à cinquante pas de lui.

— Bon! j'ai le temps.

Et d'un geste brusque, il tira son poignard recourbé.

Na-Indra n'avait rien vu. Toujours maintenue en travers sur la selle de son ravisseur, elle ne quittait plus des yeux le médecin qui se rapprochait de seconde en seconde. Après l'épouvante, elle retrouvait la confiance. Dans peu d'instants les chevaux seraient côte à côte; la délivrance, la fin de cette horrible chevauchée suivrait.

Le visage de Mystère était visible. Soudain elle y lut la terreur. Elle distingua un geste désolé dont le sens lui échappa, mais qui lui sembla un avertissement. Ses regards se reportèrent sur le prêtre de Brahma.

Elle comprit.

Le poignard dont la lame étincelait au soleil, le rictus satanique de la bouche du traître disaient ses intentions.

A ce moment même, sa main gauche lâcha les rênes et chercha à enserrer le cou de la prisonnière, afin de la présenter au coup mortel.

Mourir... Non, Na-Indra ne le voulait pas. Maintenant que son cœur était né à la tendresse, elle n'avait plus la résignation hautaine de ses concitoyens en face du néant.

Elle défendrait sa part de bonheur, de sourires. Une énergie inconnue lui vint, et elle mordit cruellement la main de son ennemi. Celui-ci se rejeta en arrière, surpris, et ce mouvement fut suivi d'une imprécation.

Sans se soucier du danger, toute à l'idée d'échapper au prêtre, Na-Indra d'un violent effort avait réussi à se jeter à bas du cheval.

Arkabad retint l'animal, comme pour revenir sur sa victime; mais Mystère arrivait dans un roulement de tonnerre : le fourbe rendit la main et s'éloigna à toute bride.

Il avait estimé que le docteur ne le poursuivrait pas, l'événement lui donna raison.

En voyant Na-Indra rouler dans la poussière, le médecin avait encore précipité l'allure de son coursier. Près du corps de la jeune fille, il arrêta l'animal si brusquement que celui-ci plia sur ses jarrets.

Puis sautant à terre, Mystère s'agenouilla auprès de sa compagne de voyage.

La tête de l'infortunée avait porté sur un caillou; sous les cheveux noirs, coulait un sillon de sang. Elle ne bougeait plus, et ses paupières nacrées abaissaient la frange soyeuse de ses cils sur ses joues décolorées. Était-elle morte?

Ces deux êtres perdus sur le plateau afghan n'avaient-ils deviné leur mutuelle affection que pour ajouter une affre à la séparation?

Le savant ne bougeait non plus que Na-Indra. Il demeurait agenouillé auprès d'elle, les yeux fixés avec hébétement sur son visage pâle; cet homme énergique semblait avoir perdu en un moment toute volonté, tout courage.

La pensée qu'elle était morte l'avait anéanti.

Que dura ce tête-à-tête muet? Durant combien de temps les sombres pensées de la désespérance s'agitèrent-elles comme un tourbillon dans le cerveau de Mystère? Quel groupe de minutes s'engloutit dans l'abîme du passé pendant qu'il flottait inconscient et déchiré dans cette période troublée, intermédiaire entre la veille et le sommeil, entre la vie morale et l'anéantissement?

Lui-même aurait été impuissant à élucider la question?

Ce dont il se souvint plus tard, c'est que sous sa main, crispée au poignet de la jeune fille, il avait perçu un faible battement du pouls; c'est que les lèvres de la blessée s'étaient entr'ouvertes pour exhaler un soupir, que ses paupières s'étaient levées, puis étaient retombées sur les grands yeux éblouis par la lumière.

Et alors il s'était dressé tel un fou, les bras tendus vers le ciel, et il avait lancé un cri étrange, surhumain, qui, roulant sur la surface déserte de la prairie, lui avait causé une commotion violente.

Tout étourdi encore, il s'était retrouvé auprès de Na-Indra étendue sur la terre.

Mais maintenant il s'était repris. Sa lucide intelligence sortait victorieuse de l'épreuve, il s'était penché de nouveau sur la jeune fille, avait constaté que sa blessure était sans gravité.

Un évanouissement plus ou moins prolongé serait la seule suite de l'accident.

Pour la première fois, il songea au brahme Arkabad. Il le chercha des yeux inutilement. Le prêtre de Brahma avait disparu.

Allons, le misérable avait échappé à la punition, mais il avait aussi échoué dans son entreprise. Il convenait de l'oublier, pour songer seulement aux soins que réclamait la jeune fille.

Avec une douceur de mouvements que lui eût envié une mère, le savant souleva Na-Indra dans ses bras. Il l'emporta jusqu'auprès de son cheval qui, les flancs saignants, la robe moirée de sueur, broutait l'herbe dure du plateau. Sur le dos de l'animal, il étendit la blessée du mieux qu'il put, puis, prenant la bride en mains, il se dirigea vers le campement.

Il allait lentement, choisissant le chemin, avec une colère de ne pouvoir épargner certains cahots à sa chère compagne.

Pourtant celle-ci semblait dormir. Une teinte rosée était revenue à ses joues. Soudain ses lèvres s'agitèrent. Elle parla doucement.

Mystère s'arrêta, les pieds rivés au sol, la poitrine étreinte par l'angoisse.

Était-ce le délire qui commençait?

Il se rassura. Ce n'était pas là la voix haletante de l'hallucination. Na-Indra parlait comme l'enfant qui voyage à travers le rêve sans souffrance.

— Oui... le lac aux lotus bleus et roses est comme un miroir où le ciel se reflète. Mais ce n'est point l'azur de l'éther, les blanches fumées des nuages qui montent de l'horizon, ni la cime des arbres verts, penchés mélancoliquement au-dessus des eaux limpides, que je regarde....

Un silence et elle reprit :

— C'est lui, lui, l'homme que sa bonté, son courage, ont amené vers moi des confins du monde, comme si Brahma avait voulu ainsi me dire : Voici celui que j'ai créé pour que tu unisses ta vie à la sienne, pour que tu sois la gardienne tendre et obéissante de son foyer. C'est lui que je vois et je ne vois que lui. Mes yeux sont-ils donc perdus et son image est-elle gravée à jamais sur ma rétine qui n'en reproduira plus d'autre? Si cela est, que Brahma en soit loué. Quel paysage, quelles montagnes, quel océan, quelle étoile seraient plus doux à contempler que l'image de mon bien-aimé?

Et le pas de Mystère se faisait plus lourd, plus saccadé. Une terreur pesait sur lui en entendant ce mélodieux chant de tendresse coulant des lèvres de la jeune fille endormie. Il pensait :

— Son cœur est plein d'un souvenir. J'apprends que ce cœur est à un autre, au moment même où le mien, que je croyais mort, sort de sa léthargie... Suis-je donc né seulement pour la souffrance?

— Le voici, le voici, toujours et partout. Éloigné de moi, il reste présent. Dans la solitude de mon appartement, il m'accompagne, peuplant ma pensée des paroles passées, qui s'évadent de l'oubli pour vivre de nouveau à mes oreilles; il est là, toujours là.

Tout à coup la blessée ouvrit les yeux. Elle regarda autour d'elle d'un air étonné; ses yeux se fixèrent sur ceux du savant, qui la considérait avec tristesse.

Et dans l'inconscience du réveil, à demi drapée encore dans le manteau du songe, Na-Indra murmura :

— Oui, toujours, partout... Il est là, près de moi, et son regard m'éclaire de ses purs rayons.

Mystère devint livide, ses jambes tremblèrent sous lui. Le rival qu'il maudissait tout à l'heure, c'était donc lui!

Emporté par une joie indicible, bouleversé par cette vérité venue à lui sur l'aile du rêve, il balbutia :

— Na-Indra! Na-Indra! est-ce que je jouis de mon bon sens? Est-ce que l'incroyable doit être cru? Est-ce que l'impossible se réalise? Vos grands yeux, portes du ciel où l'infini alluma deux étoiles, s'ouvrent-ils donc pour moi, être de tristesse et de nuit?

Elle eut un geste surpris, se souleva sur le coude et lentement :

— C'est donc la vérité?

— Ah! chère enfant. Désespéré, seul au monde, j'avais essayé de me rattacher à la vie en travaillant à doter les autres du bonheur dont je me croyais à jamais exilé. Près de vous, il s'est révélé. Mon cœur, enfoui dans des tombeaux, naquit de nouveau, s'épanouit à la clarté de vos regards, à la musique de votre voix.

Na-Indra lui tendit la main.

Il hésitait à la prendre :

— Prenez-la, fit-elle simplement. Je vous la donne.

Il l'étreignit avec passion.

— Et maintenant, continua la jeune fille, reprenons notre chemin... Ne parlons pas. Il faut le silence des lèvres pour entendre les chers propos du cœur. Silence, silence, ami. Les douleurs doivent être oubliées, il faut qu'il nous semble que cela a toujours été ainsi.

Tous deux regagnèrent le campement, sans une parole ainsi qu'elle l'avait demandé, mais il y avait tant de joie rayonnante sur leurs traits que leurs compagnons la remarquèrent.

— Qu'est-il donc arrivé, interrogea Cigale?

— J'ai entendu une détonation, ajouta Anoor.

Les misses, les fraülen gazouillaient ensemble :

— Nous avons eu très peur.

— Zé crois que moi aussi, continua Graziella, z'ai cru que les ennemis, ils së permettaient dé nous attaquer.

Ils hésitaient à répondre, ne se souvenant plus de leurs émotions en présence du trouble délicieux de leurs étranges fiançailles.

Mais Anoor eut un petit cri d'effroi :

— Tu es blessée, sœur chérie?

— Blessée, s'écrièrent tous les assistants?

— Oui, là, à la tête, voyez... ton sang a coulé.

Tous se poussant, croisant leurs exclamations, entouraient la jolie Hindoue, d'autant plus curieux que l'on semblait moins pressé de les renseigner.

— Qu'est cela?

— Tu es tombée?

— Est-ce un bandit qui a tiré sur vous?

Mystère allait raconter à ses amis le terrible danger qui avait menacé la courageuse gardienne du Trésor de Liberté.

Na-Indra le prévint.

Elle attira Anoor sur son cœur, embrassa longuement ses boucles brunes et avec un adorable sourire, elle expliqua :

— La douleur avait élu domicile en moi. Grâce à cette blessure, elle a pu s'échapper et le bonheur l'a remplacée.

Et comme tous la considéraient avec surprise, sans comprendre, elle prit la main du savant et, la tête haute, avec une sorte de mystique respect :

— La légende dit que Brahma créa un jour une forme si pure qu'elle lui parut supérieure à lui-même, et que le maître du monde, adoré par les nations, adora sa créature. C'est elle que nous avons rencontrée aujourd'hui.

— Et elle se nomme, interrogea Cigale incapable de se tenir plus longtemps?

— Son nom est le plus doux du monde, nul rayon n'a plus d'éclat, nul parfum plus de suavité. Ce nom, petite sœur, ce nom, amis, est : Tendresse.

Un silence religieux suivit.

Tous avaient compris, et dans les yeux du Parisien fixés sur Anoor, dans ceux de la fillette répondant à ce muet appel, sous les paupières palpitantes de Graziella, des petites Sanders - van Stoon, passa une buée humide.

Les ailes roses de la divine fée Tendresse venaient de caresser les cœurs de toute cette jeunesse, ces cœurs neufs, calices ingénus des affections vraies.

CHAPITRE X

LE SECRET DES TOMBES

— Mais ce pays est lugubre!

— C'est la résidence de l'horreur.

Ces exclamations, arrachées aux voyageurs, étaient justifiées par l'apparence du paysage qu'ils avaient sous les yeux.

Après un court séjour à Caboul, ils avaient repris leur marche vers le Sud, se dirigeant sur Kandahar, où Mystère avait fixé rendez-vous à ses matelots.

L'aspect du pays avait changé.

Ce n'était plus la vallée encaissée et ombreuse de la rivière de Caboul. Maintenant la caravane traversait les plateaux incultes de l'Est-Afghan.

Partout des mamelons aux teintes rouges, se succédant sans interruption jusqu'aux confins de l'horizon. Aucun arbre n'apportait là la gaieté de son panache verdoyant. Des herbes rares, jaunies par le soleil, recroquevillées sous l'action du vent, apparaissaient seules de loin en loin dans des anfractuosités de rocher, où l'ombre avait conservé un semblant d'humidité.

Pas un murmure d'eaux courantes ne troublait le silence de mort de cette contrée desséchée. Parfois on traversait des ravins encaissés, lits de torrents qui coulent pendant un mois par an, à l'époque des grandes pluies, mais qui, à cette heure, n'offraient aux regards que des rocs incendiés par l'ardeur de l'été.

Il fallait fournir de longues étapes pour rencontrer un puits, avec son enclos de poutres, sa perche soutenant un seau de cuir racorni, grâce auquel on pouvait remonter une eau saumâtre dont on s'abreuvait parcimonieusement.

Les habitants étaient invisibles.

Sans doute les tribus de pasteurs nomades avaient fui les plateaux et avaient conduit leurs troupeaux vers les lointaines et fertiles vallées du centre de l'Afghanistan.

Mais si navrant que fût l'aspect général du pays, jamais encore les voyageurs n'avaient rencontré site aussi désolé que ce jour-là.

A l'intersection de deux ravines creusées évidemment par des eaux disparues, s'étendait une plaine triangulaire, couverte de pierres, de blocs de rochers éboulés.

Au centre, se dressait une colline peu élevée, sur laquelle s'alignaient un certain nombre d'*ekbas*, ou amoncellements de pierres qui indiquent l'emplacement de tombeaux.

Les Afghans en effet, comme tous les peuples de l'Asie centrale, ont coutume d'élever des tumuli de ce genre. Chaque passant dépose pieusement une pierre sur le tas, fait une courte prière, et poursuit sa route, sans s'inquiéter de savoir à quel défunt il a rendu cet hommage.

Les compagnons de Mystère s'étaient arrêtés net en débouchant dans la plaine, et tous, pénétrés par la tristesse du lieu, avaient exprimé leur pensée par des exclamations pouvant se résumer ainsi :

— Ce pays est lugubre.

Le savant seul n'avait pas uni sa voix à celle de ses amis. Avec une émotion qu'il ne s'expliquait pas lui-même, il considérait la colline aux ekbas.

Na-Indra poussa son cheval à côté de celui du docteur :

— Tu as connu vivants ceux qui dorment là? murmura-t-elle doucement?

Il secoua la tête :

— Non. Mais je plains ces malheureux, ensevelis ignorés, loin des habitations des hommes, je les plains.

En parlant ainsi, il ne la regardait pas. On eût dit qu'il répondait à sa pensée plutôt qu'à la jeune fille.

Soudain il courba le front, ayant oublié sa présence et l'adorable Hindoue l'entendit soupirer avec une expression déchirante :

— Où dorment ceux que j'ai aimés? Dans quelle retraite ignorée furent enfouis ceux qui attendent encore d'être vengés?

Na-Indra tressaillit.

Celui à qui son cœur s'était donné, souffrait. Dans ses paroles elle entrevoyait une douleur surhumaine, et désireuse de consoler, obéissant au sublime instinct de la femme, de celle qui n'est point un objet de luxe, mais qui toute petite se sent maman et sœur de charité, elle appuya sa main sur le bras de Mystère :

— Brahma a permis que nos routes se joignissent. Isolés tous deux, il nous a réunis pour que nous marchions appuyés l'un sur l'autre. Ton cœur est gonflé de larmes, laisse-moi pleurer avec toi.

Le savant la considéra avec une indicible tendresse. Il prit sa main, la porta à ses lèvres, et lentement :

— Tu sauras tout un jour, rayon de lumière qui as ravivé mon âme morte. Mais le temps n'est pas venu.

Puis secouant la tête comme pour chasser une idée importune :

— Il se fait tard, nous camperons ici.

Dix minutes plus tard, le camp était dressé à l'ombre de la colline aux sinistres tumuli.

Les demoiselles Sanders-van Stoon, aidées par Graziella, préparaient le repas du soir, tandis que les hommes donnaient la provende aux chevaux.

Mystère, lui, s'était éloigné de ses compagnons. Comme poussé par une force invincible, il s'avançait lentement vers l'éminence. Un sentier raide courait sur le flanc de la hauteur, il s'y engagea.

A quelques pas de lui, Na-Indra marchait. Elle le suivait inquiète, une tristesse dans ses grands yeux noirs.

Elle qui avait tant souffert, elle pressentait chez son ami une torture sans bornes.

Comme il était sombre! Quel drame poignant avait attristé son passé?

Elle frissonnait au souvenir des paroles surprises tout à l'heure :

« Dans quelle retraite ignorée furent enfouis ceux qui attendent encore d'être vengés? »

Qui étaient ces morts? Quel ennemi les avait frappés?

Tout en réfléchissant, elle gravissait la hauteur dans les traces du savant. Celui-ci ne s'était pas retourné une seule fois. Sans doute, il se croyait seul. Sa préoccupation l'avait empêché de remarquer la présence de Na-Indra.

Ils parvinrent ainsi au sommet.

Devant eux un plateau rocheux.

Sept ekbas s'alignaient sur le sol. Une huitième tombe venait ensuite, mais à la disposition des pierres, rangées de façon à l'entourer d'un mur elliptique, on reconnaissait que celle-ci était veuve du corps qu'elle devait contenir!

Le médecin s'était arrêté tout pâle.

Il comptait les ekbas.

— Sept, gémit-il, sept!... le nombre des disparus!... et cette tombe vide!... Ne dirait-on pas qu'elle attend celui qui est encore vivant? Étrange rencontre. Pourquoi ce tableau qui ravive mes regrets se trouve-t-il sur ma route? Les âmes des chers disparus ont-elles craint que ma volonté s'amollisse?

Il se tut un moment et reprit :

— Non, non, vous qui reposez sous ces pierres, qui que vous soyez, entendez le serment : L'affection de Na-Indra ne fera pas tort au souvenir. Elle aussi est d'une race de victimes. Sa vie unie à la mienne me crée seulement un devoir de plus.

La scène avait une grandeur troublante.

Immobile, les pieds cloués au sol, Na-Indra écoutait. Ses regards se fixaient avec une terreur superstitieuse sur les tumuli. Son imagination ardente aidant, elle s'attendait presque à voir les pierres s'écarter, les morts se dresser pour recevoir le serment mystérieux et terrible de son ami.

Maintenant ce dernier demeurait muet, la tête penchée, dans l'attitude de la méditation.

Quelles pensées s'agitaient sous le crâne de cet homme? A quels souvenirs s'abandonnait-il? Ces questions insolubles faisaient trembler Na-Indra. Savoir qu'il était malheureux, et ignorer les paroles qui auraient pu l'apaiser, lui paraissait un insupportable supplice.

Tout à coup un sursaut la secoua tout entière.

Un glissement s'était produit à ses côtés, et une figure bizarre avait passé en la frôlant presque.

Elle n'eut pas la force de pousser un cri.

L'apparition semblait une momie échappée d'une nécropole. C'était un petit vieillard à la peau foncée, parcheminée. Il marchait courbé, ses jambes décharnées, ses pieds nus sortant comme des pattes d'araignée de la tunique de toile blanche qui couvrait son corps.

La jeune fille crut voir le génie des tombeaux.

Cependant le personnage marchait toujours; il se rapprochait de Mystère. Il s'arrêta près du savant, et d'une voix cassée, grelottante :

— Étranger, mets ta pierre sur ces ekbas. Ton action sera douce aux mânes des trépassés.

Troublé dans sa rêverie, le docteur s'était retourné vers le nouveau venu.

— Qui es-tu? demanda-t-il.

Le vieillard se tenait courbé, les yeux rivés sur le sol, sans regarder celui auquel il s'était adressé.

— Je suis le gardien de ces tombeaux. J'habite là-bas, dans cette crevasse de rochers, d'où je puis veiller sur ces ekbas.

— Quoi, toujours?

— Toujours.

— Sans doute ce sont là des membres d'une puissante famille?

— Elle fut puissante, maintenant elle est rayée de l'humanité, et quand Siva aura tranché le fil de mes jours, plus personne ne se souviendra qu'elle a existé.

Il y eut un silence.

— Plus personne, répéta le médecin d'une voix tremblante, plus personne.

Na-Indra, oppressée, se rapprocha sans bruit.

— Plus personne, fit Mystère pour la troisième fois.

Puis, brusquement :

— Tu es Hindou, vieillard?

Le gardien murmura :

— Oui.

— Qui donc t'a contraint de vivre ainsi loin de ton pays?

— Le remords.

— Le remords, dis-tu. Tu as donc été coupable?

— Oui.

Et d'une voix plus brisée, il ajouta :

— J'ai su que ceux qui sont là allaient périr, et, par lâcheté, j'ai laissé le crime accomplir son œuvre. Le dévouement que je n'ai pas su avoir pour les vivants, je le donne aux morts. J'ai consacré ma vie aux ekbas de ceux que je n'ai pas su défendre.....

Il acheva sourdement :

— Cela sera-t-il une expiation suffisante et pourront-ils me pardonner?...

Dans l'accent du vieillard vibrait un désespoir farouche. Mystère voulut changer le cours de ses idées.

— Et cette tombe ouverte, fit-il en désignant la dernière, attend-elle donc un vivant?

Le gardien secoua la tête :

— Non. Celui-là n'est plus. Comme les autres, il est rentré dans le sein de Brahma. Seulement, je n'ai pu trouver son corps. Je n'ai pu, comme pour les autres, l'embaumer, le bourrer d'aromates. Sa dépouille gît je ne sais où.

Et tordant ses mains maigres :

— C'est là ce qui me déchire. J'avais supplié le maître du monde de me faire connaître par un signe qu'il jugeait mon expiation suffisante : Fais que je retrouve le corps de celui-ci, que je puisse lui donner la sépulture, et le jour où tu permettras cela, je comprendrai que ta pitié s'étend sur moi. Mais ma faute fut trop grande sans doute, Brahma est resté sourd à ma prière. J'ai eu beau chercher, je n'ai pas découvert l'absent.

Na-Indra, éperdue, entendait cette plainte du serviteur qui s'était astreint à veiller sur ses maîtres défunts.

Elle subissait une impression de rêve, faite de pitié et d'épouvante.

Cette existence passée en face des tombes, combien elle avait dû être terrible et désolée! Maintenant le vieillard ne lui faisait plus peur; elle plaignait l'infortuné qui s'était condamné à l'isolement, au tête-à-tête horrible avec le remords.

Sans doute Mystère se faisait des réflexions analogues, car il questionna :

— La mort te semblerait plus douce, si un autre veillait sur ces ekbas?

Le vieux joignit les mains :

— Ah! ne pas les laisser seuls, abandonnés dans ce désert... oui, je voudrais cela; mais qui songera à ceux qui ne peuvent plus payer les services de personne?

— Qui?..... moi.

— Vous?

— Apprends-moi leurs noms, et je te le promets, vieillard, les ekbas ne seront pas abandonnés.

Mais le gardien secoua la tête :

— Non... cela doit être tu..... Ceux qui les ont abattus sont puissants et inexorables. S'ils savaient la vérité, ils disperseraient aux vents les cendres des trépassés. Leur nom est oublié, que l'oubli les protège contre la profanation!

Le docteur sourit. Il tendit la main vers son interlocuteur, et lui présentant la figurine qui naguère avait mis à ses ordres les fakirs et les compagnons de Siva-Kali :

— Par le Tigre d'or, je veux que tu aies confiance et que tu me dises la vérité.

L'effet de ce geste fut foudroyant.

L'Hindou recula de deux pas. Ses yeux se fixèrent avec épouvante sur le docteur et de sa bouche s'échappa un sourd gémissement.

Il restait là, figé dans une immobilité de statue, son corps débile vacillant sur ses jambes décharnées. Terreur, surprise, joie, incrédulité contractaient son visage en expressions successives.

— As-tu confiance? demanda enfin Mystère.

L'homme se prosterna et de sa voix chevrotante bégaya :

— Le prince, le Sahib est sorti d'entre les morts pour apprendre au vieil Ahmad qu'il était pardonné.

Avidement Na-Indra prêtait l'oreille. Quoi, ce pauvre diable isolé dans ce désert, semblait reconnaître dans le savant une figure familière!

Elle regarda le docteur.

Celui-ci avait pâli.

— Pourquoi me donnes-tu ce titre de prince? fit-il rudement. Les princes n'existent plus lorsque la tyrannie en a fait des fugitifs.

Mais Ahmad ne l'écoutait pas. Le front dans la poussière, il psalmodiait :

— Rama, Rama-Sahib, le dernier des princes de Rundjee, debout devant les tombes de ses parents. Cela, divin Brahma, je n'osais l'espérer.

Rama-Sahib! Ces mots pénétrèrent Na-Indra comme un rayon de feu. Rama-Sahib, les princes de Rundjee, noms vénérés dans tout l'Ouest-Hindoustan, symboles de liberté, de dévouement aux opprimés. Et ce vieillard prosterné appelait ainsi celui à qui toute la tendresse de la jeune fille était allée d'instinct.

Était-il donc, lui aussi, un martyr de la cause pour laquelle elle avait souffert?

Leurs âmes s'étaient-elles donc reconnues et l'affection avait-elle jailli glorieuse des mêmes ruines?

Car les princes de Rundjee sont célèbres dans le Pendjah, le Sindhi, le Radjpoutana. Leur histoire est celle de la patrie hindoue elle-même. Partout où l'on combattit les Anglais, les Afghans, les Persans, les brahmes, cette race illustre fut à la bataille, répandant sans compter son sang et son or.

Et puis un effroyable désastre s'était abattu sur la famille héroïque. En quelques mois les huit représentants des Rundjee furent fauchés par la mort : l'aïeul tomba le premier, puis le père, guerrier renommé, bientôt suivi par la mère, puis les quatre fils, rejetons vigoureux de cette souche puissante, dont l'un, Rama-Sahib, avant de disparaître, avait eu l'horrible douleur de recevoir le dernier soupir de sa jeune femme après un an de mariage.

Était-ce donc celui-là que Na-Indra voyait devant elle, effigie muette de la désolation?

Mais Mystère se redressa soudain :

— Vieillard, dit-il lentement, tu as trop parlé pour ne pas tout dire maintenant. Ces tombes, as-tu déclaré, sont celles des Rundjee. Comment se trouvent-elles ici, à des centaines de kilomètres de l'endroit où les infortunés ont trouvé la mort?

Ahmad se releva lentement :

— Sahib, ne menace pas. Le vieux serviteur des tombeaux est ton esclave. Il parlera puisque tu le désires; mais auparavant, laisse-lui détruire la sépulture qu'il avait préparée pour recevoir ta dépouille. Tu vis, donc plus de tombe.

En parlant, il se dirigeait vers le tumulus dont les pierres étaient disposées différemment de celles des autres amas. Il les dispersa à coups de pied, puis revenant au savant :

— Maître, tu es vivant; c'est donc un vengeur qui réjouit mes yeux. Laisse-moi te raconter ma faute et le devoir que je me suis imposé.

Il s'exprimait avec une majesté réelle, et une émotion inexprimable se dégageait de cette scène entre deux hommes, perdus sur une colline aride, au milieu du désert des hauts plateaux.

Troublée, la jeune fille eut l'intuition qu'elle ne devait pas assister plus longtemps à l'entretien sans la permission de son compagnon de voyage, et tremblante, sentant son cœur tourbillonner dans sa poitrine, elle se rapprocha du savant, appuya sa main sur son bras.

Il sursauta à ce léger contact. Son regard surpris se posa sur le visage implorant de Na-Indra. Il comprit et doucement :

— Reste, chère enfant, reste. Frappés par les mêmes ennemis, Brahma nous a poussés l'un vers l'autre des extrémités opposées du monde, afin de nous encourager dans l'accomplissement de la mission qui nous est dévolue. Je sais tout de toi, le destin a désigné l'instant où, à ton tour, tu ne dois plus rien ignorer de moi.

Ce disant, il la faisait asseoir sur le sol auprès de lui, et dans le jour finissant, dans la clarté violacée du crépuscule, formée des dernières traînées de pourpre du soleil englouti sous l'horizon, des premiers rayons bleus de la lune, Ahmad raconta.

. . . .

Douze années plus tôt, le pauvre diable était au nombre des serviteurs de la communauté brahmanique d'Ellora. Il vivait au milieu des temples, des cavernes sacrées, avec mission de recueillir les offrandes des fidèles et de les rassembler dans les vastes magasins souterrains où les prêtres enfouissent leurs trésors.

Il s'endormit un jour dans l'une des chapelles de la montagne, et s'y oublia bien après l'heure où les gens de sa caste devaient débarrasser le saint lieu de leur présence profane.

Un bruit confus de voix le réveilla.

Se sentant en faute, craignant une de ces punitions cruelles que les prêtres de Brahma infligent volontiers à leurs serviteurs, Ahmad ne fit aucun mouvement qui pût le trahir.

Un pilier énorme remplissait d'ombre le coin où il était couché, et les causeurs se trouvaient de l'autre côté de la masse de granit.

L'Hindou frissonna en reconnaissant l'une des voix, une voix d'homme, sèche, autoritaire; cet organe rude appartenait à un brahme redouté, le plus redouté de tous, car il était chargé de l'exécution des arrêts rendus par le collège d'Ellora.

C'était l'Exécuteur.

Poste terrible et terrifiant. Dans l'obscurité des cavernes, le tribunal brahmanique se rassemble. Sans témoins, sans discussion, il accuse tel individu, telle famille d'un crime contre la divinité, contre les intérêts de ses desservants, et il prononce un jugement sans appel.

Le brahme dont les paroles arrivaient aux oreilles d'Ahmad, partait alors. Par des voies mystérieuses, il frappait les victimes désignées par le sombre tribunal, et personne ne savait à quelle terrible conjuration celles-ci avaient succombé.

Si, pourtant; dans les hautes castes, on désignait tout bas la main qui commettait le crime, mais nul n'osait élever la voix. On ne lutte pas contre cette association toute-puissante des brahmes, chez lesquels la religion n'est que le prétexte, la domination, le but réel.

Or l'exécuteur d'Ellora parlait :

— Les Rundjees sont venus se fixer dans le Nizam, disait-il. Bien qu'ils n'honorent point les brahmines, qu'ils soient affiliés à la confrérie rivale des compagnons de Siva-Kali, nous ne les avons pas inquiétés. Nous espérions que le temps dessillerait leurs yeux, qu'ils seraient reconnaissants de notre mansuétude.

— Ils le sont bien certainement, murmura une douce voix de femme.

— Tu le crois, jeune fille. Tu te trompes. Les Rundjees prétendent que nous sommes les complices des Anglais, que tous nos efforts tendent à contrarier les efforts de ceux qui se consacrent à chasser les conquérants.

— Ils ne peuvent affirmer cela, brahme vénéré.

— Ils s'expriment ainsi que je viens de le dire.

L'interlocutrice du prêtre eut un gémissement :

— Pourquoi me confier ces choses auxquelles ma faiblesse ne me permet pas de remédier.

— Pourquoi? parce que les prêtres d'Ellora veillent sur toi.

— Ils sont bons et doux pour moi, je le sais.

— Ils ne veulent pas te voir entrer dans une famille maudite.

La jeune fille eut un nouveau gémissement :

— Brahme saint, ne parle pas ainsi. Mon âme s'est envolée vers Rama-Sahib; j'aurais beau la rappeler, elle ne reviendrait pas vers moi.

— Il le faudra cependant.

— Non, n'exigez pas cela. Si vous le connaissiez, mon Rama, vous le jugeriez autrement que vous ne le faisiez à l'instant. Il est beau, ses yeux brillent ainsi que des diamants noirs et son cœur est noble, sa pensée haute.

Un ricanement de l'exécuteur interrompit la jeune fille.

— Allons, on t'a versé le philtre des tendresses. Tu es décidée à résister à mes ordres.

— C'est Vischnou lui-même, et non moi, faible créature, qui a décidé ce qui arrive. Tu veux me contraindre à épouser un rajah pour lequel j'ai seulement de l'aversion.

— Il est l'ami des brahmes.

— Je ne l'ignore pas. J'ai fait de mon mieux pour entraîner mon cœur vers lui. Je n'ai pas réussi.

— Est-il donc si nécessaire de ressentir de l'affection pour son époux?

— Oh! brahme. Absorbé par l'étude du mystère divin, tu ne connais pas la vie des gens ordinaires. Daigne abaisser un moment ton esprit vers ces choses viles. Que ta raison te guide. Peut-on vivre sous le même toit, s'intéresser aux mêmes objets, se dévouer aux mêmes causes, partager tout : joies, tristesses, devoirs, sans le puissant secours de l'affection partagée?

Un silence suivit; puis le brahme reprit d'un ton menaçant :

— Tu persistes donc à devenir la femme du prince Rama?

— Oui, fit tout bas son interlocutrice.

— Va donc. Mais au jour où les larmes couleront de tes yeux, n'accuse que ton entêtement.

. . . .

A ce moment, Mystère interrompit le narrateur :

— Vieillard, peux-tu mettre des noms sur les visages de ces gens qui s'entretenaient dans les grottes d'Ellora?

— Oui, Sahib.

— Eh bien...?

— Le brahme exécuteur se nommait Arkabad.

Un double cri jaillit des lèvres du savant et de Na-Indra :

— Arkabad!

Quoi? Cet homme qui avait tenté de tuer Anoor, qui avait poursuivi Na-Indra avec acharnement, était le même qui naguère avait condamné les Rundjees?

— Et la jeune fiancée? interrogea le docteur d'une voix éteinte.

— C'était une fille orpheline de la noble lignée des Feliardit, et elle s'appelait Diarmida.

— Diarmida! répéta Mystère avec une intonation déchirante.

Le vieillard montra l'une des tombes et laissa tomber ce seul mot :

— Là!

Brusquement, Na-Indra appuya sa tête sur l'épaule du docteur :

— L'esprit de Diarmida est en moi, ami. Ne pleure pas, ne te laisse pas entraîner au désespoir du passé. Brahma, dans sa sagesse infinie, a permis qu'une fleur pût éclore sur la tige desséchée. Il a voulu que pour toi tout fût remplacé par moi, et que tu tinsses lieu de tout à celle qui ne vit que pour toi.

— Ah! murmura-t-il... Diarmida, Na-Indra, deux anges avec une seule âme!

Puis secouant soudain la tête, il regarda Ahmad :

— Continue. Je veux tout savoir. J'ignorais qui avait frappé.

Et étendant la main au-dessus des sépultures :

— Dormez, vous que j'ai tant aimés, dormez... Je veillerai pour vous venger.

Et Ahmad continua, parlant de lui comme d'un étranger, ainsi qu'il l'avait fait jusqu'alors :

. . . .

Une quinzaine de jours après, on célébrait en grande pompe le mariage du prince Rama Rundjee et de Diarmida Feliardit.

Auprès des époux, on remarquait le noble Dékan, grand-père du marié. Sa haute stature, sa barbe et ses cheveux, blancs comme la neige qui coiffe les sommets de l'Himalaya, attiraient tous les regards.

Diomi Rundjee et Lenoor, son épouse, venaient ensuite. Le bonheur qui illuminait le visage de leur fils, se reflétait sur leurs traits.

Enfin, les trois frères de Rama, robustes jeunes gens, orgueil de leurs ascendants, marchaient côte à côte. Iglir à droite, Banium à gauche, Dogmar au milieu.

Sur leurs pas se pressait la foule des invités, des serviteurs, des curieux. Parmi ces derniers Ahmad s'était glissé.

Seul peut-être, il remarqua le voile de mélancolie répandu sur la douce figure de Diarmida. Seul, non; un autre fixait sur elle ses yeux perçants comme ceux d'un vautour voulant fasciner une colombe. Celui-là était l'exécuteur du collège d'Ellora, le brahmine Arkabad.

Une seconde, ses regards rencontrèrent ceux de la jeune fille. Elle laissa retomber ses paupières et une pâleur mortelle couvrit ses joues. Mais bien vite, elle releva ce rideau nacré et ses yeux se portèrent vers le ciel.

La pauvre enfant venait d'implorer Brahma, père des êtres, qui hélas! ne devait pas accueillir sa prière.

Ahmad prenait un intérêt étrange à ces gens sur lesquels était suspendue la colère des brahmes.

Certes il eût bien agi en se présentant au palais des princes Rundjees, en leur disant le ténébreux complot dont le hasard lui avait révélé l'existence. Mais il eut peur de la vengeance des brahmes. Il se tut.

Les circonstances d'ailleurs semblèrent tout d'abord donner raison à sa réserve prudente. Six mois s'écoulèrent sans que rien troublât la quiétude des Rundjees.

Un étranger, peu au courant des habitudes des brahmes, eût pu croire qu'ils avaient oublié, que leur colère s'était éteinte, que Rama, Diarmida n'avaient plus à les craindre.

La jeune épouse se berçait sans doute de cette illusion. Elle riait, était heureuse, toute inquiétude était bannie de son esprit.

Pauvre femme! Les prêtres de Brahma ne connaissent pas la clémence; ils ne pardonnent jamais.

La foudre allait éclater en plein ciel bleu.

Chaque jour, le noble Dékan faisait une longue promenade. Il montait un cheval noir, compagnon fidèle de ses dernières campagnes, et en les voyant passer sur les routes poudreuses, les travailleurs des champs s'inclinaient comme devant l'incarnation du courage et de la liberté.

Or, un matin qu'Ahmad vaquait à ses occupations ordinaires, Arkabad vint à lui.

— Tu es fidèle? demanda-t-il.

— Oui, Seigneur.

LE MARIAGE DU PRINCE RAMA

— Et tu seras muet?

— Je serai ce qu'il vous plaira, Seigneur.

— Bien. Tu vas m'accompagner. Prends une pioche et une pelle.

Ahmad se rendit au magasin des temples, et muni des outils indiqués, rejoignit l'exécuteur à l'extrémité de la gorge sacrée.

Deux autres hommes attendaient auprès de lui. L'un, serviteur du temple comme Ahmad, l'autre inconnu, à la figure cruelle. Un lacet de soie rouge s'enroulait autour de son poignet, disant sa profession : étrangleur.

Arkabad ordonna d'une voix brève :

— En route!

Tous le suivirent. Guidés par lui, ses compagnons contournèrent le massif rocheux défendant le sanctuaire d'Ellora, ils gagnèrent la forêt épaisse qui s'étend au nord et s'arrêtèrent bientôt dans un ravin encaissé, où chantait un ruisseau.

— C'est ici, dit encore le brahme.

L'homme au lacet hocha la tête, grimaça un sourire, regarda les buissons qui l'entouraient comme une muraille verte, puis s'enfonça dans les broussailles.

Le brahme Arkabad le suivit, après avoir ordonné aux serviteurs :

— Piochez, creusez une tombe.

Ahmad et son compagnon attaquèrent aussitôt le sol recouvert d'un épais tapis de mousse.

La terre était sèche, friable, et parmi les poussières, le sable, des grumeaux de sel gemme brillaient lorsque les outils les mettaient à nu.

Sans grands efforts, les Hindous, fossoyeurs improvisés, pratiquèrent l'excavation; puis ils se couchèrent à l'ombre et attendirent.

Il leur sembla entendre à quelque distance le pas d'un cheval; puis le bruit s'éteignit. Un moment de silence suivit et le coursier repartit au galop, à une allure de charge.

Ce n'était pas pour surprendre les indigènes. La route, ils le savaient, se trouvait peu éloignée; aussi ne prêtèrent-ils à l'incident qu'une attention médiocre.

Et cependant, le premier acte du drame qui devait amener l'extinction de la race des Rundjees venait de s'accomplir.

Arkabad, sachant que l'aïeul Dékan dirigerait sa promenade matinale de ce côté, avait disposé son embuscade en conséquence.

Étendu à terre, feignant d'être blessé, il avait appelé à l'aide quand le cavalier était passé; celui-ci, sautant à bas de son cheval, s'était penché vers le fourbe. L'étrangleur, tapi derrière un buisson, avait profité de cet instant pour enrouler le lacet fatal autour du cou du vieux guerrier et, avec l'adresse infernale qui caractérise les misérables de son espèce, il l'avait renversé sans vie à ses pieds.

Le brahme revint alors vers ses serviteurs :

— Venez, dit-il seulement.

Passivement ces derniers obéirent et arrivèrent à l'endroit où gisait le corps du prince Dékan.

— Portez-le à la tombe préparée, commanda Arkabad.

Et les serviteurs portèrent le guerrier et l'enterrèrent.

Sur la sépulture comblée, ils disposèrent des plaques de gazon et de mousse de manière à dissimuler toute trace de leur travail.

— C'est bien, dit alors le brahmine, retournons à Ellora. Que l'oubli entre dans votre esprit. Un souvenir vous conduirait à la mort.

. . . .

Ahmad se tut un instant. Des gouttes de sueur perlaient sur son front. Enfin il étendit la main vers la première tombe de la rangée, près de laquelle il était assis en face de Mystère et de Na-Indra, et dit lentement :

— Le noble Dékan est couché là... et depuis des années, je veille à ce que les voyageurs rendent à sa dépouille les honneurs qui réjouissent les morts.

— Ici? interrompit le savant... Ne prétendais-tu pas que le meurtre avait été commis auprès du sanctuaire d'Ellora?

— Si, Sahib, en effet.

— Allors comment...?

— Le cadavre est-il en ce lieu?... je te le dirai tout à l'heure, Maître. Laisse-moi continuer ma douloureuse confession.

Le vieillard demeura quelques secondes la tête penchée, comme s'il cherchait à rappeler ses souvenirs, puis il poursuivit :

. . . .

— Après cette expédition, je rentrai au sanctuaire tout pénétré d'horreur. J'étais le complice, le confident d'un crime, et je devais garder le silence. Que pouvais-je faire? J'étais trop faible pour tenter de contrecarrer les projets des prêtres de Brahma.

Et puis l'amour de la vie était plus puissant que le remords. Parler conduit au trépas. Ceux qui frappent les grands de la terre m'eussent écrasé sans hésiter, moi faible vermisseau. Je me tus en me méprisant de le faire. Je me tus, en sentant mon cœur se tordre dans ma poitrine, lorsque le hasard me mettait en présence de l'un des Rundjees.

Toute la maison princière avait pris le deuil. On avait promis des monceaux de roupies à quiconque retrouverait le corps du défunt, car on ne doutait pas de sa mort. Son cheval, rencontré sans cavalier à vingt kilomètres d'Ellora, ramené au palais, avait fait croire à un accident.

On avait exploré la campagne, la forêt, les gorges de la montagne, sans rien découvrir. Les précautions des meurtriers étaient bien prises.

Puis peu à peu les recherches s'étaient ralenties. Le peuple, se désintéressant de la disparition du vieux Dékan, avait passé à d'autres préoccupations.

Je voyais assez souvent le brahme Arkabad. Maintenant il me marquait une bienveillance inaccoutumée.

Ma pensée lui échappait, et il voyait en moi un serviteur dévoué et discret.

Si j'avais su, je lui aurais laissé deviner mes angoisses, ainsi j'aurais évité d'être mêlé aux scènes atroces qui se préparaient; mais je vous l'ai avoué, je me sentais lâche en face de la mort.

Comme j'étais niais! Qu'est-ce que le trépas, le passage d'une minute de la vie à l'au-delà, auprès des années d'expiation où j'ai pleuré sur les tombes!

Il y avait environ deux lunes que le prince reposait dans le vallon du crime, quand un courrier couvert de poussière se présenta au temple d'Ellora.

Cet homme apportait une grave nouvelle.

Un richissime Hindou était près de mourir. Le rajah Paohm, sentant sa fin prochaine, demandait qu'un brahme se rendît auprès de lui, afin d'adoucir ses derniers moments en l'entretenant des espérances que Brahma permet aux humains.

A ma grande surprise, Arkabad voulut aller lui-même auprès du moribond, et il m'enjoignit de l'accompagner. Mon rôle était de porter le livre saint des Védas, traduction hindoustane du manuscrit sanscrit.

Nous partîmes tous deux.

En route, Arkabad me donna ses instructions :

— Lorsque je te ferai signe, tu viendras prendre ma place au chevet du rajah. Tu continueras la lecture du livre sacré. Je te sais discret, je ne te recommande donc pas de ne rien voir, de ne rien entendre de ce qui se passera autour de toi.

Un frisson me parcourut tout entier.

Quelle trame ourdissait donc le brahmine? De quelle nouvelle machination prétendait-il encore me rendre complice?

Vaines questions! Les pauvres hères tels que moi ne savent pas deviner les secrets des grands.

Nous arrivâmes à la superbe habitation du rajah Paohm.

Partout existait la confusion, l'agitation qui règnent dans les maisons, alors que la mort frappe à la porte.

Une jeune femme, les cheveux épars, les vêtements déchirés suivant les rites prescrits pour la manifestation de la douleur, nous reçut. Elle avait nom Sokoum et avait été épousée l'année précédente par le rajah, lequel l'avait élevée du rang d'esclave à celui de femme.

Sans doute, la main des brahmes n'avait pas été étrangère à cette décision, car l'ancienne esclave comblait le temple de présents princiers. Souvent aussi je l'avais aperçue dans le sanctuaire, ayant de longues conférences avec les prêtres.

Elle se prosterna devant Arkabad avec tous les signes de la plus vive affliction :

— Auguste représentant de Brahma, gémit-elle, mon âme est en deuil.

— Je le crois, fille aimée du Ciel. Aussi suis-je venu t'apporter les consolations que le maître de la création réserve à ses élus.

C'était là une phrase banale. Maintes fois, j'en avais entendu de semblables sans y prêter d'attention.

Pourquoi en ce jour me causa-t-elle une impression pénible?

L'intonation du brahmine était peut-être autre que l'accent rituel. Et puis la jeune Sokoum me parut soudainement apaisée.

Le trouble de sa physionomie disparut. Ses yeux noirs eurent un éclair joyeux. Les paroles d'Arkabad avaient sans doute pour elle un sens mystérieux qui m'échappait.

Elle se releva, nous précéda à travers les appartements et nous introduisit enfin dans la salle spacieuse où le rajah était étendu sur sa couche.

Livide, à demi paralysé déjà par la mort, Paohm eut un faible sourire en nous voyant entrer.

Arkabad s'avança gravement, décrivit sur la poitrine du rajah le signe en triangle, emblème de la trinité brahmanique; puis s'asseyant, il me prit le livre véda des mains et se mit à lire lentement, d'une voix profonde, les versets sacrés, qui racontent la marche de l'âme délivrée à travers les déserts de l'infini.

Brahma! Vischnou! Siva!

Dans un angle de la salle, Sokoum s'était accroupie sur des coussins, et de temps à autre elle psalmodiait :

— Brahma! Vischnou! Siva!

Sa voix monotone ponctuait ainsi les versets.

Immobile, je regardais. Le rajah respirait difficilement; des tons verdâtres marbraient sa peau; ses yeux perdaient leur éclat.

Évidemment la conscience des choses l'abandonnait.

Tel fut probablement l'avis d'Arkabad, car un geste impérieux m'appela auprès de lui. Il me passa le livre sacré, m'indiquant du doigt le verset commencé. Et je m'assis à sa place et je continuai la lecture :

— « Le troisième ciel dont les nuées sont faites des pétales embaumés des roses, s'ouvrira devant l'esprit errant, et des harmonies émanant d'orchestres invisibles, le plongeront dans l'extase nécessaire à qui veut franchir la barrière d'étoiles, clos lumineux du séjour des Talamidas (esprits inférieurs chargés de guider l'âme dans le dédale de l'espace).

Je m'arrêtai une seconde, j'attendais le répons habituel :

— Brahma ! Vischnou ! Siva !

Mais la belle Sokoum demeura muette. Un coup d'œil de son côté me fit voir le brahme assis auprès d'elle et lui parlant avec animation. Je repris ma lecture.

Mais à présent, je ne percevais plus le sens des mots que mes lèvres prononçaient. Une curiosité ardente m'avait envahi, et l'oreille tendue, je cherchais à surprendre la conversation du brahme et de l'épouse désolée.

A nous autres, humbles, auxquels le Créateur a refusé une vaste intelligence, il a donné comme compensation, des sens plus parfaits qu'aux penseurs.

Je distinguai bientôt le dialogue des causeurs. Au reste, trompé sans doute par mon débit monotone, le brahmine parlait à mi-voix :

— Ainsi, belle Sokoum, la famille de votre mari, arguant de votre ancienne qualité d'esclave, a l'intention de vous disputer l'héritage de Paohm?

— Oui, père d'Ellora. En vain j'ai été la douce lumière qui a embelli ses derniers jours; ses parents cupides veulent me chasser de ce palais où j'ai vécu en souveraine.

— Et que comptez-vous faire?

Elle eut un geste désolé :

— Le sais-je! je n'ai d'espoir qu'en vous. Veuillez vous souvenir que je suis pieuse, que jamais je n'ai hésité à apporter des présents royaux au temple. Songez que la fortune entre mes mains sera votre fortune, brahme vénéré, et protégez une femme infortunée.

Je commençais à comprendre. Arkabad n'ignorait pas la situation embarrassée que la mort du rajah allait faire à sa veuve. C'est pour cela qu'il était venu en personne. Mais vers quel but tendait-il? Voilà ce que je brûlais d'apprendre.

Je redoublai donc d'attention, tout en continuant à lire à haute voix. Le rajah ne bougeait plus, son regard s'était éteint, et le bruit de sa respiration ne parvenait plus jusqu'à moi. Peut-être son âme s'était-elle déjà envolée, mais je lisais toujours et j'écoutais.

— Ne crois pas, femme, que les prêtres d'Ellora t'aient abandonnée, reprit le brahmine. Ils t'aiment pour ta bonté et ton respect des dieux, et déjà ils ont songé à t'assurer la richesse dont ta piété fera bon usage.

— Quoi ! fit-elle rassérénée, vous me défendrez?

— Oui. Écoute. Les parents de ton époux auraient gain de cause si nous les laissions agir. La loi du Nizam est formelle. L'esclave qui devient la femme de son maître ne saurait avoir droit à son héritage, sauf en un cas.

Sokoum se voila le visage de ses mains, et d'une voix tremblante :

— Sauf au cas où elle fait dresser le bûcher sur lequel elle sera consumée vivante, en l'honneur du défunt. Alors elle peut léguer à ses enfants, si elle est mère, à ses amis, à ses parents, si elle ne l'est pas, les trésors de son mari.

— Justement, fit ironiquement le brahmine.

— Quoi, prêtre de Brahma, ordonnerais-tu que je me condamne au bûcher des veuves?

— Oui.

Sokoum eut un cri :

— Mais je ne veux pas périr ainsi.

Arkabad lui saisit les mains et d'un ton autoritaire :

— Silence, folle créature, prête l'oreille aux conseils des sages. La loi du Nizam dit : « L'esclave, unie à son maître par les liens de l'hyménée, héritera de ses biens, si elle fait dresser le bûcher des veuves. »

— Oui.

— La loi n'indique pas que l'esclave doit mourir dans les flammes.

Et comme la belle Sokoum ne paraissait pas comprendre l'astucieuse interprétation du brahme, ce dernier s'expliqua :

— Nous avons songé à exploiter ce texte incomplet pour t'assurer les richesses de Paohm. Tu te lamenteras, tu déclareras que tu ne veux pas lui survivre, et que, suivant l'usage des veuves inconsolables, tu désires être étendue auprès de lui sur le bûcher des funérailles. Ainsi tu auras ordonné l'élévation de ce bûcher.

— Oui, balbutia-t-elle, mais après, après...?

— Au jour dit, tu paraîtras dans le costume des victimes. Mais ne crains rien, nous serons là pour empêcher le sacrifice, et le soir de la cérémonie, tu nous remercieras de t'avoir conservée en bonne santé, tout en t'assurant la fortune.

Elle hésitait encore :

— Mes rivaux feront un procès. Ils soutiendront que le bûcher ne suffit pas à créer des droits,... qu'il faut aussi la victime.

— Les juges penseront que les brahmes perçoivent le sens des textes mieux que de simples particuliers.

— Quoi, père vénéré, vous consentirez.....

— A témoigner en justice, oui, ma fille.

Sokoum s'agenouilla devant Arkabad :

— Comment pourrai-je reconnaître tant de bonté? Quel dévouement sera digne d'une si éclatante protection?

— Continue à être pieuse et à ouvrir ton cœur à la voix de Brahma, que te transmettent ses représentants sur la terre.

J'avoue que ce dialogue me laissa perplexe. Je ne voyais pas quel avantage auraient les prêtres du collège d'Ellora à ce que Sokoum héritât du rajah. La famille du moribond était généreuse à l'égard des temples, aussi généreuse que pourrait l'être l'ancienne esclave.

M'était-il possible de deviner que l'intrigue ourdie en apparence pour favoriser la veuve de Paohm, avait pour but réel de porter un nouveau coup aux princes Rundjees?

. . . .

Mystère eut à ce moment un geste de rage :

— Quoi, Ahmad, peux-tu affirmer qu'Arkabad méditait à cette minute...

— La perte de Diomi, votre père? Oui, Sahib.

Et le savant secouant la tête d'un air de doute :

— Écoutez seulement, maître, et vous croirez :

. . . .

— Nous restâmes tout le jour dans le palais du rajah Paohm, qui avait rendu le dernier soupir pendant que le prêtre de Brahma et Sokoum discutaient la captation de son héritage.

L'esclave affecta une douleur inconsolable, et devant ses serviteurs assemblés, devant ses amis accourus, elle déclara que la vie lui serait insupportable désormais. Au pays des oiseaux d'azur, dont les yeux d'or contemplent Brahma, dont les chants, plus doux que les plus douces harmonies, célèbrent la puissance du Maître de l'Univers, elle suivrait son époux bien-aimé.

Cette comédie de la tristesse m'écœurait.

Mais les assistants, n'étant pas dans la confidence, crurent la veuve sur parole. Ils tentèrent de la dissuader de sacrifier sa jeunesse, sa beauté.

Elle fut inébranlable dans sa résolution, et pour cause.

Bref, Arkabad et moi, reprîmes le chemin d'Ellora lorsque les prières de Sokoum eurent vaincu toutes les résistances. Trois fois encore le soleil se lèverait sur la terre, puis le bûcher se dresserait pour consumer à la fois le cadavre du rajah et la chair palpitante de l'esclave d'autrefois.

En route, le brahmine, ne soupçonnant pas que j'avais entendu sa conversation, me dit brusquement :

— Ahmad, tu es fidèle?

— Oui, Sahib, répondis-je sans hésiter.

— Je le sais. Aussi vais-je me confier à toi.

Je m'inclinai.

— Malgré mes exhortations, la malheureuse Sokoum veut mourir dans un affreux supplice.

Derechef je m'inclinai. Il m'eût été impossible de prononcer une parole. Mon interlocuteur mentait, j'en avais la preuve;... je me réjouissais d'apprendre vers quel but il marchait, et en même temps je tremblais qu'il ne vînt à découvrir qu'au lieu d'un instrument aveugle et sourd, j'étais une créature pensante.

— La laisser périr, reprit Arkabad, serait injuste. Elle qui honore Brahma, qui vénère ses prêtres, ne doit pas subir le supplice que seuls méritent les criminels ayant à expier leurs fautes.

Je hochai la tête d'un air convaincu :

— Aussi ai-je résolu de la sauver malgré elle-même.

Il attendait une réponse. J'eus la force de balbutier :

— Vous êtes bon comme Brahma lui-même.

Le traître sourit. Le compliment l'avait flatté. Il poussa même la condescendance jusqu'à s'appuyer sur mon bras.

— Tu vas m'aider, Ahmad.

— Oui, Sahib.

— Voici ce que j'attends de toi.

J'ouvris les oreilles. J'allais donc posséder la clef de l'énigme.

— Tu te rendras à Aurangabad.

— Cette nuit même?

— Oui. Tu te présenteras à l'hôtel du gouverneur anglais de la ville et du district.

— Bien.

— Et tu lui diras ceci : Arkabad, exécuteur d'Ellora, vous informe que, sous trois jours, Sokoum, veuve du rajah Paohm, doit se brûler volontairement sur le bûcher de son époux défunt. Il sera heureux que vous empêchiez cette exécution barbare. Mon anneau sacerdotal que voici t'assurera la confiance du personnage.

Les Anglais, à cette époque, faisaient de louables efforts pour diminuer le nombre des sacrifices volontaires ; mais, dans la plupart des cas, ils étaient impuissants devant le fanatisme de la foule. Ils n'avaient chance d'intervenir efficacement que lorsque les brahmes consentaient à les appuyer.

L'issue de ma mission n'était donc pas douteuse. Certain de l'assistance du collège d'Ellora, le gouverneur britannique s'empresserait de prendre les mesures propres à empêcher la mort de Sokoum.

Seulement j'étais fort penaud. Je pressentais vaguement que le brahme cherchait un résultat autre que celui-là, et rien dans sa confidence ne m'avait mis sur la voie.

Cependant je pris un air satisfait :

— Je vous remercie, Sahib, de me charger de cette mission de confiance. Je partirai aussitôt que vous l'ordonnerez.

— Attends encore, dit-il.

Et nous continuâmes à marcher en silence.

Ce fut seulement à l'entrée de la gorge sacrée qu'Arkabad, me désignant la route d'Aurangabad, s'écria :

— Va maintenant. A ton retour, tu me rendras compte de ton entretien avec le gouverneur.

Je n'ai pas besoin d'ajouter que l'officier anglais me reçut parfaitement. Je lui apportais la certitude d'un succès moral dont les généraux de l'armée des Indes étaient très friands.

Le lendemain soir, je rentrais à Ellora.

L'exécuteur du sanctuaire me fit conter mon voyage avec force détails. Il me félicita de l'intelligence et du zèle que j'avais déployés dans la circonstance et me donna même quelques roupies à titre de gratification.

Pareille libéralité était rare. Les brahmines reçoivent volontiers les présents, mais ils sont peu disposés à en faire.

Il fallait donc qu'il eût un grand plaisir à sauver du feu la belle Sokoum.

Cependant les heures passèrent. Le moment des funérailles du rajah Paohm vint. Les brahmes vêtus de lin, couronnés des fleurs bleues du *Lohetos*, portant les statuettes sacrées des dieux, se rendirent processionnellement au palais du mort.

Dans la vaste cour d'honneur, encadrée par les hauts arbres du parc, un bûcher gigantesque était dressé, s'élevant à la hauteur du premier étage.

Déjà le cadavre du défunt, revêtu de ses plus riches vêtements, gisait sur des tapis précieux recouvrant la plate-forme du monument de bois que le feu allait dévorer.

Une foule attentive et troublée environnait le sinistre et autel. Au premier rang, parmi les délégués de caste noble, Diomi, votre père, seigneur, chef maintenant de la lignée des Rundjees se tenait debout, semblable à un dieu, sous l'armure de guerre, souvenir inestimable du passé, que, seul, il avait le droit d'endosser en des cérémonies semblables.

Les brahmes formèrent une chaîne vivante autour du bûcher.

A leur apparition, un silence lourd se répandit sur la foule. La tragédie attendue était sur le point de commencer, et tous sentaient leur cœur se serrer à la pensée de cette vivante que la flamme allait consumer en même temps que le mort.

Soudain des gongs sonnèrent lugubrement, et sur la terrasse qui dominait la cour, Sokoum se montra, soutenue par ses suivantes.

Elle était très pâle. En dépit des promesses des brahmines, la terreur faisait refluer son sang au cœur. Ses yeux démesurément ouverts se fixaient sur l'assistance avec une expression terrifiée.

Sur sa robe blanche, tombant à plis lourds jusqu'au sol de même qu'une tunique, ses cheveux dénoués flottaient ainsi que des serpents noirs, et les roses piquées dans l'ébène de cette chevelure semblaient des taches de sang.

Elle marchait lentement.

Un murmure de compassion, aussitôt étouffé par le respect, accueillit sa venue. D'un pas automatique, elle se dirigea vers le bûcher.

Quand elle fut en face des degrés ménagés pour lui permettre d'atteindre la plate-forme, son courage faiblit... Elle recula d'un pas.

Mais Arkabad était là. Il avait choisi cette place, pressentant sans doute la révolte physique de sa complice. Souriant, il lui tendit la main, et comme si la présence de l'exécuteur avait rendu à la veuve toute son énergie, elle mit bravement le pied sur le premier degré.

Légère, comme si elle courait à une fête, la jeune femme escalada le bûcher. Un instant elle se mit debout, adressa un dernier adieu à la foule, puis s'enveloppant pudiquement dans les plis de sa tunique, elle se coucha sur le manteau de brocart jeté sur les fascines pour la recevoir.

— Que Brahma regarde, psalmodièrent les prêtres. Une de ses créatures va rentrer dans son sein avant l'heure fixée par la nature. Qu'il la reçoive parmi ses élus.

De nouveau, le gong résonne, tel un tonnerre lointain.

Quatre hommes s'avancent. Chacun brandit une torche dont la fumée résineuse s'élève lentement dans l'air en flocons roussâtres.

Ils se postent aux quatre angles de la masse combustible. Un signal et ils enflammeront les bûches sèches dont est composé le bûcher.

Mais le signal n'est pas donné.

Une voix sonore clame avec un fort accent britannique :

Je creusais une fosse nouvelle.

— Les sacrifices volontaires sont interdits par les autorités anglaises.

Et des soldats bondissent hors des buissons du parc, courent au bûcher, saisissent Sokoum, l'entraînent loin de là, tandis que les « allumeurs » enflamment précipitamment les bois à leur portée.

Des crépitements se font entendre. Le rajah sera brûlé, mais son âme n'accomplira pas le voyage à travers les douze ciels, en compagnie de celle de Sokoum.

Dans la foule, c'est d'abord de la stupeur. Empêcher une mort volontaire est une profanation, un sacrilège. Tous sont glacés d'horreur, puis des cris de rage éclatent. On se rue sur les soldats anglais. Une mêlée furieuse paraît s'engager.

Mais au bout de quelques instants de lutte, les brahmes interviennent. Ils apaisent les colères. Brahma a voulu sans doute, disent-ils, que la bonne et charitable Sokoum vécût afin de faire le bien, de pratiquer la vertu, de servir d'exemple aux femmes et de mériter ainsi d'aller, au jour fixé par le destin, s'asseoir à la dextre du seigneur du monde.

Tout se calme. Amis, curieux, serviteurs, laissent les soldats anglais occuper militairement le palais.

Les prêtres les ont présentés comme les instruments de la volonté de Brahma, ils ne sont plus des profanateurs, mais des esclaves obéissants du dieu.

Et l'incinération du rajah s'achève, et l'assistance se disperse.

Seulement dans la bagarre, des meurtriers, à la solde du sanctuaire, ont tué le chef des Rundjees et ont emporté son corps.

Personne n'a remarqué cela. A l'heure où sa famille, son épouse, ses fils s'inquiétaient de ne pas le voir de retour parmi eux, je creusais dans le vallon de la forêt, auprès de la tombe de Dékan, une fosse nouvelle, où la haine des brahmes avait condamné Diomi à dormir, sans que ses descendants pussent entourer de soins pieux sa dernière demeure.

Désignant le second tumulus, Ahmad ajouta tristement :

— C'est là que repose le vaillant Diomi.

CHAPITRE XI

LA PISTE DE SANG

— Arkabad! Arkabad! toujours lui! gronda Mystère en grinçant des dents. Et je l'ai tenu à portée de mon bras et je n'ai pas écrasé ce misérable!

Tendrement, Na-Indra se pencha vers lui :

— Ami, je pensais avoir souffert plus que toute autre créature et je vois que vous êtes plus à plaindre que moi. L'abîme où je gémissais n'est rien auprès de celui où vous fûtes précipité. Je ne vous parlerai plus de mes souffrances, mais seulement de ma pitié.

— Pauvre enfant, le même démon s'est acharné à notre perte.

Mais elle secoua la tête, et avec une exclamation soudaine :

— Sauvés l'un par l'autre, Brahma a voulu nous faire entendre sa volonté. Il nous a donné à tous deux, un seul cœur, une tendresse unique, une seule haine.

Ahmad les regardait avec une anxiété inexprimable.

— J'entends ce que dit cette jeune fille, murmura-t-il enfin. Belle comme les esprits de lumière, elle pardonne aux faibles, qui ont obéi aux ordres des puissants. Elle a compris que le vase de terre poreux ne saurait engager le combat avec le récipient d'acier. Mais toi, Sahib, toi Maître, vers qui ma pensée s'envolait durant les années de solitude, ne diras-tu pas à ton serviteur les paroles apaisant le remords?

Redevenu calme par un terrible effort de volonté, Mystère tendit la main au pauvre diable :

— Je suis sans colère contre toi, instrument passif des brahmes; en mon nom, au nom de ceux qui ne sont plus et dont l'esprit sans doute erre autour de nous, voici ma main en gage d'oubli.

Ahmad saisit les doigts du savant et les porta dévotieusement à ses lèvres.

— Continue, continue, Ahmad. Je suis certain que ma mère Lenoor, mes frères Iglir, Banium, Dogmar, mon épouse Diarmida ont été frappés par les mêmes ennemis, mais je veux entendre de ta bouche l'histoire sanglante d'un effroyable passé.

. . . .

— Diomi, poursuivit Ahmad, demeura introuvable. Comme le valeureux Dékan, il semblait avoir quitté la terre ainsi que le nuage qui traverse le ciel sans y laisser de trace.

Diarmida allait bientôt être mère. On eut pitié d'elle. On lui cacha le nouveau malheur.

Et les jours s'écoulèrent, et votre jeune femme, Maître, donna le jour à un fils qui, selon l'usage hindou, reçut pour nom le diminutif du vôtre.

Rama vous êtes, lui fut Ramani.

A la vue du bébé, votre mère parut oublier sa tristesse. L'enfant apportait avec lui la joie que tous les petits répandent autour d'eux. La fragile créature remplissait les places laissées vides par les guerriers Dékan et Diomi.

C'est à ce moment seulement que votre mère apprit la disparition de son époux à Diarmida.

Le coup fut rude.

La jeune femme eut l'intuition des calamités qui allaient fondre sur votre famille, et dans un entretien secret, elle raconta à Lenoor ce qui s'était passé au temple d'Ellora avant son mariage.

A cette révélation, votre mère demeura atterrée.

Ainsi la haine des brahmes s'acharnait contre les Rundjees. Il était impossible de lutter, la défaite était certaine, l'anéantissement assuré.

Longtemps les deux malheureuses femmes discutèrent.

Vous avertir, vous, seigneur Rama, avertir vos frères... elles ne l'osèrent point. Vous étiez des hommes vaillants, ignorant la peur. Sans doute, vous auriez attaqué ouvertement le collège d'Ellora.

— Cela eût mieux valu, rugit le docteur.

Ahmad secoua tristement la tête :

— Peut-être, Sahib; mais votre mère en jugea autrement. Les brahmes prétendaient, cela était évident, joindre à leurs trésors les richesses des Rundjees et des Féliardit. Le seul moyen de les désarmer était de soustraire les héritiers à leurs coups.

Mystère poussa un cri déchirant :

— Voilà donc pourquoi ma mère pressa mes frères de faire un voyage en Europe. Vous n'êtes pas encore enchaînés par le mariage, leur disait-elle. Il est bon que vous appreniez les choses qui assurent la puissance des peuples d'Occident. Un jour, peut-être proche, vous aurez à lutter pour l'indépendance de votre pays. Pour vaincre, il vous faut devenir les égaux des oppresseurs.

— Oui, Sahib, oui.

— Et Diarmida appuyait ces paroles.

— Oui, Sahib.

Avec une horreur qui faisait trembler sa voix, le vieillard reprit :

— Dans votre maison vivaient des espions des brahmines. Vos serviteurs vous trahissaient, rapportant vos paroles, vos gestes, vos pensées. Vous ne soupçonniez pas la trahison. Cependant la veille du jour où vos frères devaient se rendre à la gare de Feola, sur le railway aboutissant à Bombay, avec l'intention de prendre passage, dans cette dernière ville, sur un steamer à destination de l'Europe, un des cornacs de vos éléphants domestiques se présenta au temple.

Je le reconnus et une sueur froide inonda mon corps.

Est-ce que j'allais encore devoir remplir les fonctions de fossoyeur?

Cet homme eut une longue conférence avec Arkabad, puis il s'éloigna. Quelques minutes plus tard, l'exécuteur d'Ellora me fit appeler.

— Ahmad, dit-il, revêts les habits d'un cultivateur. Le service de Brahma m'appelle loin d'ici et je t'emmène.

Mes pressentiments ne m'avaient pas trompé.

Oh! j'eus un instant de révolte. Dans mes nuits sans sommeil, Dékan et Diomi m'apparaissaient me reprochant d'avoir enfoui leur dépouille dans un endroit ignoré. A ces spectres gémissants, d'autres viendraient-ils se joindre?

Mais, comme toujours, je dissimulai mes impressions. Le courage me manquait.

Donc, le brahme Arkabad et moi, nous partîmes.

Nous ne nous dirigeâmes pas vers Feola, mais bien vers Adigar, monastère situé à trente kilomètres plus à l'ouest, et voisin de la ligne ferrée de Feola-Bombay.

C'est encore là une propriété brahmanique entourée de bois épais qui bordent la voie et dont l'exploitation fructueuse nourrit le couvent.

On nous y reçut avec les honneurs auxquels le haut rang de l'exécuteur lui donnait droit.

Il abrégea pourtant les cérémonies et entraînant l'Aïtar ou supérieur d'Adigar, il s'enferma avec lui pendant plus d'une heure.

Tout le jour, j'attendis le résultat de cette conférence.

A la nuit une dépêche arriva de Feola à l'adresse d'Arkabad.

L'exprès qui la portait en connaissait le contenu. Il me le récita :

« Sommes à Féola avec bagages. Prendrons premier train demain matin à 4 heures et demie. Serviteur très humble, — Polda. »

La nuit vint.

Alors le brahmine me fit appeler. Je courus à la cellule où il avait élu domicile. Je l'y trouvai debout.

Sur une table étaient disposés des outils... clef anglaise, pic, etc.

— Charge-toi de ceci, me dit-il, et suis-moi.

J'obéis. Nous sortîmes du monastère et nous nous engageâmes dans le bois épais dont il était environné.

Un quart d'heure de marche nous conduisit le long de la ligne du chemin de fer. En ce point, la voie était établie en remblai, et à la clarté lunaire j'apercevais les rails s'étendant à perte de vue comme des rubans d'argent.

Le brahme me désigna les écrous qui relient entre eux les rails.

— Défais cela, ordonna-t-il.

Je frissonnai jusqu'aux moelles ; l'exécuteur d'Ellora me commandait de préparer une catastrophe.

Les rails déboulonnés, un déraillement se produirait. J'entrevis un amoncellement de wagons broyés, de corps déchiquetés, du sang coulant en ruisseaux de pourpre.

— Eh bien, j'attends, reprit le brahmine.

Ah ! être lâche, on ne sait pas ce que cela peut faire souffrir ! Nous étions seuls. Si j'avais possédé quelque courage, j'aurais étendu d'un coup de pic le monstre à mes pieds. L'idée de cet acte de justice traversa bien mon esprit, mais ce ne fut qu'une intention fugitive et me penchant vers la ligne de fer, je dévissai les écrous.

Alors le terrible prêtre me fit enlever le ballast, mettre à nu les traverses de bois sur lesquelles les rails sont fixés, et je séparai du bois les pattes de fer qui s'y implantent ainsi que des griffes.

Puis je remis le ballast en place.

L'œil le plus exercé n'aurait pu soupçonner l'affreux travail que je venais d'exécuter. Pourtant suivant l'expression des savants, un rail désormais était « fou », et il devait céder sous la poussée brutale du train.

Arkabad me frappa sur l'épaule d'un aîr satisfait :

— Je suis content de toi, Ahmad. Le temps n'est pas éloigné où de simple serviteur que tu es, je t'élèverai au rang de novice. Tu auras ta part de la puissance que ton dévouement assure au collège d'Ellora. Va dormir maintenant. Je te rappellerai quand le moment sera venu.

Et courbé sous le poids de mes outils, qui meurtrissaient mes épaules, je retournai au monastère, je courus m'enfermer dans ma chambre. Je pleurai alors ainsi qu'un enfant. Oh! lâche, lâche que je fus dans cette épouvantable nuit, lâche au point de m'associer au crime dont l'horreur me torturait!

Enfin je tombai dans un lourd sommeil sans rêve. Dans les congrégations brahmanistes, nul n'a le droit de fermer la porte de sa cellule. A toute heure de jour et de nuit, les membres de la communauté peuvent entrer librement dans une pièce quelconque.

Je fus réveillé par le bruit de plusieurs personnes pénétrant dans ma chambre.

— Debout, me dirent-elles en me secouant, il est quatre heures du matin.

Quatre heures!.. Dans trente minutes le train se mettrait en marche vers le point où j'avais préparé la catastrophe.

Je me levai vivement, je grelottais :

— Tu trembles, demanda l'un des assistants?

Je répondis :

— J'ai froid.

Ce fut tout; à la suite de ceux qui m'avaient tiré du sommeil et en qui j'avais reconnu des serviteurs de la communauté, je gagnai le parc, puis la voie du chemin de fer.

Arkabad attendait là.

Adossé à un arbre, bizarrement éclairé par l'aube naissante, il m'apparut comme le génie de la destruction.

— Prenez des torches, ordonna-t-il.

Mes compagnons disparurent dans le fourré. Sur le sol s'alignaient des torches enduites de résine. Chacun en ramassa. Il en restait une à terre.

— La tienne, me glissa à l'oreille mon voisin, prends-la donc.

Machinalement je suivis son conseil, puis je me retrouvai le long de la voie avec les autres.

Personne ne parlait. On eût dit que la nature elle-même s'associait au silence solennel qui précédait le cataclysme voulu. Le vent ne soufflait pas, et les feuillages, alourdis par la rosée, pendaient vers le sol sans un frémissement.

C'était dans le mutisme même de la mort que nous attendions ceux qui allaient mourir.

Soudain mon cœur se serra.

Tout au loin, presque indistinct encore, un grondement se faisait entendre.

Arkabad se redressa. Un sourire cruel contracta sa face :

— Le train, fit-il.

Les hommes inclinèrent la tête.

— Vous vous souvenez de mes instructions?

— Oui, Sahib.

— Alors, attention, et que tout soit exécuté avec promptitude.

Un sifflement léger s'éleva alors du milieu des buissons, répété dans le taillis en face de nous.

Ce signal, car c'en était un, j'en avais la certitude, semblait avoir éveillé les échos de la forêt.

Puis de nouveau le silence se rétablit.

Maintenant le grondement était plus fort. Le train se rapprochait. A toute vapeur il conduisait ses agents, ses voyageurs à la mort.

Je ne bougeais pas. Les cheveux hérissés, ruisselant de sueur, je regardais avec épouvante dans la direction où le convoi allait apparaître.

Le voici.

Les lanternes placées à l'avant de la locomotive brillent comme les yeux d'un monstre énorme.

Elles courent sur les rails. Encore quelques instants, la machine arrivera en face de nous. Et, effet de vertige, il me semble qu'elle accélère son allure, qu'elle se précipite avec rage vers l'endroit fatal où les supports d'acier manqueront brusquement à ses roues.

Dans ma tête, c'est un bourdonnement de folie, où ma pensé se tord au milieu des halètements de la machine, des coups sourds des pistons.

Puis une vision d'enfer.

Des cris, des craquements de bois qui se brise, des éclatements métalliques, le rugissement de la vapeur fusant à travers les soupapes, et dominant tout, le sifflet qui gémit de façon continue, agaçante, horrible!

Le train a déraillé.

Les wagons se sont entassés les uns sur les autres. Cela n'a plus de forme; c'est un amoncellement de débris d'où partent des clameurs déchirantes.

Et Arkabad s'élance.

Les torches de mes compagnons s'allument. Ombres sinistres, les serviteurs bondissent sur la voie.

Que font-ils? Je ne sais pas. Un voile flotte sur mes yeux, mes jambes sont ankylosées, et mes pieds lourds ne peuvent se détacher du sol. J'ai l'impression qu'ils sont retenus par des racines.

Je vois passer des formes humaines portant des blessés, dont les plaies crachent le sang comme des motifs de fontaines aux eaux rouges.

Puis des langues de flammes me causent un éblouissement.

Le feu s'est déclaré dans l'entassement des décombres. Tout s'explique pour moi. Mes compagnons avaient des torches!

Et je roule à terre sans connaissance.

Quand je revins à moi, le jour éclairait une scène de désolation. La locomotive faussée gisait sur le flanc du remblai, et les voitures brisées flambaient comme un gigantesque brasier, lançant vers le ciel d'épais nuages de fumée noire.

Avec un cri d'épouvante, je me levai, et chancelant, éperdu, je m'enfuis vers le monastère.

Trois jours après, le gouverneur de la province envoyait de chaleureux remerciements aux brahmes d'Adigar, qui avaient montré « un dévouement au-dessus de tout éloge » — la lettre s'exprimait ainsi — pour porter secours aux blessés, lors du déraillement survenu dans la traversée de leur propriété.

Arkabad et moi, nous reprîmes le chemin d'Ellora. Cette fois, nous voyagions juchés sur une charrette traînée par des bœufs.

Au fond du véhicule, recouverts de bottes de paille, quatre cadavres étaient étendus. Ceux de Lenoor, votre mère, et de vos frères Iglir, Banium, Dogmar.

Lenoor, dans sa sollicitude maternelle, avait désiré accompagner ses fils jusqu'à Bombay.

On crut qu'ils avaient été consumés par l'incendie qui avait détruit le train.

LA CATASTROPHE.

Erreur. Ils avaient été enlevés, achevés par les brahmes, et à présent, j'allais creuser de nouvelles fosses dans le ravin de la forêt d'Ellora, auprès de celles de Dékan et Diomi.

. . . .

Sur le plateau des sépultures personne ne parlait.

La tête penchée, le visage caché dans ses mains, Mystère, ce prince Rama, dernier survivant des Rundjees, semblait anéanti.

Na-Indra pleurait.

Quant au vieil Ahmad, sa main désignait machinalement quatre des tombes. Son geste disait :

— Cest là que reposent les victimes du déraillement provoqué par moi.

Et ce geste, ponctuant chaque partie de son récit, prenait une ampleur tragique.

Mais brusquement, le savant releva la tête. Son visage pâle était calme, et seule la meurtrissure bleuâtre qui, en quelques minutes, avait cerclé ses yeux, disait la souffrance surhumaine subie.

— Ahmad, dit-il lentement, réponds à mes questions.

— Je vous appartiens, Seigneur, répliqua le vieillard, parlez, que désirez-vous savoir?

— Une chose encore.

Et après une pause :

— Arkabad fut partout et toujours l'artisan de nos malheurs.

— Cela est ainsi, Sahib.

— Est-ce lui aussi qui amena la mort de Diarmida?

L'Hindou haussa douloureusement les épaules.

— Je ne sais pas, Maître.

— Quoi? ne fus-tu pas mêlé...

— A cela... non. Diarmida est morte au temple même d'Ellora, étranglée par le lacet rouge d'un bourreau. J'inhumai son corps dans le ravin fatal. Mais j'ignore comment elle était venue au sanctuaire.

— Tu ne saurais donc affirmer qu'elle y fut amenée par ce misérable Arkabad?

— Je puis seulement le supposer.

— Le supposer... pourquoi?

— Parce que la fonction du brahmine le désignait pour cette besogne.

— La fonction?

— Oui : exécuteur des sentences du collège d'Ellora.

Après ces paroles, le prince Rama demeura pensif. Enfin, il murmura :

— Cela doit être. Ce fut lui qui, caché sous le masque, figura dans l'horrible scène à laquelle j'assistai.

Il prit les mains de Na-Indra dans les siennes :

— Na-Indra, baiser du ciel, étoile de ma vie, il faut que vous sachiez comment ils avaient tué mon cœur. Vous qui avez pansé mes blessures, vous qui m'avez rendu la faculté d'aimer et d'espérer en l'avenir, Na-Indra, écoutez la fin du chant de mort des Rundjees.

Elle ne prononça pas une parole, mais sa tête s'appuya sur l'épaule du prince, et ses grands yeux noirs se fixèrent sur les yeux de son fiancé, comme pour faire pénétrer en lui, avec son pur regard, le courage de tout dire, la volonté de recommencer sa vie.

. . . .

— Mon désespoir, commença le savant, à la nouvelle de l'horrible catastrophe qui m'arrachait à la fois ma mère et mes frères, mon désespoir fut immense.

Mais si grand qu'il fût, il n'égala point celui de Diarmida.

Je m'en étonnai même. Pouvais-je soupçonner que ce qui, pour moi, était un accident terrible, était à ses yeux un crime?

Elle changea d'allure, devint sombre.

Son petit enfant dans les bras, elle errait dans l'habitation, tressaillant au moindre bruit, promenant des regards défiants sur les hommes et sur les choses.

Elle chassa les servantes préposées à la garde de son fils.

Elle seule désormais lui donna ses soins.

Puis elle ne me permit plus de m'éloigner d'elle. Si je sortais, elle m'accompagnait, notre enfant serré sur sa poitrine.

Et quand j'essayais d'apaiser ses terreurs, que, hélas! je ne comprenais pas, elle me répondait, la pauvre douce martyre :

— Laisse-moi faire, mon Rama. J'obéis à une inspiration d'en haut. Tant que nous serons réunis, nous n'aurons rien à craindre du malheur. Mais une séparation nous serait fatale.

— Folie, pensais-je.

Et cependant elle avait raison.

Tout bas, dans le pays, une rumeur grandissait. On accusait les brahmes des calamités qui avaient fondu sur les Rundjees. La prudence de ces prêtres perfides leur commandait de nous épargner.

Mais ces artisans de ruses ne devaient pas être arrêtés bien longtemps par cette difficulté, et les précautions de Diarmida ne servirent qu'à m'infliger le plus horrible supplice moral qu'un homme ait jamais subi.

Par une belle soirée, nous avions dîné.

Étendus sur des chaises longues, nous demeurions sans parler, pénétrés par le calme de la nuit, Diarmida couvant des yeux son enfant qui dormait dans la pièce voisine.

Un engourdissement délicieux s'empara de moi Il me semblait que mon sang coulait rafraîchi dans mes veines. J'éprouvais une lassitude agréable, un bien-être physique, une tranquillité d'esprit, que je ne connaissais plus depuis de longues semaines.

Et je me complaisais dans ce repos, comme le voyageur lassé se réjouit de la halte dans une oasis du désert.

Tout à coup une ombre se dressa devant nous.

Je me sentis frémir. C'était un brahme dont le visage était masqué par un voile percé de trous, le *lithma* ou *domam*.

Diarmida l'avait vu aussi. Elle eut un cri!

— Rama! Rama!

Et, toute droite, les bras étendus, elle se précipita entre le brahme et son enfant.

Je voulus l'imiter. Mais alors se produisit un phénomène étrange et terrible. Mes membres semblaient s'être soudain raidis, pétrifiés. Le moindre geste me fut impossible. On eût dit qu'une enveloppe de métal emprisonnait mon corps.

Je fis un effort surhumain pour vaincre cette paralysie subite, je ne réussis pas à me mouvoir. Je tentai de parler, de crier. Ma langue resta inerte sans proférer aucun son.

Et comme Diarmida, stupéfaite de me voir immobile, répétait d'un accent angoissé :

— Rama, debout!

Le brahme, dont les yeux brillaient derrière le lithma, se prit à ricaner :

— Ne te fatigue pas à appeler ton époux, Diarmida, il ne peut répondre à ta voix.

Elle eut un cri sourd, se pencha sur moi :

— Ami, je t'en conjure, parle! Le danger est suspendu au-dessus de nos têtes!

Mais je restai muet. C'était effroyable, je voyais, j'entendais; mon cerveau était libre et mes nerfs, mes muscles refusaient d'obéir à ma volonté.

— Brahma! Brahma! clama ma pauvre compagne, as-tu donc appesanti ta colère sur le dernier des Rundjees?

Le brahme ricana :

— Pas encore.

Elle se retourna vers lui :

— Que veux-tu dire, prêtre?

— Que Rama peut encore être sauvé.

— Oh! supplia-t-elle, qu'il vive, lui, et ma fortune t'appartient. Je sais que

c'est là ce que convoite le collège d'Ellora, eh bien! qu'il prenne ces richesses qui nous ont amené le malheur. Laissez-moi couler mes jours pauvre auprès de mon Rama.

L'homme voilé secoua la tête et d'une voix dure :

— Il vivra, mais tu seras séparée de lui.

— Séparée?

— Souviens-toi. Tu l'as épousé en dépit de la défense des brahmes. Tu as méprisé nos ordres. Il faut cependant que tu te courbes sous la loi...

Diarmida gémit :

— Mais je ne saurais exister sans lui. Le voir, l'entendre sont aussi nécessaires pour moi que le soleil pour la fleur.

— La souffrance d'une créature, répliqua sèchement l'inconnu, est douce aux dieux. Le cri d'agonie leur semble plus parfumé que la fumée de l'encens s'échappant des cassolettes sacrées. Ton obéissance amènera peut-être le pardon. Tu as péché contre Brahma, incline-toi.

Et comme elle demeurait atterrée, le brahmine se rapprocha de moi, et levant sur ma poitrine un poignard dont la lame étincelait, et arrêtant du geste Diarmida prête à se précipiter à mon secours :

— Tu as trois pas à faire pour arriver jusqu'à lui ; moi, j'ai seulement à abaisser le bras pour trancher le fil de ses jours. Sois immobile et écoute.

La malheureuse courba le front, vaincue par la froide logique de son terrible interlocuteur.

Peindre la rage qui bouillonnait en moi est impossible.

Je le répète, je voyais cet homme braver ma femme du regard, j'entendais ses paroles cruelles et une force invincible paralysait mon corps.

Maintenant mon esprit n'était plus calme. Les idées commençaient à tourbillonner dans ma tête, comme une troupe de chevaux sauvages dans une clairière.

Je souffrais un supplice de damné, et le geste de malédiction, le hurlement de colère, de douleur, m'étaient interdits :

. . . .

Un instant, le savant se tut.

Il essuya machinalement la sueur qui perlait à son front, au souvenir de l'effroyable scène, puis il reprit d'une voix assourdie :

— Le brahme jouissait de son triomphe. Il y eut un moment de silence. Tous trois nous étions immobiles comme des statues.

Enfin il se décida à renouer l'entretien :

— Diarmida, écoute avec attention.

La chère âme fit signe qu'elle écoutait :

— La science des brahmes, déclama-t-il avec orgueil, cette science n'a pas de limites. Elle nous permet de réaliser l'impossible, de supputer l'infini. Le suc des plantes, les virus animaux, l'éclair lui-même sont nos serviteurs. Nous avons voulu que Rama devînt faible comme un enfant, que son corps fût paralysé. Quelques gouttes d'un extrait végétal, mélangées à sa nourriture, ont suffi. Cet homme courageux, ce guerrier accompli, gît là, impuissant, sous mon poignard qu'il ne saurait éviter.

Diarmida se couvrit le visage de ses mains. Elle pleurait. Elle sentait que tout était perdu, qu'elle était seule, sans défense, aux mains de ses bourreaux.

Et cette impression déchirante parcourait mon esprit ainsi qu'une flamme ardente. Ah! retrouver la liberté du mouvement, juste assez pour écraser le misérable brahme et mourir après, mais vengé!

Je tendis mes nerfs, mes os craquèrent, mes muscles se gonflèrent comme s'ils allaient se briser, mais hélas! la force qui me condamnait à l'inertie ne fut pas vaincue. De cette terrible tension intérieure, rien ne parut au dehors.

Cette dernière tentative m'anéantit.

Je devais donc assister impassible au supplice de mon épouse bien-aimée, à l'écroulement de mon bonheur!

Notre tourmenteur lisait dans mon esprit sans doute, car il poursuivit :

— Rama vient de se convaincre que les énergies humaines sont peu de chose en comparaison de notre pouvoir.

Un gémissement fut la seule réponse de Diarmida.

A ce moment même, comme s'il avait voulu se mettre à l'unisson de notre désespoir, notre petit enfant se mit à crier.

A sa voix chérie, ma douce épouse oublia tout. La femme fit place à la mère, et d'un geste brusque elle saisit le mignon, le berça lentement.

Ah! l'adorable tableau! Des criminels ordinaires eussent été attendris par la vue de cette jeune mère dorlotant son bébé.

Mais les brahmes n'ont pas de pitié. Leur cœur est d'airain. Ils n'ont qu'une tendresse : la domination, et pour ne pas penser comme les autres hommes, pour n'avoir point d'affections, de bonté, de dévouement,... qu'ils appellent des faiblesses; pour travailler uniquement à l'œuvre d'asservissement, ils renoncent à la famille, aux responsabilités qui incombent aux pères. Et s'étant placés en dehors de la société, ils prétendent être au-dessus d'elle.

Aussi, le bourreau voilé continua, avec une nuance d'impatience :

— Voici à quelles conditions ton époux conservera l'existence.

Brusquement rappelée à l'angoissante réalité, Diarmida le regarda.

— Tu m'entends? femme.

— Oui.

— Tu vas quitter cette demeure avec ton enfant.

— La quitter, mais lui... lui?

Elle me désignait d'un geste farouche et suppliant.

— Il vivra, je te l'ai promis. Et je suis assez fort pour n'avoir pas besoin de recourir au mensonge. Au surplus, ajouta négligemment le brahmine, si tu hésites, je reprends la solution que je t'indiquais tout à l'heure.

Et il fit mine d'abaisser son poignard sur ma poitrine. Diarmida eut un cri déchirant.

— Je partirai, prêtre, je partirai.

L'inconnu hocha la tête avec satisfaction :

— Cette nuit même?

— Cette nuit même, répéta ma compagne d'une voix brisée.

— Alors assieds-toi près de cette table.

Elle obéit encore.

— Voici une feuille de papier, un crayon. Je vais dicter..... écris.

La pâle victime jeta sur moi, cadavre vivant, un long et douloureux regard, puis ses doigts tremblants se crispèrent sur le crayon, et elle attendit.

Pas longtemps d'ailleurs. Le brahme parla aussitôt :

« Moi, Diarmida Rundjee, je quitte ce palais en deuil pour n'y jamais
« revenir. Tous ceux que j'aimais ont été frappés par la colère de Brahma.
« Une malédiction s'étend sur tout ce qui porte mon nom. Je fuis. Peut-être
« ma soumission apaisera-t-elle l'irritation du maître du monde. »

La malheureuse femme écrivait.

Le brahme suivait par-dessus son épaule, s'assurant qu'elle n'omettait rien. Quand elle eut achevé :

— C'est bien, dit-il, signe maintenant.

Diarmida signa.

— Tu es libre, pars.

Diarmida tenta de résister.

— Où irai-je?

— Où il te plaira. Les brahmes que tu accuses, alors qu'ils accomplissent les volontés des dieux, te seront cléments. Ils ne veulent pas que tu connaisses la misère. Prends ce sachet. Il contient des diamants, les plus purs qui aient été extraits du sol hindou. Cela représente une valeur de plus de 12.000.000 de roupies. Tu vois que ta fortune n'est point l'appât qui mène les actions du collège d'Ellora.

Machinalement, ma chère épouse prit le sachet.

— Va-t'en, ordonna le prêtre. Les heures s'écoulent, et, si tu tardes encore, je ne pourrai plus peut-être sauver les jours de Rama Rundjee.

On les sait si implacables, ces représentants d'un dieu terrible, que les Hindous les plus braves n'osent leur désobéir.

Diarmida se courba sous la volonté de son interlocuteur.

Elle vint à moi, m'embrassa longuement, inondant mon visage de ses larmes.

— Adieu, Rama, mon bien-aimé, adieu. C'est pour que tu vives que la gardienne de ton foyer se condamne à la solitude. Ton fils grandira en vénérant ton souvenir, je te le jure.

Et soudain elle s'interrompit, regarda le brahme bien en face :

— Rama saura que c'est par tendresse pour lui que je me suis privée de sa chère présence?

— A quoi bon? railla le prêtre.

— A ne pas lui infliger un supplice inutile. S'il doit se croire abandonné par moi, mieux vaut qu'il meure, que mon enfant, que moi-même le suivions au pays d'où la souffrance est bannie.

Son interlocuteur sentit que rien ne modifierait la résolution de la chère créature, et il céda :

— Soit donc. Il le saura.

— Il vivra, attristé par mon absence, mais certain qu'en une retraite ignorée, ma pensée est à lui et que son fils grandit pour rendre au nom des Rundjees son antique éclat?

— Il vivra ainsi.

— Alors, je me sacrifie.

Un dernier baiser, hâtif comme si elle craignait de manquer de courage, et son enfant dans les bras, Diarmida s'élança au dehors.

Ah! l'horrible déchirement intérieur!

Il me sembla que mon cœur allait se briser, mais c'était une erreur de mes sens. Mon cœur, atteint comme tout le reste de mon être par le poison des brahmes, battait lentement, régulièrement. Les émotions qui broyaient ma pensée n'avaient pas le pouvoir de l'émouvoir.

Penché en avant, le brahme écoutait.

Enfin il se redressa, et me considérant à travers les trous du voile qui masquait son visage :

— Prince Rama, dit-il, l'heure est venue de te repentir d'avoir bravé Brahma, d'avoir porté tes affections, tes offrandes à la secte impie des patriotes, compagnons de Siva-Kali.

Mon regard, qui seul vivait encore, exprima mon mépris.

— Oui, oui, ricana le misérable, tu es orgueilleux. Ta race ne se courbe jamais. Tu es en ma puissance, mais tu ne t'humilieras pas. Cela est de peu d'importance pour l'homme qui peut déchirer ton cerveau, torturer ton âme.

Et avec une lenteur cruelle, distillant l'horreur de chacune des syllabes prononcées :

— J'ai promis à la sotte Diarmida de ne pas trancher tes jours... je n'ai promis que cela. Tu vivras, descendant des Rundjees, dans un cachot souterrain, où jamais la lumière du soleil ne te viendra visiter. Tu vivras, sachant que la niaise créature qui sort d'ici n'a consenti à fuir que pour sauver ton existence, et cela encore augmentera ta souffrance, car son dévouement stupide n'aura servi qu'à substituer à une mort rapide la vie la plus épouvantable que puisse subir un humain.

Il se tut un instant. Il désirait sans doute que chacune de ses paroles s'implantât dans mon esprit ainsi qu'un dard empoisonné.

— Durant des mois, des années peut-être, tu vivras en appelant la mort.

Il se pencha à mon oreille :

— Et puis, comme tous les pauvres fous qui s'agitent à la surface de la terre, tu crois à l'affection, tu crois au dévouement. Peut-être trouverais-tu dans ton insanité une consolation à penser : Je souffre, mon cœur bat, et cependant je suis rayé du nombre des vivants, mais Diarmida vit; notre fils croît en force et en sagesse. L'avenir des Rundjees se rapproche en même temps que l'enfant devient homme. Cette joie mensongère, tu ne l'auras point.

Mes yeux se voilèrent; un brouillard s'épandit sur ma pensée. Je sentais venir une douleur plus affreuse que toutes celles éprouvées depuis une heure.

Plus près encore, le brahme murmura d'une voix stridente, rauquement de tigre humain :

— Demain, des cultivateurs se rendant à leurs champs, trouveront sur la route, auprès de la fontaine Allimilad, le cadavre de Diarmida. Ton épouse aura été égorgée par l'ordre du collège d'Ellora.

Et après un temps :

— Demain, ton fils, enlevé par des serviteurs fidèles, sera enfermé dans le temple. Il y grandira pour prendre place parmi les brahmes, et il sera, comme nous, l'ennemi acharné de cette liberté ridicule, à laquelle ta race a consacré tous ses efforts. Voilà ce que tu penseras dans ton cachot souterrain. Je t'ai préparé le logis horrible, sans joie, sans lumière; j'ai voulu qu'il devînt aussi sans espérance.

Le trouble, qui depuis un instant avait envahi ma pensée, grandissait à mesure que le brahme maudit parlait.

Quelque chose se produisit en moi comme un déchirement. Les étoiles s'éteignirent pour mes yeux.

Suis-je mort? Suis-je vivant?

L'acuité de ma douleur, combinée avec le breuvage que les brahmes m'ont versé, a produit un phénomène inattendu.

Je suis en catalepsie, dans cet état bizarre où le cœur bat à peine, où la circulation du sang est presque nulle, cet état dans lequel se plongent hypnotiquement les fakirs.

Je ne pense plus, je ne souffre plus, je suis un mort chez lequel persiste une vie végétative.

. . . .

Na-Indra poussa un profond soupir :

— Ami, ami, ma tendresse pourra-t-elle vous faire oublier ce passé plein d'horreur?

Mystère-Rama la considéra affectueusement :

— Dans le ciel noir, une étoile s'allume et les ténèbres sont vaincues. Vous êtes l'étoile, Na-Indra, et du fond de l'ombre, ceux qui ne sont plus vous bénissent d'avoir apporté votre clarté à celui qui se débattait dans la nuit.

Puis changeant de ton, comme si son courage avait été affermi par ces quelques paroles échangées avec sa compagne, le savant dit :

— Que j'achève ma lugubre histoire. Il faut que rien de ma vie ne vous soit caché.

. . . .

Je restai longtemps en catalepsie.

Un beau jour cependant, je sortis de mon engourdissement; mes paupières purent se mouvoir; mes yeux recouvrèrent la vue.

Ma première impression nette fut celle du froid.

J'étais dans une sorte de caisse de pierre, dont les parois ajourées laissaient passer un courant d'air glacial. Au-dessus de moi, comme un couvercle transparent, une dalle de verre me permit d'apercevoir un plafond doré aux vives peintures.

Mes idées, confuses d'abord, se précisèrent peu à peu.

Je reconnus les enluminures du plafond, les corniches des colonnettes qui en jaillissaient ainsi que les tiges de fleurs pétrifiées.

J'étais dans le Saint des Saints d'Ellora.

Mais pourquoi dans ce coffre de pierre? Pourquoi revêtu d'habits somptueux?

Je m'interrogeais vainement, quand je perçus des bruits de pas.

Un sentiment de prudence m'empêcha d'appeler. De même qu'un rêve très lointain, laissant à l'esprit une teinte de mélancolie, la mémoire du passé m'était revenue. Mais, chose singulière, on eût dit que mon être s'était renouvelé. Mon père, mes frères, ma mère, Diarmida, mon fils passèrent devant ma pensée sans y éveiller la douleur horrible qui eût dû me tenailler.

Peut-être mon cœur, lui, dormait-il encore!

Cependant, j'eus la perception nette que dans ce temple, tout homme était un ennemi, et je demeurai raide, immobile, les paupières légèrement soulevées me permettant de glisser un regard à travers le voile de mes cils.

Et au-dessus de moi, me regardant à travers la plaque de verre, j'aperçus deux hommes.

C'étaient des humbles, des serviteurs des brahmes.

— Pardonne, murmurèrent-ils, pardonne, dernière victime, de ne t'avoir pas encore enseveli auprès des tiens. Mais la tâche est lourde et il est plus difficile d'expier que de commettre le crime.

. . . .

Un cri sourd d'Ahmad interrompit le prince.

Le vieillard, gardien volontaire des tombes, s'était levé, comme mû par un ressort. Ses mains tremblaient convulsivement :

— Ah! Maître! Maître! bégaya-t-il, tu as entendu ces choses?

— Oui... mais pourquoi ce trouble?

— Celui qui parlait ainsi...

— Eh bien?

— C'était moi.

— Toi?

— Oui, Sahib. Depuis deux années, tu étais plongé dans le sommeil, que tous nous prenions pour celui de la mort.

— Deux années, dis-tu?

— Hélas... et pendant les longs mois écoulés...

Ahmad s'arrêta :

— Non, pas ainsi, fit-il comme se parlant à lui-même; il faut que rien ne reste obscur pour le Maître retrouvé.

Et courbant sa maigre échine :

— Sais-tu ce qui s'était passé alors que tu dormais insensible, aveugle et sourd?

— Non.

— Eh bien, le vieil Ahmad te l'apprendra.

Ce disant, le vieil Hindou s'accroupit sur ses talons et parla.

. . . .

Lorsque tu perdis connaissance dans le palais où avaient vécu tes ancêtres,

Arkabad, car c'était lui le brahme masqué, je n'en doute plus, Arkabad frappa dans ses mains. Des serviteurs du temple, apostés aux environs, accoururent.

On t'enveloppa de couvertures. Tu fus porté jusqu'à un chariot qui attendait en dehors de la propriété. Couché au milieu de bottes de maïs fraîchement coupées, tu fus conduit au sanctuaire d'Ellora, et jeté dans un cachot souterrain, une oubliette, où d'autres avant toi avaient souffert une atroce agonie, pour le seul crime d'avoir encouru la haine des brahmes.

Aucun de tes domestiques ne parut.

Ils étaient rassemblés dans les cuisines, sur l'ordre des brahmines, et quand les autorités anglaises firent leur enquête, motivée par ta disparition, ces malheureux purent jurer sur les livres sacrés qu'ils n'avaient rien vu, rien entendu.

Tout cela, je l'appris plus tard, de la bouche de ceux qui avaient été employés à l'expédition, car moi, j'étais occupé, dans le ravin de la forêt d'Ellora, à creuser une nouvelle fosse.

Cette fosse reçut son cadavre.

Et ce cadavre était celui de Diarmida, surprise dans la campagne, étranglée par les bourreaux du sanctuaire.

Mystère écoutait sans un mouvement. Il semblait qu'il n'eût plus la force de se lamenter, lui qui avait vidé la coupe du désespoir jusqu'à la lie.

Et Ahmad poursuivait toujours :

— Le sachet de diamants, l'enfant vagissant, ces deux trésors que la jeune femme emportait dans sa fuite, furent conduits au temple.

Les brahmes rentrèrent en possession des pierres précieuses.

Quant au pauvre petit, il fut confié à une nourrice esclave, et bientôt, dans sa chevelure naissante, un barbier sacré rasa les trois tonsures en forme d'étoile, emblème de la trinité brahmanique.

De ce moment, il était consacré à Brahma.

La mort eut pitié de ce descendant de patriotes condamné aux œuvres souterraines de trahison ; elle l'enleva quelques semaines après, et le petit cadavre fut enterré par moi, dans la sépulture où déjà reposait sa mère.

Et avec une autorité étrange, Ahmad prononça :

— Les dieux ont voulu que je fusse encore chargé de cet horrible travail. Ils l'ont voulu pour que je comprisse le devoir qui m'incombait : assurer à ces nobles morts une sépulture sur laquelle les passants s'inclineraient et déposeraient le tribut du respect.

En fouillant le sol, j'arrivai jusqu'au corps de Diarmida.

Quelque épouvante que je ressentisse à l'idée de revoir la morte, sous la clarté pâle de la lune, dans le grand silence de la nuit, je voulais placer dans ses bras les restes de son fils. Il me semblait accomplir ainsi un devoir pieux, dont l'esprit de la pauvre martyre sourirait au fond du ciel.

Ah! voyez-vous, ce fut plus terrible que je ne l'avais pensé.

Elle était belle, comme au moment même où je l'avais confiée à la terre. On eût cru qu'elle dormait.

Tremblant, je glissai l'enfant auprès d'elle, puis je comblai le trou.

Seulement une chose m'avait frappé et je ne cessai plus d'y penser Comment le cadavre était-il demeuré intact?

Un examen attentif m'expliqua le phénomène. La terre était mélangée de sel gemme dans de fortes proportions.

Ainsi les corps se conservaient.

Et je crus voir dans ce hasard l'indication du devoir à remplir.

Nous autres, serviteurs des brahmes, voyageons beaucoup. Sans cesse, nous sommes par voies et par chemins, pour exécuter ou porter les ordres de nos maîtres.

Toutes les fois que je le pus, avec l'aide des compagnons de Siva-Kali, je volai un des Rundjees à sa tombe ignorée, et je le fis conduire ici.

— Quand ils y seront tous, me disais-je, je viendrai en ce coin perdu et je consacrerai mes jours à honorer la mémoire de ceux que je n'ai pu sauver.

Laod, un pauvre diable comme moi, qui avait été mêlé aussi à cette sombre histoire, avait décidé de m'accompagner.

Sept tumuli étaient dressés sur cette colline, une huitième sépulture était préparée. La vôtre, car nous nous proposions, Laod et moi, de vous réunir à vos parents.

Mais l'entreprise était difficile.

Les brahmes, accusés sourdement d'avoir détruit la lignée des Rundjees pour s'approprier leurs trésors, avaient songé à arrêter ce bruit fâcheux.

On vous avait tiré de votre cachot souterrain, et l'on vous avait exposé le long d'une route, où des affiliés des brahmes vous découvrirent, ayant à la ceinture le sachet de diamants qu'Arkabad jadis avait remis à Diarmida. Ce sachet servait, comme vous le voyez.

Les brahmes déclarèrent que vous étiez, non pas mort, mais engourdi par la léthargie. Ils sollicitèrent et obtinrent la garde de votre corps, et vous placèrent dans le sanctuaire. Je crois bien qu'ils entretenaient votre sommeil par des moyens connus d'eux seuls.

Toujours est-il qu'ils clamèrent bien haut :

— Des impies nous attribuent le trépas des vaillants princes Rundjees. Eh bien! à son réveil Rama parlera, et le bruit des méchants tombera comme celui qui nous taxe d'avidité. Nous aurions tué pour ravir une fortune? Mais Rama l'emportait avec lui en un sachet rempli de pierreries! Et ce sachet est toujours attaché à sa ceinture, et les fidèles pourront s'en assurer chaque jour.

Éblouissant le monde par ces menteuses déclarations, ils purent sans difficulté faire main basse sur les biens des Rundjees, dont le temple d'Ellora héritait, par suite de la mort de votre fils, consacré à Brahma.

Oh! ils ne s'en emparèrent que comme « tuteurs ». Ils vous les remettraient en bon état lorsque vous vous réveilleriez...

Vous étiez devenu une sorte d'otage précieux. Cet otage, Laod et moi, avions juré de le délivrer et de venir le coucher ici, dans une terre libre, sur laquelle l'action des brahmes ne s'étend pas.

Et voilà pourquoi, penchés sur la glace qui recouvrait le cercueil de pierre où vous gisiez, ayant conscience de votre existence, mais mort pour nous, nous implorions le pardon de notre lâcheté passée.

Une occasion de mettre nos projets à exécution se présenta enfin.

C'était à l'époque de la procession de Jagernaut. Cette année-là, la cérémonie avait lieu à Delhi, la cité sacrée.

Les brahmes d'Ellora s'en allèrent en masse, là-bas, laissant la garde du temple à leurs serviteurs. Nous avions plusieurs jours devant nous. Nous nous résolûmes à agir.

Et tout en considérant vos traits, nous descellâmes la glace. Rien ne trahissait notre travail aux regards.

. . . .

— Seulement, dit soudain Mystère-Rama, j'entendais vos paroles.

Cette nuit, disiez-vous, en dehors de la gorge sacrée, des chevaux attendront. Vers minuit, nous nous glisserons dans le sanctuaire. Le tigre sacré sera enfermé dans la cage d'or où il passe les heures obscures et nous n'aurons rien à redouter de lui. Un effort léger fera glisser la glace, et nous enlèverons le dernier des Rundjees.

— Oui, maître, j'ai dit cela, murmura le vieillard en joignant les mains. Mais quand Laod et moi arrivâmes, la glace avait été soulevée, et le mort avait disparu.

Un triste sourire passa sur les lèvres du prince Rama :

— Je m'étais évadé. Tapi près de la porte du sanctuaire, j'attendis que vous vinssiez en ouvrir les portes de bronze. Alors je me glissai dehors, je parcourus la gorge sacrée. A son extrémité je vis trois chevaux entravés. Je choisis le meilleur et je partis à fond de train. Au jour, j'avais réussi à atteindre l'une des retraites des compagnons de Siva-Kali. On y reçut le fugitif, on me fournit des vêtements moins éclatants que ceux dont j'étais revêtu. On me donna même de l'argent, car peut-être me serais-je trahi si j'avais essayé de négocier l'un des diamants contenus dans le sachet que j'avais emporté avec moi, et je gagnai la frontière. Depuis, il ne s'est pas écoulé une minute, où je n'aie songé à affranchir le peuple hindou. La vengeance n'entrait pas dans mes calculs, c'était un sentiment plus noble, plus élevé qui me poussait. Je travaillai sans relâche parmi les Européens, détenteurs de la science, je devins l'un des plus savants. Enfin l'heure sonna où je pensai pouvoir reprendre la lutte.

Et se tournant vers Na-Indra :

— A cet instant même, je rencontrai Anoor, qui devait me conduire vers vous, ma chère âme.

— Pour nous, acheva Ahmad, épouvantés en trouvant le cercueil vide, persuadés que nos intentions avaient été révélées aux brahmes, nous prîmes la fuite. Laod mourut en chemin. J'arrivai seul sur cette hauteur et j'y ai vécu dans le repentir.

Plus personne ne parlait.

Tous réfléchissaient à l'enchaînement étrange des faits préparé par le destin.

De longues minutes s'écoulèrent ainsi silencieuses et pensives, et tout à coup la voix ironique du Parisien Cigale se fit entendre, montant de la plaine :

— Ohé ! ohé ! la table est mise... qui vient souper?

Le prince,-Na-Indra ressentirent comme une commotion. Des souvenirs lointains ils étaient brusquement ramenés en pleine réalité.

Enfin Mystère murmura d'une voix indistincte :

— Allons rejoindre nos compagnons.

— Oui, allons.

— Qu'ils ignorent encore ce que vous avez appris, ma douce fiancée. Tout est bien ainsi, et la vérité n'est apparue qu'à vous, qui seule la deviez connaître.

— Je ne dirai rien.

Puis désignant les tombes d'un geste gracieux :

— Ceci, reprit-elle, est le crépuscule d'un jour écoulé. La nuit vient, enveloppant de son ombre l'irréparable.

Et s'appuyant sur le bras du prince Rama :

— Mais l'aube paraît déjà au milieu des ténèbres. Ayant mêmes devoirs, Brahma nous a réunis pour que nous ayons même sort.

Le savant se pencha et la baisa doucement sur le front :

— Venez...

Mais s'arrêtant soudain devant Ahmad toujours accroupi et immobile :

— Que cet humble qui a eu pitié partage notre repas; qu'il devienne l'ami et se sente pardonné.

— Vous avez raison, dit-elle.

Et de sa voix caressante, elle appela : Ahmad !

L'Hindou ne répondit pas.

— Ahmad ! Ahmad ! répéta-t-elle plus fort. Même silence.

Le docteur posa la main sur l'épaule du vieillard.

Mais si légère que fut sa pression, elle détruisit l'équilibre du vieux gardien qui roula sur le sol.

Stupéfait, le savant se pencha sur lui.

L'homme ne bougea pas. Il était mort. Il avait consacré sa vie à la garde des tombes des Rundjees; il venait de les remettre au survivant de la race, et sa tâche remplie, il s'en était allé vers l'inconnu qui sans doute accorde le repos à ceux qui ont souffert. Les fiancés échangèrent un long regard :

— Ami, fit Na-Indra.

— Baiser du Ciel, murmura Rama.

— De ses mains, ce pauvre être a donné la sépulture à ceux que vous aimiez.

— Oui... vous voulez dire qu'il est juste que mes mains creusent sa tombe?

— Et que je vous aide, mon seigneur et maître.

Il lui ouvrit ses bras :

— Cette nuit, Na-Indra, nous le coucherons, ainsi qu'un ami, un parent, dans le sépulcre que lui-même avait disposé pour moi.

De nouveau, l'appel de Cigale monta de la plaine sombre :

— Ohé! ohé!

Et Mystère essuyant une larme, lança la réponse :

— Ohé!

Puis entraînant sa compagne :

— Venez, venez... eux aussi nous aiment.

CHAPITRE XII

A HÉRAT

— Il faut les massacrer, frères!

— Ce sera fait.

— Ces ennemis du grand Tzar Blanc et des Russes sont indignes de vivre.

— Sois tranquille, toi qui es venu des pays lointains de l'Inde pour nous avertir, tu verras comment les Afghans punissent les traîtres.

Et celui qui venait de parler, étendit solennellement la main, comme s'il prononçait tout bas la formule du serment.

C'était un beau jeune homme, aux traits réguliers, à la fine moustache noire, type accompli de l'Afghan guerrier.

Auprès de lui, un de ses compatriotes, d'âge plus mûr, approuvait du geste.

Tous deux regardaient un troisième individu, qui reprit la parole :

— Maintenant que vous êtes prévenus, chefs suprêmes de la noble ville de

Hérat, je ne regrette plus les fatigues que j'ai supportées pour vous joindre. Nous autres, Hindous, sommes les adversaires acharnés des Anglais qui nous oppriment et nous pressurent sans merci. Lorsque j'ai appris qu'ils envoyaient à travers votre pays un assassin, chargé de mettre à mort le général des troupes russes campées au nord de la cité, afin de permettre aux régiments britanniques d'envahir et d'occuper l'Afghanistan, de Caboul à Kandahar et à Hérat, je n'ai pas hésité. Plus de mille kilomètres à parcourir, des dangers sans nombre à braver, rien ne m'a arrêté, et ma mission est remplie.

Les chefs lui tendirent amicalement la main.

— Sois remercié.

— Votre confiance m'a payé de mes peines.

— Et cependant, reprit le plus jeune des guerriers, je veux t'honorer davantage. Chez nous, quand un homme a rendu un signalé service au pays, il est d'usage que chaque jour, les veilleurs de nuit, qui parcourent la cité, rappellent le nom digne de l'admiration du peuple. A leur cri habituel : Dix heures, onze heures, minuit, tout est tranquille, ils ajoutent : Vous qui ne dormez pas, songez à un tel, qui a bien mérité de la patrie afghane.

Souriant, le jeune homme ajouta :

— Je veux que ton nom soit ainsi proclamé. Quel est-il?

Sans hésitation, son interlocuteur répondit :

— Arkabad, brahme d'Ellora, qui fait des vœux pour que les Afghans, unis aux Russes, triomphent de l'Angleterre avide.

— Eh bien, Arkabad, ton nom sera acclamé par tout le peuple.

Puis brusquement :

— Quand penses-tu que le traître qui se cache sous ce titre « docteur Mystère », arrive en vue d'Hérat?

— Peut-être ce soir, sûrement demain. J'ai quitté Kandahar quelques heures seulement avant lui.

— Alors, repose tes membres fatigués. Je vais rassembler mes guerriers, et c'est ici, près des ruines vénérées du temple de Kelatni — il désignait de la main une petite mosquée aux pierres disjointes, à l'ombre de laquelle se trouvaient les causeurs — c'est ici que nous mettrons fin au voyage du misérable. Repose-toi, ami, mes serviteurs vont t'apporter les boissons fraîches, la nourriture dont tu as besoin pour reprendre tes forces. Nous-mêmes te rejoindrons bientôt avec les braves que nous aurons rassemblés.

Sur ce, le jeune chef salua son interlocuteur d'un geste noble, et suivi de son muet compagnon, il se dirigea vers la ville, dont la muraille crénelée, flanquée de hautes tours carrées, se dressait à cinquante mètres à peine en arrière.

La Kandahar-Tolab — Porte de Kandahar — ouvrait son arc ogival dans le mur de briques, et par cette percée, laissait apercevoir une rue étroite, sale, pavée de cailloux pointus, où grouillait une population bigarrée. C'était l'une des quatre entrées de Hérat, la ville de l'Ouest-Afghanistan, à quelques kilomètres de laquelle les Russes ont établi la gare de Kousch, point extrême de la voie ferrée, qui se raccorde à Merv au chemin de fer transcaspien.

Les chefs s'engouffrèrent sous la voûte et disparurent.

Alors Arkabad s'assit sur les degrés branlants accédant à la porte disjointe de la mosquée.

— Cette fois, murmura-t-il, ils ne m'échapperont pas. A Kandahar, ils ont rejoint leur infernale maison roulante. Ils viennent ici... pourquoi? Pour se rapprocher des Russes, par Brahma!... Des Russes, ces barbares qui rêvent d'envahir l'Inde et de détruire l'influence des brahmines. Ce docteur Mystère est un ennemi dangereux. Quelles armes apporte-t-il aux guerriers du Tzar Blanc? Je ne sais, mais je devine qu'en le faisant disparaître, je détruis un danger.

Et secouant la tête :

— Ces jeunes filles, qui m'ont joué, périront peut-être avec lui, emportant le secret du Trésor de Liberté.

Il eut un geste violent. Son poing fermé lança une menace dans le vide :

— Qu'importe après tout! Nos temples regorgent de richesses. Que cet or soit à jamais perdu plutôt que d'être ramené au jour pour servir contre nous.

Paresseusement, Arkabad s'allongea sur le sol. La tête appuyée sur sa main, il ferma les yeux, semblant dormir. Mais les contractions qui couraient sur sa face brune indiquaient que son esprit de ruse veillait.

Soudain il se leva sur son séant.

Des sons de trompes retentissaient dans l'enceinte de la ville. Il écouta un moment, puis un sourire ironique crispa ses lèvres :

— Bien! bien! Les chefs appellent leurs guerriers. Ils travaillent pour moi, les insensés. Ah! Mystère, Mystère, tu viendras te briser contre ces murailles qui enclosent cinquante mille habitants fanatiques.

Le brahme ne se trompait pas.

Une heure plus tard, deux ou trois mille Afghans, fusils sur l'épaule, le baudrier-cartouchière sur la poitrine, sortaient de la cité et prenaient position dans la plaine, à droite et à gauche de la mosquée.

Des tentes étaient dressées, des feux allumés. Une armée avait surgi de terre à la voix du brahmine.

Il observait tout cela d'un œil moqueur. A quel résultat était arrivée sa duplicité!... et un immense orgueil chantait en lui. Il avait enfin créé l'obstacle infranchissable; il allait saisir son insaisissable adversaire.

Et ses regards se portaient, pleins de haine impatiente, vers le sud, sur le ruban blanc de la route de Kandahar, avec le désir ardent de voir apparaître la maison d'aluminium.

Mais la nuit vint sans qu'il l'eût aperçue.

Dans la campagne, les feux dansaient ainsi que des follets. Des froissements d'acier passaient dans l'air, et les factionnaires afghans se promenaient en échangeant de temps à autre un appel.

Puis sur les terrasses des murailles retentirent des roulements sourds, des chocs métalliques.

On mettait l'artillerie en place.

Arkabad se frotta les mains. La ville entière se faisait son alliée pour arrêter le docteur Mystère.

Et au milieu du manteau de ténèbres jeté sur la terre, il rêvait doucement de vaincre enfin ses adversaires.

Minuit!

Au loin, à l'horizon, un fanal éclatant vient de s'allumer. On dirait une étoile capricieuse descendue de la voûte céleste pour balayer les gazons terrestres de sa tunique traînante tissée de rayons de lumière :

Arkabad se dresse, regarde, écoute. . . .

Des sons de trompe retentissaient.

L'étoile file rapidement décrivant d'inexplicables zigzags.

Inexplicables, non pas. Tout le jour, le brahme a observé le pays; il a noté tous les détours, les serpentements de la route de Kandahar. Ce sont ces circonvolutions que décrit l'étoile.

Étoile, allons donc! C'est un fanal, avec un puissant réflecteur. Et étant donnés son éclat, son intensité, Arkabad ne doute plus. C'est la lanterne d'avant de la maison d'aluminium.

Une âcre volupté fait vibrer ses nerfs. Il va triompher enfin!!!

Se dressant sur la pointe des pieds, crispé, hideux de haine, il lance dans la nuit ce cri :

— Attention!... Voici les traîtres!

. . . .

En effet, le char automobile approchait de Hérat.

Mystère-Rama et ses compagnons avaient gagné Kandahar, retrouvé là la maison roulante et son équipage, toujours obéissant à son chef, le digne patron Kéradec.

Ç'avait été pour tous une joie de se sentir réunis dans le merveilleux véhicule qui, durant la première période de leur séjour en Hindoustan, leur avait rendu tant de services.

Cigale, du coup, reprit toute sa gaieté, et tandis que l'automobile roulait rapidement sur la route de Hérat, le jeune homme, penché sur la plate-forme d'avant, comme autrefois à la proue du *Saint-Kaourentin*, chantait à tue-tête ses refrains de matelot.

Anoor, qui ne le quittait plus, mêlait sa douce voix à celle du Parisien.

Et Na-Indra, *la grande sœur*, assise auprès de Mystère, les regardait d'un œil attendri, ainsi qu'une mère ravie de ce que ses enfants n'aient point les mêmes sujets de mélancolie qu'elle.

Les Sanders-van Stoon avaient, sans rancune, repris leurs anciennes chambres dans la demeure roulante, et le gentil couple Timoteo-Graziella se confondait en onomatopées admiratives.

Ils allaient rentrer en Italie par le transcaspien, le transcaucasien et la mer Noire, et leur mariage serait le dernier chapitre du plus amusant des voyages.

Or tous, prévenus par le prince Rama que l'on atteindrait Hérat sous peu de temps, avaient eu la précaution de faire une longue sieste dans l'après-midi, de sorte que la nuit les trouva rassemblés sur la plate-forme d'avant.

Le fanal éclairait la route à une certaine distance, et les yeux des passagers cherchaient à voir plus loin, à distinguer les murailles de la ville afghane.

Soudain Cigale lança ce cri :

— Ohé! par l'avant à nous, la chose en question!

Nul ne releva la forme maritime donnée par le Parisien à cet avertissement. Leurs regards plongèrent dans les ténèbres bleues.

L'ancien mousse avait raison.

A un kilomètre à peu près, une masse plus noire que la nuit barrait l'horizon. Bientôt on distingua la silhouette des tours, des murailles crénelées.

LE CHAMP DE BATAILLE APPARUT.

Mystère se leva, il allait parler.

Mais Na-Indra fut plus prompte que lui :

— Hérat! dit-elle avec une émotion profonde, nous sommes arrivés.

Et se penchant vers le prince, elle acheva si bas que seul il put l'entendre :

— Demain, le Trésor de Liberté sera en notre pouvoir et nous serons deux pour le garder désormais.

Elle achevait à peine, qu'un éclair rouge jaillit de la muraille lointaine.

— Qu'est cela? clama Cigale. Est-ce que l'on illumine en notre honneur?

Un ronflement passa dans l'air au-dessus de la tête des voyageurs, une masse frappa le sol en arrière de la maison roulante et une détonation retentit, étourdissante, tandis qu'une gerbe de flammes s'élevait de la terre comme d'un cratère soudainement ouvert.

Les misses, les fraülen poussèrent des cris d'effroi.

— Au secours!

Et Timoteo, dans les bras duquel Graziella s'était précipitée ainsi qu'en un refuge naturel, murmura :

— Ma, céla est ún obous!

— Un obus! répéta Cigale..... on nous canonnerait donc!

Un second éclair raya les murailles et un projectile se vissa dans le sol en avant de la maison d'aluminium, couvrant les passagers de terre et de pierrailles.

Les cris des jeunes filles redoublèrent, dominés par la voix de Mystère.

— Éteignez le fanal!

L'ordre était justifié. La lanterne électrique offrait aux coups de l'ennemi un but trop facile à atteindre.

Et l'obscurité se fit soudaine, profonde.

Mais presque aussitôt un nouveau bruit, plus redoutable encore que la canonnade, appela l'attention des voyageurs.

C'était comme un crépitement de grêle battant le terrain autour d'eux. Des sifflements facilement reconnaissables l'accompagnaient.

Le fusil se mettait de la partie et l'ennemi inconnu qui défendait les abords de Hérat se livrait à des feux de salve dont l'effet pouvait être désastreux.

Il n'y avait plus à hésiter, toute explication devenait impossible, il fallait combattre.

Et du ton bref des grands jours, le prince Rama lança ce commandement :

— Aux miroirs!

Cigale, Anoor, Na-Indra frissonnèrent. L'homme de génie, qui avait trouvé le moyen d'emmagasiner et de diriger la foudre, allait user de son terrible pouvoir.

L'automobile cependant faisait machine en arrière, quittant la zone dangereuse battue par les feux de l'ennemi.

Bientôt elle fut hors de portée. Alors l'organe du savant retentit de nouveau dans le silence :

— Êtes-vous prêt, Kéradec?

— Oui.

— Eh bien, que l'un des miroirs vise le sommet des murailles, et que l'autre parcoure la plaine en avant de l'enceinte.

— Compris.

Une minute d'attente longue comme un siècle, puis un déchirement strident, et au loin un éclair rougeâtre fend l'ombre.

Puis la campagne s'allume. On dirait que les génies du feu, enfermés sous terre selon la mythologie hindoue, se sont tous échappés de leur prison. Des lueurs bleues, rouges, vertes se croisent, se heurtent avec des grondements, des éclatements brefs, sinistres.

C'est un feu d'artifice sans pareil, mais un feu d'artifice de mort, auquel répondent des clameurs d'épouvante et d'agonie.

Et le rayon destructeur des miroirs paraboliques erre sur la terre noyée d'obscurité, sur la ligne noire des retranchements, allumant partout les éclairs livides qui sèment le trépas.

Nul orage céleste ne saurait donner une idée de cette foudre humaine éclatant partout à la fois.

Les canons se sont tus, la fusillade s'est éteinte. Un silence de nécropole a succédé aux clameurs de la foule menaçante.

— Cessez ! commande Mystère.

Les miroirs aveuglés ne distillent plus le trépas. Ce combat de rêve est terminé, et le silence profond de la nuit, un instant troublé par les colères des hommes, s'étend de nouveau sur le pays.

Tous sont muets d'horreur et d'admiration.

Seul, Cigale a la force de parler, de jeter dans l'air son ironique cri d'alouette parisienne :

— Rasés, les ennemis ! Et avec ça, Messieurs? Une friction portugal, quinine ou shampooing ?

Mais personne ne rit. Le rire se glace sur les lèvres auprès du savant qui, calme, froid, paisible comme si rien d'anormal ne s'était passé, semble oublier qu'il vient de réaliser une tempête de feu, plus terrible encore que celles dont la nature, pendant tant de siècles, eut le monopole.

. . . .

On ne dormit pas à bord de l'automobile. Chacun attendait le jour avec impatience.

On avait hâte et peur de constater les effets de « *l'artillerie* » électrique qui avait réduit au silence un ennemi dont on ignorait le nombre et les desseins.

Enfin le jour vint.

Lentement la lueur pâle de l'aube éclaira le sommet des collines, se glissa dans les vallons.

Le champ de bataille apparut.

Des centaines de cadavres gisaient, raidis déjà sur la terre. Les murailles de Hérat étaient vides de défenseurs. C'était la solitude morne et désolée au lendemain de la lutte acharnée.

— En avant! ordonne le prince Rama-Mystère.

Et la maison d'aluminium s'avance. Elle traverse la zone que les obus ont bouleversée. De larges entonnoirs sont creusés à gauche et à droite de la route.

Si l'un de ces projectiles avait atteint l'automobile, il l'eût réduite en poussière.

Cette pensée remplit les passagers de colère. La pitié pour les vaincus s'envole de leurs cœurs. Ils n'ont fait que se défendre après tout, qu'user du droit de toute créature.

Ah! voici maintenant des lignes de tirailleurs, abrités derrière un mouvement de terrain.

Beaucoup sont encore agenouillés, la crosse à l'épaule, prêts à faire feu; mais leurs mains ne sauraient plus actionner la gâchette. L'éclair des miroirs a passé par là. Tous sont morts et leur affût est devenu éternel.

Partout des armes brisées, tordues, aux aciers fondus par le passage des étincelles électriques.

Les jeunes Sanders-van Stoon, Wilhelmina, Graziella, Na-Indra, Anoor, voudraient bien fuir ce spectacle de carnage, s'enfermer dans la maison roulante, mais elles ne peuvent pas quitter la plate-forme.

On dirait qu'une voix intérieure leur crie :

— Regarde!

On dirait qu'une volonté plus forte que la leur les oblige à parcourir cette région sinistre où la mort infatigable a fauché jusqu'à la fatigue.

Mais qu'est cela, ce petit temple ruiné?

— Kelatni! murmure Na-Indra devenue pâle et dont les mains tremblent.

— En effet, répond Mystère, c'est le temple de Kelatni... mais qu'avez-vous, ma douce fiancée?

Elle bégaie :

— C'est là!... là!...

— Quoi encore?

— Le Trésor de Liberté!

Et soudain elle parle précipitamment, avec une volubilité fiévreuse :

— C'est dans sa crypte que des chariots ont transporté naguère l'or versé

Le mort qui semble garder le temple est Arkabad.

par les patriotes du Pendjab. C'est de là que des caravanes sont parties pour aller échanger les pièces de monnaie, sur les grands marchés d'Asie, contre des pierres précieuses, des diamants, des perles, des saphirs, moins encombrants, plus faciles à enlever au jour marqué pour leur emploi. C'est là... là...

Sur un ordre du savant, la maison roulante se dirige vers le temple.

On approche. On distingue un corps étendu sur les degrés en travers de la porte.

Quelques tours de roues encore. L'appareil s'arrête. Tous sautent à terre et un cri de stupeur s'échappe de leurs lèvres.

Le mort qui semble garder l'entrée du temple est Arkabad.

Il est là, rigide, le visage convulsé par les passions haineuses dont il était agité à l'instant où la vie l'a abandonné.

Près de la tempe, un petit trou noir bordé d'un disque blanchâtre figure une brûlure.

C'est en ce point que l'a frappé l'étincelle électrique qui a réduit à l'impuissance son cerveau aux tortueuses combinaisons.

Et les voyageurs comprennent la cause de l'attaque dont ils ont été victimes.

Pour la dernière fois, l'exécuteur des arrêts d'Ellora a tenté de les briser.

. . . .

Une heure plus tard, un coffre assez lourd était extrait de la crypte du temple de Kelatni et transporté dans l'automobile. Son couvercle ouvert laissait apercevoir un ruissellement de pierres précieuses d'une valeur inestimable. Il y avait là de quoi payer la rançon d'un empire.

Tous regardaient ces richesses amassées par le patriotisme des fiers habitants du Pendjah!

A ce moment une musique militaire parvint à leurs oreilles; les fifres s'unissaient aux tambours. Ce n'étaient plus les accents barbares des contingents afghans, mais bien les sons entraînants d'une marche européenne.

— Des Européens!

A ce cri, tous se précipitèrent au dehors, et ils s'arrêtèrent sur la route, stupéfaits, en proie à une indicible émotion. Un régiment russe, musique en tête, s'avançait en bon ordre au pied des murailles de Hérat.

Les soldats, eux aussi, aperçurent la maison d'aluminium, car un murmure s'éleva des rangs, et presque aussitôt un cavalier s'élança à toute bride vers les voyageurs.

A deux pas d'eux, il arrêta brusquement son cheval qui plia sur les jarrets.

— Général, je vous salue, s'écria joyeusement Mystère en s'avançant.

— Vous! vous! riposta le nouveau venu en lui tendant les mains... J'en ai eu le pressentiment hier, quand, à mon quartier général de Kousch, on est venu m'avertir que la population de Hérat voulait s'opposer au passage d'étrangers; à tout hasard, j'ai réuni un régiment pour secourir ceux-ci. Secours inutile, ajouta-t-il avec un sourire, car vous les avez rudement reçus.

Le prince Rama eut un mélancolique sourire :

— Ils m'y ont forcé, général... Mais laissons cela. Il y a un an, je vous disais : Deux routes conduisent dans l'Inde, celle de Caboul et celle de Quettah-Kandahar.

Les yeux de l'officier russe brillèrent :

— Oui, oui, vous m'avez dit cela.

— Eh bien, ces deux routes sont aujourd'hui reconnues, et si vous voulez me faire l'honneur d'accepter l'hospitalité dans ma maison automobile, je vous remettrai les photographies topographiques qu'un dispositif de mon invention prenait automatiquement tandis que ma machine parcourait le trajet de Quettah-Kandahar. Moi-même j'ai levé la ligne de Caboul.

Sanders écoutait. Il eut une exclamation :

— Ah çà! j'ai donc voyagé avec des gens qui préparaient l'invasion de l'Inde par les Russes?

— Moi, ça me va, interrompit Cigale qu'Anoor récompensa d'un doux regard.

Mais Mystère imposa silence au Parisien d'un geste amical et se tournant vers l'Anglais, membre de la Chambre des Communes britannique, murmura :

— Qui sait de quoi sera fait demain?

Et précédant le général russe, il rentra dans la maison d'aluminium.

TABLE DES MATIÈRES

PREMIÈRE PARTIE

L'OURS DE SIVA

DEUXIÈME PARTIE

LA ROUTE DE L'AVENIR

TYPOGRAPHIE FIRMIN-DIDOT ET Cie. — MESNIL (EURE)

www.ingramcontent.com/pod-product-compliance
Ingram Content Group UK Ltd.
Pitfield, Milton Keynes, MK11 3LW, UK
UKHW012003240726
13965UKWH00001B/116